电子技术快速入门丛书

常用电子元器件识别/检测/选用一读通
（第 3 版）

赵广林　编著

U0233246

电子工业出版社·

Publishing House of Electronics Industry

北京·BEIJING

内 容 简 介

本书采用数码照片的形式对各种元器件进行详细的介绍，使读者可以"零距离"地认识这些元器件；在写作形式上，力求通俗易懂，以满足不同文化层次的读者需求；在内容上，花费大量的篇幅讲述最常用、最实用的元器件资料，而对一些应用范围很小的元器件则只做简单介绍，使读者能够学习到电子元器件知识的"精华"，做到"学以致用"；在应用电路实例中，尽量介绍日常生活中常用的电子产品电路，使读者在学习电子元器件知识的同时可以掌握各种电器的原理，提示学习的效果。

本书内容翔实、体裁新颖、通俗易懂、资料性强，可供广大电子技术工作者、无线电爱好者及相关专业的师生阅读。

未经许可，不得以任何方式复制或抄袭本书之部分或全部内容。

版权所有，侵权必究。

图书在版编目（CIP）数据

常用电子元器件识别/检测/选用一读通 / 赵广林编著. —3 版. —北京：电子工业出版社，2017.5
（电子技术快速入门丛书）

ISBN 978-7-121-31230-4

Ⅰ. ①常… Ⅱ. ①赵… Ⅲ. ①电子元件－基本知识②电子器件－基本知识 Ⅳ. ①TN6

中国版本图书馆 CIP 数据核字（2017）第 066536 号

责任编辑：富　军
印　　刷：北京捷迅佳彩印刷有限公司
装　　订：北京捷迅佳彩印刷有限公司
出版发行：电子工业出版社
　　　　　北京市海淀区万寿路 173 信箱　邮编　100036
开　　本：787×1092　1/16　印张：25.25　字数：652.8 千字
版　　次：2007 年 4 月第 1 版
　　　　　2017 年 5 月第 3 版
印　　次：2024 年 6 月第 13 次印刷
定　　价：68.00 元

凡所购买电子工业出版社图书有缺损问题，请向购买书店调换。若书店售缺，请与本社发行部联系，联系及邮购电话：（010）88254888，88258888。

质量投诉请发邮件至 zlts@phei.com.cn，盗版侵权举报请发邮件至 dbqq@phei.com.cn。

本书咨询联系方式：（010）88254456。

前　言

本书在第 2 版的基础上进行适当的修订，剔除一些不常用的元器件资料及一些过时的元器件识别和检测方法。本书与第 2 版相比，更具有可读性和趣味性。

在写作方式上，本书继续沿用第 2 版所采用的用数码照片的形式对各种元器件进行详细介绍，使读者可以"零距离"地认识这些元器件；在写作形式上，力求通俗易懂，可以满足不同文化层次的读者需求；在内容上，花费大量篇幅讲述最常用、最实用的元器件资料，而对一些应用范围很小的元器件则只做简单介绍，使读者能够学习到电子元器件知识的"精华"，做到"学以致用"；在应用电路实例中，尽量介绍日常生活中常用的电子产品电路，使读者在学习电子元器件知识的同时掌握各种电器的原理，提示学习的效果。

本书分为 12 章，详细介绍常用电子元器件的识别、检测及选用知识，并给出许多新型、常用元器件的相关技术资料，不但可以使读者在阅读本书后能够掌握常用电子元器件的相关知识，还可以让读者在阅读本书后能够应用这些元器件来设计各种实用的电子电路。

参加本书编写的还有马国宏、王姝钰、李豪、刘利利、刘国明、张冬、张志化、彭磊、李蕾、张娜、杨坤、王献芳、潘世春、贾廷雷、刘宏美、李平。

由于时间仓促，加之作者水平有限，书中难免有错误之处，敬请广大读者批评指正。

编著者

目　　录

第1章

电阻器和电位器的识别/检测/选用

电阻是物质中阻碍电子流动的能力，即电阻值，单位为"欧姆（Ω）"。电阻器是对电流流动具有一定阻抗力的器件。在电路分析及实际工作中，为了表述方便，通常将电阻器简称为电阻。

电阻器（英文名称为 Resistor）和电位器是电子电路中常用的电子元器件。常用的电阻器分三大类：阻值固定的电阻器称为普通电阻器或固定电阻器；阻值连续可变的电阻器称为可变电阻器（包括微调电阻器和电位器）；具有特殊作用的电阻器称为敏感电阻器或特种电阻器（如热敏电阻器、光敏电阻器及压敏电阻器）。

电阻器在电子电路中主要承担着限压、限流及分压、分流的作用，还可以与其他电容、电感和晶体管构成电路，完成阻抗匹配与转换、电阻滤波电路等功能。

 1.1　普通电阻器

1.1.1　普通电阻器的种类

根据制作的材料不同，电阻器可分为碳膜电阻器、金属膜电阻器、线绕电阻器等；根据电阻器的外形，电阻器可以分为色环电阻器、贴片电阻器、水泥电阻器、排阻、保险电阻器等。

1. 色环电阻器

色环电阻器，顾名思义就是在电阻器表面用不同颜色的环来表示阻值等参数的一种电阻器，如图 1-1 所示。

常用的有 4 色环电阻器和 5 色环电阻器。4 色环电阻器一般是碳膜电阻器，用前面的 3 个色环来表示阻值，用第 4 个色环表示误差；5 色环电阻器一般是金属膜电阻器，为更好地表示精度，用前面 4 个色环表示阻值，第 5 个色环表示误差。

在色环中紧靠电阻体一端的色环为第一环，露着电阻体本色较多的另一端为末环。由于金色、银色在有效数字中并无实际意义，只表示误差值，因此只要最边缘的色环为金色或者银色，则该色环必为最后一道色环。

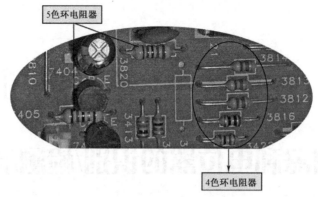

图 1-1　常用的色环电阻器

2. 贴片电阻器

贴片电阻器又称无引线电阻器、片状电阻器、表面安装电阻器等。

贴片电阻器主要有矩形和圆柱形两种形状。常用的贴片电阻器形状为黑色扁平的小方块，两边的引脚焊片呈银白色，如图 1-2 所示。

图 1-2　常用的贴片电阻器

3. 水泥电阻器

水泥电阻器是一种绕线电阻，将电阻线绕于无碱性耐热瓷件上，外面加上耐热、耐湿及耐腐蚀材料保护固定而成。水泥电阻器通常是把电阻体放入方形瓷器框内，用特殊不燃性耐热水泥充填密封而成，由于其外形像是一个白色长方形水泥块，故称水泥电阻器。常用的水泥电阻器如图 1-3 所示。

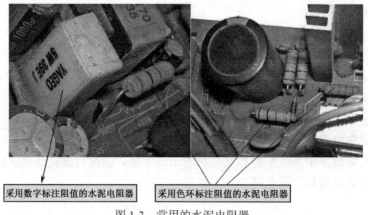

图 1-3　常用的水泥电阻器

⚠ 水泥电阻器具有耐高功率、散热性好、稳定性高、耐湿、耐震等特点。水泥电阻器主要用于大功率电路中，如电源电路的过流检测、保护电路、音频功率放大器的功率输出电路。

4. 排阻

排阻又称为网路电阻器或网络电阻器。排阻是将多个电阻器集中封装在一起组合制成的复合电阻器。

笔记本电脑中的排阻有直插式封装和贴片式封装两种类型。其中，贴片式封装又有 8 引脚和 10 引脚两种类型。

直插式排阻通常都有一个公共端，在表面用一个小白点表示，直插式排阻的外观颜色通常为黑色或黄色。常见的直插式排阻如图 1-4 所示。

图 1-4　常见的直插式排阻

直插式排阻的阻值与内部电路通常可以从型号上识别出来。其型号标示如图 1-5 所示。型号中的第一个字母为内部电路结构代码，第一个字母代表的内部电路见表 1-1。

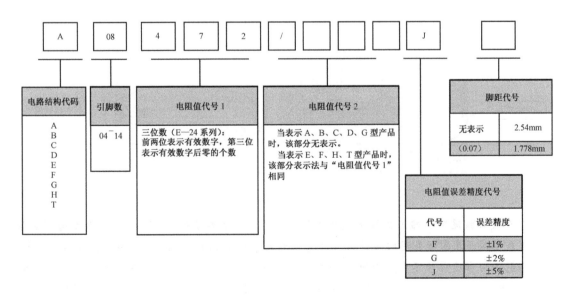

图 1-5　直插式排阻的型号标示

表 1-1　网路电阻器型号中第一个字母代表的内部电路

电路结构代码	等 效 电 路	电路结构代码	等 效 电 路
A	$R_1=R_2=\cdots=Rn$	B	$R_1=R_2=\cdots=Rn$
C	$R_1=R_2=\cdots=Rn$	D	$R_1=R_2=\cdots=Rn$
E	$R_1=R_2$ 或 $R_1\neq R_2$	F	$R_1=R_2$ 或 $R_1\neq R_2$
G	$R_1=R_2=\cdots=Rn$	H	$R_1=R_2$ 或 $R_1\neq R_2$
I	$R_1=R_2$ 或 $R_1\neq R_2$		

常用的贴片排阻有 8P4R（8 引脚 4 电阻）和 10P8R（10 引脚 8 电阻）两种规格，如图 1-6 所示。这两种排阻的内部电路如图 1-7 所示。

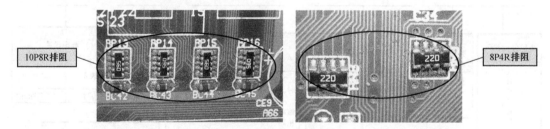

图 1-6　常见的贴片排阻

⚠在通常情况下，贴片排阻是没有极性的，不过有些类型的 SMD 排阻，由于内部电路连接方式不同，在实际应用时还是需要注意极性的。如 10P8R 型的 SMD 排阻，因其①、⑤、⑥、⑩引脚内部连接的不同，而有 L 形和 T 形之分。L 形 10P8R SMD 排阻的①、⑥脚为相通的，T 形 10P8R SMD 排阻的⑤、⑩脚为相通的。因此，在使用 SMD 排阻时，最好确认一下该排阻表面是否有确定①脚的极性标记点。

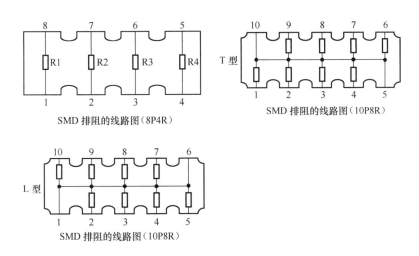

图 1-7　8P4R 和 10P8R 排阻的内部电路

5. 保险电阻器

保险电阻器又名熔断电阻器。保险电阻器在电路中起着保险丝和电阻的双重作用，主要应用在电源输出电路中。保险电阻器的阻值一般较小（几欧姆至几十欧姆），功率也较小（1/8～1W）。

常用的有贴片保险电阻器和大功率直插式保险电阻器。保险电阻器的形状有多种，既有像普通电阻器的，也有其他形状的。目前最常用的有下列几种。

① 类似二极管或磁珠状。这类保险电阻器的外形类似整流二极管，全体为黑色，只是没有二极管极性标注用的白色环。表面一般用字母标注其电流大小，如 1.5A 125V 等字样。这种保险电阻器通常用于电脑的光驱、主板的键盘/鼠标接口电路中。

② 白色小方块状。这类保险电阻器的外形类似贴片电解电容，不过其颜色为白色，其上一般也有字母标注承载电流大小，如 400mAU，表示其通过的最大电流为 400mA。

③ 类似普通电阻器状。这类形状的保险电阻器常用在一些低档的主板上、光驱及显示器中，其形状和普通电阻器类似，颜色一般为绿色或土色，有的上面标有电流值（如 1.1/2A），有的用一道色环标注。

④ 灰色扁平状。这类形状的保险电阻器类似扁平形状的贴片电感，其上有标注，如 LF110 字样。一般用于主板、笔记本电脑的 9 针串行通信接口、25 针并行通信接口、显示器外接接口中。

⑤ 绿色扁平状。这类保险电阻器是现在常用的保险电阻器，其上一般有电流标注，如 X26、X15、1×1 等字样，表示其电流为 2.6A、1.5A、1A。

贴片保险电阻器的颜色通常为绿色或灰色，表面标有白色的数字 "000" 或额定电流值，如图 1-8 所示。

当电路负载发生短路故障，出现过流时，保险电阻器的温度在很短的时间内就会升高到 500～600℃，这时电阻层受热剥落而熔断，起到保险的作用，达到提高整机安全性的目的，因此保险电阻器损坏后，其表面颜色会变为褐色。

图 1-8　常用的贴片保险电阻器

常用的大功率直插式保险电阻器一般用一个色环来标注额定阻值和额定电流，如图 1-9 所示。大功率直插式保险电阻器上不同色环表示的阻值见表 1-2。

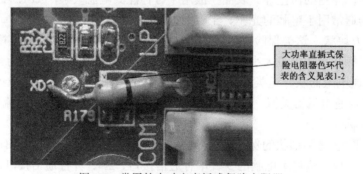

大功率直插式保险电阻器色环代表的含义见表1-2

图 1-9　常用的大功率直插式保险电阻器

表 1-2　大功率直插式保险电阻器不同色环表示的阻值

颜　　色	阻值（Ω）	功率（W）	电流（A）
黑色	10	1/4	3.0
红色	2.2	1/4	3.5
白色	1	1/4	2.8

⚠保险电阻器损坏后，一定要查明原因再更换。否则如果直接用导线相连，则可能会造成更大的故障。

1.1.2　普通电阻器的型号命名方法

1. 有引脚电阻器的型号命名方法

有引脚电阻器的型号示意图如图 1-10 所示，由三部分或四部分组成。

<u>R T15</u>　　<u>1/2W</u>　　　<u>472</u>　　　　　<u>K</u>
型号　　额定功率　标称阻值（4.7kΩ）　允许偏差（±10%）
（a）RT15 型碳膜固定电阻器（1/2W）型号

<u>RS11</u>　　<u>1/2W</u>　　　<u>472</u>　　　　　<u>K</u>
型号　　额定功率　标称阻值（4.7kΩ）　允许偏差（±10%）
（b）RS11 型有机实芯电阻器（1/2W）型号

<u>RI40</u>　　<u>1/2W</u>　　　<u>472</u>　　　　　<u>K</u>
型号　　额定功率　标称阻值（4.7kΩ）　允许偏差（±10%）
（c）RI40 型玻璃釉膜电阻器（1/2W）型号

<u>RI82</u>　　<u>1/2W</u>　　　<u>472</u>　　　　　<u>K</u>
型号　　额定功率　标称阻值（4.7kΩ）　允许偏差（±10%）
（d）RI82 型高压玻璃釉膜电阻器（1/2W）型号

图 1-10　有引脚电阻器的型号示意图

第一部分用字母"R"表示电阻器为产品主称。

第二部分用字母表示电阻器的电阻体材料。

第三部分通常用数字或字母表示电阻器的类别，也有些电阻器用该部分的数字来表示额定功率。

第四部分用数字表示生产序号，以区别该电阻器的外形尺寸及性能指标。

各部分的主要含义见表 1-3。

表 1-3　有引脚电阻器型号命名含义

第一部分	第二部分 （电阻体材料）		第三部分（类别/额定功率）				第四部分
字母	字母	含义	数字或字母	含义	数字	额定功率	
R（表示电阻器）	C	沉积膜或高频瓷	1 或 0	普通	0.125	1/8W	用个位数 或无数字 表示
			2	普通或阻燃			
	F	复合膜	3 或 C	超高频	0.25	1/4W	
	H	合成碳膜	4	高阻			
	I	玻璃釉膜	5	高温	0.5	1/2W	
	J	金属膜	7 或 J	精密			
	N	无机实芯	8	高压	1	1W	
	S	有机实芯	11	特殊（如熔断型等）			
	T	碳膜	G	高功率	2	2W	
	U	硅碳膜	L	测量			
	X	绕线	T	可调	3	3W	
	Y	氧化膜	X	小型			
			C	防潮	5	5W	
	O	玻璃膜	Y	被釉			
			B	不燃性	10	10W	

如图 1-10 所示各种电阻器型号的具体识别信息见表 1-4。

表 1-4　各种电阻器型号的识别

型号	电阻器类型	型号	电阻器类型	型号	电阻器类型	型号	电阻器类型
RT15	碳膜固定电阻器	RS11	有机实芯电阻器	RI40 型	高阻玻璃釉膜电阻器	RI82 型	高压玻璃釉膜电阻器
R→电阻器		R→电阻器		R→电阻器		R→电阻器	
T→碳膜		S→有机实芯		I→玻璃釉膜		I→玻璃釉膜	
1→普通型		1→普通型		4→高阻型		8→高压型	
5→序号		1→序号		0→序号		2→序号	

2. 贴片电阻器的型号命名方法

贴片电阻器的型号由 6 部分组成，如图 1-11 所示。

FTR	05	K	103	J	R
系列	尺寸	温度系数	阻　值	误差等级	包装方式
FTR—E24				F=±1%	
FTM—E96				G=±2%	
				I=±5%	
				K=±10%	

图 1-11　贴片电阻器的型号示意图

贴片电阻器型号中各种参数的具体含义见表 1-5。

表 1-5　贴片电阻器型号中各种参数的具体含义

系列代号		尺寸代号		电阻温度系数		阻值数字代码	电阻值误差		包装方式	
代号	系列	代号	尺寸	代号	温度系数		代号	误差值	代号	包装方式
FTR	E—24	02	0402	K	≤±100ppm/℃	E—24 系列前两位表示有效数字，第三位表示零的个数	F	±1%	T	编带包装
		03	0603	L	≤±250ppm/℃		G	±2%		
FTM	E—96	05	0805	U	≤±400ppm/℃	E—96 系列前三位表示有效数字，第四位表示零的个数	J	±5%	B	塑料盒散包装
		06	1206	M	≤±500ppm/℃		O	跨接电阻		
备注	小数点用 R 表示（如 1R0=1.0Ω，103=10kΩ，1003=100kΩ）。在电阻体上通常只有阻值数字代码，具体型号通常在包装箱上									

1.1.3　普通电阻器的识别

在电路原理图中，电阻器通常用大写英文字母"R"表示；网路电阻器（排阻）通常用大写英文字母"RN"表示。在电路原理图中，电阻器的符号如图 1-12 所示。

电阻值大小的基本单位是欧姆（符号Ω），还有较大的单位千欧（kΩ）和兆欧（MΩ）。它们的换算关系是：$1MΩ=1000kΩ$，$1kΩ=1000Ω$。

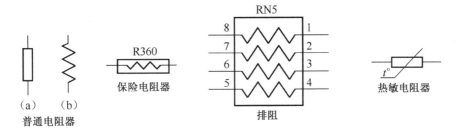

图 1-12　电路原理图中电阻器的符号

在电路原理图中，电阻器通常用大写英文字母 "R" 表示，保险电阻器常用大写英文字母 "RX" 或 "RF"、"F"、"FUSE"、"XD"、"FS" 来表示，排阻一般用大写英文字母 "RN" 表示。热敏电阻器一般用大写英文字母 "RM" 或 "JT" 表示。

电阻器的阻值标示方法主要有以下四种。

1. 直标法

直标法是将电阻器的标称值用数字和文字符号直接按一定的规律组合标在电阻体上，其允许误差则用百分数表示，如图 1-13 所示。

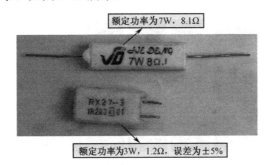

图 1-13　采用直标法标注的水泥电阻器示意图

为了防止小数点在印刷不清时引起误解，故阻值采用这种标示方法的电阻体上通常没有小数点，而是将小于 1 的数值放在英文字母后面，用 "R" 或者 "Ohm" 表示 "Ω"，用 "k" 表示 "kΩ"，在阻值后面用英文字母表示误差，见表 1-6 所示。

表 1-6　电阻器标称值的允许误差

文 字 符 号	允 许 误 差（%）	文 字 符 号	允 许 误 差（%）
B	±0.1	L	±0.01
C	±0.25	M	±20
D	±0.5	N	±30
E	±0.005	P	±0.02
F	±1	W	±0.05
G	±2	X	±0.002
J	±5	Y	±0.001
K	±10		

只要是 R 在最前面，即表示阻值小于 1Ω，如 0.22Ω=0.22R=R22，而 2R2=2.2Ω；只要是出现 R 或 R 在最后面，即表示阻值小于 1k，如 220Ω=220R、22Ω=22R、22.1Ω=22R1；只要是出现 k 或 k 在最后面，即表示阻值大于 1k，如 2200Ω=2.2k=2k2、22 000Ω=22k、22 100Ω=22.1k=22k1、221 800Ω=221.8k=221k8、2 210 000Ω=2.21MΩ=2M21。

2. 色标法

电阻器的阻值除了直接标注之外，还常用色环来标示（这种电阻器通常被称为色环电阻器）。色环标注电阻器的示意图如图 1-14 所示。

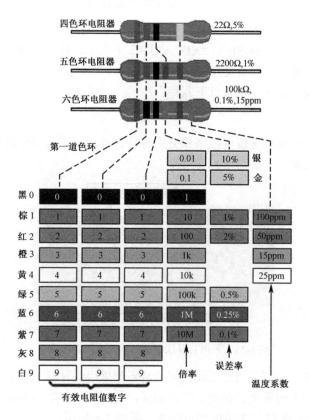

图 1-14　色环标注电阻器的示意图

普通的电阻器用四色环表示，精密电阻器用五色环表示。紧靠电阻体一端头的色环为第一环，露着电阻体本色较多的另一端头为末环。由于金色、银色在有效数字中并无实际意义，只表示误差值，因此只要最边缘的色环为金色或者银色，则该色环必为最后一道色环。

碳膜电阻器通常采用四色环标注阻值。其第一色环是十位数，第二色环为个位数，第三色环为应乘位数，第四色环为误差率。例如，一个四色环电阻器的色环颜色排列为红、蓝、棕、金，则这只电阻器的电阻值为 260Ω，误差率为 5%。

金属膜电阻器通常采用五色环阻值。其第一色环为百位数，第二色环是十位数，第三色环是个位数，第四色环是应乘位数，第五色环为误差率。例如，一个五色环电阻器的色环颜色排列为黄、红、黑、黑、棕，则其阻值为 420×1=420Ω，误差率为 1%。五色环的电阻器通常是误差率为 1% 的金属膜电阻器。

精密电阻器采用六色环来标注阻值。其第一色环为百位数，第二色环是十位数，第三色环是个位数，第四色环是应乘位数，第五色环为误差率，第六色环为温度系数。六色环电阻器表面各种颜色所代表的数值见表 1-7。

表 1-7　六色环电阻器表面各种颜色所代表的数值

颜色	有效电阻值数字	倍 乘 数	误差率（%）	温度系数（ppm/℃，限六色环电阻器）
黑	0	×1		
棕	1	×10	±1	±100
红	2	×10 的 2 次方	±2	±50
橙	3	×10 的 3 次方		±15
黄	4	×10 的 4 次方		±25
绿	5	×10 的 5 次方	±0.5	±20
蓝	6	×10 的 6 次方	±0.2	10
紫	7	×10 的 7 次方	±0.1	±5
灰	8	×10 的 8 次方		±1
白	9	×10 的 9 次方		
金		×0.1	±5	
银		×0.01	±10	
无色			±20	

对于一些特殊的五色环电阻器（第四道色环为金色或者银色），其色环表示的电阻值要按照六色环电阻器来识别：前四环按四色环电阻器识读，第五环表示温度系数（见表 1-7）。如一个电阻器上五个色环分别为"灰、红、银、金、蓝"，则该电阻器的参数为"阻值为 0.82Ω、精度为 ±5%、温度系数为 ±10ppm/℃"。再如，一个电阻器上的五个色环分别为"红、紫、银、金、黄"，则该电阻器的参数为"阻值为 0.27Ω、精度为 ±5%、温度系数为 ±25ppm/℃"）。

3. 数码标示法

在产品和电路图上用三位数字来表示元器件标称值的方法被称为数码标示法。该方法常见于贴片电阻器或进口器件上。采用数码标示法的电阻器外形图如图 1-15 所示。

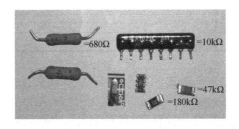

图 1-15　采用数码标示法的电阻器外形图

在三位数字中，从左至右的第一、第二位为有效数字，第三位数字表示有效数字后面所加"0"的个数（单位为Ω）。如果阻值中有小数点，则用"R"表示，并占一位有效数字。例如，标示为"103"的电阻阻值为 $10×10^3=10\mathrm{k}\Omega$；标示为"222"的电阻，其阻值为 2200Ω，即 2.2kΩ；标示为"105"的电阻阻值为 1MΩ。需要注意的是，要将这种标示法与传统的方法区别开，如标示为 220 的电阻器，其电阻为 22Ω，只有标示为 221 的电阻器，其阻值才为 220Ω。

例如，标示为"472"的电阻器电阻值的读取方法如下：

① 第一码代表电阻值的十位数是 4；

② 第二码代表电阻值的个位数是 7；

③ 第三码代表乘以 10 的几次方（即 10 的二次方）或后面添零的个数（即两个 0）。

所以，标示数码为"472"电阻器的电阻值为 47×10×10=4700Ω=4.7kΩ。

标示为"0"或"000"电阻器的电阻值为 0Ω。这种电阻器实际上是跳线（短路线），如图 1-16 所示。在有些电路中，阻值为 0Ω 的贴片电阻器用来作为保险电阻器或者 EMI 电阻器来使用。

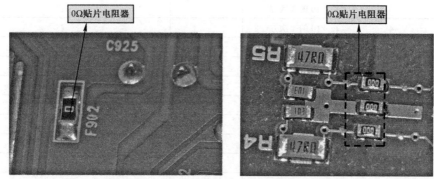

图 1-16　阻值为 0Ω 的贴片电阻器

在有些精密电阻器中，通常采用四位数字加两位字母的标示方法（或者只有四位数字）。前面的四位数字表示阻值：前三位数字分别表示阻值的百、十、个位数字，第四位数字表示前面三位数字后面加"0"的个数（10 的倍率），单位为欧姆；数字后面的第一个英文字母代表误差率（G=2%、F=1%、D=0.5%、C=0.25%、B=0.1%、A（或 W）=0.05%、Q=0.02%、T=0.01%、V=0.005%。），第二个字母代表温度系数。不同字母代表的温度系数见表 1-8。

表 1-8　不同字母代表的温度系数

字　　母	温 度 系 数（ppm/℃）
C	50
D	25
Y	15
T	10
V	5

例如，标示为"2151FC"电阻器的电阻值为 215×10=2.15kΩ，误差率为 1%，温度系数为 50ppm/℃。

同理，RN—55/60/65 系列军规电阻的四位数字也是采用这样的方法进行阻值标示：

2210Ω=2k21=2211（表示在 221 后面还有一个 0）；

22 100Ω=22k1=2212（表示在 221 后面还有两个 0）；

221 000Ω=221k=2213（表示在 221 后面还有三个 0）。

所以，649k=6493，64k9=6492，6k49=6491，649Ω=649R 或 6490。

例如，标示为"2341"的电阻器电阻值的读取方法如下：

① 第一码代表电阻的百位数为"2";

② 第二码代表电阻的十位数为"3";

③ 第三码代表电阻的个位数为"4";

④ 第四码代表乘以 10 的几次方（即 10 的一次方）或后面添零的个数值（即 1 个 0），单位为欧姆。所以，标示数码为"2341"电阻器的电阻值为 234×10=2340Ω=2.34kΩ。

有些贴片电阻器采用数字+字母的形式来标注电阻值，前两位是数字，第三位是字母，如图 1-17 所示。

图 1-17　数字+字母标注阻值的贴片电阻器

用这种方法表示的电阻值与用前面的方法所表示的在识别方法上有所不同——它的前两位数字只是一个代码，并不表示实际的阻值，其代码表示的有效数字随封装形式的不同而变化，见表 1-9。

表 1-9　不同封装形式表示的有效数字

代　　码	E48 系列封装	E96 系列封装
01	100	100
02		102
03	105	105
04		107
05	110	110
06		113
07	115	115
08		118
09	121	121
10		124
11	127	127
12		130
13	133	133
14		137
15	140	140
16		143
17	147	147
18		150

续表

代　　码	E48 系列封装	E96 系列封装
19	154	154
20		158
21	162	162
22		165
23	169	169
24		174
25	178	178
26		182
27	187	187
28		191
29	196	196
30		200
31	205	205
32		210
33	215	
34		221
35	226	226
36		232
37	237	237
38		243
39	249	249
40		255
41	261	261
42		267
43	274	274
44		280
45	287	287
46		294
47	301	301
48		309
49	316	316
50		324
51	332	332
52		340
53	348	348
54		357
55	365	365
56		374
57	383	383
58		392
59	402	402
60		412
61	422	422

代　码	E48 系列封装	E96 系列封装
62		432
63	442	442
64		453
65	464	464
66		475
67	487	487
68		499
69	511	511
70		523
71	536	536
72		549
73	562	562
74		576
75	590	590
76		604
77	619	619
78		634
79	649	649
80		665
81	681	681
82		698
83	715	715
84		732
85	750	750
86		768
87	787	787
88		806
89	825	825
90		845
91	866	866
92		887
93	909	909
94		931
95	953	953
96		976

第三位用字母表示有效数字后所乘的倍率，各种字母与倍率的对应关系见表 1-10。例如，"01A"表示的阻值为 $100×10^0=100\Omega$，"13C"表示的阻值为 $133×10^2=13.3k\Omega$。

表 1-10　字母与倍率的对应关系

代码字母	A	B	C	D	E	F	G	H	X	Y	Z
代表倍率	10^0	10^1	10^2	10^3	10^4	10^5	10^6	10^7	10^{-1}	10^{-2}	10^{-3}

圆柱形表面安装电阻器的阻值标识方法一般采用色环标识。RED 型碳膜电阻器采用的是三色环标识：一、二环表示有效数字，第三环表示有效数字乘以 10 的指数；ERO 型金属膜电阻器采用五色环标识：一、二、三色环表示有效数字，第四环表示有效数字乘以 10 的指数，第五环表示偏差值，一般有 G（±2%）级、F（±1%）级。色环的第一条靠近电阻的某一端，最后一条一般比其他各条宽约 1 倍，因此很容易识别。各种颜色所代表的倍率与普通色环电阻相同。

1.1.4 普通电阻器的主要参数

1. 封装形式

电阻器的封装形式就是指电阻器的外部形状及体积大小。按照封装形式，电阻器可以分为插针式电阻器和贴片电阻器（SMD 电阻器）。

插针式电阻器是指在电路板上，元器件的焊盘位置必须钻孔（从顶层通到底层），让元器件引脚穿透 PCB，然后才能在焊盘上对该元器件的引脚进行焊接。

> *插针式电阻器的封装名称通常为 AXIAL0.3、AXIAL0.4、……。我们可以把封装名称拆成两部分：AXIAL 及 0.3、AXIAL 及 0.4、……。AXIAL 翻译成中文就是轴状的，至于 0.3、0.4，则是焊盘间距：0.3 代表 0.3 英寸，也就是 300mil。以此类推。AXIAL0.4 就是两个焊盘间距为 400mil，AXIAL0.5 就是两个焊盘间距为 500mil，……*

常见的插针式电阻器外形与封装如图 1-18 所示。

插针式电阻器的额定功率与其体积大小成正比，体积越大，额定功率越大。常用的插针式电阻器功率与外形尺寸的对照图如图 1-19 所示。

贴片电阻器就是电阻器的焊盘不需要钻孔，而直接在焊盘表面进行焊接的电阻器。目前很多电子产品都采用了表面安装电阻器，以缩小 PCB 的体积，提高电路的稳定性。

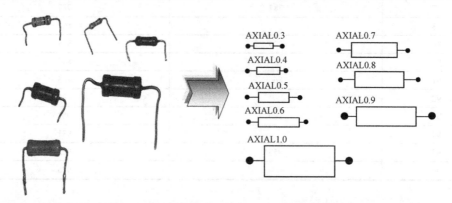

图 1-18　常见的插针式电阻器外形与封装

贴片电阻器的额定功率及额定工作电压与它的尺寸有关。贴片电阻器主要有 7 种系列尺寸，一般用两种尺寸代码来表示：一种是由 4 位数字组成的 EIA（美国电子工业协会）代码（英制代码），这种代码的前两位与后两位分别表示贴片电阻器的长和宽（单位为 in）；另外一种代码也是由 4 位数字组成的米制代码（公制代码），它的前两位与后两位也分别表示贴片电阻器的长和宽（单位为 mm）。贴片电阻器的封装代码及其尺寸见表 1-11。

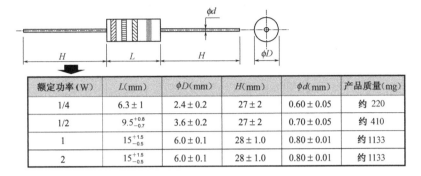

额定功率(W)	L(mm)	ϕD(mm)	H(mm)	ϕd(mm)	产品质量(mg)
1/4	6.3 ± 1	2.4 ± 0.2	27 ± 2	0.60 ± 0.05	约 220
1/2	$9.5^{+0.8}_{-0.7}$	3.6 ± 0.2	27 ± 2	0.70 ± 0.05	约 410
1	$15^{+1.5}_{-0.5}$	6.0 ± 0.1	28 ± 1.0	0.80 ± 0.01	约 1133
2	$15^{+1.5}_{-0.5}$	6.0 ± 0.1	28 ± 1.0	0.80 ± 0.01	约 1133

图 1-19　常用的插针式电阻器功率与外形尺寸的对照图

表 1-11　贴片电阻器的封装代码及其尺寸

英制代码（in）	公制代码（mm）	长度（mm）	宽度（mm）	厚度（mm）	额定功率（W）
0402	1005	1.0	0.5	0.5	1/16
0603	1608	1.55	0.8	0.4	1/16
0805	2012	2.0	1.25	0.5	1/10
1206	3216	3.1	1.55	0.55	1/8
1210	3225	3.2	2.6	0.55	1/4
2010	5025	5.0	2.5	0.55	1/2
2512	6432	6.3	3.15	0.55	1

一般地，在购买贴片电阻器时并不是直接称呼它的阻值，而是报出它的 EIA 代码和阻值。例如，有一个实际尺寸为 1.0mm×0.5mm、表面印有字符 "223" 的贴片电阻器损坏时，则可根据以上信息从表 1-11 中查出该电阻 EIA 代码为 "0402"，阻值为 22kΩ，功率为 1/16W。选购或订货时只要提出 "0402" 型 22kΩ 即可（若不是特别需要，不必考虑温度系数与误差率）。在使用中，如果一时找不到大功率贴片电阻器，则可以用两个小功率贴片电阻器并联叠加焊接在一起（所并联的电阻应为原电阻阻值的 2 倍）。例如，有一个 1W、10kΩ 的贴片电阻器损坏，则可用两只 1/2W、20kΩ 的贴片电阻器并联来代换（如果尺寸小，则可以加一段导线）。

2. 标称阻值和允许误差

在电阻器上标注的电阻数值被称为标称阻值，如 1.5k，5.1Ω，…。为了规范生产，便于设计，生产厂家并不是任意一种阻值的电阻器都生产，而是按照不同的标准生产。电阻器的阻值按其精度主要分为四大系列，分别为 E—6、E—12、E—24 和 E—96 系列。在这四种系列之外的电阻器被称为非标称电阻器，较难采购（这就是为什么许多刚进行电路设计的人员会在设计电路中将电阻任意取值，而导致该电阻器无法购买到的原因）。

在 E—6、E—12、E—24 和 E—96 系列电阻器中有一个阻值基数，该系列电阻器的阻值为这个阻值基数乘以 10 的 n 次方（$n = -2 \sim 9$）。E—6、E—12、E—24 和 E—96 系列电阻器的阻值基数见表 1-12。

表 1-12 E—6、E—12、E—24 和 E—96 系列电阻器的阻值基数

E—6	1.0	—	1.5	—	2.2	—	3.3	—	4.7	—	6.8	—
E—12	1.0	1.2	1.5	1.8	2.2	2.7	3.3	3.9	4.7	5.6	6.8	8.2
E—24	1.0	1.1	1.2	1.3	1.5	1.6	1.8	2.0	2.2	2.4	2.7	3.0
	3.3	3.6	3.9	4.3	4.7	5.1	5.6	6.2	6.8	7.5	8.2	9.6
E—96	1.00	1.02	1.05	1.07	1.10	1.13	1.15	1.18	1.21	1.24	1.27	1.30
	1.33	1.37	1.40	1.43	1.47	1.50	1.54	1.58	1.62	1.65	1.69	1.74
	1.78	1.82	1.87	1.91	1.96	2.00	2.05	2.10	2.15	2.21	2.26	2.32
	2.37	2.43	2.49	2.55	2.61	2.67	2.74	2.80	2.87	2.94	3.01	3.09
	3.16	3.24	3.32	3.40	3.48	3.57	3.65	3.74	3.83	3.92	4.02	4.12
	4.22	4.32	4.42	4.53	4.64	4.75	4.87	4.99	5.11	5.23	5.36	5.49
	5.62	5.76	5.90	6.04	6.19	6.34	6.49	6.65	6.81	6.98	7.15	7.32
	7.50	7.68	7.87	8.06	8.25	8.45	8.66	8.87	9.09	9.31	9.53	9.76

E—24 和 E—96 系列电阻器是最常用的系列电阻器。这两种最常用的系列电阻器的标称阻值分别见表 1-13、表 1-14。

表 1-13 E—24 系列电阻器标称阻值（以欧姆为单位的标称值）

1.0	5.6	33	160	820	3.9k	20k	100k	510k	2.7M
1.1	6.2	36	180	910	4.3k	22k	110k	560k	3M
1.2	6.8	39	200	1k	4.7k	24k	120k	620k	3.3M
1.3	7.5	43	220	1.1k	5.1k	27k	130k	680k	3.6M
1.5	8.2	47	240	1.2k	5.6k	30k	150k	750k	3.9M
1.6	9.1	51	270	1.3k	6.2k	33k	160k	820k	4.3M
1.8	10	56	300	1.5k	6.6k	36k	180k	910k	4.7M
2.0	11	62	330	1.6k	7.5k	39k	200k	1M	5.1M
2.2	12	68	360	1.8k	8.2k	43k	220k	1.1M	5.6M
2.4	13	75	390	2k	9.1k	47k	240k	1.2M	6.2M
2.7	15	82	430	2.2k	10k	51k	270k	1.3M	6.8M
3.0	16	91	470	2.4k	11k	56k	300k	1.5M	7.5M
3.3	18	100	510	2.7k	12k	62k	330k	1.6M	8.2M
3.6	20	110	560	3k	13k	68k	360k	1.8M	9.1M
3.9	22	120	620	3.2k	15k	75k	390k	2M	10M
4.3	24	130	680	3.3k	16k	82k	430k	2.2M	15M
4.7	27	150	750	3.6k	18k	91k	470k	2.4M	22M

表 1-14 E—96 系列电阻器标称阻值（以欧姆为单位的标称值）

10	33	100	332	1k	3.32k	10.5k	34k	107k	357k
10.2	33.2	102	340	1.02k	3.4k	10.7k	34.8k	110k	360k
10.5	34	105	348	1.05k	3.48k	11k	35.7k	113k	365k
10.7	34.8	107	350	1.07k	3.57k	11.3k	36k	115k	374k
11	35.7	110	357	1.1k	3.6k	11.5k	36.5k	118k	383k
11.3	36	113	360	1.13k	3.65k	11.8k	37.4k	120k	390k

续表

11.5	36.5	115	365	1.15k	3.74k	12k	38.3k	121k	392k
11.8	37.4	118	374	1.18k	3.83k	12.1k	39k	124k	402k
12	38.3	120	383	1.2k	3.9k	12.4k	39.2k	127k	412k
12.1	39	121	390	1.21k	3.92k	12.7k	40.2k	130k	422k
12.4	39.2	124	392	1.24k	4.02k	13k	41.2k	133k	430k
12.7	40.2	127	402	1.27k	4.12k	13.3k	42.2k	137k	432k
13	41.2	130	412	1.3k	4.22k	13.7k	43k	140k	442k
13.3	42.2	133	422	1.33k	4.32k	14k	43.2k	143k	453k
13.7	43	137	430	1.37k	4.42k	14.3k	44.2k	147k	464k
14	43.2	140	432	1.4k	4.53k	14.7k	45.3k	150k	470k
14.3	44.2	143	442	1.43k	4.64k	15k	46.4k	154k	475k
14.7	45.3	147	453	1.47k	4.7k	15.4k	47k	158k	487k
15	46.4	150	464	1.5k	4.75k	15.8k	47.5k	160k	499k
15.4	47	154	470	1.54k	4.87k	16k	48.7k	162k	511k
15.8	47.5	158	475	1.58k	4.99k	16.2k	49.9k	165k	523k
16	48.7	160	487	1.6k	5.1k	16.5k	51k	169k	536k
16.2	49.9	162	499	1.62k	5.11k	16.9k	51.1k	174k	549k
16.5	51	165	510	1.65k	5.23k	17.4k	52.3k	178k	560k
16.9	51.1	169	511	1.69k	5.36k	17.8k	53.6k	180k	562k
17.4	52.3	174	523	1.74k	5.49k	18k	54.9k	182k	576k
17.8	53.6	178	536	1.78k	5.6k	18.2k	56k	187k	590k
18	54.9	180	549	1.8k	5.62k	18.7k	56.2k	191k	604k
18.2	56	182	560	1.82k	5.76k	19.1k	57.6k	196k	619k
18.7	56.2	187	562	1.87k	5.9k	19.6k	59k	200k	620k
19.1	57.6	191	565	1.91k	6.04k	20k	60.4k	205k	634k
19.6	59	196	578	1.96k	6.19k	20.5k	61.9k	210k	649k
20	60.4	200	590	2k	6.2k	21k	62k	215k	665k
20.5	61.9	205	604	2.05k	6.34k	21.5k	63.4k	220k	680k
21	62	210	619	2.1k	6.49k	22k	64.9k	221k	681k
21.5	63.4	215	620	2.15k	6.65k	22.1k	66.5k	226k	698k
22	64.9	220	634	2.2k	6.8k	22.6k	68k	232k	715k
22.1	66.5	221	649	2.21k	6.81k	23.2k	68.1k	237k	732k
22.6	68	226	665	2.26k	6.98k	23.7k	69.8k	240k	750k
23.2	68.1	232	680	2.32k	7.15k	24k	71.5k	243k	768k
23.7	69.8	237	681	2.37	7.32k	24.3k	73.2k	249k	787k
24	71.5	240	698	2.4k	7.5k	24.9k	75k	255k	806k
24.3	73.2	243	715	2.43k	7.68k	25.5k	76.8k	261k	820k
24.7	75	249	732	2.49k	7.87k	26.1k	78.7k	267k	825k
24.9	75.5	255	750	2.55k	8.06k	26.7k	80.6k	270k	845k
25.5	76.8	261	768	2.61k	8.2k	27k	82k	274k	866k
26.1	78.7	267	787	2.67k	8.25k	27.4k	82.5k	280k	887k
26.7	80.6	270	806	2.7k	8.45k	28k	84.5k	287k	909k

续表

27	82	274	820	2.74k	8.66k	28.7k	86.6k	294k	910k
27.4	82.5	280	825	2.8k	8.8k	29.4k	88.7k	300k	931k
28	84.5	287	845	2.87k	8.87k	30k	90.9k	301k	953k
28.7	86.6	294	866	2.94k	9.09k	30.1k	91k	309k	976k
29.4	88.7	300	887	3.0k	9.1k	30.9k	93.1k	316k	1.0M
30	90.9	301	909	3.01k	9.31k	31.6k	95.3k	324k	1.5M
30.1	91	309	910	3.09k	9.53k	32.4k	97.6k	330k	2.2M
30.9	93.1	316	931	3.16k	9.76k	33k	100k	332k	31.6
95.3	324	953	3.24k	10k	33.2k	102k	340k	32.4	97.6
330	976	3.3k	10.2k	33.6k	105k	348k			

电阻器的允许误差是指实际阻值与厂家标注阻值之间的误差（误差值被称为精度），实际阻值在误差范围之内的电阻器均为合格电阻器。例如，一个标称阻值为10Ω、允许误差为±5%电阻器的实际阻值只要在 9.5～10.5Ω之间即为合格产品。E—6 系列电阻器的误差范围（精度）为±25%，E—12 系列电阻器的误差范围（精度）为±20%，E—24 系列电阻器的误差范围（精度）为±5%，E—96系列电阻器的误差范围（精度）为±1%。

国产电阻器的允许误差分为 I 级（±5%）、II 级（±10%）、III级（±20%）。如电阻器上标"3kΩ I"，则表示这个电阻器的阻值为 3kΩ，误差为±5%。

3. 额定功率

额定功率指电阻器正常工作时长期连续工作并能满足规定的性能要求时允许的最大功率。超过这个值，电阻器将因过分发热而被烧毁。电阻器的额定功率采用标准化的额定功率系列值，常用的电阻器功率通常为 1/4W 或者 1/8W。在代换电阻器时，若空间允许，则可以用功率较大的电阻器代换功率较小的电阻器。不同额定功率的电阻器，其体积有明显的差别，如图 1-20 所示。

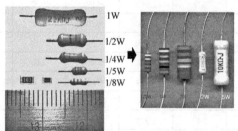

图 1-20　不同额定功率电阻器的体积对比示意图

通常将大于 1W 的电阻器，在电路原理图中直接用阿拉伯数字加单位表示，如 5W、10W、30W 等；小于 1W 的电阻器不标额定功率值，在电路原理图中用电阻功率图形符号表示。

贴片电阻器的额定功率与尺寸有关。贴片电阻器主要有 7 种系列尺寸，一般用两种尺寸代码来表示：一种是由 4 位数字组成的 EIA（美国电子工业协会）代码（英制代码），代码的前两位与后两位分别表示贴片电阻器的长和宽（单位为 in）；另外一种代码也是由 4 位数字组成的米制代码（公制代码），前两位与后两位分别表示贴片电阻器的长和宽（单位为 mm）。

贴片电阻器的封装代码、尺寸及额定功率见表 1-15。

表 1-15　贴片电阻器的封装代码、尺寸及额定功率

英制代码（in）	公制代码（mm）	长度（mm）	宽度（mm）	厚度（mm）	额定功率（W）
0402	1005	1.0	0.5	0.5	1/16
0603	1608	1.55	0.8	0.4	1/16
0805	2012	2.0	1.25	0.5	1/10
1206	3216	3.1	1.55	0.55	1/8
1210	3225	3.2	2.6	0.55	1/4
2010	5025	5.0	2.5	0.55	1/2
2512	6432	6.3	3.15	0.55	1

4. 最高工作电压

最高工作电压是指电阻器长期工作不发生过热或电击穿损坏时的工作电压。如果电压超过该规定值，则电阻器内部将产生火花，引起噪声，导致电路性能变差，其至损坏该电阻器。常见碳膜电阻器的最高工作电压见表 1-16。

表 1-16　常见碳膜电阻器的最高工作电压

标称功率（W）	1/16	1/8	1/4	1/2	1	2
最高工作电压（V）	100	150	350	500	750	1000

5. 高频特性

电阻器在高频条件下工作时，电阻器将会由直流电路中的电阻器变成一个直流电阻（R0）与分布电感串联，然后再与分布电容并联的等效电路。这时要考虑电阻器的固有电感和固有电容对电路的影响。在通常情况下，非绕线电阻器的 L_R=0.01～0.05μH，C_R=0.1～5pF，绕线电阻器的 L_R 达几十微亨，C_R 达几十皮法，即使是无感绕法的绕线电阻器，L_R 仍有零点几微亨。

1.1.5　普通电阻器的选择与应用

1. 普通电阻器的选择

选择电阻器时，首先要确定所需的电阻值是多少。电阻值以 Ω 为单位。若大于 1000Ω 时，则以 kΩ 来称呼。若电阻值为 1×10⁶Ω，则以 1MΩ 来表示。选择电阻时，最好选用标称阻值的电阻器（标称阻值见表 1-13、表 1-14）。如果无法在标称阻值中找到符合需求的电阻器阻值，则可以根据电阻值的容许误差来考虑选择最接近的阻值，也可以以串联或并联方式来获得所需的电阻值。如果需要较准确的电阻值，则可以向生产厂家订购高精密的电阻器。

当电阻器通电后会发热，并消耗功率（$P=I^2×R$，功率=通过电流的平方×电阻值）。若消耗的功率超过电阻器能够负担的额度，电阻器就有可能被烧坏。因此，电阻器的额定功率必须高于所消耗的功率才能安全地使用。

因此，选择好电阻器的阻值后，下一个步骤就是计算流过电阻器的电流大小，再用公式求其消耗功率，依此再乘上一个安全系数（大于 1.5 即可），求得所需功率。如在一个限流电

路中，选择的电阻器阻值为10Ω，通过电阻器的电流为0.5A，则所采用的电阻器功率应该为10×0.5^2×1.5（安全系数）=3.75W，选择标称功率5W的电阻器即可满足要求，最后根据电路特性决定所需电阻器的种类即可（如水泥电阻器）。

> 选择哪一种材料和结构的电阻器应根据具体应用电路的要求而定。
>
> 合成碳膜电阻器或碳膜电阻器（统称碳质电阻器）用于对初始精度和随温度变化的稳定性要求不高的普通电路中，如晶体管或场效应管偏置电路（或集电极及发射极的负载电阻）、充电电容器的放电电阻及数字逻辑电路中的上拉电阻或下拉电阻。
>
> 金属膜电阻器适合用于要求高初始精度、低温度系数和低噪声的精密应用场合，如电桥电路、RC振荡器和有源滤波器。
>
> 绕线电阻器非常精密并且稳定，适用于要求苛刻的应用场合，如调谐网络和精密衰减电路。
>
> 在选择电阻器时，所选电阻器的电阻值应接近应用电路中计算值的一个标称值，应优先选用标准系列的电阻器。一般电路使用的电阻器允许误差为±5%～±10%。精密仪器及特殊电路中使用的电阻器，应选用精密电阻器。
>
> 所选电阻器的额定功率要符合应用电路中对电阻器功率容量的要求，一般不应随意加大或减小电阻器的功率。
>
> 保险电阻器是具有保护功能的电阻器。选用时应考虑其双重性能，根据电路的具体要求选择其阻值和功率等参数。既要保证它在过负荷时能快速熔断，又要保证它在正常条件下能长期稳定地工作。电阻值过大或功率过大，均不能起到保护作用。

在进行电路设计时，除了要选择合适的电阻器，也要考虑电阻器的成本（精度越高，其成本越高）。例如，当一个电路需要一个5kΩ的电阻器时，就需要进行如下考虑：市场上不存在5kΩ阻值的电阻器，最接近的是4.99kΩ（精度为1%），其次是5.1kΩ（精度为5%），最后是4.7kΩ（精度为20%），如果按照阻值，则4.99kΩ的电阻器应该是首选，但是，精度为1%的4.99kΩ的电阻器成本分别是精度为5%的5.1kΩ的电阻器及精度为20%的电阻器的4倍。若电路对电阻器的要求不高，则选择4.7kΩ的电阻器较经济。如果选了其他阻值，就必须使用更高的精度，成本就翻了几倍，却不能带来任何好处。

> ⚠ 在通常情况下，若固定电阻器损坏，需要更换阻值和功率相同的电阻器。当手头没有合适阻值或功率的电阻器时，则可用几个阻值较小的电阻器串联代换大阻值的电阻器，也可用几个阻值较大的电阻器并联代替小阻值的电阻器。但不管是串联还是并联，各电阻器上分担的功率数不得超过该电阻器本身允许的额定功率。当然，在一般电路中允许以大功率电阻器代换同值的小功率电阻器。
>
> 用于保护电路取样的电阻器要采用原值、等功率电阻器代用。因为电阻值低于或高于原值会影响保护电路的灵敏度，进而影响整机性能。更不能采用短接方法。若阻值过大，会导致保护电路误动作。

2. 普通电阻器的串/并联电路

在电路中，主要有串联和并联两种连接方式。

电阻器的两端点以串接的方式首尾连接，并形成一个封闭回路，称为串联电路。在串联电路中，电阻器的总电阻值为各电阻器的电阻值之和：$R_总=R_1+R_2$，如图1-21所示。

在串联电路中，流经每一个组件的电流相同，$I_a=I_b=I_c=I_总$，如图 1-22 所示。

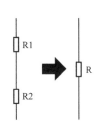 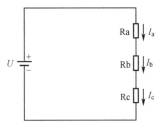

图 1-21　电阻器串联电路示意图　　　图 1-22　串联电路中电流示意图

电阻器的两端点以并列的方式连接在一起并形成一个封闭回路，称为并联电路，如图 1-23 所示。

在并联电路中，横跨每个电阻器的电压都相同，电阻器的总电阻值的倒数为各电阻器电阻值倒数之和：$1/R=1/R_1+1/R_2$，即 $R=(R_1×R_2)/(R_1+R_2)$。并联电路中的电流如图 1-24 所示。

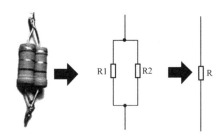 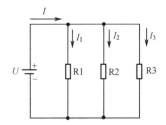

图 1-23　电阻器并联电路示意图　　　图 1-24　并联电路中电流示意图

实际应用电路中既有电阻器的串联电路，又有电阻器的并联电路，这样的电路称为电阻器的串并联电路或者混联电路。

在串并联电路中，电阻器相串联的部分具有串联电路的特点，电阻器相并联的部分具有并联电路的特点。

判别电路的串/并联关系一般应掌握下述三点：

① 看电路的结构特点。若两电阻器是首尾相连就是串联，是首首尾尾相连就是并联。

② 看电压、电流关系。若流经两电阻器的电流是同一个电流，那就是串联电路；若两电阻器上承受的是同一个电压，那就是并联。

③ 对电路做变形等效。如左边的支路可以扭到右边，上面的支路可以翻到下面，弯曲的支路可以拉直等；对电路中的短线路可以任意压缩与伸长；对多点接地可以用短路。

图 1-25 是一个典型的串并联电路示意图。

如图 1-25 所示电路 A、B 之间的电阻值可以看为两部分：

① R1 和 R2 串联后与 R3 并联的电阻值；

② R4 和 R5 并联后与 R6 串联的电阻值。

而且这两部分电阻值是并联的，因此如图 1-25 所示中 A、B 之间的电阻值可以通过下面的方法计算出来，即

$R'_1 = R_1 + R_2 = 2 + 2 = 4 (k\Omega)$

$R'_3 = (R_3 \times R'_1)/(R_3 + R'_1) = (4 \times 4)/(4 + 4) = 2 (k\Omega)$

$R'_4 = (R_4 \times R_5)/(R_4 + R_5) = (2 \times 2)/(2 + 2) = 1 (k\Omega)$

$R'_6 = R_6 + R'_4 = 1 + 1 = 2 \ (k\Omega)$

所以，$R_{AB} = (R'_3 \times R'_6)/(R'_3 + R'_6) = (2 \times 2)/(2 + 2) = 1 (k\Omega)$

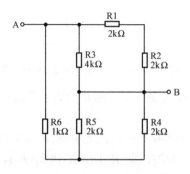

图 1-25　串并联电路示意图

3. 普通电阻器的应用电路

电阻器在电路中的主要作用有分压、限流、偏置、振荡（与电容器组合使用）、反馈、隔离和阻抗匹配等。

【分压电路】

在串联电路中，每个电阻器上承担的电压与该电阻器的阻值有关，因此可以根据该特性，从不同的电阻器上取出相应的电压值供其他电路使用。电阻器分压电路的示意图如图 1-26 所示。

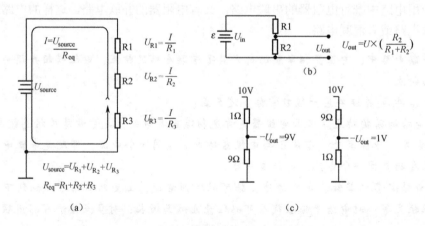

图 1-26　电阻器分压电路的示意图

> 在实际电路中，供电电压一般只有一个固定电压，而电路中不同工作点通常都需要不同的工作电压，这时就需要借助电阻器对电源电压进行分压，以满足不同电路工作点对电压的需要。

在采用电阻器分压的电路中，电阻器通常采用串联的方式进行连接，各电阻器上所分得的电压等于该电阻器的阻值与流过该电阻器电流的乘积；在并联电路中，由于电阻器两端直接接在电源电压上，因此电阻器两端的电压等于供电电压值。串联与并联电路中电阻器两端电压情况示意图如图 1-27 所示。

图 1-28 是一个驻极体话筒供电电压分压电路。

在如图 1-28 所示的电路中，供电电压为 9V，而驻极体话筒的工作电压通常低于 2V，因此必须采用两个电阻器对 9V 工作电压进行分压后才能为驻极体话筒供电。在如图 1-28 所示的电路中，上端分压电阻器的阻值 4.7kΩ，下端分压电阻器的阻值为 1kΩ。驻极体话筒与下端分压电阻器是并联的，因此驻极体话筒的供电电压等于下端分压电阻器两端的电压，下端分压电阻器两端的电压 $U_{\text{OUT}} = \dfrac{1}{1+4.7} \times 9 = 1.58$ (V)。

在串联分压电路中，由于电阻器串联后的总阻值总是比单个电阻器的电阻值大，因此分压后的输出电压只能低于供电电压。

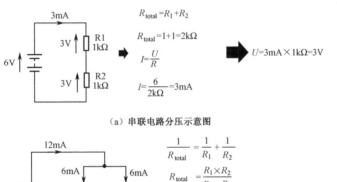

（a）串联电路分压示意图

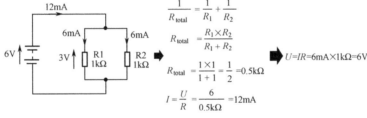

（b）并联电路分压示意图

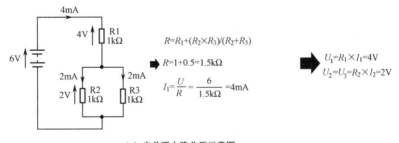

（c）串并联电路分压示意图

图 1-27　串联与并联电路中电阻器两端电压情况示意图

需要注意的是，在电阻器分压电路中，负载通常是与分压电阻器其中的一个支路并联的，如图 1-29 所示。由于负载与分压电阻器并联后的阻值一定小于单个的分压电阻器，因此负载上的实际电压要低于计算电压。

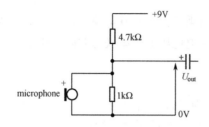

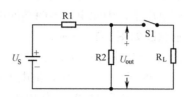

图 1-28　驻极体话筒供电电压分压电路　　　图 1-29　负载与分压电阻器并联示意图

在如图 1-29 所示电路中，当未接任何负载时（开关 S1 断开），输出电压 $U_{\text{out}} = \dfrac{R_2}{R_1 + R_2} U_{\text{in}}$；

接上负载时（开关 S1 接通），负载两端的输出电压 $U_{\text{out}} = \dfrac{R_2 /\!/ R_L}{R_1 + R_2 /\!/ R_L} U_{\text{in}}$。

【降压电路】

　　当某个用电器的额定电压小于电源电压时，为了使其正常工作，可以用一个阻值适当的电阻器与它串联，再接入电路。这样，可将用电器两端的实际电压降低为用电器的额定电压，保证用电器正常工作。那么，这个阻值适当的电阻器即为降压电阻器。

　　在电子电路中，最常见的降压电路是发光二极管供电电路。由于发光二极管的工作电压通常为 1.8～3V（根据发光颜色而定），工作电流通常为 10mA 左右，为了使其他电路正常工作，通常电源供电电压都高于 3V，因此在发光二极管工作电路中，必须使用降压电阻器将供电电压降低到发光二极管的正常工作范围内。发光二极管的供电降压电路如图 1-30 所示。

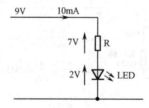

图 1-30　发光二极管的供电降压电路

　　在如图 1-30 所示电路中，供电电压为 9V，设发光二极管的工作电压为 2V（普通发光二极管的工作电压），工作电流为 10mA（此时亮度可以满足一般要求，正常工作电流在 3～20mA 之间；电流大，则发光强度高），则降压电阻器上的压降就需要为 7V。根据 $R = \dfrac{U}{I}$ 可以计算

出 $R = \dfrac{7}{0.01} = 700\Omega$。由于发光二极管的供电电压要求不高，因此选用误差为 5% 的电阻器即可满足要求。根据表 1-13 可以查得精度为 5% 的电阻器标称阻值没有 700Ω 的电阻器，与 700Ω 最接近的阻值为 680Ω。因此，在如图 1-30 所示电路中，电阻器 R 的最佳阻值为 680Ω。

　　在如图 1-30 所示的电路中，电阻器 R 虽然有限流作用，但主要作用是降压，因此在有些资料中单将其称为限流电阻器是不严谨的说法。

　　在有些电路中，通常利用电阻器对电源电压进行降压后为三极管、集成电路提供工作电压，这些电阻器通常也被称为偏置电阻器。

【限流电路】

为了保证通过电路的电流不超过其额定电流，保护电路不至于因通过的电流过大而损坏，在有些电路中需要设置一个电阻器来限制电路中通过的最大电流，这个电阻器就被称为限流电阻器（在有些电路中也称为过流检测电阻器）。

在开关电源电路中，为了防止因负载过流而导致开关管过流损坏，一般都设置有过流保护电阻器对输出电流进行限制。过流保护电路的检测电阻一般设置在开关管 e 极（或者场效应管的 D 极）与地之间，如图 1-31 所示。

限流电阻器一般采用大功率、小阻值电阻器，当流过开关管中的电流超过预定值时，电阻器 R 上的压降超过控制电路的保护阈值，于是保护电路启动，振荡器停止振荡，开关管停止工作。

在有些电路中（如恒流充电器、音响电路中的恒流源），需要电源电路为负载提供一个恒定的电流，这时，通常用电阻器来设定这个恒定的电流值。在恒流电流中，最常见的就是采用 LM317、LM7805 等三端稳压器设计的恒流源电路。这种电路如图 1-32 所示。

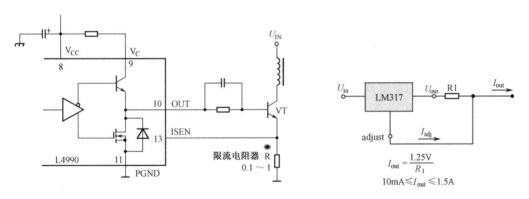

图 1-31　开关电源中的开关管限流电阻器连接示意图　图 1-32　采用 LM317 三端稳压器设计的恒流源电路

由于 LM317 的输出端 out 与调整端 adj 引脚间的电位差为 1.25V，因此若在输出端 out 与调整端 adj 引脚间连接一个电阻器，则可以将 LM317 连接成一个恒定电流 $I=1.25/R$（I 为需要恒流的电流值，单位是安培，R 的单位为欧姆。）的恒流源，如果加上一个 1.25Ω 的电阻器，则流入电阻器的电流就会是稳定的 1A。也就是说，LM317 的输出端有稳定的 1A 电流流出，可以为负载提供稳定的 1A 电流。

 【信号源隔离】

当电路中某一点需要输入多个输入信号时，通常用一个高阻值电阻器将这几个输入信号隔开，以防这些输入信号之间互相干扰，这些电阻器就被称为隔离电阻器。

图 1-33 是一个用电阻器作为信号源隔离的应用电路图。

电阻器 R1、R2 为输入信号隔离电阻器。音频功率放大器左、右声道输出的信号经过 R1、R2 后再输入后级控制电路。由于 R1、R2 的阻值高达 10kΩ，若一个声道的信号进入另外一个声道，就必须经过 R1、R2 这两个电阻器。对于两个输入端来说，R1、R2 工作在串联状态，两个输入信号端之间的总阻值为 20kΩ，这个阻值其对于音频功率放大器的输出阻抗（通常为几欧姆或者十几欧姆）是很大的，因此左声道与右声道之间互相干扰的的程度就非常低，甚至可以忽略不计。

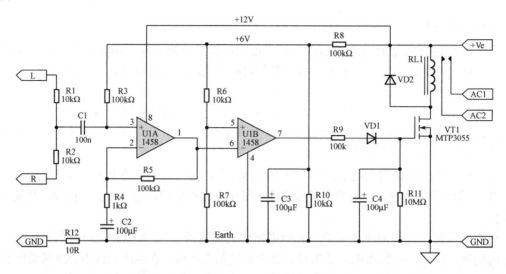

图1-33　电阻器作为信号源隔离的应用电路图

【阻抗匹配】

　　在有些电路中，为了使电路（如音响电路、射频电路等）能够稳定或高效地工作，通常要将信号输出端的电阻值与信号输入端的电阻值进行匹配（等效电阻值或直流电阻值相近）。用来进行阻抗匹配的电阻器就被称为阻抗匹配电阻器。

　　图1-34为阻抗匹配电阻器应用示意图。

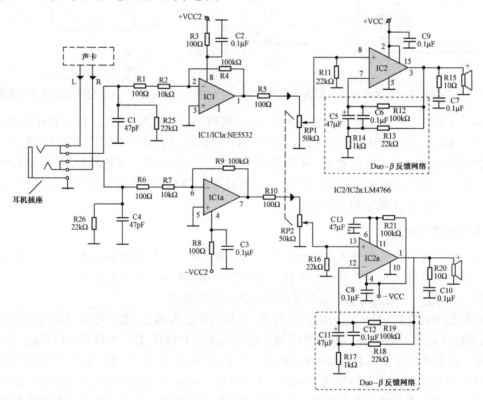

图1-34　阻抗匹配电阻器应用示意图

在如图 1-34 所示电路中，IC1 及其周围元器件组成缓冲放大电路。为了避免在电脑关机后，声卡停止工作时，前置放大器输入端处于悬空高阻抗输入状态，将感应到的 50Hz 信号送到后级电路放大，从而在扬声器中出现较强的噪声，特设置了阻值为 22kΩ的电阻 R25、R26，这样不但可以将前置放大器的输入阻抗限制在 22kΩ，避免前置电路工作在高阻抗状态，还可以对 50Hz 感应信号进行有效地抑制，提高整机信噪比。另外，在许多成品多媒体音箱也存在电脑关机后噪声较大的现象，此时，也可以通过加装这两个电阻来消除这种现象。

1.1.6　普通电阻器的检测

在使用电阻器之前或需要判断电阻器的质量时，可以通过万用表来对电阻器进行检测。

在检测电阻器时，为了提高测量精度，应根据被测电阻器标称值的大小来选择量程。对于指针式万用表，由于欧姆挡刻度的非线性关系，表盘中间的一段分度较为精细，因此应使指针的指示值尽可能落到刻度的中段位置（即全刻度起始的 20%～80% 弧度范围内），以使测量数据更准确。对于数字万用表，只要将万用表的挡位根据标称阻值选择为适当的"Ω"、"kΩ"、"MΩ"挡或者"自动（AUTO）"挡即可。

在测量电阻器的阻值时，将万用表的两个表笔（不分正、负）分别与电阻器的两端引脚相接即可测出实际电阻值，如图 1-35 所示。

图 1-35　用万用表测试电阻器示意图

如果万用表显示的电阻器实际阻值在电阻器的误差范围之内，则可判断该电阻器基本正常，可以使用；如万用表显示的实际阻值超出电阻器的误差范围，则说明该电阻器值已经变值，不能继续使用。

由于人体是有一定阻值的导通电阻，因此在测量大于10kΩ以上的电阻器时，手不要触及万用表的表笔和电阻器的引脚部分。

对于一些阻值低于 10Ω的电阻器，检测时还要考虑到测试的万用表的"表笔短路基础电阻值"。在数字表的 200Ω挡，该值一般为 0.1～1Ω。在实际测量时，若要求精度较高，则应在测量的阻值上减去这个"表笔短路基础电阻值"才是电阻器真正的阻值。

有时候为了方便对焊接在电路板上的电阻器进行检测，通常都不将该电阻器焊下进行检测，而是直接进行在路测量，如图 1-36 所示。

在电路板上，由于电阻器可能与其他电阻器构成并联关系，因此在路测量的阻值只能小于或等于电阻器的标称阻值（或在误差范围之内）。若实际阻值超出被检测电阻器的误差范围，则说明该电阻器已经损坏，应予以更换，以保证电路的正常工作。若要进一步检测该电阻器的阻值，则需要将被检测的电阻器一端从电路板上焊下来（或两端全部焊下），以免电路中的其他元器件对测试产生影响，造成测量误差。

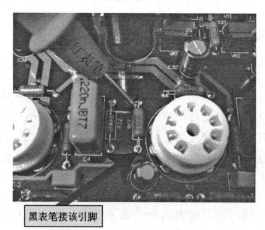

图 1-36　电阻器在路检测示意图

由于生产技术问题，新的电阻器在上机使用前，最好用万用表测试一下其阻值是否正常。若不进行测试就贸然焊入电路中，很可能会遇到难以排除的故障。

电阻器损坏后，一般会出现明显的外观损伤，通常是外表烧焦、发黑，甚至有燃烧的焦痕，如图 1-37 所示。

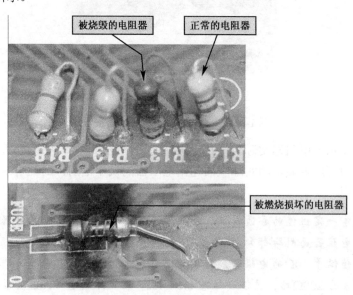

图 1-37　损坏的电阻器

电阻器凡是出现如图 1-37 所示的损坏现象后都不能在电路中正常使用了，需要更换新的同阻值的电阻器才能使电路恢复正常。需要注意的是，有些电阻器损坏后，外表并无明显的损伤，这样的电阻器要通过万用表进行检测后才能判断是否损坏。

电阻器损坏后，最好用相同功率和相同阻值的同类电阻器代换，对于贴片电阻器，首先要尺寸一致，以便于焊接安装。

代换时，若没有相同阻值的电阻器，则可以选择阻值接近的电阻器进行代换。例如，一个电路中的 5.1kΩ 电阻器损坏，用 4.7kΩ 或 6.8kΩ 的电阻器均可以进行代换。如果手头没有接近阻值的电阻器，则可以采取串、并联的方式来获取所需阻值的电阻器。

对于一些关键电路中的电阻器，如放大电路中的反馈电阻器、电流或电压取样电路中的取样电阻器，用来代换的电阻器要与原损坏电阻器的参数完全一样，否则会引发电路工作异常。

用于数字电路的电阻器，如上拉电阻器、隔离电阻器等，用来代换电阻器的阻值与原电阻器接近即可。

1.2　敏感电阻器

电子电路中除了采用普通电阻器外，还有一些敏感电阻器（如热敏电阻器、压敏电阻器、光敏电阻器等）也被广泛地应用。然而，这些敏感电阻器在电路中起什么作用？怎样才能从众多的电阻器中认出这些敏感电阻器？如何检测它们的好坏？损坏后怎样进行代换呢？恐怕很多电子初学者就不太清楚了。下面就介绍几种在电子电路中广泛应用的敏感电阻器的相关资料。

1.2.1　光敏电阻器

顾名思义，光敏电阻器（Light Dependent Resistor，LDR）就是对光反应敏感的电阻器，就是电阻率随入射光的强弱（光子的多少）而变化的电阻器。光敏电阻器是根据半导体的光电效应原理制成的一种特种电阻器。

用来制作光敏电阻器的典型材料有硫化镉（CdS）和硒化镉（CdSe）两种。其中对可见光（如灯光、太阳光）敏感的硫化镉（CdS）光敏电阻器是最有代表性的一种。光敏电阻器对光的敏感性（即光谱特性）与人眼对可见光（0.4~0.76μm）的响应很接近，只要人眼可感受的光，都会引起阻值变化。

1. 光敏电阻器的识别与检测

光敏电阻器的阻值随入射光线（可见光）的强弱变化而变化，在黑暗条件下，阻值（暗阻）可达 1~10MΩ，在强光条件下，阻值（亮阻）仅有几百至数千欧姆。

为了避免外来干扰，光敏电阻器外壳的入射孔上盖有一种能透过所要求光谱范围的透明保护窗（如玻璃）。光敏电阻器中的硫化镉（CdS）沉积膜面积越大，其受光照后的阻值变化也越大（即高灵敏度），故通常将沉积膜做成"弓"字形，以增大其面积。为了避免光敏电阻器的灵敏度受潮湿等因素的影响，通常将导电体严密封装在金属或者树脂壳中。常见的光敏电阻器外形图如图 1-38 所示。

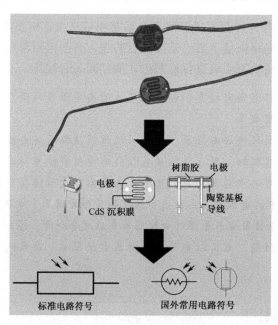

图1-38 常见的光敏电阻器外形图

光敏电阻器受光照后，其阻值会变小。光敏电阻器在无光照时，其暗电阻的阻值一般大于1500kΩ，有光照时，其亮电阻的阻值为几千欧，两者的差距较大。

检测光敏电阻器时，应将万用表的电阻挡挡位开关根据光敏电阻的亮电阻阻值大小拨至合适的挡位（通常在20kΩ或者200kΩ挡均可）。

测量时可以先测量光敏电阻器在有光照时的电阻值，然后用一块遮光的厚纸片将光敏电阻器覆盖严密。若光敏电阻器是正常的，则就会因无光照而阻值剧增，如图1-39所示。

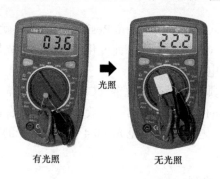

有光照   无光照

图1-39 光敏电阻器测量示意图

　　若光敏电阻器变质或损坏，则阻值就会变化很小或者不变。另外，在有光照时，若测得光敏电阻器的阻值为零或者为无穷大（数字万用表显示溢出符号"1"或者"OL"），则也可判定该产品损坏（内部短路或开路）。

在国家标准中，光敏电阻器的型号分为三个部分：第一部分用字母表示主称；第二部分用数字表示用途或特征；第三部分用数字表示产品序号。光敏电阻器的型号命名及含义见表1-17。

表 1-17　光敏电阻器的型号命名及含义

第一部分：主称		第二部分：用途或特征		第三部分：序号
字母	含义	数字	含义	
MG	光敏电阻器	0	特殊用途	通常用数字表示序号，以区别该电阻器的外形尺寸及性能指标
		1	紫外光	
		2	紫外光	
		3	紫外光	
		4	可见光	
		5	可见光	
		6	可见光	
		7	红外光	
		8	红外光	
		9	红外光	

例如，MG45—14 的型号可以分为 MG（光敏电阻器）、4（可见光）、5—14（序号）三部分。

2. 光敏电阻器的主要参数

【暗电阻/亮电阻】

光敏电阻器在室温和全暗（0lx 照度）条件下测得的稳定电阻值被称为暗电阻或暗阻。此时流过的电流被称为暗电流，如 MG41—21 型光敏电阻器的暗阻≥0.1MΩ。

光敏电阻器在室温和一定光照条件下（通常为 100lx 照度）测得的稳定电阻值被称为亮电阻或亮阻。此时流过的电流被称为亮电流，如 MG41—21 型光敏电阻器的亮阻≤1kΩ。

光敏电阻器的暗阻越大越好，而亮阻越小越好。光敏电阻器的暗电阻越大，亮电阻越小，则性能越好。常用的光敏电阻器的暗电阻在 1～100MΩ 之间，而亮电阻在几千欧姆以下。

【响应时间】

光敏电阻器另一个重要参数是响应时间常数 τ。它表示器件对光照反应速度的大小。响应时间有上升响应时间和下降响应时间之分。上升响应时间常数指的是当光敏电阻在从照度为 0lx 上升到 100lx 时电阻值达到稳定状态的 63% 所需的时间（也称为惯性）；光照突然去除以后，光电流下降到最大值的 1/e（约为 37%）所需的时间通常被称为下降响应时间。不同种类光敏电阻器的响应时间差别很大。时间常数越小，说明光敏电阻器反应迅速及动态特性越好。

一般厂家光敏电阻器的上升响应时间和下降响应时间为 20～30ms。在生产中，降低光敏电阻器的上升响应时间和下降响应时间的途径有两个：一是增加氯化铜的用量；二是增加硒化镉的配比。但是这两种措施在一定程度上会破坏光敏电阻器的稳定性。

【额定功率（功耗）】

光敏电阻器的亮电流与外电压的乘积被称为光敏电阻器的额定功率。光敏电阻器的额定功率有 5～300mW 多种规格。

【最大工作电压】

最大工作电压是指光敏电阻器在额定功率下，两端允许承受的最高电压。最大工作电压一般为几十伏至上百伏。

【伏安特性】

在一定照度下，光敏电阻器两端所加的电压与流过光敏电阻的电流之间的关系，被称为伏安特性。光敏电阻器的伏安特性曲线如图 1-40 所示。

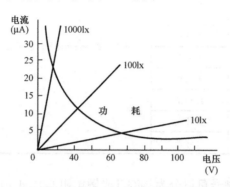

图 1-40　光敏电阻器的伏安特性曲线

光敏电阻的伏安特性曲线近似直线，而且没有饱和现象。受耗散功率的限制，在使用时，光敏电阻器两端的电压不能超过最高工作电压。

【光谱特性】

对于不同波长的入射光，光敏电阻器的相对灵敏度是不相同的。光谱特性用来表示光敏电阻器对不同波长的光照敏感程度。光谱响应最敏感的波长被称为光谱响应峰值。不同材料的光敏电阻器光谱特性如图 1-41 所示。

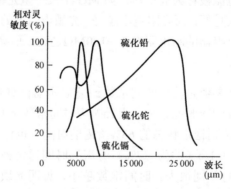

图 1-41　不同材料的光敏电阻器光谱特性

从如图 1-41 所示中可以看出，硫化镉光敏电阻器的峰值在可见光区域，而硫化铅光敏电阻器的峰值在红外区域，因此在选用光敏电阻器时应当把元器件和光源的种类结合起来考虑才能获得满意的结果。

光敏电阻器对光的敏感性（即光谱特性）与人眼对可见光 0.4～0.76μm 的响应很接近，只要人眼可感受的光，都会引起它的阻值变化。所以在设计光控电路时，一般都用白炽灯泡光线或自然光线做控制光源，使设计大为简化。

【灵敏度】

光敏电阻器的灵敏度用一定偏压下每流明辐照所产生的光电流的大小来表示。例如，CdS 光敏电阻器，当偏压为 70V 时，暗电流为 $10^{-6} \sim 10^{-8}$A，光照灵敏度为 $3 \sim 10$A/lx。CdSe 光敏电阻器的灵敏度一般比 CdS 高。光敏电阻器的受光面积越大，其灵敏度越高。根据受光部分的直径，光敏电阻器有 $\phi4$、$\phi5$、$\phi7$、$\phi12$、$\phi20$ 等多种系列产品。

光敏电阻器的灵敏度和光谱波长有一个对应关系。硫化镉光敏电阻器的光谱峰值在 540nm 左右，硒化镉的光谱峰值在 560nm 左右。实际上，在光敏电阻器的生产过程中，生产厂家会根据最终用户的不同要求，对硫化镉和硒化镉进行不同的配比。换句话说，用户根据不同的用途，应选择相应光谱特性的光敏电阻器。

【温度特性】

光敏电阻器和其他半导体器件一样，受温度影响较大。当温度升高时，它的暗电阻会下降。温度的变化对光谱特性也有很大影响。有时为了提高灵敏度，或为了能接收远红外光而采取降温措施。光敏电阻器对温度变化比较敏感，当温度升高时，它的暗电阻和灵敏度都将下降。

【频率特性】

当光敏电阻器受到脉冲光照时，光电流要经过一段时间才能达到稳态值。光照突然消失时，光电流也不立刻为零，说明光敏电阻器有时延特性。由于不同材料的光敏电阻器时延特性不同，所以它们的频率特性也不相同。多数光敏电阻器的时延都较大，因此不能用在要求快速响应的场合，这是光敏电阻器的一个缺陷。

常用光敏电阻器的主要参数见表 1-18。

表 1-18　常用光敏电阻器的主要参数

规格	型号	最大电压（V）	最大功耗（mW）	环境温度（℃）	光谱峰值（nm）	亮电阻（kΩ）	暗电阻（MΩ）	响应时间（ms）上升	响应时间（ms）下降
MJφ4 系列	MJ4516	150	50	−30～+70	540	5～10	0.6	30	30
	MJ4526	150	50	−30～+70	540	10～20	1	30	30
	MJ4537-1	150	50	−30～+70	540	20～30	2	30	30
	MJ4537-2	150	50	−30～+70	540	30～50	3	30	30
	MJ4548-1	150	50	−30～+70	540	50～100	5	30	30
	MJ4548-2	150	50	−30～+70	540	100～200	10	30	30
MJφ5 系列	MJ5516	150	90	−30～+70	540	5～10	0.5	30	30
	MJ5528	150	100	−30～+70	540	10～20	1	20	30
	MJ5537-1	150	100	−30～+70	540	20～30	2	20	30
	MJ537-2	150	100	−30～+70	540	30～50	3	20	30
	MJ5539	150	100	−30～+70	540	50～100	5	20	30
	MJ1215	150	90	−30～+70	540	5～10	0.5	30	30
	MJ2315	150	90	−30～+70	540	10～20	2	30	30
	MJ3515	150	100	−30～+70	540	20～30	3	30	30
	MJ5715	150	100	−30～+70	540	30～40	5	30	30
	MJ7915	150	100	−30～+70	540	40～50	7	20	30

续表

规格	型号	最大电压（V）	最大功耗（mW）	环境温度（℃）	光谱峰值（nm）	亮电阻（kΩ）	暗电阻（MΩ）	响应时间（ms）上升	响应时间（ms）下降
MGφ7 系列	MG42-0	20	5	−25～+55	540	≤2～20	0.1～2	≤20	
	MG42-1	50	10	−25～+55	540	≤50～100	10～20	≤20	
	MG42-02	20	5	−25～+55	540	≤2	≥0.1	≤50	
	MG42-03	20	5	−25～+55	540	≤5	≥0.5	≤50	
MGφ7 系列	MG42-04	20	5	−25～+55	540	≤10	≥1	≤50	
	MG42-05	20	5	−25～+55	540	≤20	≥2	≤50	
	MG42-16	50	10	−25～+55	540	≤50	≥10	≤20	
	MG42-17	50	10	−25～+55	540	≤100	≥20	≤20	

3. 光敏电阻器的应用与代换

由于光敏电阻器随入射光线的强弱其对应的阻值变化不是线性的，因此它不能用在光电线性变换电路中。

光敏电阻器在使用时，可以加直流偏压，也可以加交流偏压。它的工作电流随电压的变化而变化。光敏电阻器工作时的响应速度较慢（如 CdSe 光敏电阻器的响应时间约为 10ms，CdS 光敏电阻器的响应时间约为 100ms），因此，光敏电阻器通常都工作在直流或低频状态下。

光敏电阻器是传感器类电子元器件。光敏电阻器的阻值会随着光照强弱的变化而变化。光照强，光敏电阻器的阻值就小；光照弱，光敏电阻器的阻值就大。在电路中，利用这个特性就可判断白天黑夜、光照强弱或连续测定光线的变化情况。

> 光敏电阻器的主要特点是灵敏度高、体积小、重量轻、电性能稳定，可以交、直流两用，而且工艺简单，价格便宜，因此，近年来被广泛应用于照相机闪光控制、室内光线控制、工业及光电控制、光控开关、光电耦合、光电自动检测、电子验钞机、电子光控玩具、自动灯开关及各类可见光波段光电控制、测量场合。

CdSe 光敏电阻器的感光特性曲线与人眼最为接近，因此，CdSe 光敏电阻器比较适合用于照相机曝光表、空气烟尘检测器等可见光装置。

需要注意的是：由于光敏电阻器是一种无结元器件，因此工作时无极性。

一致性是使用光敏电阻器时必须要考虑的问题。光敏电阻器在不同照度下的阻值是不一样的。如果随着光照的变化，该产品的阻值变化在一个范围内（沿着一条线上升或下降），则说明该产品一致性好。通常一种型号的光敏电阻器的一致性都给定一个范围，如果越过了这个范围，就说这个产品的一致性不好。此特性也是选择光敏电阻器的重要参数。

> 光敏电阻器损坏后，若无同型号的光敏电阻器更换，则可以选用与其类型相同、主要参数相近的其他型号光敏电阻器来代换。

光谱特性不同的光敏电阻器（如可见光光敏电阻器、红外光光敏电阻器、紫外光光敏电阻器），即使阻值范围相同，也不能相互代换。

光敏电阻器在工作时，两端需要施加一个工作电压，如图 1-42 所示。

图 1-43 是用 MG—45 型光敏电阻器设计的一个光控电路。

有光照时，光敏电阻器 LDR 的阻值较小，VT1 导通，将 VT2 基极电位拉低，VT2 截止，发光二极管 VD1 不发光；没有光照时，光敏电阻器 LDR 的阻值迅速增大，VT1 截止，VT2 的基极通过电阻器 R5、R4 提供偏置电压而导通，发光二极管 VD1 发光。

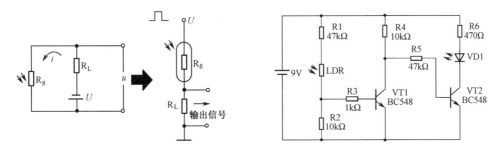

图 1-42　光敏电阻器施加工作电压示意图　　图 1-43　用 MG—45 型光敏电阻器设计的一个光控电路

图 1-44 是采用光敏电阻器设计的一款实用光控电路。

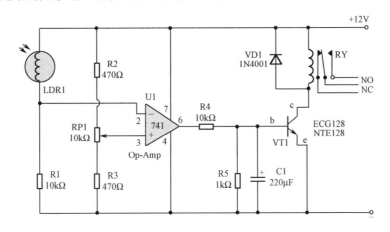

图 1-44　采用光敏电阻器设计的一款实用自动控制电路

如图 1-44 所示的电路在有光线照射光敏电阻时（白天），光敏电阻的阻值很小，集成电路 U1 的 6 脚输出低电平控制信号，三极管 VT1 不导通，继电器 RY 触点断开。在没有光线照射光敏电阻时（夜晚），光敏电阻的阻值大，集成电路 U1 的 6 脚输出高电平控制信号，三极管 VT1 导通，继电器 RY 触点接通，控制用电器开始工作。

1.2.2　NTC 热敏电阻器

NTC 是英文 Negative Temperature Coefficient 的缩写。其含义为负温度系数。NTC 热敏电阻器是一种以过渡金属氧化物为主要原材料，采用电子陶瓷工艺制成的热敏半导体陶瓷组件。它的电阻值随温度的升高而降低。利用这一特性既可制成测温、温度补偿和控温组件，又可以制成功率型组件，抑制电路的浪涌电流（这是由于 NTC 热敏电阻器有一个额定的零功率电阻值，当其串联在电源回路中时，就可以有效地抑制开机浪涌电流，并且在完成抑制浪涌电流作用以后，利用电流的持续作用，将 NTC 热敏电阻器的电阻值下降到非常小的程度）。

1. NTC 热敏电阻器的识别与检测

NTC 热敏电阻器的价格低廉，在电子产品中被广泛应用，而且具有多种封装形式，能够很方便地应用到各种电路中。常见的 NTC 热敏电阻器外形图如图 1-45 所示。

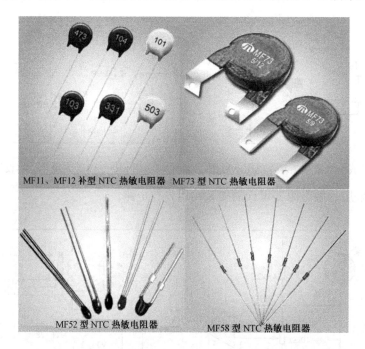

图 1-45　常见的 NTC 热敏电阻器外形图

NTC 热敏电阻器根据材料、工艺等不同情况，有不同的阻值和温度变化特性。NTC 热敏电阻器的型号、规格很多，国外的知名厂家有日本三菱、日本 TDK、日本立山、韩国的EXPAND 等，国内也有不少品牌的质量也相当不错。

NTC 热敏电阻器的种类繁多，形状各异。负温度系数热敏电阻器的命名标准由四部分构成。其中，M 表示敏感组件，F 表示负温度系数热敏电阻器。有些厂家的产品，在序号之后又加了一个数字，如 MF54—1，这个"—1"也属于序号，通常叫"派生序号"。其标准由各厂家自己定制。

在国内生产的一些热敏电阻器的型号中，通常还包括有该热敏电阻器的电阻值、误差等信息，如 $\underset{①}{\underline{\text{CWF}}}$ $\underset{②}{\underline{\square}}$ — $\underset{③}{\underline{103}}$ $\underset{④}{\underline{\text{J}}}$ $\underset{⑤}{\underline{3380}}$ 包括如下信息。

① NTC 温度传感器。

② 传感头封装形式及尺寸：

　　a. 代表环氧树脂包装；

　　b. 代表铝壳、铜壳、不锈钢壳等封装；

　　c. 代表塑料壳封装；

　　d. 代表加固定金属片；

　　e. 代表特殊形式封装。

③ 标称电阻值 R25，如 $103=10\times10^{3}=10\ 000\Omega=10\text{k}\Omega$。

④ 标称电阻值精度代号：

　　F 代表±1%，G 代表±2%，H 代表±3%，J 代表±5%。

⑤ B 值（25℃/50℃，3380 即 B 值为 3380k）。

应用热敏电阻器时，必须对它的几个比较重要的参数进行测试。一般来说，热敏电阻器对温度的敏感性高，所以不宜用万用表来测量它的阻值。这是因为万用表的工作电流比较大，流过热敏电阻器时会发热而使阻值改变。但用万用表也可简易判断热敏电阻器能否工作，具体方法如下：

将万用表拨到欧姆挡（视标称电阻值确定挡位），用鳄鱼夹代替表笔分别夹住热敏电阻器的两个引脚，记下此时的阻值；然后用手捏住热敏电阻器，观察万用表示数，此时会看到显示的数据（指针会慢慢移动）随着温度的升高而改变，这表明电阻值在逐渐改变（负温度系数热敏电阻器阻值会变小，正温度系数热敏电阻器阻值会变大）。当阻值改变到一定数值时，显示数据会（指针）逐渐稳定。若环境温度接近体温，则采用这种方法就不灵。这时可用电烙铁或者开水杯靠近或紧贴热敏电阻器进行加热，同样会看到阻值改变。这样，则可证明这只温度系数热敏电阻器是好的。

NTC 热敏电阻器检测示意图如图 1-46 所示。

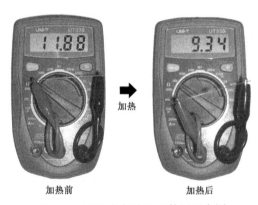

加热前　　　　　　　　　　加热后

图 1-46　NTC 热敏电阻器检测示意图

用万用表检测负温度系数热敏电阻器时，需要注意热敏电阻器上的标称阻值与万用表的读数不一定相等。这是由于标称阻值是用专用仪器在 25℃的条件下测得的，而用万用表测量时有一定的电流通过热敏电阻器而产生热量，而且环境温度不一定正是 25℃，所以不可避免地会产生误差。

2. NTC 热敏电阻器的主要参数

【标称阻值】

标称阻值是热敏电阻器设计的电阻值，常在热敏电阻器表面标出。标称阻值是指在基准温度为 25℃时的零功率阻值，因此又被称为电阻值 R25。

【额定功率】

额定功率是指热敏电阻器在环境温度为 25℃、相对湿度为 45%～80%及大气压力为 0.87～1.07Pa 的大气条件下，长期连续负荷所允许的耗散功率。

【B 值范围】

B 值范围（K）是负温度系数热敏电阻器的热敏指数，反映了两个温度之间的电阻变化。

它被定义为在两个温度下零功率电阻值的自然对数之差与这个温度倒数之差的比值。B 值可用下述公式计算，即

$$B = \frac{\ln R_1 - \ln R_2}{1/T_1 - 1/T_2} = 2.3026 \times \frac{\lg R_1 - \lg R_2}{1/T_1 - 1/T_2}$$

式中，R_1、R_2 分别是绝对温度 T_1、T_2 时的电阻值（Ω）。

【零功率电阻值】

在规定温度下测量热敏电阻器的电阻值，当由于电阻器内部发热引起的电阻值变化相对于总的测量误差来说可以忽略不计时测得的电阻值。

【耗散系数 δ（mW/℃）】

耗散系数是指热敏电阻器消耗的功率与环境温度变化之比，即

$$\delta = \frac{W}{T - T_0} = \frac{I^2 R}{T - T_0}$$

式中，W 是热敏电阻消耗的功率（mW）；T 是热平衡时的温度（℃）；T_0 是周围环境温度（℃）；I 是在温度为 T 时通过热敏电阻器的电流（A）；R 是在温度为 T 时热敏电阻器的电阻值（Ω）。

【时间常数 τ(s)】

时间常数 τ(s) 指的是热敏电阻器在零功率状态下，当环境温度由一个特定温度向另一个特定温度突变时，热敏电阻器阻值变化 63.2% 所需的时间。

【电阻温度系数】

电阻温度系数是指环境温度变化 1℃ 时热敏电阻器电阻值的相对变化量。知道某一个型号热敏电阻器的电阻温度系数后，就可以估算出热敏电阻器在相应温度下的实际电阻值。

如 MF11 型负温度系数热敏电阻器的电阻温度系数为 "−（2.73～3.34）%/℃"，含义是：以基准温度 25℃ 为起点，温度每升高 1℃，该热敏电阻器的阻值便下降（2.73～3.34）%。为了简便，可将 d25 取为−3%/℃，这样估算就十分方便了：在某一温度 t℃ 时热敏电阻器所具有的电阻值，等于其前一温度的电阻乘以系数 0.97（即 100%−3%=97%=0.97）。如 MF11 型负温度系数热敏电阻器在 25℃ 时的阻值为 250Ω，那么在 26℃ 时为 250Ω×0.97=242.5Ω。常用 NTC 热敏电阻器的主要参数见表 1-19。

表 1-19 常用 NTC 热敏电阻器的主要参数

型号	额定功率（W）	标称阻值范围	电阻温度系数范围（×10⁻²/℃）	材料常数（K）	最高工作温度（℃）	热时间常数（s）
MF11	0.25	10～100Ω	−（2.23～2.72）	1982～2420	85	≤60
MF11	0.25	110Ω～4.7kΩ	−（2.73～3.34）	2430～2970	85	≤60
MF11	0.25	5.1～15kΩ	−（3.34～4.09）	2970～3630	85	≤60
MF12-1	1	1～430kΩ	−（4.76～5.83）	4230～5170	125	≤60
MF12-1	1	470kΩ～1MΩ	−（5.65～6.94）	5040～6160	125	≤60
MF12-2	0.5	1～100kΩ	−（4.76～5.83）	4230～5170	125	≤60
MF12-2	0.5	110kΩ～1MΩ	−（5.68～6.94）	5040～6160	125	≤60

续表

型号	额定功率（W）	标称阻值范围	电阻温度系数范围（×10⁻²/℃）	材料常数（K）	最高工作温度（℃）	热时间常数（s）
MF12-3	0.25	56～510Ω	－（3.95～4.84）	3510～4240	125	≤60
MF12-3	0.25	560～5600Ω	－（4.76～5.63）	4230～5170	125	≤60
MF13	0.25	0.82～10kΩ	－（2.73～3.34）	2430～2970	125	≤30
MF13	0.25	11～300kΩ	－（3.34～4.09）	2470～3630	125	≤30
MF14	0.5	0.82～10kΩ	－（2.73～3.34）	2430～2970	125	≤60
MF14	0.5	11～300kΩ	－（3.34～4.09）	2470～3630	125	≤60
MF15	0.5	100～47kΩ	－（3.95～4.84）	3520～4280	155	≤30
MF15	0.5	51～1000kΩ	－（4.70～5.80）	4230～5170	155	≤30
MF16	0.5	10～47kΩ	－（3.95～4.84）	3510～4240	125	≤60
MF16	0.5	51～100kΩ	－（4.76～5.83）	4230～5170	125	≤60
MF17	0.25	6.8～1000kΩ	－（4.2～6）	－	155	≤20

3. NTC 热敏电阻器的应用

NTC 热敏电阻器（负温度系数热敏电阻器）一般用在各种电子产品中做微波功率测量、温度检测、温度补偿、温度控制、稳压温度补偿、开关电源、UPS 电源、各类电加热器、电子节能灯、温度控制电路、电源电路的保护、彩色显像管、白炽灯及其他照明灯具的灯丝保护电路中。因此，选用 NTC 热敏电阻器时应根据应用电路的需要选择合适的类型及型号。

 【限流电路】

为了避免电子电路在开机的瞬间产生浪涌电流，通常在设计电路时在电源电路中串接一个功率型 NTC 热敏电阻器，这样就能有效地抑制开机时的浪涌电流，并且在完成抑制浪涌电流作用以后，由于通过其电流的持续作用，功率型 NTC 热敏电阻器的电阻值将下降到非常小的程度，它消耗的功率可以忽略不计，不会对正常的工作电流造成影响，所以在电源回路中使用功率型 NTC 热敏电阻器，是抑制开机时的浪涌，以保证电子设备免遭破坏的最为简便而有效的措施。

NTC 热敏电阻器用于限流电路的应用电路如图 1-47 所示。

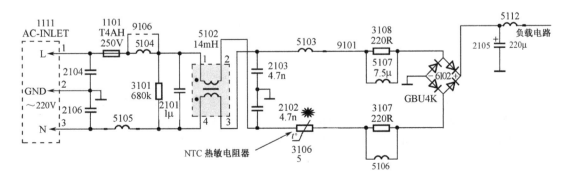

图 1-47　NTC 热敏电阻器用于限流电路的应用电路

在如图 1-47 所示电路中，电阻 3106 为负温度系数热敏电阻器，电源电压经过该热敏电阻器限流后，经整流桥 6102 整流，在滤波电容 2105 两端产生 300V 左右的直流电压为后级电路供电。

NTC 热敏电阻器在限流电路中的实际应用电路如图 1-48 所示。

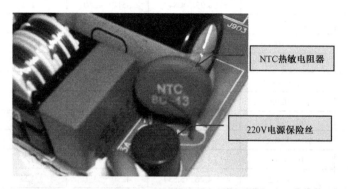

图 1-48　NTC 热敏电阻器在限流电路中的实际应用电路

【温度检测/控制电路】

由于 NTC 热敏电阻器的阻值会随着环境温度的升高而变小，因此可以通过将热敏电阻器与普通电阻器串联后组成分压电路，将温度变化转换为电压变化信号，然后再利用该变化的电压信号控制驱动电路实现对负载的控制。图 1-49 是一款电暖器自动温度控制电路。

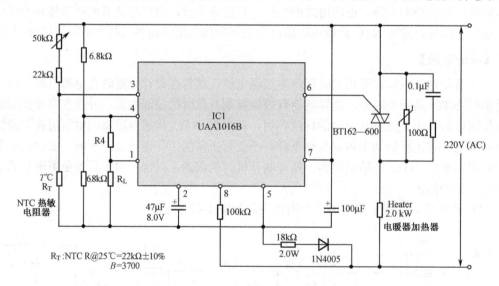

图 1-49　一款电暖器自动温度控制电路

在如图 1-49 所示的电路中，R_T=22kΩ±10%（25℃），B 值为 3700。IC1 的 3 脚上的电压是所测量温度的函数电压。该电压与内部控制电压相比较后输出控制信号，控制晶闸管的导通，从而控制加热器两端的工作电压，进而达到控制温度的目的。

NTC 热敏电阻器 R_T 的阻值会随着环境温度的下降而上升，进而使热敏电阻器 R_T 两端的电压降升高。当环境温度低于设定值时，IC1 的 3 脚电压高于内部控制电压，输出端 6 脚输出控制信号，使晶闸管导通程度加深（导通角加大），提高加热器的供电电压，进而使环境温度得以升高。

当温度上升到设定值时，IC1 的 3 脚电压下降到低于内部比较器电压值后，6 脚输出控制信号，使晶闸管导通程度（导通角）降低，并降低加热器的供电电压（甚至切断加热器的供电），使环境温度降低。如此周而复始，即可将环境温度控制在设定值上。

1.2.3　PTC 热敏电阻器

1. PTC 热敏电阻器的识别与检测

PTC 是英文 Positive Temperature Coefficient 的缩写。其含义为正温度系数。PTC 热敏电阻器是一种在钛酸钡（$BaTiO_3$）固溶体中掺入微量稀土元素，用陶瓷工艺法制成组件体，再引出电极和导线，并用树脂密封而成的高技术半导体功能陶瓷材料电阻器。

PTC 热敏电阻器（正温度系数热敏电阻器）是一种具有温度敏感性的半导体电阻器。一旦超过一定的温度（居里温度）时，其电阻值就会随着温度的升高几乎是呈阶跃式的增高。PTC 热敏电阻器本体温度的变化可以由流过 PTC 热敏电阻器的电流来获得，也可以由外界输入热量或者两者的叠加来获得。

常见的 PTC 热敏电阻器外形图如图 1-50（a）所示，常见的高分子 PTC 热敏电阻器实物图如图 1-50（b）所示。

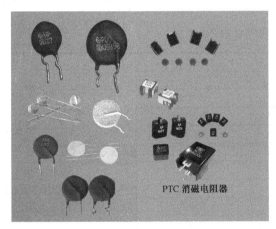
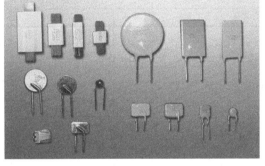

（a）常见 PTC 热敏电阻器外形图　　　　（b）常见高分子 PTC 热敏电阻器实物图

图 1-50　常见的 PTC 热敏电阻器外形图和实物图

PTC 热敏电阻器根据其材质的不同可以分为陶瓷 PTC 热敏电阻器和有机高分子 PTC 热敏电阻器（简称高分子 PTC 热敏电阻器）。PTC 热敏电阻器根据其用途的不同可分为自动消磁用 PTC 热敏电阻器、延时启动用 PTC 热敏电阻器、恒温加热用 PTC 热敏电阻器、过载保护用 PTC 热敏电阻器、过热保护用 PTC 热敏电阻器、传感器用 PTC 热敏电阻器。在一般情况下，高分子 PTC 热敏电阻器适合过载保护电路。

高分子 PTC 热敏电阻器与保险丝之间最显著的差异就是前者可以多次重复使用。高分子 PTC 热敏电阻器能提供过电流保护作用，同一只高分子 PTC 热敏电阻器能多次提供这种保护。因此，高分子 PTC 热敏电阻器又被称为 PTC 自恢复保险丝或者聚合物自恢复保险丝。

高分子 PTC 热敏电阻器在过流问题未被排除以前一直处于关断状态而不会复位，能够一直保持高电阻状态直到排除故障。

高分子 PTC 热敏电阻器与陶瓷 PTC 热敏电阻器的不同在于元器件的初始阻值、动作时间（对事故事件的反应时间）及尺寸大小的差别。具有相同维持电流的高分子 PTC 热敏电阻器与陶瓷 PTC 热敏电阻器相比，高分子 PTC 热敏电阻器尺寸更小、阻值更低，同时反应更快。

高分子 PTC 热敏电阻器是由填充炭黑颗粒的聚合物材料制成的。这种材料具有一定的导电能力，因而能够通过额定的电流。如果通过热敏电阻器的电流过高，则它的发热功率大于散热功率。此时，热敏电阻器的温度将开始不断升高，同时热敏电阻器中的聚合物基体开始膨胀，这使炭黑颗粒分离，并导致电阻上升，从而非常有效地降低了电路中的电流。这时电路中仍有很小的电流通过，这个电流使热敏电阻器能够维持足够温度从而保持在高电阻状态。当排除故障之后，高分子 PTC 热敏电阻器很快冷却并将恢复到原来的低电阻状态，这样又像一只新的热敏电阻器一样可以重新工作了。

通常所说的 PTC 热敏电阻器即指陶瓷 PTC 热敏电阻器，除非有特别注明才能理解为高分子 PTC 热敏电阻器。

国产的热敏电阻器采用 SJ1155—1982 部颁标准（新标准）命名，型号名称分为四部分，各部分的含义见表 1-20。

表 1-20   热敏电阻器型号各部分的含义

第一部分（主称）		第二部分（类别）		第三部分（用途或特征）		第四部分（序号）
字母	含义	字母	含义	数字	含义	
M	敏感电阻器	Z	正温度系数热敏电阻器	1	普通型	用数字或字母与数字混合表示序号，代表着某种规格、性能
				5	测温用	
				6	温度控制用	
				7	消磁用	
				9	恒温型	
		F	负温度系数热敏电阻器	0	特殊型	
				1	普通型	
				2	稳压用	
				3	微波测量用	
				4	旁热式	
				5	测温用	
				6	控制温度用	
				8	线性型	

第一部分为字母符号，用字母"M"表示主称为敏感电阻器。

第二部分用字母表示敏感电阻器的类别，"Z"表示正温度系数热敏电阻器，"F"表示负温度系数热敏电阻器。

第三部分用数字 0～9 表示热敏电阻器的用途或特征。

第四部分用数字或字母、数字混合表示序号。

如 MZ73A—1 表示消磁用正温度系数热敏电阻器（M：敏感电阻器，Z：正温度系数热敏电阻器，7：消磁用，3A—1：序号）。

实际的 PTC 热敏电阻器型号通常由六部分组成，如 MZ11A — 75 HV 102 N U，即包含下列内容：

① 型号：MZ11A。

② 开关温度：50 代表 50℃，75 代表 75℃，85 代表 85℃，105 代表 105℃，120 代表 120℃。

③ 类型代号：S 代表微小型，A 代表基本型，HV 代表高压型。

④ 额定零功率电阻：采用电阻器的数字标注法表示，如 $102=10×10^2=1000\Omega$、$68R=68\Omega$。

⑤ 电阻允许误差：N 代表±30%，V 代表±25%，M 代表±20%，K 代表±10%，J 代表±5%，X 代表其他允许误差。

⑥ 引线形状：U 代表内弯，S 代表直线形，A 代表轴弯。

在有些 PTC 热敏电阻器的型号中，通常也包含有该热敏电阻器的直径等信息，如 MZ11B — 105 S 102 N U — 5D 121 K，即包含下列内容：

① 型号。

② PTC 热敏电阻器规格参数（与 MZ11A 系列相同）。

③ 芯片直径：5D 代表 ϕ5，7D 代表 ϕ7，10D 代表 ϕ10。

④ 压敏电压及其允许偏差：820 表示 82V，101 表示 100V，121 表示 120V，151 表示 150V。电阻允许误差中的 N 代表±30%，V 代表±25%，M 代表±20%，K 代表±10%，J 代表±5%，X 代表其他允许误差。

应用热敏电阻器时，必须对它的几个比较重要的参数进行测试。一般来说，热敏电阻器对温度的敏感性高，所以不宜用万用表来测量它的阻值。这是因为万用表的工作电流比较大，流过热敏电阻器时会发热而使阻值改变。但用万用表也可简易判断热敏电阻器能否工作，具体方法如下：

在常温下（室内温度接近 25℃），将万用表拨到欧姆挡（视标称电阻值确定挡位，通常为 R×1 挡），用鳄鱼夹代替表笔分别夹住热敏电阻器的两个引脚，记下此时的阻值，并与标称阻值相对比，两者相差在±2Ω即为正常；然后将一个热源（通电的电烙铁）加热 PTC 热敏电阻器，观察万用表示数，此时会看到显示的数据（指针会慢慢移动）随着温度的升高而增大。当阻值改变到一定数值时，显示数据会（指针）逐渐稳定，此时说明该 PTC 电阻器基本正常，可以正常使用；若加热后，阻值无变化，说明其性能不佳，不能继续使用。注意不要使热源与 PTC 热敏电阻器靠得过近或直接接触热敏电阻器，以防止将其烫坏。PTC 热敏电阻器检测示意图如图 1-51 所示。

2. PTC 热敏电阻器的主要参数

PTC 热敏电阻器主要就是利用半导体器件的 PTC 特性进行工作的。PTC 特性是指 PTC 热敏电阻器电阻率随温度变化的规律，即正电阻温度系数特性。当温度在某一特定值时，即 A 点（居里点）以下时，电阻率呈下降趋势，变化甚微；若达到居里点温度再升高，则 PTC 组件的电阻率突变，呈指数曲线上升，这种现象被称为 PTC 特性，如图 1-52 所示。改变钛酸钡中掺入的稀土元素的成分和数量，即可改变居里点温度的高低。

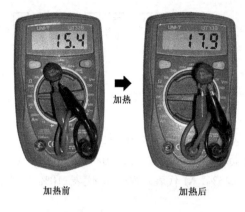

加热前　　　　　　　加热后

图 1-51　PTC 热敏电阻器检测示意图　　　　图 1-52　PTC 特性示意图

常见的 MZ12A 型过流保护 PTC 热敏电阻器的主要参数见表 1-21。

表 1-21　常见的 MZ12A 型过流保护 PTC 热敏电阻器的主要参数

型　号	最大不动作电流 I_n（mA）	动作电流 I_k（mA）	额定零功率电阻值 R_{25}（Ω）	最大工作电流 I_{max}（A）
MZ12A—75S222M005	5	10	2200±20%	0.2
MZ12A—75S152M006	6	12	1500±20%	
MZ12A—75S102M008	8	16	1000±20%	
MZ12A—75S681M010	10	20	680±20%	
MZ12A—75S471M012	12	24	470±20%	0.3
MZ12A—75S331M015	15	30	330±20%	
MZ12A—75S221M018	18	36	220±20%	
MZ12A—75S151M020	20	40	150±20%	0.4
MZ12A—75S101M025	25	50	100±20%	
MZ12A—75A471M014	14	28	470±20%	0.4
MZ12A—75A331M017	17	34	330±20%	
MZ12A—75A221M020	20	40	220±20%	0.5
MZ12A—75A151M024	24	48	150±20%	
MZ12A—75A101M028	28	56	100±20%	0.6
MZ12A—75A68RM032	32	64	680±20%	
MZ12A—75B331M020	20	40	330±20%	0.8
MZ12A—75B221M025	25	50	220±20%	
MZ12A—75B151M030	30	60	150±20%	
MZ12A—75B101M035	35	70	100±20%	1.0
MZ12A—75B68RM040	40	80	68±20%	
MZ12A—75LB82RM035	35	70	82±20%	1.0

MZ12A 型 PTC 热敏电阻器主要用于电子镇流器（节能灯、电子变压器、万用表、智能电度表）等的过流、过热保护，直接串联在负载电路中，在线路出现异常状况时，能够自动限制过电流或阻断电流。当故障被排除后又恢复原态，俗称"万次保险丝"

3. PTC 热敏电阻器的应用与代换

利用 PTC 热敏电阻器最基本的电阻温度特性及电压－电流特性和电流－时间特性，PTC

热敏电阻器已广泛应用于工业电子设备、汽车及家用电器等产品中，达到自动消磁、过热/过流保护、恒温加热、温度补偿及延时等作用。

　　PTC 热敏电阻器在电源接通 1～2s 后即呈高阻状态，温度高于 65℃左右发生转折；断开电源后，要经过 1.5～2min 才能冷却到低阻状态。因此，在彩电、电冰箱电路设计中利用其特点实现过压、过流、过载保护来延长仪器的使用寿命，同时加强了安全防护。PTC 热敏电阻器的应用电路主要有下列几种形式。

【高分子 PTC 热敏电阻器过流/过热保护电路】

　　高分子 PTC 热敏电阻器由于具有独特的正温度系数电阻特性（即 PTC 特性），因而极为适合用于过流保护器件。高分子 PTC 热敏电阻器的使用方法像普通保险丝一样，是串联在电路中的（没有极性），应用电路如图 1-53 所示。

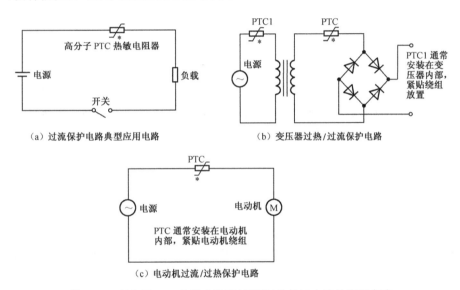

图 1-53　高分子 PTC 热敏电阻器过流/过热保护电路的应用电路

　　当电路处于正常状态时，通过高分子 PTC 热敏电阻器的电流小于额定电流，高分子 PTC 热敏电阻器处于常态，阻值很小，串联在电路中的高分子 PTC 热敏电阻器不会阻碍电流通过，不会影响被保护电路的正常工作。当电路出现故障、电流大大超过额定电流时，高分子 PTC 热敏电阻器由于发热功率增加导致其内部温度上升（或者工作环境温度上升），当温度超过开关温度 T_s 时，电阻瞬间会变得很大，呈高阻态，使电路处于相对"断开"状态，把电路中的电流限制到很低的水平。此时电路中的电压几乎都加在高分子 PTC 热敏电阻器两端，因而可以起到保护其他元件的作用。当排除故障后，高分子 PTC 热敏电阻器的阻值会迅速恢复到原来的水平。电路排除故障后，无须更换高分子 PTC 热敏电阻器，可以继续使用。

　　图 1-54 为高分子 PTC 热敏电阻器对交流电路保护过程中电流的变化示意图。热敏电阻器动作后，电路中的电流有了大幅度的降低。图中，t 为热敏电阻器的动作时间。由于高分子 PTC 热敏电阻器的可设计性好，可通过改变自身的开关温度（T_s）来调节其对温度的敏感程度，因而可同时起到过热保护和过流保护两种作用，如 KT16—1700DL 型热敏电阻器由于动作温度很低，因而适用于锂离子电池和镍氢电池的过流及过热保护。

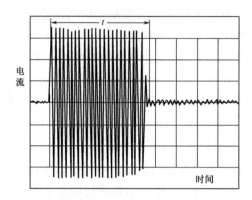

图 1-54　高分子 PTC 热敏电阻器对交流电路保护过程中电流的变化示意图

高分子 PTC 热敏电阻器是一种直热式、阶跃型热敏电阻器。其电阻变化过程与自身的发热和散热情况有关，因而其维持电流（I_{hold}）、动作电流（I_{trip}）及动作时间均受环境温度的影响。

选用高分子 PTC 热敏电阻器作为过载保护元件，首先要确认线路最大正常工作电流（就是高分子 PTC 热敏电阻器的不动作电流）和高分子 PTC 热敏电阻器的安装位置的最高环境温度；其次是保护电流（就是高分子 PTC 热敏电阻器的动作电流）、最大工作电压、额定零功率电阻，同时也应考虑元件的外形尺寸等因素。

【PTC 热敏电阻器灯丝预热电路】

PTC 热敏电阻器用于各种荧光灯电子镇流器、电子节能灯中时，不必改动线路，将适当的 PTC 热敏电阻器直接跨接在灯管的谐振电容器两端，改变电子镇流器、电子节能灯的硬启动为预热启动，使灯丝的预热时间达到 0.4～2s，可延长灯管寿命达三倍以上。

PTC 热敏电阻器灯丝预热电路如图 1-55 所示。

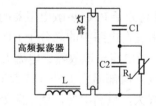

图 1-55　PTC 热敏电阻器灯丝预热电路

在如图 1-55 所示电路中，刚接通开关时，PTC 热敏电阻器 R_t 处于常温状态，其阻值远远低于 C2 的容抗，电流通过 C1，R_t 自热温度超过居里温度 T_c 跃入高阻态。其阻值远远高于 C2 的容抗，电流通过 C1、C2 形成回路导致 LC 谐振，产生高压，点亮灯管。

对某一特定的电子镇流器、电子节能灯而言，所选用的 PTC 热敏电阻器阻值越大、体积越小、居里温度越低，其功耗就越小、预热时间也越短；反之，功耗就越大，预热时间也越长。

【PTC 热敏电阻器过热保护电路】

由于 PTC 热敏电阻器具有在居里温度以上电阻值陡然升高的特性，因此可以在环境温度异常升高时，利用装有 PTC 热敏电阻器的保护线路通过阻值的改变而接通或断开回路，达到保护后级元器件的目的。

图 1-56 为 PTC 热敏电阻器过热保护电路。

如图 1-56（a）所示电路的工作原理如下：在正常环境温度下，PTC 热敏电阻器阻值 R_p 小于 R_S，输出电压较低；当环境温度超过设定温度时，PTC 热敏电阻器阻值 R_p 快速上升超过 R_S，从而导致 U_o 增加到足够高的电压而动作，如图 1-56（b）所示。

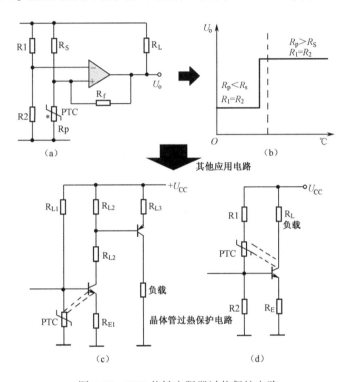

图 1-56　PTC 热敏电阻器过热保护电路

【PTC 热敏电阻器电动机启动电路】

在单相交流电动机的启动线路中，与辅助启动线圈串联的 PTC 热敏电阻器可在电动机加速之后自动断开，从而保护启动线圈免受损坏。PTC 热敏电阻器电动机启动电路如图 1-57 所示。

当接通电源时，电源电流全部加在辅助启动线圈（启动绕组）上，PTC 热敏电阻器可将 7A 左右的电流在 0.1～0.4s 之内衰减至 4A 左右，再经 3s 左右的时间使电流降为 10～15mA，这样，启动绕组因 PTC 热敏电阻器"关闭"而停止工作，而这时运行绕组已处于正常工作状态。这种启动装置的特点是性能可靠、寿命长，实现了无触点启动，而且这种方法还对低电压启动有较强的适应性。例如，在供电电压为 160V 时，只要输入电流稍大于 2A，电冰箱压缩机就能正常启动。

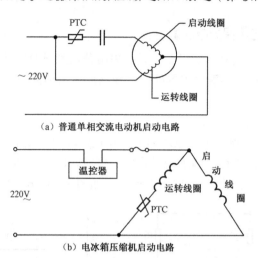

(a) 普通单相交流电动机启动电路

(b) 电冰箱压缩机启动电路

图 1-57　PTC 热敏电阻器电动机启动电路

 【PTC 热敏电阻器消磁电路】

由于显像管的荫罩板通常采用含有钢的合金制成，因此在施加高压电时会产生剩磁。如果不将剩磁消除，则这种剩磁就会对电子束产生附加的偏转作用，使显像管的色纯度下降，影响显示器的显示效果。因此，彩色电视机、彩色显示器都添加了消磁电路来消除这些剩磁，以保证显示器的显示效果。

显像管的消磁电路有自动消磁电路和手动消磁电路两种形式。其原理都是采用一个逐渐减弱的交变磁场来进行消磁的。交流电流通过消磁线圈，磁性物质就沿着固有的磁滞回线充磁，经过足够的周期后，随着磁场强度的逐渐衰减变为零，磁性物质的剩磁也就跟着变为零，这样就完成了显像管的消磁作用。

消磁电路通常由一个能够产生磁场的消磁线圈及一个能够产生交变电流的正温度系数热敏电阻器（或者称为消磁电阻器）构成。消磁线圈一般固定地安装在显像管锥体四周。常见的消磁电路电路形式如图 1-58 所示。

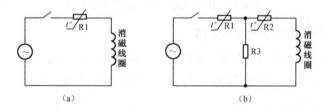

图 1-58　常见的消磁电路形式

在如图 1-58 所示中，R1 为 PTC 热敏电阻器。在开关闭合的瞬间，由于热敏电阻器 R1 的初始电阻值很小，故起始电流 I_0 很大。随着热敏电阻器温度的升高，R1 的电阻值逐渐增大，使回路中电流减小，因而在消磁线圈中产生周期性衰减的交变电场，从而使磁滞回线按周期减小（如图 1-59 所示），从而达到消磁的目的。

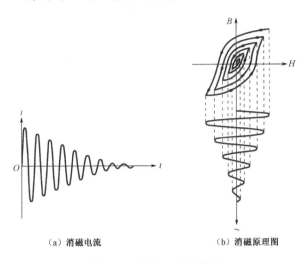

（a）消磁电流　　　　　　　　（b）消磁原理图

图 1-59　消磁电流的波形

由于图 1-58 电路中的消磁电路在电路正常工作时依然在通电，消磁线圈中还有微弱的电流通过，消磁线圈中的残余电流会对图像有影响，而且这样消磁电阻易发热损坏。因此，目前的新型显示器消磁电路都采用双刀双掷开关继电器对消磁电路进行控制，消磁完毕后，继电器完全断开，以防止正常工作时消磁线圈中残余电流对图像的影响。这种新型消磁电路原理图如图 1-60 所示。

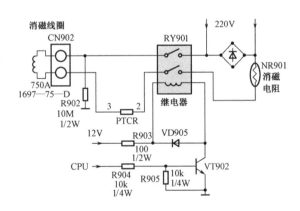

图 1-60　新型消磁电路原理图

当电源开通时，CPU 消磁控制端输出 5V 电压加在三极管 VT902 上，使三极管导通，这时继电器上的线圈有电流流过，使继电器吸合，于是 220V 电压瞬间通过消磁电阻器 NR901 加到消磁线圈上，在消磁线圈四周产生强大的交变磁场，对显像管进行消磁。由于消磁电阻器的作用，使磁场迅速衰减到零（经过实测，在开机瞬间磁场强度可达到 1800 安培/匝，几秒后，RY901 完全关断消磁线圈与 220V 的连接，磁场强度降到 0 安培/匝），磁性物质剩磁一并下降为零，最后达到消磁的目的。3～5s 后，CPU 消磁控制端输出低电平，VT902 截止，消磁结束。当消磁结束后，由于继电器上电感两端电流不能突变，剩余电流通过 VD905 放电，以保护 VT902 不至于被过高的反峰电压击穿。

在实际应用电路中，PTC 消磁电阻器通常有两脚和三脚两种封装形式，因此它们的连接方式有点差异，如图 1-61 所示。

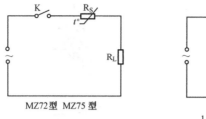 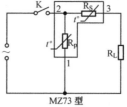

（a）两脚消磁电阻器连接电路　　　　（b）三脚消磁电阻器连接电路

图 1-61　两脚和三脚 PTC 消磁电阻器连接示意图

热敏电阻器损坏后，若无同型号的产品更换，则可选用与其类型及性能参数相同或相近的其他型号热敏电阻器代换。

消磁用 PTC 热敏电阻器可以用与其额定电压值相同、阻值相近的同类热敏电阻器代用。例如，额定阻抗为 20Ω 的消磁用 PTC 热敏电阻器损坏后，可以用 16～27Ω 的消磁用 PTC 热敏电阻器直接代换。

压缩机启动用 PTC 热敏电阻器损坏后，应使用同型号热敏电阻器代换或与其额定阻值、额定功率、启动电流、动作时间及耐压值均相同的其他型号热敏电阻器代换，以免损坏压缩机。

温度检测、温度控制用热敏电阻器及过电流保护用热敏电阻器损坏后，只能使用与其性能参数相同的同类热敏电阻器更换，否则也会造成电路不能工作或实际效果达不到设计要求的故障。

1.2.4　压敏电阻器

1. 压敏电阻器的识别与检测

压敏电阻器（Zinc Oxide Varistor）是利用半导体材料的非线性特性制成的一种特种电阻器。当压敏电阻器两端施加的电压达到某一临界值（压敏电压）时，压敏电阻器的阻值就会急剧变小。

压敏电阻器的种类很多，按其材料来分类，可分为氧化锌压敏电阻器、碳化硅压敏电阻器、金属氧化物压敏电阻器、锗硅压敏电阻器、钛酸钡和硒化镉压敏电阻器等。

氧化锌压敏电阻器（ZnO）又称"突波接收器"，是一种具有电压、电流对称特性的压敏电阻器。它主要用来保护电子产品或组件免受开关或雷击诱发所发生的突波影响，目前广泛应用在各种电子产品中。

压敏电阻器的结构就像两个特性一致的背靠背连接的稳压管（其性质基本相同）。压敏电阻器的主要特性是：当两端所加电压在标称额定值以内时，其电阻值几乎为无穷大，处于高阻状态，漏电流<50μA；当两端电压稍微超过额定电压时，其电阻值急剧下降，立即处于导通状态，工作电流增加几个数量级，反应时间仅在毫微秒级。压敏电阻器在国外被俗称为"斩波器"或"限幅器"，这是从它的实际作用而得名的。

多层片式压敏电阻器（MLV）又称贴片式压敏电阻器，是一种浪涌电压抑制器。它是采用先进的叠层片式化技术制造的半导体陶瓷元件，能为被保护元件（电路）提供强有力的保护，同时具有优良的浪涌能量吸收能力及内部散热能力。

　　压敏电阻器在休息状态（非击穿状态）时，相对于受保护的电子器件而言，具有很高的阻抗（数兆欧姆），对原设计电路没有影响，但当有瞬间过高电压（超过压敏电阻器的击穿电压）出现时，该压敏电阻器的阻抗会迅速变低（仅有几欧姆），从而使原电路短路，保护电子产品或组件。常见的压敏电阻器外形图如图 1-62 所示。

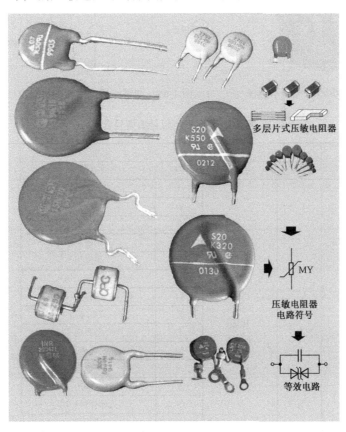

图 1-62　常见的压敏电阻器外形图

　　检测压敏电阻器时，应将万用表的电阻挡挡位开关拨至最高挡。常温下测量压敏电阻器的两引脚阻值应为无穷大，数字表显示屏将显示溢出符号"1"，如图 1-63 所示。

　　若有阻值，就说明该压敏电阻器的击穿电压低于万用表内部电池的 9V（或 15V）电压（这种压敏电阻器很少见）或者已经被击穿损坏。

　　测量压敏电阻器的标称电压电路如图 1-64 所示。

　　SJ1152—1982 部颁标准中压敏电阻器的型号命名分为四部分：

　　第一部分用字母"M"表示主称为敏感电阻器。

　　第二部分用字母"Y"表示敏感电阻器为压敏电阻器。

　　第三部分用字母表示压敏电阻器的用途或特征。

　　第四部分用数字表示序号，有的在序号的后面还标有标称电压、通流容量或电阻体直径、电压误差、标称电压等。各部分的含义见表 1-22。

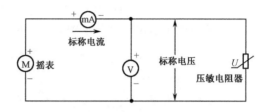

图 1-63　压敏电阻器检测示意图　　　图 1-64　测量压敏电阻器的标称电压电路

表 1-22　压敏电阻器的型号含义

第一部分：主称		第二部分：类别		第三部分：用途或特征		第四部分：序号
字母	含义	字母	含义	字母	含义	
M	敏感电阻器	Y	压敏电阻器	无	普通型	用数字表示序号，有的在序号的后面还标有标称电压、通流容量或电阻体直径、电压误差等
				D	通用型	
				B	补偿用	
				C	消磁用	
				E	消噪用	
				G	过压保护用	
				H	灭弧用	
				K	高可靠用	
				L	防雷用	
				M	防静电用	
				N	高能型	
				P	高频用	
				S	元器件保护用	
				T	特殊型	
				W	稳压用	
				Y	环型	
				Z	组合型	

例如：

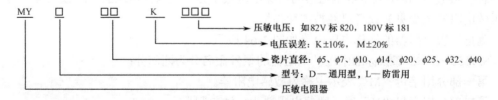

MY □ □□ K □□□
　压敏电压：如82V 标 820，180V 标 181
　电压误差：K ±10%，M ±20%
　瓷片直径：φ5、φ7、φ10、φ14、φ20、φ25、φ32、φ40
　型号：D—通用型，L—防雷用
　压敏电阻器

2. 压敏电阻器的主要参数

【压敏电压】

压敏电压即击穿电压或阈值电压，指的是在规定电流下的电压值，在大多数情况下，指用 1mA 直流电流通入压敏电阻器时测得的电压值。不同型号的产品，其压敏电压范围为 10～

1000V 不等，可根据具体需要正确选用。一般 U_{1mA}=1.5U_p=2.2U_{AC}。式中，U_p 为电路额定电压的峰值；U_{AC} 为额定交流电压的有效值。压敏电阻器的电压值选择是至关重要的。它关系到保护效果与使用寿命。如一台用电器的额定电源电压为 220V，则压敏电阻器电压值 U_{1mA}=1.5U_p=1.5×220V=476V，U_{1mA}=2.2×U_{AC}=2.2×220V=484V，因此压敏电阻器的击穿电压可选在 476～484V 之间。

【最大连续电压】

最大连续电压指的是在规定环境温度下，能长期持续加在压敏电阻器两端的最大正弦交流电压有效值或最大直流电压值。

【限制电压】

限制电压指的是在压敏电阻器中通过规定大小的冲击电流（8/20μs）时，其两端的最大电压峰值。

【额定功率】

额定功率指的是在规定的环境温度下，可施加给压敏电阻器的最大平均冲击功率。

【最大能量】

在压敏电压变化不超过±10%，冲击电流波形为 10/1000μs 或 2ms 的条件下，可施加给压敏电阻器的最大的一次冲击能量。

【通流容量（最大冲击电流）】

用规定的时间和次数进行标准波形冲击（一般为 8/20μs，2ms 方波），压敏电阻器标称电压变化率符合技术条件规定的最大电流被称为通流容量。

为了延长器件的使用寿命，氧化锌压敏电阻器所吸收的浪涌电流幅值应小于手册中给出的产品最大通流量。然而从保护效果出发，要求所选用的通流量大一些好。在许多情况下，实际发生的通流量是很难精确计算的，则选用 2～20kA 的产品。处手头产品的通流量不能满足使用要求时，则可将几只单个的压敏电阻器并联使用。并联后的压敏电压不变，其通流容量为各单只压敏电阻器数值之和。要求并联的压敏电阻器伏安特性尽量相同，否则易引起分流不均匀而损坏压敏电阻器。

【静态电容量】

静态电容量指的是压敏电阻器本身所固有的电容量，是在 20℃±2℃ 环境中，施加以 1kHz、最大为 1U_{rms} 信号时所测得的。

【漏电流】

漏电流指的是在规定的温度下，施加最大连续直流电压（或实际压敏电压的 75%）时，压敏电阻器中流过的电流值。

【非线性系数】

非线性系数表示压敏电阻器偏离伏安特性的程度。该值越大越好。

【残压比】

当流过脉冲电流时，压敏电阻器两端的峰值电压与标称电压之比被称为残压比。

压敏电阻器虽然能吸收很大的浪涌电能量，但不能承受毫安级以上的持续电流，在用作过压保护时必须考虑到这一点。选择压敏电阻器时，一般只需要考虑标称压敏电压 U_{1mA} 和通流容量这两个参数。常用压敏电阻器的主要参数见表 1-23。

表 1-23 常用压敏电阻器的主要参数

型　号	最大连续工作电压		压敏电压	限制电压		通流容量（8/20μs）		最大能量（J）		额定功率	静态电容量
	AC（V）	DC（V）	$U_{0.1mA}$（V）	U_p（V）	I_p（A）	1次（A）	2次（A）	10/1000μs	2ms	（W）	1kHz（pF）
MYG－05D180K	11	14	18（16～20）	40	1	250	125	0.6	0.5	0.01	1400
MYG－05D220K	14	18	22（20～24）	48	1	250	125	0.7	0.7	0.01	1150
MYG－05D270K	17	22	27（24～30）	60	1	250	125	0.9	0.8	0.01	930
MYG－05D30K	20	26	33（30～36）	73	1	250	125	1.1	0.9	0.01	760
MYG－05D390K	25	31	39（35～43）	86	1	250	125	1.2	1.1	0.01	640
MYG－05D470K	30	38	47（42～52）	104	1	250	125	1.5	1.4	0.01	530
MYG－05D560K	35	45	56（50～62）	123	1	250	125	1.8	1.7	0.01	450
MYG－05D680K	40	56	68（61～75）	145	1	250	125	2.2	2.0	0.01	370
MYG－05D820L	50	65	82（74～90）	150	5	800	600	4	2.5	0.10	300
MYG－05D101K	60	85	100（90～110）	175	5	800	600	4.1	3.0	0.10	250
MYG－05D121K	75	100	120（108～132）	210	5	800	600	4.9	3.6	0.10	210
MYG－05D151K	95	125	150（135～165）	260	5	800	600	6.5	4.5	0.10	165
MYG－05D181K	115	150	180（162～198）	320	5	800	600	7.5	5.0	0.10	140
MYG－05D201K	130	170	200（185～225）	355	5	800	600	8.5	6.0	0.10	125
MYG－05D221K	140	180	220（198～242）	380	5	800	600	9.0	6.5	0.10	110
MYG－05D241K	150	200	240（216～264）	415	5	800	600	10.5	7.5	0.10	100
MYG－05D271K	175	225	270（243～297）	475	5	800	600	11	8.0	0.10	95
MYG－05D301K	190	250	300（270～330）	520	5	800	600	12	8.5	0.10	85
MYG－05D331K	210	275	330（297～363）	570	5	800	600	13	9.5	0.10	75
MYG－05D361K	230	300	360（324～396）	620	5	800	600	16	11	0.10	70
MYG－05D391K	250	320	390（351～429）	675	5	800	600	17	12	0.10	65

3. 压敏电阻器的应用

压敏电阻器主要用于程控电话交换机、各种半导体器件、家用电器的保护电路或作为大功率高频电路中的假负载或吸收电阻。

> 压敏电阻器在电路中可进行并联、串联使用。并联使用可增加耐浪涌电流的数值，但要求并联的器件标称电压要一致；串联使用可提高实际使用的标称电压值，通常串联后的标称电压值为两个标称电压值的和。

压敏电阻器选用的正确与否，直接影响保护效果和可靠性。如果选用不当，则不但不能起到保护作用，反而易造成被保护电气设备不能正常工作。因此，必须根据使用电路的具体情况和工作条件（即间断工作还是不间断工作）来选取标称电压适当的压敏电阻器。虽然标称电压值选择的越低，保护灵敏度越高，但标称电压值若选得太低，则在正常工作电压下，流过压敏电阻器的电流也相应较大，会引起压敏电阻器自身损耗增大而发热。当遇到过电压时，流过压敏电阻器的电流会更大，容易将压敏电阻器烧毁。对某些有意选择低电压的压敏电阻器来进行保护的电路，压敏电阻器应安装在易于散热和便于进行更换操作的位置。

压敏电阻器在实际电路中主要有下列几种功能。

【过压保护】

采用压敏电阻器的过压保护电路如图 1-65 所示。

由于电网电压的波动或人为的配电故障，经常会使电网产生浪涌过电压，威胁电子仪器及各种家电的整流电路和电源变压器的安全。若将压敏电阻器并接在整流二极管或电源变压器的输入端即可起到保护作用。

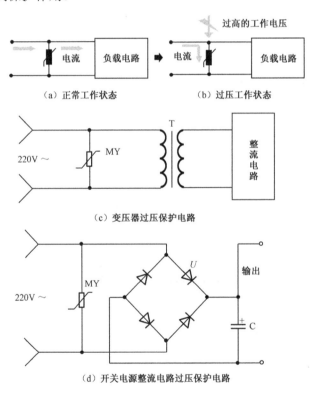

图 1-65　采用压敏电阻器的过压保护电路

【直流电动机稳速】

采用压敏电阻器的直流电动机稳速电路如图 1-66 所示。

在直流电动机的并激绕组电路中串入一只氧化锌压敏电阻器可稳定电动机的转速。其工作原理为：当电源电压变化时，压敏电阻器可以改变励磁绕组中的电流，从而达到稳速的目的。

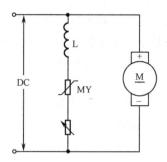

图1-66　采用压敏电阻器的直流电动机稳速电路

【用电器防雷击】

采用压敏电阻器的用电器防雷击电路如图1-67所示。

图 1-67（a）为电视机天线防雷击电路。在雷雨天收看电视节目时，其雷电可以通过两条途径窜入电视机将其损坏：一条是通过室外电视天线；另一条是通过电视机的电源线。前者常损坏高频头，后者常使电视机的电源电路及行、场输出电路损坏。在室外天线上加接压敏电阻器可以抑制这种恶果。其工作原理如下：在正常工作时，天线上的电压很低（低于30V），不足以使压敏电阻器导通，压敏电阻器的阻值为无穷大，电视机天线与大地之间是开路的，天线接收到的信号直接馈送到电视机中；若遇到雷击，则天线上瞬间会有高压产生。该高压使压敏电阻器导通，于是该高压对地构成回路，电流不从电视机中流过，避免损坏电视机。

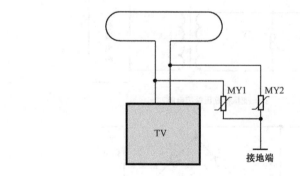

（a）电视机天线防雷击电路

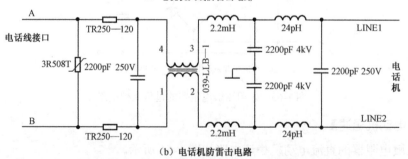

（b）电话机防雷击电路

图1-67　采用压敏电阻器的用电器防雷击电路

需要注意的是：压敏电阻器一般是防感应雷，如果碰上直击雷，鉴于直击雷的巨大电流和特高电压，压敏电阻器也是无能为力的，因此在室外天线的周围应安放避雷装置，室外天线的安装位置应在避雷装置的保护区内。

为防止出现雷击所带来的高压过流信号进入电话机内部电路，电话机通常采用的是加入过压、过流保护元器件，如压敏电阻、自恢复过流保险丝、气体放电管等器件加以保护。雷击通常以高压脉冲形式出现在电话线两端。所以，通常采用电话线两端并接压敏电阻器的防雷措施。这也是普通电话机通常使用的防雷方法。压敏电压选择在 200V 左右即可。另外，为了有效防止外部过流信号对内部器件的影响，应在电话线入口处加入过流保护元件。

图 1-67 （b）为电话机常用的防雷及抗电磁干扰电路。图中，3R508T 为压敏电阻器（或者气体放电管），用来作为突波电流的抑制器；TR250－120 为自恢复限流器件，限流参数为120mA；其余器件组成抗电磁干扰电路，以防止外部及内部的电磁干扰和辐射。

当线路正常运作时，压敏电阻器处于高阻抗的状态，这个高阻抗的状态并不影响线路正常工作。当压敏电阻器感测到雷击或过高的突波电流时，压敏电阻器会在极短的时间（ns）呈现低阻抗的状态，直到电压与电流恢复到正常值，这时压敏电阻器才会回到正常的高阻抗状态，继续保护设备。

压敏电阻器损坏后，应更换与其型号相同的压敏电阻器或用与参数相同的其他型号压敏电阻器来代换。代换时，不能任意改变压敏电阻器的标称电压及通流容量，否则会失去保护作用，甚至会被烧毁。

1.3　电位器

1.3.1　电位器的识别

电阻器的种类非常多，除了前面介绍的一般电阻器之外，另外还有可调整电阻值的电阻器，被称为"可变电阻器"。这种电阻器可通过调整转轴角度来改变电阻值。更精密一点的微调电阻器则须旋转数圈才能调整由 0%～100%的电阻值，常运用于精密仪器调校上。

通过调节可变电阻器的转轴，可以使它的输出电位发生改变，所以这种连续可调的电阻器，又被称为电位器。电位器的种类很多，用途各不相同，通常可按其材料、结构特点、调节机构运动方式等进行分类。

根据所用材料不同，电位器可分为绕线电位器和非绕线电位器两大类。前者额定功率大、噪声低、温度稳定性好、寿命长；缺点是制作成本高、阻值范围小、分布电感和分布电容大。非绕线电位器在电子仪器中应用较多，如常用的碳膜电位器、合成碳膜电位器、金属膜电位器、玻璃釉膜电位器、有机实芯电位器等。非绕线电位器的共同特点是阻值范围宽、制作容易、分布电感和分布电容小；缺点是噪声比绕线电位器大，额定功率较小，寿命较短。这类电位器广泛应用在收音机、电视机、收录机等家用电器中。

根据结构不同，电位器可分为单圈电位器、多圈电位器，单联、双联和多联电位器，带开关电位器、锁紧和非锁紧式电位器。

根据调节方式不同，电位器还可分为旋转式电位器和直滑式电位器两种类型。前者电阻体呈圆弧形，调节时滑动片在电阻体上做旋转运动；后者电阻体呈长条形，调整时，滑动片在电阻体上做直线运动。电位器的种类有多种多样，常见的电位器类型图如图 1-68 所示。

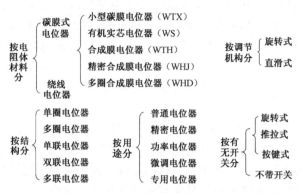

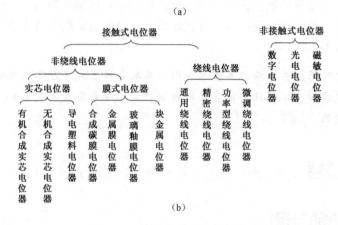

图 1-68　常见的电位器类型图

电位器是一种连续可调的电阻器。其滑动臂（动接点）的接触刷在电阻体上滑动，可获得与电位器外加输入电压与可动臂转角成一定关系的输出电压，如图 1-69 所示。

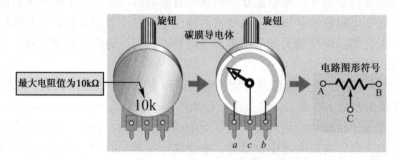

图 1-69　电位器工作示意图

　　电位器是一种连续可调的电子元件，对外有三个引出端：一个是滑动端；另外两个是固定端。滑动端可以在两个固定端之间滑动，使其与固定端之间的电阻值发生变化。在电路中，电位器常用来调节电阻值或电位。

电位器是根据串联电阻的分压原理制成的器件。电位器的活动接点把电阻分成两部分。改变活动接点的位置，就可以改变 AC 和 CB 两边电阻的电阻值。如果把电位器 A、B 点接至 9V 电源电压 E，根据串联电阻电路，电阻上的电压与电阻的大小成正比，那么 CB 两点的电压便随着活动接点的位置而改变。当 C 点移至 A，则 C 和 B 间的电压便等于电源电压 9V。当 C 点在 A、B 两点的中间，则 C、B 间的电压便等于 9V 电源电压的一半；当 C 移至 B，则 C、B 间的电压便等于零。这样，利用改变活动接点的位置便可以调整电压从零至电源电压 9V 的范围。也就是说，把电位器接到固定的电源电压，便可从活动接点的位置得到不同的电压。

电位器的种类繁多，根据其操作方式可分为单圈式、多圈式；根据其导电介质还可以分为线绕式电位器、碳膜电位器、导电塑料电位器等；根据功能还可分为音量电位器（通常为双声道）、调速电位器（通常为设备速度控制用）等。以上所述的电位器，它们的共同点是都有一机械的滑动接触端，通过调节该滑动接触端即可改变电阻值，从而达到调节电路中的各种电压、电流值的目的。下面只介绍常用的几种电位器。

① 单联电位器：这种电位器只有一个滑动臂，只能同时控制一路信号；单联电位器通常有三个引脚，中间的一个为滑动触点连接端，左右两个引脚为电阻体两端的连接引线。

也有些单联电位器有四个引脚，在这四个引脚中，有一个引脚与电位器外壳相连（使用时该脚接地以降低噪声）或者与电阻体的中间部位相连（使用时悬空或接音调调整电路），其他三个引脚与普通电位器引脚功能一样。

② 双联电位器：双联电位器是为了满足某些线路统调的需要，将相同规格的两个电位器装在同一轴上，这就是同轴双联电位器。还有一种是将两个相同或不同规格的电位器分别装在一组同心轴上，外轴为空心套管，里轴装置在套管里。

使用时，两轴可以自由转动而调节其中的任意一联电位器时被称为异步异轴双联电位器。使用这类电位器可以节省空间，美化板面的布置。

高档立体声收录机的音调、音量控制和一些测量仪器上，常使用双联电位器。若将多个相同或不同规格的电位器分别装在一组同心轴上就称为多联电位器。

③ 带开关电位器：这种电位器将开关与电位器结合为一体，通常应用在需要对电源进行开关控制及音量调节的电路中，主要应用在电视机、收音机、随身听等电子产品中。

④ 微调电位器：微调电位器又名半可变电位器或者半可变电阻器。微调电位器主要用在不需要经常调节的电路中，如彩电开关电源中的电压调整电位器。微调电位器有三个引脚（中间的引脚通常为滑动臂），上面通常有一个调整孔，将螺丝刀插入调整孔并旋转即可调整阻值。

微调电位器又分单圈和多圈微调电位器。单圈微调电位器通常为灰白色，面上有一个十字可调的旋钮，出厂前放在一个固定的位置上，不在两头；多圈电位器通常为蓝色，调节的旋钮为一字，一字小改锥可调。微调电位器又分成顶调和侧调两种，主要目的是为了使电路板调试起来方便。

微调电位器的主要功能是补偿固定电阻器的误差。电子装置中若需要很精确的电阻值时，可用半可变电阻器进行调整，以达到所需要的电阻值。

常用电位器的外形图如图 1-70 所示。

在实际应用中，还有一种特殊的电位器——步进电位器。步进电位器实际上是一种多级开关，可通过切换多个电阻串联得到不同的电阻值。常见的步进电位器如图1-71所示。

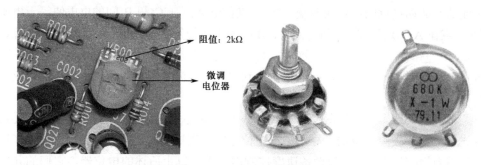

图1-70　常用电位器的外形

图1-71　常见的步进电位器

步进电位器旋转一个挡位可以增大或者减小一个固定的阻值，一般应用在需要平稳调整工作点的音响电位器、自动控制电路中。

在电路原理图中，电位器常用字母"RP"、"VR"、"W"表示。常用电位器（含可变电阻器）的电路符号如图1-72所示。

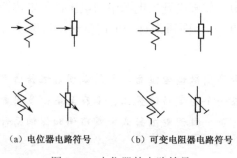

（a）电位器电路符号　　　　（b）可变电阻器电路符号

图1-72　电位器的电路符号

1.3.2　电位器的检测

电位器标称阻值是它的最大电阻值。如标注为100k的电位器，则表示它的阻值可在0～100kΩ内连续变化。

检查电位器时,首先要转动旋柄,看看旋柄转动是否平滑,开关是否灵活,并听一听电位器内部接触点和电阻体摩擦的声音,如有较响的"沙沙"声或其他噪声,则说明质量欠佳。在一般情况下,旋柄转动时应该稍微有点阻尼,既不能太"死",也不能太灵活。

用万用表测试时,应先根据被测电位器标称阻值的大小,选择好万用表的合适挡位再进行测量。

测量时,用万用表的表笔测量定触点的两端电阻值,其读数应为电位器的标称阻值,如图 1-73 所示。如万用表显示的电阻值与标称阻值相差很多,则表明该电位器已损坏。

检测完电位器的标称阻值正常后,还要再检测电位器的滑动臂(活动触点)与电阻体(定触点)的接触是否良好。此时可以用万用表的一个表笔(欧姆挡)接在动触点接线端(通常为中间的引脚),然后将另外一个表笔随意接在电阻体接线端(通常为外侧的两个引脚),如图 1-74 所示。

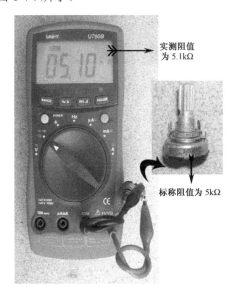

图 1-73 检测电位器的标称阻值 图 1-74 检测电位器滑动臂与电阻体(定触点)的接触是否良好

慢慢旋转旋柄(顺时针或者逆时针均可),电阻值应逐渐增大或者减小,阻值变化范围应该在"0Ω~标称阻值"或者"标称阻值~0Ω"之间。旋转旋柄时,万用表阻值读数应平稳变化(表头中的指针应平稳移动)。若有跳动现象,则说明活动触点有接触不良的故障。

同轴双联电位器(简称双联电位器)相当于两个单联电位器的综合,且两个电阻体的阻值(总阻值)相等,因此除了要分别检测各个电阻体的阻值是否与标称阻值一致外,还要检测两个单联电位器在滑动转轴时阻值变化是否同步,检测方法如下:

用导线把同轴双联电位器 A 的 1 脚和 B 的 3 脚连接起来,将两表笔分别接于同轴双联电位器 A、B 的滑动触点,如图 1-75 所示。

此时,测得的阻值应等于被测同轴双联电位器的标称阻值,然后慢慢顺时针(或逆时针)旋动电位器旋柄,万用表显示的电阻值应该无变化或变化很小,这说明两电阻体上各点电阻值的均匀性越好,被测同轴双联电位器的同步性越好。若在旋转旋柄过程中,万用表显示的阻值示数变化很大,则说明该双联电位器的同步性不好。若电路中使用该电位器,则会造成两个调整信号变化不一致的故障，如作为立体声音响的音量调整电位器时，会造成调整音量时两个声道音量变化不一致的故障。

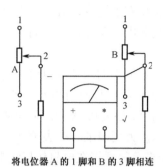

将电位器A的1脚和B的3脚相连

图 1-75　双联电位器同步性检测示意图

1.3.3　电位器的主要参数

【阻值变化特性】

阻值变化特性是电位器的主要参数。为适应各种不同的用途，电位器阻值变化规律也不相同。阻值变化特性是指电位器的阻值随转轴旋转角度的变化关系，可分为线性电位器和非线性电位器。常见的电位器阻值变化规律有直线式（X 型）、指数式（Z 型）、对数式（D 型）三种。三种形式的电位器阻值随活动触点的旋转角度变化的曲线如图 1-76 所示。

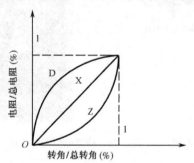

图 1-76　电位器输出特性的函数关系

在如图 1-76 所示中，纵坐标表示当某一角度时的电阻实际数值与电位器总电阻值的百分数，横坐标是旋转角与最大旋转角的百分数。

X 型电位器的阻值变化与转角成直线关系，也就是电阻体上导电物质的分布是均匀的，所以单位长度的阻值相等。X 型电位器适用于一些要求均匀调节的场合，如分压器、偏流调整、示波器的聚焦和万用表的调零等电路中。

Z 型电位器在开始转动时，阻值变化较小而在转角接近最大转角一端时，阻值变化比较显著。因为人耳对微小的声音稍有增加时，感觉很灵敏，但声音大到某一值后，即使声音功率有了较大的增加，人耳的感觉却变化不大。这种电位器适合于音量控制电路，因为采用这种电位器做音量控制，可获得音量与电位器转角近似于线性的关系。

D 型电位器的阻值变化与 Z 型正好相反，它在开始转动时阻值变化很大，而在转角接近最大值附近时，阻值变化就比较缓慢。D 型电位器适用于音调控制等电路。X、D、Z 字母符号一般印在电位器上，使用时应特别注意。

【额定功率】

电位器的两个固定端允许耗散的最大功率为电位器的额定功率。使用中应注意额定功率不等于滑动端与固定端的功率，滑动端与固定端之间所承受的功率要小于这个额定功率。

【标称阻值】

电位器电阻体的电阻值称为电位器的标称阻值。

【允许误差】

允许误差指的是实测阻值与标称阻值误差范围。根据不同精度等级，电位器的允许误差为 20%、10%、5%、2%、1%。精度电位器的允许误差可达到 0.1%。

【动态噪声】

由于电阻体阻值分布的不均匀性和滑动触点接触电阻的存在，电位器的滑动臂在电阻体上移动时会产生噪声，这种噪声对电子设备的工作将产生不良影响。

电位器一般都用直标法将其类型、阻值、额定功率、误差直接标在电位器上。电位器的材料类型常用字母代表。常用字母表示的电位器类型见表 1-24。

表 1-24　常用字母表示的电位器类型

字　　母	电位器类型
WT	碳膜电位器
WH	合成碳膜电位器
WN	无机实芯电位器
WX	绕线电位器
WS	有机实芯电位器
WI	玻璃釉膜电位器
WJ	金属膜电位器
WY	氧化膜电位器

1.3.4　电位器的选择与应用

电位器是一种常用的电子元器件，普遍应用在各种电压、电流需要调节的电气（电器）设备中，如各类家用音响的音量调节、各种工业设备中的速度调节及各种电子电路中的偏置电路等。

选择电位器时，首先要确保电位器的体积大小和转轴的轴端式样要符合电路的要求；然后要根据用途选择电位器的阻值变化形式，如分压控制、偏流调整等可用直线式电位器，音调控制、对比度调节可用对数式电位器，音量调整可用指数式电位器。

电位器的代换首先应保证外形和体积与原电位器大致相同，以便于安装。阻值允许变化为 20%～30%。对于功率来说，原则上不得小于原电位器，但是对于阻值补偿的电位器来说，用固定电阻器取代调定等值电位器也是可以的。

电位器多使用碳酸盐类的合成树脂制成，应避免与以下药品接触：氨水、其他胺类、碱水溶液、芳香族碳氢化合物、酮类、酯类和卤素族的碳氢化合物等。

在电路设计上，若直流通过电位器的滑动杆时，则因引起电阻值的异常增加，故易出现阳极氧化效应。其避免方法是将滑动杆接在电源正极，另一端接在负极。

为防止杂音，对于高增益电路中的电位器，应将电位器的金属外壳与电路接地端连接起来。

1. 电位器在音响电路中的应用

电位器在音响电路中主要应用在音量控制电路、音调控制电路、左右声道平衡控制电路中，有时在一个电路中可能有多个电位器来控制不同的项目。电位器在音响电路中的应用电路示意图如图1-77所示。

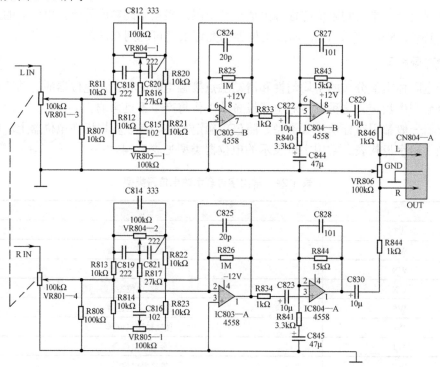

图1-77　电位器在音响电路中的应用电路示意图

【音量控制电路中的应用】

音量控制电路的主要电路形式就是采用由电位器组成的信号衰减电路，通过调节电位器中间滑臂的位置来调节信号的衰减量，进而改变输入到音频功率放大器的信号幅度，经放大器放大后改变功放电路的输出功率，从而实现音量控制的目的。

在如图1-77所示中，电位器VR801－3、VR801－4是双联电位器中的两个组成部分，分别组成左、右声道的音量控制电路，通过旋转电位器的旋钮，就可以控制输入到功率放大电路的信号电平幅度，进而完成对音频信号的衰减，从而对音量进行有效的控制。

【音调控制电路中的应用】

音调控制电路的作用就是使听音者根据自己的需要对声音的某些频率段进行提升或者衰减，使重放的声场更符合听音者的听觉习惯。在普及型功放中，通常只设有高、低音两个音调调节旋钮，根据其在电路中的位置，这种音调电路又可分为衰减式、负反馈式、混合式。而在中、高级功放机中，通常都采用多频段音调电路来使校正的频响更细致，效果更出色。

在如图 1-77 所示电路中，由 R811、R812、R816、R820、R821、R825、C812、C813、C818～C821、VR804－1、VR805－1 组成左声道（右声道与之相同）的负反馈高、低音调节音调电路。由于该电路具有信噪比高、调试方便等优点，因此目前大多数普及型功放都采用这种电路形式。

VR804－1 为低音调节旋钮，VR805－1 是高音调节旋钮。当将 VR804－1 旋钮调至最左端时，低音信号 R811、R816 直接送入运算放大器，输入增益最大，而放大器输出的负反馈信号中的低音部分则经过 R820、VR804－1、R816 负反馈进入运算放大器输入端，负反馈量最小，因而低音提升量最大；当调节 VR804－1 旋钮至最右端时，则低音信号输入增益最小，负反馈量最大，提升量最小。由于 C818、C820 对低音信号的容抗很大，近似于开路，而对高音信号则可近似为短路（$R=1/2\pi fC$）。所以，无论怎样调节 VR804－1 的滑臂，只会对低音信号有影响，而不会对中、高音信号有任何影响。

当将 VR805－1 旋钮调节到最左端时，高音信号经过 R812、C815 直接送入运算放大器，输入增益最大，而放大器输出的负反馈信号中的高音部分则经过 R821、VR805－1、C815 负反馈进入运算放大器输入端，负反馈量最小，因而高音提升量最大；当将 VR805－1 旋钮调节到最右端时，则高音信号输入增益最小，负反馈量最大，提升量最小。由于 C815 容量较小，对中、低音信号可视为开路，因而无论怎样调节 VR805－1 的旋钮，只会对高音信号有影响，而不会对中、低音信号有任何影响。

【左、右声道平衡电路中的应用】

左、右声道平衡电路是通过调节左、右声道音频信号的增益来调节左、右声道的音量，从而来校正因左、右声道音量不一致引起的声、像偏移（或称声、像定位不准）现象。

图 1-77 电路中电位器 VR806 为左、右声道平衡调整电位器。当 VR806 的旋钮（接地点）位于中间位置时，左、右声道输出信号幅度相等（设输入信号幅度一致），左、右声道插入损耗均为 3dB，两声道输出相等。当 VR806 旋钮滑向任一顶端时，该声道的信号幅度就变得很小，甚至为零，而另一声道的强度就上升 3dB，从而实现左、右声道平衡的调整。

当 VR806 旋钮向上移时，L 声道衰减增加，输出电平减小；当 VR806 的旋钮位于最上端时，L 声道输出为 0。同理，当 VR806 的旋钮向下移时，R 声道衰减增加，输出电平减小；当 VR806 旋钮指向 B 点时，R 声道输出为 0。因此，在两声道信号电平不一致的情况下，可通过调节 VR806 的旋钮使其达到一致。

2. 电位器在其他电路中的应用

【在电压调整电路中的应用】

图 1-78 为电位器在电压调整电路中的应用电路。

在如图 1-78 所示电路中，旋转电位器 RP1 的旋钮，即可改变电位器 1、2 脚之间的电阻值，进而改变 RP1 与 R1 串联之后的电阻值，最终达到调整 LED1 两端电压并改变 LED1 发光亮度的目的（LED1 两端电压与发光亮度呈正比）。

【在自动控制电路中的应用】

图 1-79 为电位器在自动控制电路中的应用电路。

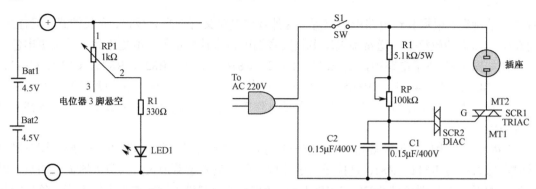

图 1-78　电位器在电压调整电路中的应用电路　　　图 1-79　电位器在自动控制电路中的应用电路

图 1-79 为构造极为简单且应用范围相当广泛的电路，适合用来控制台灯的亮度、电风扇的转速、电热器的温度及电烙铁的温度等。

该电路主要的控制组件为一只双向晶闸管，利用 RC 电路在双向晶闸管 SCR1 的闸极（gate，G 极）产生一触发电压（Trigger Voltage），使双向晶闸管导通，由于 RC 造成的时间延迟，当 R 越大时，电容 C 的充电电流越小，使得 C 的电位达到足以触发双向晶闸管的时间越慢，因此在双向晶闸管 G 极上的触发角度越大，双向晶闸管 SCR1 的 MT1、MT2 电极间的导通角度越小，负载上的电压越低；反之，负载上的电压越高。

R1 为保护电阻，以免在 RP 的阻值调整到 0Ω 时，太大的电流损坏 SCR2。R1 在该电路中选用 5.1kΩ/5W 的电阻。负载端可连接一只电源插座，使用时，只要将欲控制的电器（如灯泡、电热器等）插入即可。

第2章

电容器的识别/检测/选用

顾名思义，电容器就是"储存电荷的容器"，故电容器具有储存一定电荷的能力。就像一般容器可以装水（或漏水），电容器可以充电（Charge）或放电（Discharge）。

电容器（Capacitor）是最常见的电子元器件之一，通常简称为电容。尽管电容器品种繁多，但它们的基本结构和原理是相同的，即是将两平行导电极板隔以绝缘物质而具有储存电荷能力的器材。电容器结构示意图如图 2-1 所示。

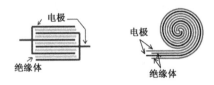

图 2-1　电容器结构示意图

电容器中的导电极板称为电容器的电极（Electrode）。绝缘物质称为电介质（Dielectric），简称介质。

电容器只能通过交流电而不能通过直流电，因此常用于振荡电路、调谐电路、滤波电路、旁路电路及耦合电路中。

2.1　电容器的种类

电容器是由两片电极板与中间的电介质构成的，电荷储存在电极板上。根据所要使用的目的，在制造电容器时可以选择不同材质与结构的电极和电介质，因而产生了许多不同种类的电容器。

根据其结构，电容器可分为固定电容器、可变电容器和半可变电容器。目前常用的是固定容量的电容器。若按是否有极性来分，电容器可分为有极性的电解电容器和无极性的普通电容器。根据其介质材料，电容器可以分为纸介电容器、油浸纸介电容器、金属化纸介电容器、云母电容器、薄膜电容器、陶瓷电容器、独石电容器、涤纶（聚酯）电容器、云母电容器、空气电容器、铝电解电容器、钽电解电容器（CA）、铌电解电容器（CN）等。下面对这些电容器进行分类介绍。

1. 铝电解电容器

铝电解电容器是将附有氧化膜的铝箔（正极）和浸有电解液的衬垫纸与阴极（负极）箔叠片一起卷绕而成。其外形封装有管式、立式，并在铝壳外有蓝色或黑色塑料套。常用的铝电解电容器如图2-2所示。

图2-2　常用的铝电解电容器

铝电解电容器为有极性电容器。铝电解电容器的电容量、耐压、正负极都标识在外壳上，通常在电容器外壳上的负极引出线一端画上一道白色或者黑色的标识圈，以防止接错极性，如图2-3所示。

图2-3　铝电解电容器参数的识别

新出厂铝电解电容器的长脚为正极，短脚为负极。铝电解电容器的容量范围大，一般为1～10000μF，额定工作电压范围为 6.3～450V，介质损耗、容量误差大（最大允许偏差为+100%、–20%），耐高温性较差，存放时间长容易失效。

在很多电路中还有一种贴片铝电解电容器，在这种电容器的外壳上，负极引出线一端通常画上一道蓝色或者紫色的标识条，以防止接错极性，如图2-4所示。

图2-4　贴片铝电解电容器的引脚标识示意图

铝电解电容器通常在直流电源电路或中、低频电路中起滤波、退耦、信号耦合及时间常数设定、隔直流等作用。

2. 钽电解电容器

钽电解电容器通常也被简称为钽电容，也属于电解电容的一种，用金属钽作为正极，用稀硫酸等配液作为负极，用钽表面生成的氧化膜作为介质。

钽电解电容器内部没有电解液，很适合在高温下工作。钽电解电容器的特点是寿命长、耐高温、准确度高。钽电解电容器的形状通常呈长方体，颜色通常为黄色或黑色。

钽电解电容器的外壳上通常印有"CA"标识，但在电路中的图形符号与其他电解电容器的图形符号是一样的。常见的钽电解电容器如图 2-5 所示。

图 2-5　常见的钽电解电容器

钽电解电容通常采用一个圆点表示正极引脚。贴片柱状钽电解电容器通常采用一个黑色条表示负极引脚（白条表示正极引脚），如图 2-6 所示。

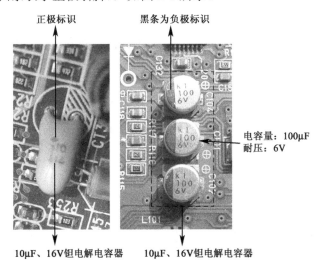

图 2-6　钽电解电容器引脚区别标识

钽电解电容器的特点是寿命长、耐高温、准确度高、滤高频改波性能极好，不过容量较小，价格也比铝电解电容器贵，耐电压及电流能力相对较弱。

钽电解电容器的损耗、漏电均小于铝电解电容器，因此可以在要求高的低压小电流电路中代替铝电解电容器。

3. 固态电解电容器

固态电解电容器是高分子固态有机半导体电容器（OS-con）的简称，是一种有极性的电解电容器。常用的固态电解电容器如图 2-7 所示。

固态电解电容器与普通铝电解电容器的最大差别在于采用不同的介电材料。液态铝电解电容器的介电材料为电解液，固态电解电容器的介电材料为导电性高分子。

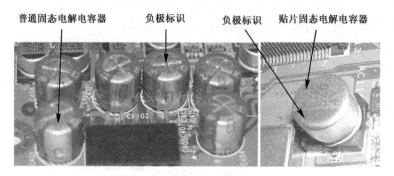

图 2-7　常用的固态电解电容器

固态电解电容器的额定电压为 2～35V，容量为 1～2700μF，等效串联电阻（ESR）最低达 7mΩ，广泛应用在新型电子产品的电源滤波电路中。

在维修更换有极性的电解电容器时，一定要注意极性不能接反。这是因为电解电容器在使用中一旦极性接反，其内部通过的电流过大，可导致过热击穿，温度升高所产生的气体会引起电容器外壳爆裂损坏。

4. 瓷介电容器

瓷介电容器是一种用氧化钛、钛酸钡、钛酸锶等材料制成陶瓷并以此作为介质制成的电容器，也被称为陶瓷电容（Ceramic Capacitors），由于这种电容器通常做成片状，故俗称瓷片电容。

常用的为低频瓷介电容器（CT）。这种电容器的电容量通常为 10pF～4.7μF，额定电压为 50～100V（逆程电容器除外），体积小，价格廉，通常用在振荡、耦合、滤波电路中。

常用的瓷介电容器如图 2-8 所示。

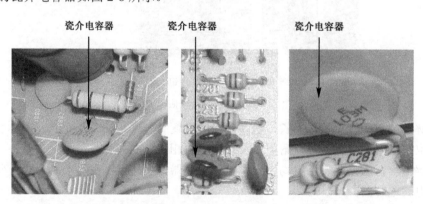

图 2-8　常用的瓷介电容器

5. 贴片陶瓷电容器

贴片陶瓷电容器的颜色一般为米黄色或者浅灰色，两端有银色的焊接点。常用的贴片陶瓷电容器如图 2-9 所示。

贴片陶瓷电容器的容量标注一般采用三位数字。其识别方式与普通贴片电阻器相同，从左至右的第一、第二位为有效数字，第三位数字表示有效数字后面所加"0"的个数（容量单位为 pF）。

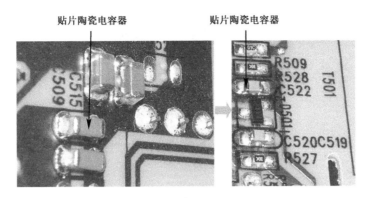

图 2-9　常用的贴片陶瓷电容器

6. 聚丙烯电容器

聚丙烯电容器是以金属箔作为电极，将其和聚丙烯薄膜从两端重叠后，卷绕成圆筒状构造的一种电容器，也称为金属化电容器。

这种电容器通常被称为 CBB 电容器，具有良好的自愈性、体积小、耐高压、容量大、损耗小、高频特性好、可靠性高的特点。

常见的聚丙烯电容器如图 2-10 所示。

图 2-10　常见的聚丙烯电容器

聚丙烯电容器是一种无极性电容器，绝缘阻抗很高，频率特性优异（频率响应宽广），介质损失很小，基于以上优点，被大量使用在模拟电路的信号耦合电路中，广泛应用在空调器、电冰箱、电视机等电路中的启动电容器也是聚丙烯电容器。

7. 金属化聚丙烯薄膜电容器

在电路中，最常用的金属化电容器就是金属化聚丙烯薄膜电容器（Metalized Polypropylene Film Capacitor，简称 MKP 电容器）。与普通 CBB 电容器相比，MKP 电容器的耐压点高,引出损耗小，内部温升小。常见的金属化聚丙烯薄膜电容器如图 2-11 所示。

金属化聚丙烯薄膜电容器广泛应用于高压高频脉冲电路中，如电视机、显示器中的 S 校正和行逆程电容器，电源电路中的安规电容器、RC 降压电容器。

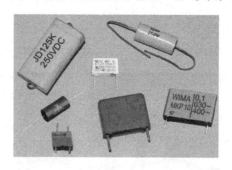

图 2-11　常见的金属化聚丙烯薄膜电容器

8. 独石电容器

独石电容器是多层陶瓷电容器（monolithic ceramic capacitor）的别称，是以碳酸钡为主材料烧结而成的一种特殊瓷介电容器。

独石电容器的容量比一般瓷介电容器大（10pF～10μF），且具有体积小、耐高温、绝缘性好、成本低等优点，因而得到广泛应用。独石电容器不仅可替代古老的云母电容器和纸介电容器，还可取代某些钽电解电容器。独石电容器主要用于耦合、滤波、旁路电路中。

常用的独石电容器如图 2-12 所示。

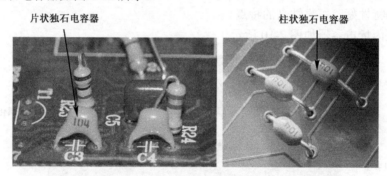

图 2-12　常用的独石电容器

在有些电路中经常使用的色码电容器也是独石电容器，如图 2-13 所示。

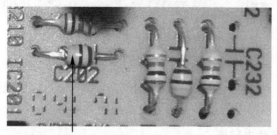

图 2-13　色码标识容量的独石电容器

9. 涤纶电容器

涤纶电容器是金属化聚酯薄膜电容器（MEF）的别称，是一种常用的电容器。这种电容器又被称为有感电容器、麦拉电容器、塑料电容器。

涤纶电容器通常采用聚酯膜、环氧树脂包封，具有稳定性好、可靠性高、损耗小、容量体积比大、体积自愈性好、使用寿命长的特点。

涤纶电容器的电容量通常为 40pF～4μF，额定电压为 63V、100V、250V、400V、630V、1000V，主要应用在对稳定性和损耗要求不高的低频电路，如电视机、功放、VCD、DVD 收录机、通信器材、电子仪器及其他电器产品的旁路、耦合、脉冲、隔直流电路中。

常见的涤纶电容器如图 2-14 所示。

图 2-14　常见的涤纶电容器

10. 超小型金属化聚酯薄膜电容器

超小型金属化聚酯薄膜电容器（MMB）是采用超薄金属化聚酯薄膜为介质，电极采用叠片式结构并采用矩形阻燃塑壳和环氧树脂封装的电容器。这种电容器又被称为校正电容、黄壳电容、迷你塑壳电容。

超小型金属化聚酯薄膜电容器具有体积小、容量大、自愈良好、使用寿命长的特点，主要应用在彩电、程控交换机及军用整机、精密电子仪表的隔直流、旁路、耦合、滤波电路中，适合欧美标准的电子产品使用。

常见的超小型金属化聚酯薄膜电容器外形图如图 2-15 所示。

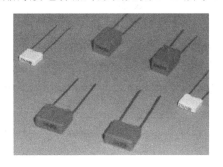

图 2-15　常见的超小型金属化聚酯薄膜电容器外形图

11. 可变电容器

可变电容器（Variable Capacitors）可手动或自动改变电容值，用在收音机或电视的选台器上。可变电容器通常有调整用的螺丝沟槽，在回路中可进行精细的调整。

可变电容器有下列几种类型。

【空气可变电容器】

这种电容器以空气为介质，用一组固定的定片和一组可旋转的动片（两组金属片）为电极，两组金属片互相绝缘。动片和定片的组数分为单联、双联及多联等。其特点是稳定性高、损耗小、精确度高，但体积大，常用在收音机的调谐电路中。

【薄膜介质可变电容器】

这种电容器的动片和定片之间用云母或塑料薄膜作为介质，外面加以封装。由于动片和定片之间距离极近，因此在相同的容量下，薄膜介质可变电容器比空气电容器的体积小，重量也轻。常用的薄膜介质密封单联和双联电容器在便携式收音机中广泛使用。

【微调电容器】

微调电容器有云母、瓷介和瓷介拉线等几种类型。其容量的调节范围极小，一般仅为几pF 至几十 pF，常用在电路中做补偿和校正等。

可变电容器通常用于振荡电路及调谐电路中。常见的可变电容器外形图如图 2-16 所示。

图 2-16　常见的可变电容器外形图

在实际应用电路中，通常需要将电阻器与电容器串联使用，因此为方便起见，通常将电阻器与电容器封装在一起，制作成一个 RC 组件。

RC 组件可以有效滤除干扰和吸收杂波，并具有优良的抗脉冲能力（保护电路），可减少电子产品的线路设计长度与复杂度，提高电子线路的可靠性能及电磁兼容性，适合应用在电源跨线降噪线路、晶闸管组件、继电器的消磁灭弧、家电控制器及数控机床、电力控制柜、音响设备等交、直流场合。RC 组件通常在表面上标明其内部电路连接方式及各电阻器和电容器的参数。

RC 组件的外形与有些电容器相似，使用中应注意区别。RC 组件的外形图如图 2-17 所示。

图 2-17　RC 组件的外形图

不同种类的电容器除了采用的材料不同外，其特性也是不同的，见表 2-1。

表 2-1　不同种类电容器的特性

电容器的种类	电容器特性		产品应用
	优　点	缺　点	
塑料薄膜电容器	频率高、耐压性高	小型化困难	监视器、高频通信
纸质电容器	额定电压最广	已被塑料薄膜电容器取代	用途特殊
陶瓷电容器	最耐温	电容量小，易被取代	主板、通信产品、监视器、一般用途
云母电容器	最耐压、最耐温	矿产少、价格较昂贵、无法做成大型品	用途特殊
铝电解电容器	使用温度范围最广；静电容量最高；芯片化程度仅次于陶瓷电容器	受温度影响，电容量易产生变化；高频特性较差；电容器寿命有限	电源供应器、主板、UPS、监视器
钽电解电容器	电容量最稳定；漏电损失最低；温度影响小	钽质为高污染品且为管制物料；市场规模小，生产量小；单价最贵	监视器、主板、一般用途

2.2　电容器的型号命名方法

根据部颁标准（SJ－73）规定，国产电容器的名称由四部分组成：第一部分为主称；第二部分为材料；第三部分为分类、特征；第四部分为序号。电容器的型号及意义见表 2-2。

表 2-2　电容器的型号及意义

第一部分：主称		第二部分：材料		第三部分：特征、分类						第四部分：序号
符号	意义	符号	意义	符号	意义					
					瓷介	云母	玻璃	电解	其他	
C	电容器	C	瓷介	1	圆片	非密封	—	箔式	非密封	用字母或数字表示电容器的结构和大小
		Y	云母	2	管形	非密封	—	箔式	非密封	
		I	玻璃釉	3	叠片	密封	—	烧结粉固体	密封	
		O	玻璃膜	4	独石	密封	—	烧结粉固体	密封	
		Z	纸介	5	穿心	—	—	—	穿心	
		J	金属化纸	6	支柱	—	—	—	—	
		B	聚苯乙烯	7	—	—	—	无极性	—	
		L	涤纶	8	高压	高压	—	—	高压	
		Q	漆膜	9	—	—	特殊	—	特殊	
		S	聚碳酸酯	J	金属膜					
		H	复合介质	W	微调					
		D	铝	T	铁电					
		A	钽	X	小型					
		N	铌	S	独石					
		G	合金	D	低压					
		T	钛	M	密封					
		E	其他	Y	高压					
				C	穿心式					

示例：

（1）铝电解电容器

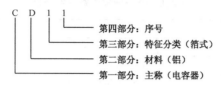

（2）圆片形瓷介电容器

（3）纸介金属膜电容器

从表 2-2 中可以看出，第一个字母表示电容器；第二个字母表示介质材料；第三个字母表示电容器的形状；第四个字母表示电容器的结构和大小。在有些电容器中，第三位采用数字表示电容器的特征。

例如，某电容器的标号为 CJX－250－0.33－±10%，则含义为：C：主称，表示电容器；J：材料，表示金属化介质；X：特征，表示小型；250：耐压为 250V；0.33：标称容量为 0.33μF；±10%：±10%的允许误差。

2.3 电容器的识别

在电路中，电容器一般用大写英文字母"C"加数字表示（如 C25 表示编号为 25 的电容器）。在国标电路图中，常用电容器的电路图形符号见表 2-3。

表 2-3 常用电容器的电路图形符号

图形符号	⊣⊢	⊣⁺⊢	⊀	⊀	⊀⊀
名 称	普通电容器	电解电容器	可变电容器	微调电容器	同轴双联双可变电容器

不同的电容器，储存电荷的能力也不相同。通常把电容器外加 1V 直流电压时所储存的电荷量称为该电容器的电容量。电容的基本单位为法拉（F）。但实际上，法拉是一个很不常用的单位，因为电容器的容量往往比 1F 小得多，因此常用微法（μF）、纳法（nF）、皮法（pF）（皮法又称微微法）等容量单位。它们的关系是：1 法拉（F）=1 000 000 微法（μF），1 微法（μF）=1000 纳法（nF）=1 000 000 皮法（pF）。

电容器的电容量标示方法主要有以下四种。

1. 直标法

直标法是用数字和字母把规格、型号直接标识在外壳上。该方法主要用在体积较大的电容器上，通常用数字标识容量、耐压、误差、温度范围等内容，如图 2-18 所示。

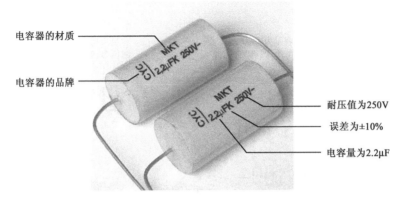

电容器的材质

电容器的品牌

耐压值为250V

误差为±10%

电容量为2.2μF

图 2-18　直接标识参数的电容器

有极性的电容器除了标识参数外，还在外壳上用一个"-"符号表示负极引线，常见的铝电解电容器引脚标识示意图如图 2-19 所示。

电容量：1500μF

耐压值：6.3V

负极指示条

正极引脚

负极引脚

图 2-19　铝电解电容器引脚标识示意图

对于有极性的电解电容器，通常将电容量的单位"μF"字母省略，直接用数字表示容量，如"22"表示"22μF"。贴片钽电解电容器的参数标识示意图如图 2-20 所示。

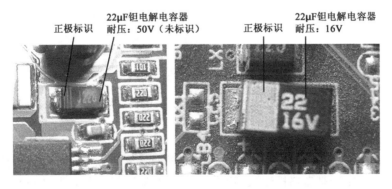

正极标识

22μF钽电解电容器
耐压：50V（未标识）

正极标识

22μF钽电解电容器
耐压：16V

图 2-20　直标法电容器示意图

直标法电解电容器的负极通常用"－"符号表示该引脚为负极；对于贴片电解电容器，用其中一端有一条白色色带或者有一较窄的暗条来表示该端是正极。

在直标法中，通常省略小数点，如 4n7 表示 4.7nF 或 4700pF，用 4μ7 表示 4.7μF。有时用小于 1 的数字表示单位为 μF 的电容器，如 0.1 表示 0.1μF。

在直标法中，有些会省略容量的单位"μF"和耐压值的单位"V"，没有标识耐压值的，耐压值通常为 50V，用大于 10 的数字表示单位为 pF 的电容器，如 1000 表示 1000pF，如图 2-21 所示。

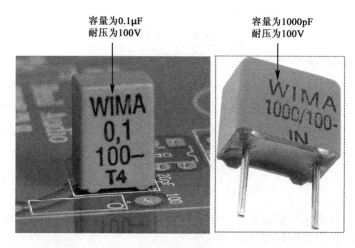

图 2-21　省略容量的单位和耐压值单位标识示意图

有些厂家在采用直接标识法中，用 R 表示小数点，如 R47μF 表示 0.47μF，另外还常把整数单位的"0"省去，如".47K"表示 0.47μF（K 为误差代表字母），如图 2-22 所示。

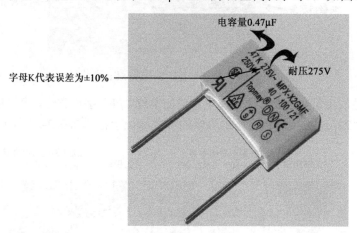

图 2-22　省去容量整数单位的"0"标识示意图

2. 文字符号法

文字符号法采用字母或数字或两者结合的方法来标注电容器的主要参数与技术性能。其中容量有两种标注法：一是省略标注法，用数字和字母结合进行表示，如 10p 代表 10pF，4.7μ代表 4.7μF；采用文字符号标注法时，通常将容量的整数部分写在容量单位标志符号前面，小数部分放在单位符号后面，如 3p3 代表 3.3pF，8n2 代表 8200pF，2μ2 代表 2.2μF。

文字符号法通常不用小数点，而是用单位整数将小数部分隔开，如 2p2=2.2pF，μ33=0.33μF，6n8=6800pF。

采用文字符号法标注的电容器如图 2-23 所示。

图 2-23　采用文字符号法标注的电容器

文字符号法中采用字母标示容量允许偏差，各字母代表的含义（其他标示法中也采用字母代表允许偏差，它们的含义一样）见表 2-4。工作温度范围采用字母和数字表示，工作温度范围中负温度用字母表示，正温度则用数字表示，见表 2-5。例如，一个电容器标志为 682JD4，则表示电容器的容量为 6800pF±5%，工作温度范围为−55℃～+125℃。

表 2-4　字母代表的允许偏差含义

字　母	允许偏差	字　母	允许偏差
B	±0.1%	L	±0.01%
C	±0.25%	M	±20%
D	±0.5%	N	±30%
E	±0.005%	P	±0.02%
F	±1%	W	±0.05%
G	±2%	X	±0.001%
J	±5%	不标注	±20%
K	±10%		

表 2-5　不同字母和数字代表的温度系数

符　号	温度（℃）	符　号	温度（℃）
A	−10	2	+85
B	−25	3	+100
C	−40	4	+125
D	−55	5	+155
E	−65	6	+200
0	+55	7	+250
1	+70		

3．数码标示法

数码标示法一般用三位数字来表示容量的大小，其中第一、二位为有效数字位，表示容量值的有效数，第三位为倍率，表示有效数字后的零的个数，电容量的单位为 pF。另外，如果第三位数为 9，表示 10^{-1}，而不是 10 的 9 次方，如 479 代表 47×10^{-1}pF=4.7pF。

如 223J 代表 $22×10^3$pF=22 000pF=0.22μF，允许误差为±5%；479K 代表 $47×10^{-1}$pF，允许误差为±10%；203 表示容量为 $20×10^3$pF=0.02μF；102 表示容量为 $10×10^2$pF=1000pF；224 表示容量为 $22×10^4$pF=0.22μF。此法与电阻器的 3 位数码标注法相似，在此不再多述。

采用数码标示法的电容器如图 2-24 所示。

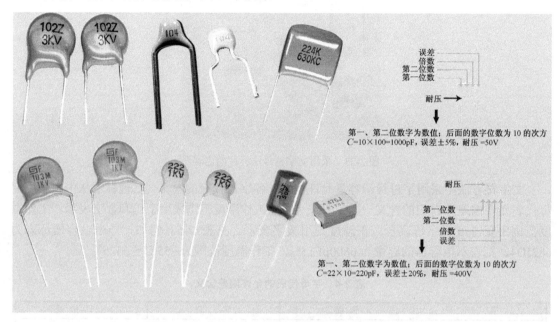

图 2-24　采用数码标示法的电容器

在采用数码标示法时，电容器的耐压值通常采用数字+字母的形式来表示。数字表示 10 的幂指数，字母表示数值，单位是 V（伏），如 1I 代表 $6.3×10$=63V，2F 代表 $3.15×100$=315V。数字与字母表示的耐压值见表 2-6。

表 2-6　数字与字母表示的耐压值

数　字	字　　母									
	A	B	C	D	E	F	G	H	I	J
0	1V	1.25V	1.6V	2V	2.5V	3.15V	4V	5V	6.3V	8V
1	10V	12.5V	16V	20V	25V	31.5V	40V	50V	63V	80V
2	100V	125V	160V	200V	250V	315V	400V	500V	630V	800V
3	1000V	1250V	1600	2000V	2500V	3150V	4000V	5000V	6300V	8000V

在有些电容器上面虽然标识的是数字，但是只有两位数字或者一位数字，这种电容器的容量单位一般为 pF，在识别时要与数码标示法的电容器区别开。

4．色标法

电容器的色标法与电阻器相似，单位一般为 pF。对于圆片或矩形片状等电容器，靠近引线端的一环为第一色环，以后依次为第二色环、第三色环、……。色环电容也分 4 环和 5 环形式，有些产品还有距 4 环或 5 环较远的第五或第六环，这两环往往代表电容特性或工作电压。第一、二（三、五色环）环是有效数字，第三（四、五色环）环是后面加"0"的个数，第四环是误差，各色环代表的数值与色环电阻器一样。另外，若某一道色环的宽度是标准宽度的 2 或 3 倍，则表示这是相同颜色的 2 或 3 道色环。有时色环较宽，如红红橙，两个红色环涂成一个宽的色环，表示 22 000pF。

采用色标法的电容器如图 2-25 所示。

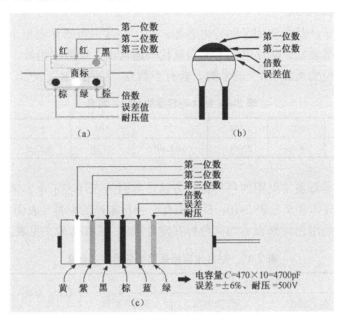

图 2-25　采用色标法的电容器

采用色标法电容器的各色环代表的含义见表 2-7。

表 2-7　采用色标法电容器的各色环代表的含义

颜　色	代表数字	倍　数	误差值（%）	耐压（V）
	0	10^0	—	—
棕　色	1	10^1	1	100
红　色	2	10^2	2	200
橙　色	3	10^3	3	300
黄　色	4	10^4	4	400
绿　色	5	10^5	5	500
蓝　色	6	10^6	6	600
紫　色	7	10^7	7	700
灰　色	8	10^8	8	800
白　色	9	10^9	9	900
金　色	—	—	5	1000
银　色	—	—	10	2000
无　色	—	—	20	—

小型电解电容器的耐压值也有用色标法的，位置靠近正极引出线的根部，所表示的意义

见表 2-8。

表 2-8　小型电解电容器的耐压值色标法含义

颜　色	黑	棕	红	橙	黄	绿	蓝	紫	灰
耐压（V）	4	6.3	10	16	25	32	40	50	63

5. 贴片电容器的识别

目前，很多电子产品中使用了贴片电容器。由于贴片电容器体积很小，故其容量标注方法与普通电容器有些差别。贴片电容器的容量代码通常由 3 位数字组成，单位为 pF，前两位是有效数字，第三位为所加"0"的个数。若有小数点，则用"R"表示，见表 2-9。

表 2-9　贴片电容器的代码和容量

代　码	100	102	222	223	104	224	1R5	3R3
电容器容量	10pF	1000pF	2200pF	0.022μF	0.1μF	0.22μF	1.5pF	3.3pF

贴片钽电解电容器通常采用四色环标注方法，前面的三环表示电容量，最后面的一环表示电容器的耐压，具体含义见表 2-10。目前还有一种日本产的贴片（表面安装）微调电容器，它的容量变化范围是用色标来表示的（色标在定片上）。其具体含义见表 2-11。

表 2-10　贴片电容器采用四环标注法含义

色　环				标称电容量（μF）	额定耐压（V）
第一环颜色	第二环颜色	第三环颜色	第四环颜色		
棕色（茶色）	黑色	黄色	粉红色	0.1	35
	绿色			0.15	
红色	红色			0.22	
橙色（橘红）	橙色			0.33	
黄色	紫色			0.47	
蓝色	灰色			0.68	
棕色（茶色）	黑色	粉红色	绿色	1.0	10
	绿色			1.5	
红色	红色			2.2	
橙色（橘红）	橙色		黄色	3.3	6.3
黄色	紫色			4.7	

表 2-11　微调电容器色标具体含义

色标颜色	棕	蓝	白	红	绿
容量变化范围	0.6～3pF	2.5～6pF	3～10pF	4～20pF	6～30pF

还有一种贴片电容器的容量由大小写英文字母及数字 0～9 组合而成。其中大小写英文字母表示电容器容量的前两位数字（见表 2-12），其后面数字表示前两位数字后面零的个数（单位为 pF），如 B 表示数值代号为 1.1，则 B3 表示该电容容量为 $1.1 \times 10^3 = 1100pF$。

表 2-12　贴片电容器的字母和代码

字　母	数 值 代 号	字　母	数 值 代 号	字　母	数 值 代 号
A	1.0	M	3.0	p	3.6
B	1.1	N	3.3	d	4.0
C	1.2	Q	3.9	e	4.5
D	1.3	R	4.3	f	5.0
E	1.5	S	4.7	u	5.6
F	1.6	T	5.1	m	6.0
G	1.8	W	6.8	v	6.2
H	2.0	Y	8.2	h	7.0
J	2.2	Z	9.1	x	7.5
K	2.4	a	2.5	t	8.0
L	2.7	b	3.5	y	9.0

　　贴片电容器的容量采用一个字母或一个数字和组件外壳颜色的组合来表示（其容量的基本单位为 pF）：用字母或数字表示容量的前两位数字，数字 3 代表数值代号为 6.8，4 为 7.5，7 为 8.2，9 为 9.1（字母表示的具体数字见表 2-13）；用颜色表示前两位数字后面零的个数：橙色为 0，黑色为 1，绿色为 2，蓝色为 3，紫色为 4，红色为 5。

表 2-13　字母表示的具体数字

字　母	数 值 代 号	字　母	数 值 代 号	字　母	数 值 代 号
A	1.0	J	2.0	T	3.9
B	1.1	K	2.2	V	4.3
C	1.2	L	2.4	W	4.7
D	1.3	V	2.7	X	5.1
E	1.5	O	3.0	Y	5.6
H	1.6	R	3.3	Z	6.2
I	1.8	S	3.6		

　　贴片电容器的型号中通常包含其电容量、耐压、温度系数等参数，如图 2-26 所示。

S	0805	N	101	J	2H	R	N
↓	↓	↓	↓	↓	↓	↓	↓
片式电容	尺寸代码	温度特性	容量代码	容量偏差	额定电压	包装形式	端头特性
	0805	N=NPO=±5%	两位有效数字＋零的个数（单位为 pF）：小数点用"R"表示，例如：	B=±0.1pF	1E=25V	B：散装	N＝银/镍/锡电镀
	1206	W=X7R=±10%	100=10pF	C=±0.25pF	1H=50V	R：编带卷装	P＝钯、镀电极
	1210	Z=Z5U=±20%	101=100pF	D=±0.5pF	2A=100V		S＝银
	1812	Y=Y5V=80%、20%	102=1000pF	F=±1%	2E=250V		
			223=22 000pF	G=±2%	2H=500V		
			104=100 000pF	J=±5%	2J=630V		
			0R5=0.5pF	K=±10%			
			7R5=7.5pF	M=±20%			
				Z=+80%、−20%			

图 2-26　贴片电容器的型号含义

2.4 电容器的主要参数

1. 耐压

耐压（Voltage Rating）是指电容器在电路中长期有效地工作而不被击穿所能承受的最大直流电压。对于结构、介质、容量相同的器件，耐压越高，体积越大。

在交流电压中，电容器的耐压值应大于电压的峰值，否则，电容器可能被击穿。耐压的大小与介质材料有关。加在一个电容器两端的电压超过了它的额定电压，电容器就会被击穿损坏。固定式电容器的耐压系列值有 1.6V、4V、6.3V、10V、16V、25V、32V、35V、40V、50V、63V、100V、125V、160V、250V、300V、400V、450V、500V、630V、1000V 等。

电容器的耐压值通常在电容器表面以数字的形式标注出来，如图 2-27 所示。

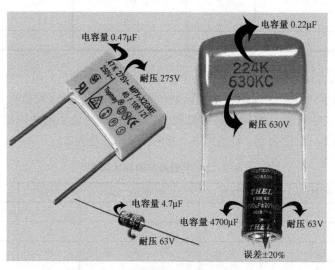

图 2-27　电容器耐压值标注示意图

有些电解电容器在正极根部用色点来表示耐压等级，如用棕色表示耐压为 6.3V，用红色表示耐压为 10V，用灰色表示耐压为 16V。

一般立式瓷片电容器均会在本体上印上耐压值，但许多进口瓷片电容器（如日本、中国台湾产）表面上未标示耐压，可依下列经验判定耐压大小：在瓷片电容器表面容量值标示下有一横线的表示耐压为 50V，电容器表面上无横线又无耐压标示的表示耐压为 500V。除以上两点外，瓷片电容器表面上耐压值均会标示为多少伏（V）或多少千伏（kV），如图 2-28 所示。

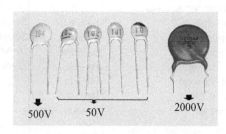

图 2-28　瓷片电容器耐压标示示意图

电容器在电路中实际要承受的电压不能超过它的耐压值。若超过此值，电容器就可能损坏或被击穿，甚至爆裂。在滤波电路中，电容器的耐压值不要小于交流有效值的 1.42 倍。使用电解电容器的时候，还要注意正、负极不要接反。

很多采用数码标示法的电容器耐压通常采用一个数字+字母的方法进行标识，如图 2-29 所示。

2A表示最高耐压值为100V，104表示电容量为10×10⁴＝100000pF，即0.1μF，J表示容量误差为±5％。

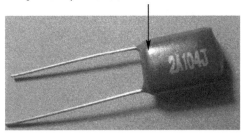

图 2-29　数字+字母表示耐压值示意图

不同的数字+字母表示的耐压值分别为：1A 表示耐压为 10V，2A 为 100V，1H 为 50V，3A 为 1000V，2B 为 125V，2C 为 160V，2D 为 200V，2E 为 250V，2G 为 400V，2J 为 630V 等。

有些贴片钽电解电容器，在表示容量的数字后面加入一个英文字母表示耐压值，如图 2-30 所示。

这排字母和数字表示生产信息，对应用影响不大

226表示容量为22μF，字母E代表耐压为25V

图 2-30　采用英文字母表示耐压值的贴片钽电解电容器

各字母表示的耐压值见表 2-14。

表 2-14　贴片钽电解电容器字母表示的耐压值

电压代码	额定电压（V）
F	2.5
G	4
L	6.3
A	10
C	16
D	20
E	25
V	35
T	50

还有些厂家生产的贴片钽电解电容器采用在容量数字前加一个字母表示电容器的尺寸和不同的耐压值，如图 2-31 所示。

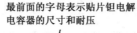

最前面的字母表示贴片钽电解
电容器的尺寸和耐压

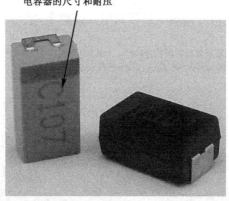

图 2-31　用字母表示尺寸和耐压的贴片钽电解电容器

不同字母表示的贴片钽电解电容的尺寸和耐压见表 2-15。

表 2-15　不同字母表示的贴片钽电解电容器的尺寸和耐压

字母代码	表示耐压	尺寸代码	具体尺寸（mm）		
			长度 L	宽度 W	厚度 H
A	10V	3216	3.2±0.2	1.6±0.2	1.6±0.2
B	16V	3528	3.5±0.2	2.8±0.2	1.9±0.2
C	25V	6032	6.0±0.2	3.2±0.2	2.6±0.2
D	35V	7343	7.3±0.2	4.3±0.2	2.8±0.2
E	63V	7343H	7.3±0.2	4.1±0.1	4.0±0.2

2．标称容量

电容器上标注的电容量值，称为标称容量。标称容量是生产厂家在电容器上标注的电容量。标准单位是法拉（F），另外还有微法（μF）、纳法（nF）、皮法（pF）。它们之间的换算关系为 $1F =10^6 \mu F =10^9 nF =10^{12} pF$。

固定电容器常用的标称容量系列见表 2-16。任何电容器的标称容量都满足表中标称容量系列再乘以 10^n（n 为正或负整数）。

表 2-16　固定电容器常用的标称容量系列

标称容量系列	允许误差	电容器类别
1.0、1.1、1.2、1.3、1.5、1.6、1.8、2.0、2.2、2.4、 2.7、3.0、3.3、3.6、3.9、4.3、4.7、5.1、5.6、6.2、6.8、7.5、8.2、9.1	±5%	高频纸介质、云母介质、玻璃釉介质、高频（无极性）有机薄膜介质
1.0、1.5、2.0、2.2、3.3、4.0、4.7、5.0 、6.0、6.8、8.2	±10%	纸介质、金属化纸介质、复合介质、低频（有极性）有机薄膜介质
1.0、1.5、2.2、3.3、4.7、6.8	±20%	电解电容器

3．允许误差

电容器的标称容量与其实际容量之差再除以标称值所得的百分比就是允许误差。电容器的允许误差一般分为 8 个等级，见表 2-17。

表 2-17　电容器的允许误差等级

容许误差	1%	±2%	±5%	±10%	±20%	+20%～−30%	+50%～−20%	+100%～−10%
级别	01	02	I	II	III	IV	V	VI

允许误差的标识方法一般有三种：

① 将容量的允许误差直接标识在电容器上。
② 用罗马数字 I、II、III 分别表示±5%、±10%、±20%。
③ 用英文字母表示误差等级。各英文字母表示的误差等级见表 2-18。

表 2-18　各英文字母表示的误差等级

英文字母	误差等级 ≤10pF	误差等级 ≥10pF
B	±0.1pF	
C	±2.25pF	
D	±0.5pF	
E		±25%
F	±1pF	±1%
G		±2%
H		±2.5%
J		±5%
K		±10%
M		±20%
N		±30%
P		±100%～0%
S		±50%～20%
W		0%～+200%
X		−20%～+40%
Z		±80%～20%

4．温度系数

温度系数（Temperature Coefficient）是在一定温度范围内，温度每变化 1℃时电容量的相对变化值。正（Positive）温度系数表示电容量随着温度的增减而增减；负（Negative）温度系数表示电容量随着温度的下降与上升而增/减。温度系数越小，电容器的质量越好。

5．绝缘电阻

电容器两极之间的介质不是绝对的绝缘体，它的电阻不是无限大，而是一个有限的数值，一般在1000MΩ以上电容器两极之间的电阻叫做绝缘电阻，或者叫做漏电电阻（又称漏阻）。其大小是额定工作电压下的直流电压与通过电容器的漏电流的比值。

漏电电阻越小，漏电越严重。电容漏电会引起能量损耗，这种损耗不仅影响电容器的寿命，而且会影响电路的工作。因此，漏电电阻越大越好。小容量的电容器，绝缘电阻很大，为几百兆欧姆或几千兆欧姆。电解电容器的绝缘电阻一般较小。

6. 频率特性

电容器的频率特性是指电容器工作在交流电路（尤其在高频电路中）时，其电容量等参数随着频率的变化而变化的特性。电容器在高频电路工作时，构成电容器材料的介电常数将随着工作电路频率的升高而减小。由电容器的电容量 $C=\varepsilon s/4\pi kd$ 可知（ε 是介电常数），电容器的电容量将会随着工作电路频率的升高而减小，此时的电损耗也将增加。常用电容器的最高工作频率见表2-19。

表2-19 常用电容器的最高工作频率

电容器类型	大型纸介电容器	中型纸介电容器	小型纸介电容器	中型云母电容器	小型云母电容器	中型片状瓷介电容器	小型片状瓷介电容器	片状瓷介电容器	高频片状瓷介电容器
等效电感（$10^{-3}\mu H$）	50~100	30~60	6~11	15~25	4~6	20~30	3~10	2~4	1~1.5
极限工作频率（MHz）	1~1.5	5~8	5~80	75~100	150~250	50~70	150~200	200~300	2000~3000

在高频条件下工作的电容器，由于介电常数在高频时比低频时小，电容量也相应减小。损耗也随频率的升高而增加。另外，在高频工作时，电容器的分布参数，如极片电阻、引线和极片间的电阻、极片的自身电感、引线电感等，都会影响电容器的性能。所有这些，均使得电容器的使用频率受到限制。

7. 损耗角

在理想情况下，交流信号流过电容器时电流将超前90°，但实际上，由于任何电容器都存在一定的损耗，此时的电容器可等效于一个理想电容器 C 和一个损耗电阻 R 串联而成，如图2-32所示。

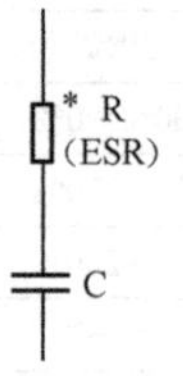

图2-32 电容器内部等效电路

由于损耗电阻 R 的存在，使得交流信号流过电容器时的电流相位将小于90°。这种由于损耗电阻 R 的存在而使电流相位比理想电容器电流相位滞后的角度δ就被称为损耗角。通常所说的损耗角正切 $\tan\delta=2\pi fCR$。R 在有些书中也被称为电容器的等效串联电阻 ESR。

电容器在电场作用下消耗的能量，通常用损耗功率和电容器的无功功率之比，即损耗角的正切值表示。损耗角越大，电容器的损耗越大，损耗角大的电容器不适于高频情况下工作。tanδ又分为介质损耗和金属损耗两类。

金属损耗包括电容器的金属极板和引线端之间的接触电阻所引起的损耗。由于不同的金属材料电阻率不同，金属损耗 tanδ随着频率及温度的增高而增大的程度也不尽相同。一般来说，电容器工作在高频电路中时，金属损耗所占的比例约为整个损耗的80%。

介质损耗包括介质的漏电流所引起的导电损耗、介质的极化所引起的极化损耗及电离损耗（即介质与极板之间在电离作用下引起的能量损耗）。

常用电容器的主要参数见表2-20。

表 2-20　常用电容器的主要参数

电容器种类	容量范围	直流工作电压（V）	工作频率	漏电电阻（>MΩ）
中小型纸介电容器	470pF～0.22μF	63～630	8MHz 以下	>5000
金属壳密封纸介电容器	0.01～10μF	250～1600	直流、脉动直流	>1000～5000
中小型金属化纸介电容器	0.01～0.22μF	160、250、400	8MHz 以下	>2000
金属壳密封金属化纸介电容器	0.22～30μF	160～1600	直流、脉动电流	>30～5000
薄膜电容器	3pF～0.1μF	63～500	高频、低频	>10 000
云母电容器	10pF～0.51μF	100～7000	75～250MHz 以下	>10 000
瓷介电容器	1pF～0.1μF	63～630	低频、高频	>10 000
铝电解电容器	1～10 000μF	4～500	直流、脉动直流	
钽、铌电解电容器	0.47～1000μF	6.3～160	直流、脉动直流	
瓷介微调电容器	2/7～7/25pF	250～500	高频	>1000～10 000
可变电容器	7～1100pF	100 以上	低频、高频	>500

8. 封装形式

电容器的封装形式是电容器外部形状及安装方式的直观描述。不同封装形式的电容器，其外部形状及安装方式是不同的。

无极性电容器的封装通常为 RAD0.1、RAD0.2、…。其中，RAD 的意思为片装元器件，RAD 后面的数字表示元器件引脚的间距（即焊盘的间距，单位为英寸），如 RAD0.1 表示该电容器两个焊盘之间的距离为 0.1 英寸（即 100mil），RAD0.2 表示该电容器两个焊盘之间的距离为 0.2 英寸（200mil）。常见的无极性电容器外形与封装如图 2-33 所示。

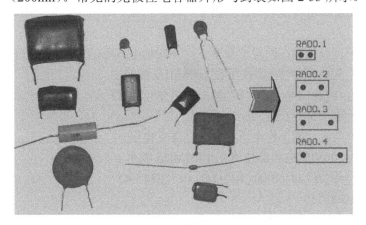

图 2-33　常见的无极性电容器外形与封装

电解电容器（有极性的电容器）的封装通常为 RB.2/.4、RB.3/.6 等。其中，RB 的意思为柱状元器件，RB 后面的数字分别表示焊盘间距（"/"前面的数字）和圆筒外径（"/"后面的数字），如 RB.2/.4 表示该电解电容器的焊盘间距为 0.2 英寸（200mil），圆筒外径为 0.4 英寸（400mil）。常见的插针式电解电容器（有极性的电容器）的外形与封装如图 2-34 所示。

图 2-34　常见的插针式电解电容器的外形与封装

9. 电容器的最大电流峰值

当交流电流过电容器时，电容器对交流电存在阻尼作用。电容器对交流电阻尼作用的大小用容抗 X_c 表示。它的大小与交流电的频率 f 和电容器本身的容量大小 C 成反比，即 $X_c=1/(2\pi f C)$。这里的 f 是频率，单位是 Hz；C 是容量，单位是 F。在信号频率不变时，容量越大，容抗就越小。在容量不变时，信号的频率越高，容抗越小。对直流电而言，由于频率为零，容抗为无穷大，故电容器不能让直流电通过。

在没有超出电容器的额定电压情况下，允许流过电容器的最大电流峰值 $I=E_r/X_c$。这里，E_r 是电容器的额定电压，峰值电流的单位是 A。

流过电容器的实际电流是这样计算出来，即 $I=E_a/X_c$。这里，E_a 是应用电压或者是实际工作电压。

下面两个例子可以说明在固定的频率下，不同的电容器的最大电流峰值是不同的。

例 1　0.1pF、500V 的电容器使用在 1000MHz 频率上。

等效电阻：$X_c=1/[2(3.14)(1000\times10^6)(0.1\times10^{-12})]=1591\Omega$

电流峰值：$I=500/1591=0.315\,A$

如果超过这个电流，则工作电压将会超过额定电压。

例 2　1.0pF、500V 的电容器使用在 1000MHz 频率上。

等效电阻：$X_c=1/[2(3.14)(1000\times10^6)(1.0\times10^{-12})]=159\Omega$

电流峰值：$I=500/159=3.15\,A$

如果超过这个电流，则工作电压将会超过额定电压。

⚠️电容器两端的电压不能突变。这是因为电容器两端的电压 V 与电容器内所储存的电荷量 Q 成正比，而与电容器本身的容量 C 成反比，即 $U=Q/C$，由于电容器的充、放电需要一个过程，即电容器内电荷量的增减是有一个过程，这个过程不能发生突变，所以电容器两端的电压也不能发生突变。

2.5　电容器的测量

1. 测量固定容量电容器

用普通万用表就可以大致地判断电容器质量的优劣：指针式万用表选用 R×1k 挡或 R×100 挡，黑表笔接电容器的正极，红表笔接电容器的负极，若此时表针迅速向右摆动，然后慢慢退回到接近∞，则说明该电容器正常，且电容量较大；若返回时不到∞处，则说明电容器漏电电流大，且指针示数即为被测电容的漏电阻阻值（铝电解电容器的漏电阻应超过 200kΩ 才可使用）；若指针根本不向右摆，则说明电容器内部已断路或电解质已干涸而失去容量；若指针摆动很大，接近 0Ω，且不返回，则说明电容器已被击穿，不能使用。

对于 0.01μF 以上的电容器，必须根据容量的大小，分别选择万用表的合适量程才能正确加以判断。如测 300μF 以上的电容器时，可选择"R×10 k"挡或"R×1k"挡；测 0.47～10μF 的电容器时，可用"R×1k"挡；测 0.01～0.47μF 的电容器时，可用"R×10k"挡；等等。

如果用具有电容测量功能的数字万用表，就可以很容易将电容器的电容量测量出来，然后与该电容器表面标注的额定电容量进行对比。若测量的实际电容量在额定电容量的误差范围内，则可以判断该电容器基本正常（有些电容器在测试时正常，而上机工作时却会出问题，这是因为测量时所施加的电压与实际工作电压相差很大所致，因此应区别对待）；若实际电容量与标称电容量相差很多，则说明该电容器已经损坏。用数字万用表测量电容器时的操作方法如下：根据电容器表面标注的额定电容量选择适当的电容挡量程，然后将红表笔与电容器的正极（电解电容器）相连，黑表笔与负极（电解电容器）相连，此时屏幕上显示的数值即为该电容器此时的实际电容量（在保证数字万用表的电容测量功能正常的情况下），如图 2-35 所示。

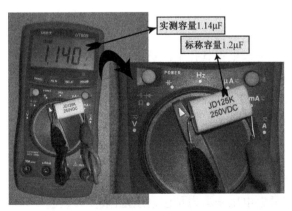

图 2-35　数字万用表测量电容器示意图

⚠需要注意的是：由于电容器具有储存电荷的能力，因此，在测量或者触摸大容量电解电容器时，要先应将其两个引脚短路一下（手拿带有塑料柄的螺丝刀，然后用金属部分将引脚短路），以将电容器中储存的电荷泄放出去，否则，可能会损坏测试仪表或出现电击伤人的意外情况。

2. 测量可变电容器

对于可变电容器，用手轻轻旋动转轴时感觉应十分平滑，不应有卡滞现象。用指针式万用表测量时，可以选择 R×10k 挡，将两个表笔分别接可变电容器的动片和定片的引出端，同时将转轴缓缓旋动几个来回，此时万用表指针都应为无穷大，且表针不能摆动。在旋动转轴的过程中，如果指针有时指向零，则说明动片和定片之间存在短路点；如果碰到某一角度，万用表读数不为无穷大而是出现一定阻值，则说明可变电容器动片与定片之间存在漏电现象。对于有问题的可变电容器，最好不要继续使用，否则可能会遇到难以排除的故障。

2.6 电容器的选择与应用

1. 电容器的选择

在电路中，电容器要承受的实际电压不能超过它的耐压值。在滤波电路中，电容器的耐压值不要小于交流电压有效值的 1.42 倍。使用电解电容器时，还要注意正、负极不要接反。电容器的额定电压应高于其实际工作电压的 10%～20%，以确保电容器不被击穿损坏。

不同电路应该选用不同种类的电容器：在电源滤波和退耦电路中应选用电解电容器；在高频电路和高压电路中应选用瓷介和云母电容器；在谐振电路中可选用云母、陶瓷和有机薄膜等电容器；用作隔直流时可选用纸介、涤纶、云母、电解、陶瓷等电容器；用在谐振回路时可选用空气或小型密封可变电容器，云母、高频陶瓷电容器等。

在业余制作电路时，一般不考虑电容器的允许误差，但对于用在振荡和延时电路中的电容器，其允许误差应尽可能小（一般小于 5%）；在低频耦合电路中的电容误差可以稍大一些（一般为 10%～20%）。

在要求不高的地方，尽可能使用铝电解电容器，以降低成本，即使是温度变化很大的环境中，只要 PCB 空间允许，可以并联多个铝电解电容器来解决铝电解电容器的损耗角及温度系数较大的问题。但是在体积有限制的情况下，钽电解电容器是较好的选择。另外，在长时间积分电路上，由于钽电解电容器的漏电小，因此是首选电容器。

对于电源滤波电路，可以根据具体情况选择电容器。

由于线性电源滤波（以桥式整流输出滤波为例）的脉动电流较小、频率较低，对电容器的要求稍低一些。因此，线性电源滤波电路一般采用电解电容器与非电解电容器并联的方式。其中，电解电容器用来滤除低频交流信号，非电解电容器用来滤除高频交流信号。在 50Hz、常温条件下，铝电解电容器的容量与输出电流的关系基本可以取每安培 1000μF；对于温度范围较宽或要求纹波较小时，电容量需要成倍增大或是改用 LC 滤波。

另外，对于线性电源的电容的耐压，一般只需要考虑预留 40%即可，对于外部电源电压波动较大时，需要按照最大电压来考虑预留耐压范围。

由于开关电源滤波（以输出滤波为例）的脉动电流较大、频率较高，这就对电容器的选用要求较高。这时，通常希望电容器的损耗角较小，这样电容器的内阻就会较小，因此就需要采用多个电容器并联的办法进一步降低内阻，这样对于频率高、脉动电流较大的电路，电容器的发热量可以控制在一定范围内，降低对电路的影响；同时还要注意采用漏电小的电容器，以减小温升。

需要注意的是：耐压等级的提高对成本影响极大，如将电容器的耐压从 25V 电压等级提高到 35V 电压等级时，成本增加一倍；而将电容器的容量从 100μF 增加为 220μF 时，成本仅增加 50%，所以不能过分提高电压等级。

另外，大规模高频、高速集成电路对电容器的要求较高，如高速 DSP 或是 FPGA 等芯片，它需要的电压一般在 1～1.5V 之间，允许纹波一般在 60mV 以内；I/O 电压一般在 1.8～3.3V 之间，允许纹波一般在 360mV 以内；并且采用数十个电源脚。这就需要对每个电源脚用一个贴片高频电容器在靠近引脚处进行滤波。

2. 电容器的代换

在代换电容器时，代用电容器要与原电容器的容量基本相同（对于旁路和耦合电容，容量可比原电容大一些）；耐压值要不低于原电容器的额定电压。在高频电路中，电容器的代换一定要考虑其频率特性应满足电路的频率要求。

电解电容器损坏后，其外壳会出现漏液、鼓包、变形等情况，此时可以直接更换该电解电容器。图 2-36 所示的电容器即为顶部鼓包损坏并漏液的电解电容器。

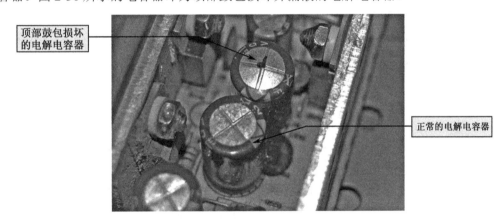

图 2-36　顶部鼓包损坏的电解电容器

对于滤波电路中的电解电容器，一般来讲，只要耐压、耐温相同，稍大容量的电容可代稍小容量的，但有些电路电容值相差不可太悬殊，如电视机交流电整流滤波电容器，若原先采用 100μF/400V 的电解电容器时，则不宜用 470μF/400V 的大容量电解电容器代用，这是因为电容器的容量太大时，会造成开机瞬间对整流桥堆、保险丝等部件的冲击电流过大，造成元器件损坏。

起定时作用的电容器要尽量用原容量值的电容器代用。若单个电容器的容量小，则可采用并联方法解决；若单个电容器的容量过大，则可采用串联的方法解决。

不能用有极性的电解电容器取代无极性的电解电容器。

在代换电容器时，不但要考虑代换电容器的体积、耐压、极性等参数与原电容器相同或相近外，还要考虑所代换电容器的损耗值要等于或小于原电容器的损耗值，以及代换电容器的频率特性要高于原电容器。否则即使代换电容器的电容量与原电容器相同或略大于原电容器，也有可能使电路不能正常工作，或不能稳定工作。

3．电容器的串、并联电路

【电容器的并联电路】

电容器并联后，金属极板的面积就相当于各个并联电容器的总面积，如图2-37所示。因此多个电容器并联后，其总电容量为各并联电容量之和，即

$$C = C_1 + C_2 + C_3 + \cdots + C_n$$

当两个电容器并联后，整个电容器损耗电阻 R 为这两个电容器损耗电阻 R 的并联值损耗电阻 R 的实际值就会很小，使组合电容器在高频电路下的损耗很小。

【电容器的串联电路】

在某些特殊的情形下，电容器也可串联使用。电容器串联使用时，金属极板之间的距离相当于各串联电容器之间的和（其总电容会小于串联回路中的任何一个电容量，），如图2-38所示。因此，电容器串联时，串联容量的倒数为各容量的倒数和，即

$$1/C = 1/C_1 + 1/C_2 + 1/C_3 + \cdots + 1/C_n$$

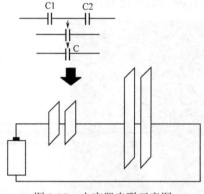
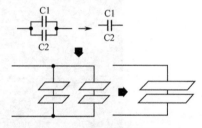

图2-37　电容器串联示意图　　　　图2-38　电容器并联示意图

电容器串联后，会产生分压作用，其分压比为电容量的倒数比。当两个电容器处于串联状态时，这两个电容器的损耗电阻也处于串联状态，故会使整个电容器的等效损耗电阻变大，使损耗值变得很大。

4．电容器的典型应用电路

电容器在电路中的基本作用就是充电与放电，但由这种基本充、放电作用所延伸出来了很多电路，使得电容器有着种种不同的用途，如在电动机中，用电容器来产生相移；在照相闪光灯中，用电容器来产生高能量的瞬间放电；等等。而在电子电路中，电容器不同性质的用途尤多，这些不同的用途，虽然也有截然不同之处，但因其作用均来自充电与放电，所以在不同用途之间，也难免有其共同之处，如旁路电容实际上也可称为平滑滤波电容，只看从哪一个角度来解释。以下就按一般习惯的称呼分类，来说明电容器在不同电路中的作用。

【滤波和电源稳压】

电力网供给用户的是交流电，而各种家用电器却需要采样直流电源才能工作，这就需要将交流电源通过整流变成直流电源才能供家用电器使用。交流电转换成直流电示意图如图2-39所示。

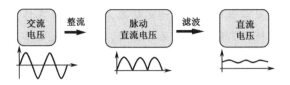

图 2-39 交流电转换成直流电示意图

经过整流后的电源电压虽然没有交流变化成分，但其脉动较大，需要经过滤波电路消除其脉动成分，使其更接近于直流。滤波的方法一般采用无源元件电容或电感，利用其对电压、电流的储能特性达到滤波的目的。

电容滤波电路是使用得最多也是最简单的滤波电路。其结构为在整流电路的输出端并联一较大容量的电解电容器，利用电容器对电压的充、放电作用使输出电压趋于平滑。该形式的电路多用于小功率电源电路中，如图 2-40 所示。

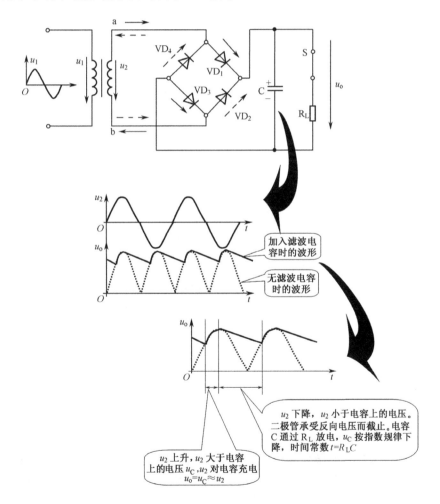

图 2-40 桥式整流电容滤波电路

电容滤波电路一般适用于输出电流较小且负载变化不大的场合。

电解电容器只能滤除低频波动。对于直流电源中的高频干扰噪波，可以加一个 0.1μF 或 0.01μF 的独石电容器或者瓷片电容器来滤除。

电解电容器作为滤波电容器时，也在一定程度上起到了稳压作用；当电解电容器作为稳压应用时，通常接在整流桥或三端稳压器的输出端，起到稳定电压的作用。其工作机理相当于一个水库：从上游来的带有波浪的水到了水库，就变得平滑了。

有些供电导线较长的直流电源，在接到电路板的输入端时，通常需要在电路板的电源输入端加一个大的电解电容器，通常可以是 220μF/25V，这样这块电路板需要供电时，不是直接从电源处取电，而是从电容器中取电，故可以得到稳定的电流供给。

【电源平滑滤波及反交联电容器】

前述的电源整流电路中的滤波电容器，因有充电和放电时间之分，故必然会有纹波存在。为了尽可能降低纹波率，可按如图 2-41 所示另加一电容 C2，此电容即可起到平滑纹波的作用。

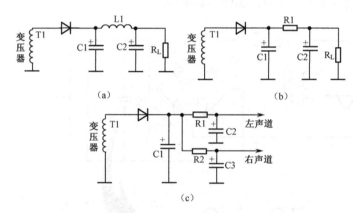

图 2-41　电源平滑滤波及反交联电容连接示意图

图 2-41（a）中使用电感作为交联元器件，图 2-41（b）则将电阻器作为交联元器件。当使用电感作为交联元器件时，有较高的效率。如果负载是稳定的，如是一只灯泡或一个蓄电池，则 C2 唯一的作用就是平滑滤波；如果负载并不稳定，那么在 C2 两端的电压，除了含有交流电源的纹波外，也可能因负载变动而使电压有所起伏，起伏的幅度随负载的变动幅度而异。此时，若以同一电源供给两个不同的负载，而其中又有一个负载对电压极为敏感时，那么第一个负载的电流变化，便可能影响第二个负载的动作，如立体声两声道间的窜音、前后级共享电源可能引起的超低频振荡等。为了防止类似这种来自电源的交联作用，可在每一负载前单独加上一个电容器。这种电容器即被称为反交联电容器，如图 2-41（c）所示的 C2、C3。

【微分电容器】

输出信号与输入信号的微分成正比的电路被称为微分电路。微分电路中的电容器被称为微分电容器。微分电路如图 2-42 所示。输入微分电路的方波（本处以频率为 50Hz 的方波为例）经过微分电路后，将会输出变化很陡峭的曲线。

当第一个方波电压加在微分电路的两端（输入端）时，电容 C 上的电压开始因充电而增加。而流过电容 C 的电流则随着充电电压的上升而下降。电流经过微分电路（R、C）的规律可用公式 $i=(U/R)e^{-(t/CR)}$ 来表达。其中，i 为充电电流（A）；U 为输入信号电压（V）；R 为电路电阻值（Ω）；C 为电容器电容值（F）；e 为自然对数常数（2.718 28）；t 为信号电压作用时间（s）；CR 为 R、C 时间常数。

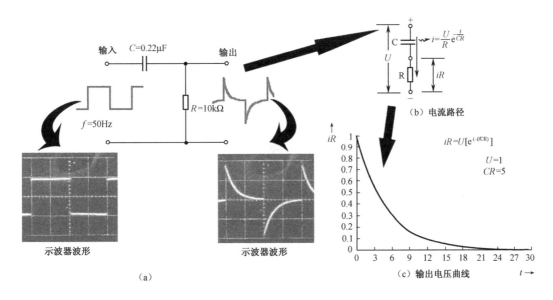

图 2-42　微分电路

通过计算可以看出，输出部分即电阻上的电压为 $i×R$，结合上面的计算，可以得出输出电压曲线的计算公式为 $iR = U[e^{-(t/CR)}]$。

　　微分电路对输入信号特别敏感，故它的抗干扰能力差。另外，对反馈信号具有滞后作用的 RC 环节，与集成运放内部电路的滞后作用叠加在一起，可能引起自激振荡。再者，u_i 突变时，输入电流会较大，输入电流与反馈电阻的乘积可能超过集成运放的最大输出电压，有可能使电路不能正常工作。

　　微分电路的应用是很广泛的，可以将周期性的输入方波电压变换为输出脉冲电压。微分电路除了可以在线性电路中做微分运算外，还常用来在脉冲数字电路中做波形变换，如将矩形波变换为尖顶脉冲波。

【积分电容器】

输出信号与输入信号的积分成正比的电路被称为积分电路。积分电路中的电容器被称为积分电容器。积分电路中 R 和 C 的位置互换，便可构成基本微分电路。它是积分的逆运算。

积分电路如图 2-43 所示。

当输入信号电压加在输入端时，电容（C）上的电压逐渐上升。其充电电流随着电压的上升而减小。电流通过电阻（R）、电容（C）的特性可用公式 $i=(U/R)e^{-(t/CR)}$ 表达。其中，i 为充电电流（A）；U 为输入信号电压（V）；R 为电路电阻值（Ω）；e 为自然对数常数（2.718 28）；t 为信号电压作用时间（s）；CR 为 R、C 时间常数（$R×C$）。

通过上面的计算公式可以看出，输出部分即电阻上的电压为 $i×R$，结合上面的计算，可以得出输出电压曲线的计算公式为 $iR = U[e^{-(t/CR)}]$。

输入信号不同，积分电路可表现出不同的输出特性。

若输入为阶跃信号，则积分电路表现为与输入呈线性关系增长直到 C 充电结束，使运放进入饱和状态。充电时间 $t=RC$。

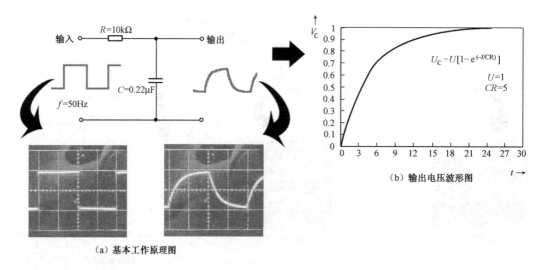

（a）基本工作原理图

（b）输出电压波形图

$$U_C = U[1 - e^{(-t/CR)}]$$
$$U = 1$$
$$CR = 5$$

图 2-43　积分电路

若输入为方波信号，则积分电路表现为充电与放电交替进行（理想），对外表现为三角波。

若输入为正弦信号，则积分电路表现为输出超前输入 90° 相位的正弦波（有同相与反相的差别）。

积分电容器采用云母电容器最好。但云母电容器容量不容易做得太大（一般 10～10 000pF），价格非常高，因此通常采用损耗比较低的 CBB 电容器、聚丙烯（Polypropyl）薄膜电容器来代替云母电容器。

积分电路主要用于下列电路中：

① 在电子开关中用于延迟；

② 波形变换，如将方波变为三角波；

③ 信号发生器中的信号源；

④ 在 A/D 转换中，将电压量变为时间量；

⑤ 移相。

【高通/低通/带通滤波电容器】

利用电容器的容抗特性，如果把电容器串联在电路中，就可以使高频信号通过得多一点，低频信号通过得少一点；反之，如把电容器并联在电路中，则高频信号被削弱得多一点（因为被短路掉了），低频信号则被削弱得少一点。

由于单纯的电容器虽有容抗产生，但滤波效果不明显，因此要使它有明确的滤波作用，必须加入如电阻器等元器件才能组成可以控制频率的滤波电路。

低通滤波电路（LPF），顾名思义，就是让低频信号通过，滤掉高频信号的电路。常见的低通滤波电路如图 2-44 所示。

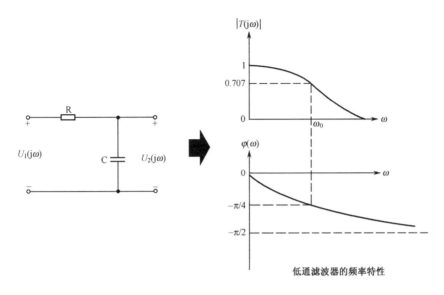

图 2-44　常见的低通滤波电路

在低通滤波电路中，电容器相当于开路，信号能顺利输出；当频率 f 足够大时，电容器的容抗极小，相当于短路，高频信号被电容器短路而不能输出。频率 f 被称为截止频率或转折频率。

高通滤波电路（HPF），顾名思义，就是让高频信号通过，滤掉低频信号的电路。常见的高通滤波电路如图 2-45 所示。

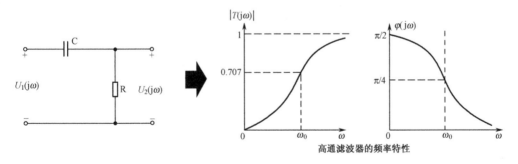

图 2-45　常见的高通滤波电路

在高通滤波电路中，对于一个较低的频率 f（截止频率），电容器相当于开路，信号不能通过；随着频率的不断升高，电容器的容抗越来越小，信号则越来越容易输出。

仔细观察低通滤波电路和高通滤波电路就可发现，其基本结构并无不同，不同的只是电压的取出点不同而已。当电压是在电容器两端取出时，频率越高，被衰减的就越多；电压在电阻器两端取出时，频率越高，则衰减就越少。

将低通和高通滤波器串联起来，即可构成带通滤波器（BPF）。常见的带通滤波器如图 2-46 所示。

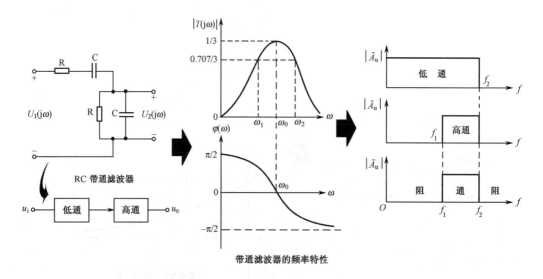

图 2-46　常见的带通滤波器

带通滤波器只允许某一频带范围内的信号通过，而将此频带以外的信号阻断。

将低通和高通滤波器并联起来，即可构成带阻滤波器（BEF）。带阻滤波器可以阻断某一频带范围内的信号通过，而允许此频带以外的信号通过。

【旁路电容器】

在电路中，希望将某一频率以上或全部交流成分的信号去掉，那么便可以使用滤波电容。习惯上，通常将少部分只有滤波作用的电容器称为旁路电容器（Bypass Capacitors）。例如，在晶体管的射极电阻器或真空管的阴极电阻器上并联的电容器，就被称为旁路电容器（因为其交流信号是经该电容器而进入接地端的）；又如在电源电路中，除了数千微法的平滑滤波或反交联电容器之外，通常也用零点几微法的高频电容器将高频旁路（实际上，此高频旁路电容也可被视为高频滤波及反交联电容器）。旁路电容器的应用电路如图 2-47 所示。

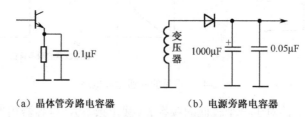

（a）晶体管旁路电容器　　　　（b）电源旁路电容器

图 2-47　旁路电容器的应用电路

【去耦电容器】

在电子电路中，经常会看到在集成电路的电源引脚附近有一个电解电容器，这个电容器就是去耦合电容器，简称去耦电容器（Decoupling Capacitors），又称退耦电容器，如图 2-48 所示。

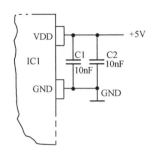

图 2-48　去耦电容器的应用电路

去耦电容器通常有两个作用：一个是蓄能；一个是去除高频噪声。去耦电容器主要是去除高频，如 RF 信号的干扰。干扰的进入方式是通过电磁辐射。

⚠ 为什么说去耦电容器具有蓄能的作用呢？举个简单的例子我们就很容易明白了：我们可以把总电源看作一个水库，我们大楼内的家家户户都需要供水，这时，水不是直接来自于水库，那样距离太远了，等水过来，我们已经渴的不行了，实际水是来自于大楼附近的水塔。

集成电路在工作的时候，其电流是不连续的，而且频率很高，而集成电路的电源引脚到总电源有一段距离，即便距离不长，在频率很高的情况下，阻抗也会很大（线路的电感影响非常大），这样会导致器件在需要电流的时候，不能被及时供给。而去耦电容器可以弥补此不足。这也是为什么很多电路板在高频器件电源引脚处放置小电容的原因之一。

集成电路内部的开关在工作时产生的高频开关噪声将沿着电源线传播。去耦电容器的主要功能就是提供一个局部的直流电源给集成电路，以减少开关噪声在电路板的传播并将噪声引导到地。去耦电容器还可以防止电源携带的噪声对电路构成干扰。在设计电路时，去耦电容器应放置在电源入口处，连线应尽可能短。

因而在设计高速电路板时，通常在电路板的电源接入端放置一个 1～10μF 的电容器，滤除低频噪声；在电路板上，每个器件的电源与地线之间放置一个 0.01～0.1μF 的电容，滤除高频噪声。

去耦电容器的充、放电作用使集成电路得到的供电电压比较平稳，减小了电压振荡现象；集成电路可以就近在各自的去耦电容器上吸收或释放电流，不必通过电源线从较远的电源中取得电流，因此不会影响集成电路的速度；同时去耦电容器为集成电路的瞬态变化电流提供了各自就近的高强通道，从而大大减小了向外的辐射噪声且相互之间没有公共阻抗，因此抑制了共阻抗耦合。

由于去耦电容器在高频时的阻抗将会减小到其自谐振频率，因而可以有效地去除信号线中的高频噪声，同时相对低频来说对能量没有影响，所以可在每一个集成电路的电源地脚之间加一个大小合适的去耦电容器。在选择去耦电容器类型时，应考虑那些低电感的高频电容器，如高频性能较好的多层陶瓷电容器或独石电容器。

⚠ 在电子电路中，去耦电容器和旁路电容器都可起到抗干扰的作用。电容器所处的位置不同，称呼就不一样。对于同一个电路来说，旁路（Bypass）电容器是把输入信号中的高频噪声作为滤除对象，把前级电路携带的高频杂波滤除；而去耦（Decoupling）电容器，是把输出信号的干扰作为滤除对象，防止干扰信号返回电源。这就是它们之间的本质区别。

旁路电容器实际也是去耦合的，只是旁路电容器一般是指高频旁路，也就是给高频噪声提高一条低阻抗泄放途径。高频旁路电容器的容量一般比较小，根据谐振频率，一般为 0.01～0.1μF；而去耦电容器容量一般比较大，通常为 1～100μF 或者更大，依据电路中分布参数及驱动电流的变化大小来确定。

【耦合电容器】

由于电子电路通常需要采用直流电压供电，因此在输出的信号中通常带有直流电成分，在一些多级放大电路或者是只需要传输交流信号的电路中，为防止前、后两级电路静态工作点的相互影响，通常需要采用电容器进行耦合（电容器起隔直通交的作用），这样的电容器就被称为耦合电容器，如图 2-49 所示。

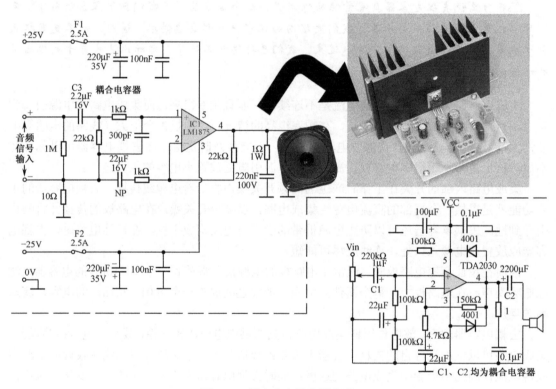

图 2-49　耦合电容器应用电路

在音频电路中，为了防止信号中低频分量损失过大，一般总采用容量较大的电解电容器作为耦合电容器；在有些对音质要求较高的音频电路中，通常也会采用价格较高的无极性金属化电容器作为耦合电容器；在高频信号的传输、放大电路中，通常采用 1～1000pF 的瓷片电容器作为耦合电容器。

【振荡电容器】

电容器在通过交流电时，因电流和电压存在着相位差，所以在有增益的电路里很容易产生振荡。电容器的振荡应用电路如图 2-50 所示。

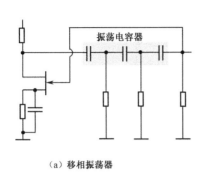
（a）移相振荡器

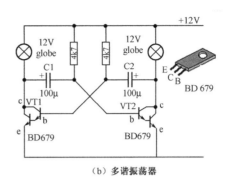
（b）多谐振荡器

图 2-50 电容器的振荡应用电路

【调谐电容器】

由于电容器的导电是在充电或放电完成以前所发生的作用，所以在电容器电路中，电流先电压而产生。在电子电路中，电感的特性正好与电容相反——其电压先电流产生，若将这两种特性相反的组件串联或并联在一起，那么在某一特定频率时，电容的电流超前而电感的电流落后，使两者正好重叠，于是电流变得最大，这就称为电流谐振；反之，电容的电流超前而电感中的电流落后，使两者因互差 180° 而互相抵消，电流就变成最小，此即被称为串联谐振。串联或并联谐振通常被用于效率极高的带通或滤波电路中。

电容器作为调谐电容器的应用电路如图 2-51 所示。

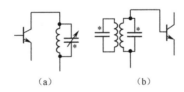
（a）　　　　　　（b）

图 2-51 电容器作为调谐电容器的应用电路

电磁波在空间传播时，如果遇到导体，则会使导体产生感应电流。感应电流的频率跟激起它的电磁波的频率相同。因此利用放在电磁波传播空间中的导体，就可以接收到电磁波。当接收电路的固有频率与接收到的电磁波的频率相同时，接收电路中产生的振荡电流最强。

改变可变电容器的容量大小即可改变调谐电路的固有频率，进而使其与接收电台的电磁波频率相同，这个频率的电磁波就在调谐电路里激起较强的感应电流，这样就选出了电台。用调谐电路接收到的感应电流是调制的高频振荡电流，要直接接收到所需要的信号，还需要进行检波等处理。

【分压电容器】

由于电容器对交流电会产生容抗，容抗的性质与电阻器的阻抗类似，故将两个容抗串联时，也会与电阻串联时一样产生分压作用。图 2-52 是示波器及高频电压表输入电路中的衰减器。

图 2-52 所示电路基本上以电阻分压衰减为基础。为了减轻分布电容对输入阻抗的影响，

每一分压电阻器均并联一个电容器。

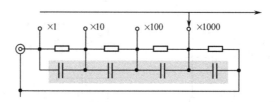

图 2-52　示波器及高频电压表输入电路中的衰减器

【降压电容器】

由于电容器具有容抗作用，因此可以在一些要求简单的电路中对交流市电进行降压，然后再整流后供用电器使用。

电容器的降压电路通常用于低成本取得非隔离的小电流电源。

> 电容器的降压电路有以下优点：电路简单、元件少、噪声小，可防磁场干扰。但是这种电路也有以下缺点：功率因数低、无功功率大，不适合负载电流稍大的电源，不适合宽输入电压及负荷电流变动很大的电源。

由于降压电容器是在最低输入电压、最低工作频率、最大负荷电流的条件下确定的，故当输入电压和工作频率较高、负荷电流较小时，多余的电流会流向稳压管，导致稳压管发热。

因为是非绝缘型电源，电路带电，电路的使用范围受到限制，未与 220V 交流高压隔离，故必须注意安全，严防触电！限流电容器必须接于火线，耐压要足够大（大于 400V）。设计时要注意稳压管功耗，严禁稳压管断开运行。

电容器降压电路应用电路如图 2-53 所示。

在如图 2-53（a）所示电路中，C1 为降压电容器；VD2 为半波整流二极管；VD1 在市电的负半周时给 C1 提供放电回路；VD3 为稳压二极管；R1 为关断电源后 C1 的电荷泄放电阻。在实际应用时，常常采用的是如图 2-53（b）所示的电路。当需要向负载提供较大的电流时，可采用如图 2-53（c）所示的桥式整流电路。

整流后未经稳压的直流电压一般会高于 30V，并且会随负载电流的变化发生很大的波动，这是因为此类电源内阻很大的缘故所致，故不适合大电流供电的应用场合。

设计电路时，应先测定负载电流的准确值，然后选择降压电容器的容量。

如 C1 的容量为 0.33μF 时，交流输入电压为 220V/50Hz，则 C1 在电路中的容抗 $X_c=1/(2\pi fC)=1/(2\times3.14\times50\times0.33\times10^{-6})=9.65\mathrm{k}\Omega$；流过电容器 C1 的充电电流 $I_c = U/X_c=220/9.65\mathrm{k}=22\mathrm{mA}$。

通常，降压电容器 C1 的容量 C 与负载电流 I_o 的关系可近似认为 $C=14.5I_o$，其中，C 的容量单位是 μF，I_o 的单位是 A。

稳压管的稳压值应等于负载电路的工作电压，其稳定电流的选择也非常重要。由于电容降压电源提供的是恒定电流，近似为恒流源，因此一般不怕负载短路。

滤波电容器 C2 的容量一般取 100～1000μF，但要注意其耐压的选择。

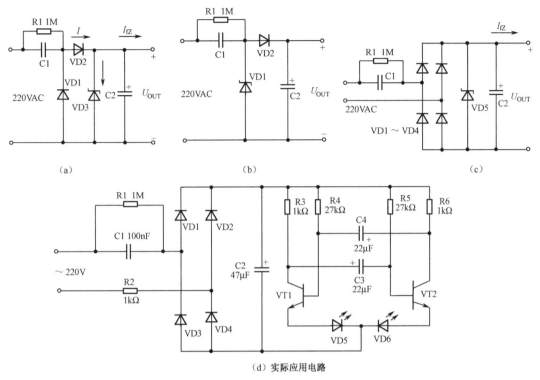

（a）　　　　　　　　　　　（b）　　　　　　　　　　（c）

（d）实际应用电路

图 2-53　电容器降压电路应用电路

⚠电容器降压电路与电源变压器降压电路的区别是：在使用电源变压器作为整流电源时，当确定电路中的各项参数以后，输出电压是恒定的，而输出电流 I_d 则随负载的增减而变化；而电容器降压电路中 C_1 被确定以后，输出电流 I_d 是恒定的，输出直流电压都随负载电阻的大小不同在一定范围内变化。负载电阻越小，输出电压越低；负载电阻越大，输出电压越高。

第3章

电感器和变压器的识别/检测/选用

当电流通过一段导线时，在导线的周围会产生一定的电磁场。这个电磁场会对处于这个电磁场中的导线产生作用。我们将这个作用称为电磁感应。为了加强电磁感应，人们常将绝缘的导线绕成一定圈数的线圈，我们将这个线圈称为电感线圈（Coil）。为了简便起见，通常将电感线圈简称为电感器或者电感（Inductor）。

当电流流过导线时，在导线的周围就会产生磁场，磁场的强度与线圈的圈数及电流的大小成正比，磁场发生变化时，线圈会感应一电动势来阻止磁场的变化，这种性质被称为电感。

若将多个电感线圈放在一起，它们之间就会互相产生影响，即构成一个变压器。电感器和变压器都是通过电磁感应的原理来工作的。

3.1 电感器

电感器是一个电抗器件，在电子电路中经常使用。将一根导线绕在铁芯或磁芯上或一个空心线圈就是一个电感器。

电感器的主要作用是将电能转换为磁能并储存起来，因此也可以说它是一个储存磁能的组件。电感器是利用电磁感应的原理进行工作的。当有电流流过某一根导线时，就会在这根导线的周围产生电磁场，而这个电磁场又会对处在这个电磁场范围内的导线产生电磁感应现象。通常只有单一导线绕成的线圈会有自感作用；一个以上导线绕制的线圈则有互感作用。

⚠ 电感器的特性恰恰与电容器的特性相反，它具有阻止交流电通过而让直流电通过的特性。直流信号通过线圈时电阻就是导线本身的电阻，压降很小；当交流信号通过线圈时，线圈两端将会产生自感电动势，自感电动势的方向与外加电压的方向相反，阻碍交流的通过，所以电感器的特性是通直流阻交流，频率越高，线圈阻抗越大。

当交流电通过电感器时，对交流电的阻碍大小用感抗 X_1 表示。它与电感量 L 成正比，也与交流电的频率 f 成正比。当直流电通过电感器时，由于直流电的频率为零，感抗就为零，即电感器对直流电没有阻碍作用，但实际上存在线圈导线的直流电阻，一般可以忽略不计。

当流过电感器的电流大小或方向发生改变时，电感器要产生一个反向电动势来阻碍电流的变化，因此流过去的电流不能突变。

电感器的作用主要有滤波、储能、缓冲、反馈及谐振等。电感器在电路中经常与电容器一起工作，构成 LC 滤波器、LC 振荡器等。另外，人们还利用电感器的特性制造了阻流圈、变压器及继电器等电磁元器件。

3.1.1　电感器的种类

按照电感器线圈的外形，电感器可分为空心电感线圈（空心线圈）与实心电感线圈（实心线圈）。按导磁性质，电感器可分为空心线圈、磁芯线圈和铜芯线圈等。空心电感线圈是指导线线圈中间没有导磁材料的电感线圈，所以将导线绕制在由纸筒等无感材料上的电感线圈也是空心电感线圈。实心电感线圈按照线圈中间导磁材料的不同而分为不同的种类，常见的材料有铁磁、铜、铁氧体等。

按照工作性质，电感线圈可分为高频电感线圈（各种天线线圈、振荡线圈）、低频电感线圈（各种扼流圈、滤波线圈等）、退耦线圈、提升线圈及稳频线圈等；按结构特点可分为单层、多层、蜂房式、磁芯式线圈等；按照封装形式，电感线圈又可分为普通电感线圈、色环电感线圈、环氧树脂电感线圈、贴片电感线圈等。

按照电感量，电感线圈可分为固定电感线圈和可调电感线圈。固定电感线圈是电感量固定的电感线圈；可调电感线圈是电感量可以根据工作需要进行调节的电感线圈（如电视机中的行振荡线圈、中周变压器等）。可调电感线圈通常将漆包线绕制在塑料或胶木骨架上，上端有可调节位置的磁帽，用于调节线圈的电感量，外面套铁壳作为屏蔽或者套一个塑料保护层。

电感器中的线圈是由普通的导线缠绕而成的。缠绕一圈称为一匝，所以线圈都有匝数的概念。一般线圈的匝数都大于 1。这里的普通导线也不是裸线，而是包有绝缘层的铜线或铝线，因此线圈的匝与匝之间是彼此绝缘的。

常用的电感器有贴片电感器和线绕电感器（包括磁芯电感器）两种。其中贴片电感器又分为贴片小功率电感器和贴片大功率电感器（线绕贴片电感器）两类。下面介绍常用电感器的识别方法。

【贴片小功率电感器】

贴片小功率电感器又称片式叠层电感器，其外观与片式陶瓷电容器很相似。常见的贴片小功率电感器颜色为灰黑色，如图 3-1 所示。

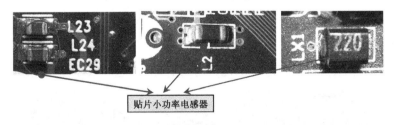

图 3-1　贴片小功率电感器

贴片小功率电感器的尺寸小、Q 值低、电感量也小，电感量范围为 0.01～200μH，额定电流最高为 100mA，具有磁路闭合、磁通量泄漏少、不干扰周围元器件、不易受干扰和可靠性高等优点，在笔记本电脑中主要应用在滤波、抗干扰电路中。

常见的贴片电感器有以下几种：一种是两端银白色，中间是白色；一种是两端是银白色，中间是蓝色；还有一种常用在电源电路的贴片电感器。这种贴片电感器的体积比较大，通常为圆形或方形，颜色为黑色，因此很容易辨认。

贴片电感器可分为小功率电感器和大功率电感器两类。小功率电感器主要应用在视频和通信方面。大功率电感器主要应用在 DC/DC 或 DC/AC 变换方面。贴片电感器尺寸有两种表示方法：4 位数的尺寸代码——前两位为长度（mm），后两位为宽度（mm）；也有用 6 位数表示的——最后两位数表示厚度。

在很多电子电路（如笔记本电脑）中，为了便于装配，通常还采用将多个电感器封装在一起的排电感。常用的排电感通常有 4～8 个引脚，内部有 2～4 个容量相同的电容器，其内部电路组成方式与 8P4R 排阻相同。常用的排电感如图 3-2 所示。

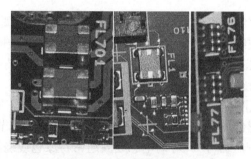

图 3-2　常用的排电感

大功率贴片电感器常用在电源电路的滤波、储能电路中。这种贴片电感器的体积比较大，通常为圆形或方形，颜色为黑色，因此很容易辨认，如图 3-3 所示。

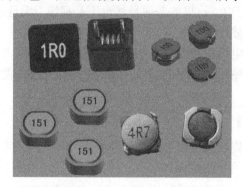

图 3-3　大功率贴片电感器

【色环电感器】

色环电感器与普通色环电阻器类似，通常用三个或四个色环来标注电感量，如图 3-4 所示。

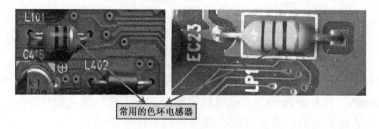

图 3-4　常用的色环电感器

采用色环标注电感量的电感器通常称为色环电感器或者色码电感器。

【功率电感器】

功率电感器主要有磁芯电感器和线绕电感器两种。这种电感器主要应用在功率相对比较大的电路中，故称功率电感器。

磁芯电感器由线圈和磁芯组成，主要起储能、滤波作用，通常应用在电源电路中。常见的磁芯电感器如图 3-5 所示。

图 3-5　常见的磁芯电感器

线绕电感器就是采用线径比较粗的漆包线缠绕几圈构成一个电感器。这种电感器一般应用在滤波电路中，如图 3-6 所示。

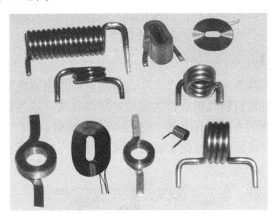

图 3-6　线绕电感器

【共模电感器】

共模电感器也叫共模扼流圈 （Common Mode Choke），是在一个闭合磁环上对称绕制方向相反、匝数相同的电感线圈，常用于过滤共模的电磁干扰，抑制高速信号线产生的电磁波向外辐射发射，提高系统的抗干扰能力。常见的共模电感器如图 3-7 所示。

图 3-7　常见的共模电感器

共模电感器是开关电源、变频器、UPS 电源等设备中的一个重要元器件。其工作原理如下：当工作电流流过两个绕向相反的线圈时，产生两个相互抵消的磁场 H1、H2，此时工作电流主要受线圈欧姆电阻及可忽略不计的工作频率下小漏电感的阻尼。如果有干扰信号流过线圈时，线圈即呈现出高阻抗，产生很强的阻尼效果，达到衰减干扰信号的作用，如图 3-8 所示。

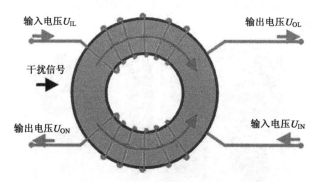

输入电压 U_{IL}　　　　　输出电压 U_{OL}

干扰信号

输出电压 U_{ON}　　　　　输入电压 U_{IN}

图 3-8　共模电感器的工作示意图

共模电感器实质上是一个双向滤波器：一方面要滤除信号线上的共模电磁干扰；另一方面又要抑制本身不向外发出电磁干扰，避免影响同一电磁环境下其他电子设备的正常工作。

共模电感器一般采用铁氧体磁芯，双线并绕，有高共模噪声抑制和低差模噪声信号抑制能力，工作频段阻抗小，干扰频率阻抗大，电感值稳定。

【"工"字形电感器】

"工"字形电感器因其外形像汉字"工"而得名。这种电感线圈一般由磁芯或铁芯、骨架、绕线组、屏蔽罩、封装材料等组成，大多数是将漆包线（或纱包线）直接绕在骨架上，再将磁芯或铜芯、铁芯等装入骨架的内腔，以提高其电感量。"工"字形电感器发热骨架通常是采用塑料、胶木、陶瓷制成，根据实际需要可以制成不同的形状。常见的"工"字形电感器如图 3-9 所示。

图 3-9　常见的"工"字形电感器

常用的"工"字形电感器被视为轴向电感器的立式版，应用与轴向电感器类似，但是"工"字形电感器可以拥有更大的体积，额定电流自然也增加很多，电感量通常在 0.1～100 mH 之间。

【印刷电感器】

在高频电子设备中，印制电路板上一段特殊形状的铜皮也可以构成一个电感线圈，通常把这种电感线圈称为印刷电感器或微带线。微带线在电路原理图中通常用如图 3-10 所示的符号来表示。如果只是一根短粗黑线，则称其为微带线；若是两根平行的短粗黑线，则称其为微带线耦合器。在电路中，微带线耦合器的作用有点类似于变压器，用于信号的变换与传输，有时也称其为互感器。印制电路板上常见的微带线和微带线耦合器的外形如图 3-11 所示。

图 3-10　微带线在电路原理图中的电路符号

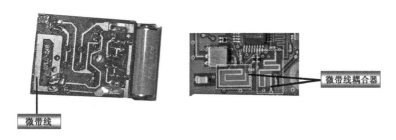

图 3-11　微带线和微带线耦合器的外形

印刷电感器一般有两个作用：一是对高频信号进行有效传输；二是与其他元器件（如电感器、电容器）等构成一个匹配网络，使信号输出端与负载能很好地匹配。微带线耦合器常用在射频电路中，特别是接收的前级和发射的末级。用万用表量印刷电感器的始点和末点是相通的，但绝不能将始点和末点短接。

在电子设备中，经常可以看到有许多如图 3-12 所示的磁环。这种磁环可与内部的连接电缆构成一个电感线圈（电缆中的导线在磁环上绕几圈作为电感线圈），可作为电子电路中常用的抗干扰组件，对高频噪声有很好的屏蔽作用，故被称为吸收磁环。由于它通常使用铁氧体材料制成，所以又称其铁氧体磁环（简称磁环）。在如图 3-12 所示中，上面为一体式磁环，下面为带安装夹的磁环。

图 3-12　电子产品中的磁环电感线圈

磁环在不同的频率下有不同的阻抗特性。一般在低频时阻抗很小，当信号频率升高后，磁环的阻抗急剧升高。

⚠大家都知道，信号频率越高，越容易辐射出去，而一般的信号线都是没有屏蔽层的，那么这些信号线就成了很好的天线，可接收周围环境中各种杂乱的高频信号，这些信号叠加在原来传输的信号上，甚至会改变原来传输的有用信号，严重干扰电子设备的正常工作，因此降低电子设备的电磁干扰（EMI）已经是必须考虑的问题。在磁环的作用下，既能使正常有用的信号可以很好地通过，又能很好地抑制高频干扰信号的通过，而且成本低廉。

3.1.2 电感器的识别

在电路原理图中，电感器常用符号"L"加数字表示，如"L6"表示编号为 6 的电感器。不同类型的电感器在电路原理图中通常采用不同的符号来表示，如图 3-13 所示。

电感器的常用电路符号

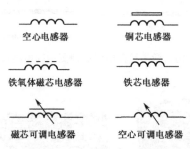

图 3-13 电感器的电路符号

电感器工作能力的大小用"电感量"来表示，表示产生感应电动势的能力。电感量的基本单位是亨利（H），常用单位有"毫亨（mH）"和"微亨（μH）"。它们之间的换算关系为 $1H=10^3mH=10^6\mu H=10^9nH$。

电感器中的线圈是由普通的导线缠绕而成的。缠绕一圈称为一匝。所以，线圈都有匝数的概念。一般线圈的匝数都大于 1。这里的普通导线也不是裸线，而是包有绝缘层的铜线或铝线。因此，线圈的匝与匝之间是彼此绝缘的。

图 3-14 直标法电感器示意图

电感器的电感量标示方法有直标法、文字符号法、色标法及数码标示法。

 【直标法】

直标法是将电感器的标称电感量用数字和文字符号直接标在电感器外壁上，如图 3-14 所示。电感量单位后面用一个英文字母表示其允许偏差。各字母代表的允许偏差见表 3-1。

表 3-1 各字母代表的允许偏差

英 文 字 母	允 许 偏 差（%）	英 文 字 母	允 许 偏 差（%）
Y	±0.001	D	±0.5
X	±0.002	F	±1
E	±0.005	G	±2
L	±0.01	J	±5
P	±0.02	K	±10
W	±0.05	M	±20
B	±0.1	N	±30
C	±0.25		

例如，560μHK，表示该电感器的标称电感量为560μH，允许偏差为±10%。

【文字符号法】

文字符号法是将电感器的标称值和允许偏差值用数字和文字符号法按一定的规律组合标示在电感体上。采用这种标示方法的通常是一些小功率电感器。其单位通常为nH或μH，用μH做单位时，"R"表示小数点；用nH做单位时，"n"代替"R"表示小数点。采用文字符号法标示电感量的电感器如图3-15所示。

图 3-15　采用文字符号法标示电感量的电感器

例如，4N7表示电感量为4.7nH，4R7则代表电感量为4.7μH；47N表示电感量为47nH，6R8表示电感量为6.8μH。采用这种标示法的电感器，通常后缀一个英文字母表示允许偏差，各字母代表的允许偏差与直标法相同，如"470K"表示该电感器的电感量为$47×10^0=47μH$，电感器允偏差为±10%（后缀字母"K"代表允偏差范围）。

【色标法】

色标法是指在电感器表面涂上不同的色环来代表电感量（与电阻器类似），通常用三个或四个色环表示，如图3-16所示。

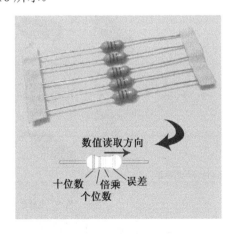

图 3-16　色标法电感器

紧靠电感体一端的色环为第一环，露着电感体本色较多的另一端为末环。其第一色环是十位数，第二色环为个位数，第三色环为应乘的倍数（单位为μH），第四色环为误差色环。各种颜色所代表的数值见表3-2。

表 3-2 各种颜色所代表的数值

颜色	第一道色环	第二道色环	第三道色环（倍率）	第四道色环（误差）
黑	0	0	1	±20%
棕	1	1	10	±1%
红	2	2	100	±2%
橙	3	3	1000	±3%
黄	4	4	10 000	±4%
绿	5	5	100 000	
蓝	6	6	1 000 000	
紫	7	7	10 000 000	
灰	8	8	100 000 000	
白	9	9	1 000 000 000	
金			0.1	±5%
银			0.01	±10%

EC24、EC36、EC46 三个系列色码电感器的电感量在 0.1μH 以下时，用金色条形码表示小数点，之后的 3 个色码表示其电感量。电感量在 0.1μH 以下时，不标示容许公差。EC22 系列的色码电感器因体积小，只用三个色码表示，所以电感量容许误差不会标示出来。

例如，色环颜色分别为棕、黑、金电感器的电感量为 1μH，误差为 5%。色环电感器与色环电阻器的外形相近，使用时要注意区分：在通常情况下，色环电感器的外形以短粗居多，而色环电阻器通常为细长，如图 3-17 所示。

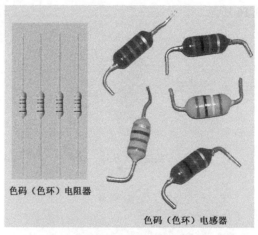

色码（色环）电阻器

色码（色环）电感器

图 3-17 色环电感器与色环电阻器的区别

【数码标示法】

数码标示法是用三位数字来表示电感器电感量的标称值。该方法常见于贴片电感器上，如图 3-18 所示。

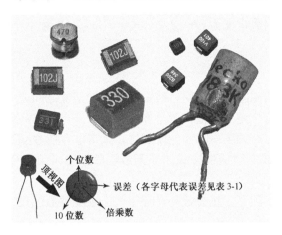

图 3-18 采用数码标示法的电感器

在三位数字中，从左至右的第一、第二位为有效数字，第三位数字表示有效数字后面所加 "0" 的个数（单位为 μH）。如果电感量中有小数点，则用 "R" 表示，并占一位有效数字。电感量单位后面用一个英文字母表示其允许偏差，各字母代表的允许偏差见表 3-1。

例如，标示为 "102J" 的电感量为 $10×10^2=1000μH$，允许偏差为 ±5%；标示为 "183K" 的电感量为 18mH，允许偏差为 ±10%。需要注意的是，要将这种标示法与传统的方法区别开，如标示为 "470" 或 "47" 的电感量为 47μH，而不是 470μH。

3.1.3 电感器的主要参数

【电感量】

电感量表示电感线圈工作能力的大小。电感器的电感量取决于电感线圈导线的粗细、绕制的形状与大小、线圈的匝数（圈数）及中间导磁材料的种类、大小和安装的位置等因素。在没有非线性导磁物质存在的条件下，一个载流线圈的磁通量与线圈中的电流成正比。其比例常数称为自感系数，用 L 表示，简称为电感，即 $L=\dfrac{\varphi}{I}$。式中，φ 为磁通量；I 为电流强度。

【电感量标称值与误差】

电感器的电感量也有标称值，与电阻器标称值相同。电感器的电感量单位有 μH（微亨）、mH（毫亨）和 H（亨利）。电感量的误差是指线圈的实际电感量与标称值的差异。通常振荡线圈的要求较高，允许误差为 0.2%～0.5%；耦合阻流线圈则要求较低，一般在 10%～15% 之间。电感器的标称电感量和误差的常见标示方法有直接法和色标法。标示方式类似于电阻器的标示方法。目前，大部分国产固定电感器将电感量、误差直接标在电感器上。

【品质因数（Q）】

电感器的品质因数 Q 是线圈质量的一个重要参数。它表示在某一工作频率下，线圈的感抗对其等效直流电阻的比值，即 Q 越高，线圈的铜损耗越小。由于导线本身存在电阻值，故由导线绕制的电感器也就存在了电阻的一些特性，导致工作电路中电能的消耗。Q 值越高，表示这个电阻值越小，使电感器越接近于理想的电感器，当然质量也就越好。中波收音机中使用的振荡线圈的 Q 值一般在 55～75 之间。在选频电路中，Q 值越高，电路的选频特性也越好。电感线圈的品质因数定义为 $Q=\omega L/R$。式中，ω 为工作频率；L 为线圈电感量；R 为线圈的总损耗电阻。

【分布电容】

在互感线圈中，两线圈匝与匝之间、线圈与地及屏蔽盒之间还会存在线圈与线圈间的匝间寄生电容。这个匝间寄生电容就被称为分布电容。分布电容对高频信号将有很大的影响。分布电容越小，电感器在高频工作时性能就越好。分布电容使 Q 值减小、稳定性变差，为此可将导线用多股线或将线圈绕成蜂房式，对天线线圈则可采用间绕法，以减少分布电容的数值。

对于大功率电感器，除了上述参数外，还有两个主要参数：最大工作电流和工作频率。

【额定电流】

额定电流是指在规定的温度下，线圈正常工作时所能承受的最大电流值。对于阻流线圈、电源滤波线圈和大功率的谐振线圈，这是一个很重要的参数。

【损耗电阻】

电感器的直流电阻被称为损耗电阻。

3.1.4　电感器的检测

检测电感器时首先应进行外观检查，看线圈有无松散，引脚有无折断、生锈现象。然后用万用表的欧姆挡测线圈的直流电阻。若为无穷大，则说明线圈（或与引出线间）有断路；若比正常值小很多，则说明有局部短路；若为零，则线圈被完全短路。对于有金属屏蔽罩的电感器线圈，还需检查它的线圈与屏蔽罩间是否短路；对于有磁芯的可调电感器，螺纹配合要好。

普通的指针式万用表不具备专门测试电感器的挡位，使用这种万用表只能大致测量电感器的好坏：用指针式万用表的 R×1 挡测量电感器的阻值，若其电阻值极小（一般为零点几欧），则说明电感器基本正常；若测量电阻为∞，则说明电感器已经开路损坏。对于具有金属外壳的电感器（如中周），若检测得振荡线圈的外壳（屏蔽罩）与各引脚之间的电阻不是∞，而是有一定电阻值或为零，则说明该电感器内部击穿损坏。

采用具有电感挡的数字万用表来检测电感器是很方便的，将数字万用表量程开关拨至合适的电感挡，然后将电感器两个引脚与两个表笔相连即可从显示屏上显示出该电感器的电感量，如图 3-19 所示。若显示的电感量与标称电感量相近，则说明该电感器正常；若显示的电感量与标称值相差很多，则说明该电感器有问题。

需要说明的是：在检测电感器时，数字万用表的量程选择很重要，最好选择接近标称电感量的量程去测量；否则，测试的结果将会与实际值有很大的误差。图 3-20 是采用不同量程测量一个标称电感量为 0.45mH 电感器的测量结果。

由于电感器属于非标准件，不像电阻器那样可以方便地检测，且在有些电感体上没有任何标注，所以一般要借助图纸上的参数标注来识别其电感量。在维修时，一定要用与原来相同规格、参数相近的电感器进行代换。

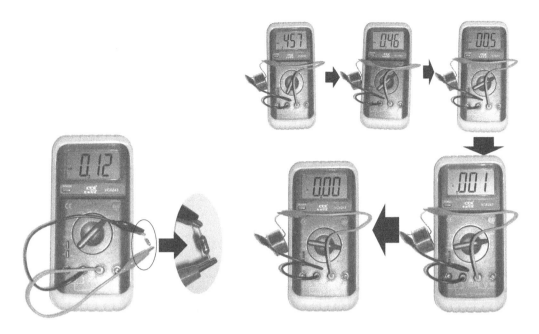

图 3-19　用数字万用表测量电感器示意图　　　图 3-20　电感器电感量测量结果示意图

3.1.5　电感器的应用电路

在应用电感器时，要根据电路的要求选择不同的电感器。首先应明确其使用的频率范围，铁芯线圈只能用于低频，铁氧体线圈、空心线圈可用于高频；其次要搞清线圈的电感量和适用的电压范围。另外在使用电感器时要注意，通过电感器的工作电流要小于它的允许电流；否则，电感器将发热，使其性能变坏甚至烧坏。在安装电感器时，要注意电感组件之间的相互位置，因电感线圈是磁感应组件，一般应使相互靠近的电感线圈轴线互相垂直。

电感器在电路中主要有滤波、振荡、分频、储能升压的功能。下面以电感器在不同电路中的作用来介绍电感器的工作原理。

【电感器滤波电路】

在滤波电路中，电感器的作用在于过滤电流里的噪声，稳定电路中的电流，以防止电磁波干扰。其作用与电容器类似，同样是以储存、释放电路中的电能来调节电流的稳定性，只不过电容是以电场（电荷）的形式来储存电能，而电感却是以磁场的形式来完成的。

利用储能组件电感器 L 的电流不能突变的性质，把电感器 L 与整流电路的负载 R_L 相串联，也可以起到滤波作用。

在桥式整流电路与负载间串入一个电感器 L 就构成了电感器滤波电路。在电感器滤波电路后面再接一电容就可以构成 LC 型滤波电路。在电容器滤波电路后面再接一个 LC 型滤波电路就构成一个 LC π 型滤波电路。电感器滤波电路如图 3-21 所示。

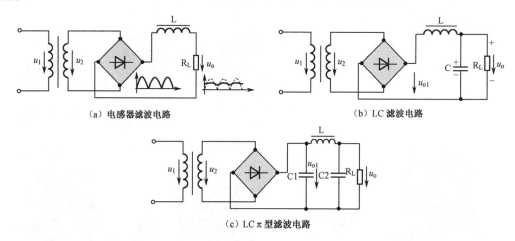

（a）电感器滤波电路　　　　　　　　　　　　　　（b）LC滤波电路

（c）LCπ型滤波电路

图 3-21　电感器滤波电路

在电感器滤波电路中：对于直流分量，电感器的感抗 X_L 很低，相当于短路，电压大部分降在负载 R_L 上；对于谐波分量，频率 f 越高，电感器的感抗 X_L 越大，压降大部分在电感器上。因此，可以在输出端得到比较平滑的直流电压。当忽略电感线圈的直流电阻时，输出平均电压 $U_{o(AV)} \approx 0.9 U_2$。LC π型滤波电路输出电压的脉动系数比只有 LC 滤波时更小，波形更加平滑。由于在输入端接入了电容，因而较只有 LC 滤波时提高了输出电压。

电感器滤波电路的峰值电流很小，输出特性比较平坦，适用于低电压、大电流（R_L 较小）的场合。缺点是电感铁芯笨重、体积大，易引起电磁干扰。

电感器滤波电路的输出特性是很平坦的，U_o 随 I_o 的增大而略有下降，输出电压没有电容滤波电路高。电感器滤波电路适用于负载所需的直流电压不高、输出电流较大及负载变化较大的场合。为了提高滤波效果，通常采用倒 L 型滤波电路。

【电感器振荡电路】

根据 LC 调谐回路的不同连接方式，LC 正弦波振荡器又可分为变压器反馈式（或称互感耦合式）、电感三点式和电容三点式 3 种。

图 3-22 为电感三点式 LC 振荡电路。

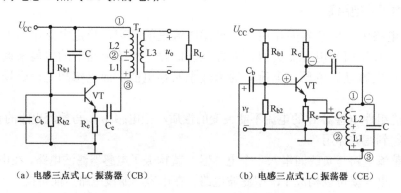

（a）电感三点式 LC 振荡器（CB）　　　　　　　　（b）电感三点式 LC 振荡器（CE）

图 3-22　电感三点式 LC 振荡电路

图中，电感线圈 L1 和 L2 是一个线圈，2 点是中间抽头。如果设某个瞬间集电极电流减小，线圈上的瞬时极性如图中所示。反馈到发射极的极性对地为正，三极管是共基极接法，所以使发射结的净输入减小，集电极电流减小，符合正反馈的相位条件。

若给基极一个正极性信号，则三极管集电极得到负极性信号。在 LC 并联回路中，1 端对"地"为负，3 端对"地"为正，故为正反馈，满足振荡的相位条件。振荡的幅值条件可以通过调整放大电路的放大倍数 A_u 和 L2 上的反馈量来满足。该电路的振荡频率由 LC 并联谐振回路的电感和电容决定，即 $f_0 = \dfrac{1}{2\pi\sqrt{LC}}$（$L$ 为并联谐振回路的等效电感，即考虑了其他绕组的影响）。

LC 并联谐振电路通常应用在调频发射电路及无线电接收电路中。图 3-23 为由 LC 振荡电路构成的调频发射电路。

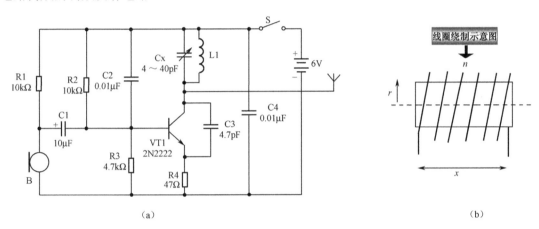

图 3-23　由 LC 振荡电路构成的调频发射电路

如图 3-23 所示电路可以将音频信号以调频（FM）的方式传送到异地。由 VT1、R2、R3、C2、C3、L1 组成谐振频率在 88～110MHz 之间的电容三点式调频振荡电路。话筒 B 将声音信号转换成电信号并经过耦合电容 C1 送入三极管 VT1 的基极。当音频信号送到 VT1 的基极时，VT1 的基极电压将随着音频信号的变化而变化，于是 VT1 的集电结电容也随之变化，使振荡器的振荡频率随之变化，完成调频的目的。VT1 集电极负载 L1、Cx、C3 等调谐回路决定了高频振荡器的振荡频率（即发射频率），由于 C3、L1 的参数为固定值，所以电容 Cx 为振荡频率调整电容。调整电容 Cx 可以改变该发射器的发射频率。当 Cx 的电容量为 12.5pF 时，发射频率约为 108MHz。

包含有声音信号的调频信号由 VT1 的集电极输出，并由发射天线向空中发射。天线接在 VT1 的集电极，长度约为 690mm 时发射效果最佳。

L1 的电感量为 0.17μH，如果买不到成品电感，也可以自己绕制。绕制电感的电感量与线圈骨架的直径、长度及匝数均有关系，如图 3-23（b）所示。图中，r 表示骨架的半径（单位为 mm）；x 表示线圈成型后的长度（单位为 mm）；n 表示线圈的匝数，电感量=$n^2 \times r^2 / (228.6r+254x)$（μH）。根据以上方法，电感 L1 用 ϕ0.1mm 的漆包线在直径为 6.7mm 的圆形木棒上绕 5～6 匝，然后脱胎并将线圈长度拉至 6.4mm 即可。

电容三点式 LC 振荡电路与电感三点式 LC 振荡电路类似。电容三点式 LC 振荡电路如图 3-24 所示。

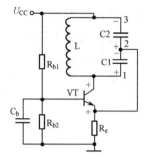 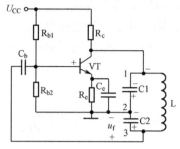

（a）电容三点式 LC 振荡电路（CB）　　　（b）电容三点式 LC 振荡电路（CE）

图 3-24　电容三点式 LC 振荡电路

图 3-25 为电容三点式 LC 振荡调频发射电路，由 VT、C5、C6 及电感 L 组成电容三点式振荡器。其振荡频率主要由 C5、C6 和 L 的参数决定。

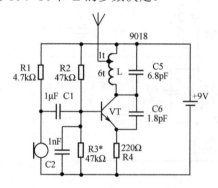

图 3-25　电容三点式 LC 振荡调频发射电路

图 3-25 所示电路中的电感 L 可以在直径为 4mm 的圆木棒上绕 7 匝（上端电感绕 1 匝，下端电感绕制 6 匝），在 6 匝处抽头。为了简单起见，也可以分为两个线圈绕制。如果想把这个无线电调频话筒接到随身听的耳机插孔里用来转发音频信号，则可以将 R1（4.7kΩ）省掉，并将 C1（1μF）调换极性。

天线用长度为 600mm 的软线代替。由于天线是直接在谐振线圈上引出的，因人体的感应或是天线的一些变化，频率会很不稳定，因此将天线直接用印制板中的铜箔制作是比较好的选择。

图 3-25 中的 C1（1μF）可以用 270～2200pF 的任意电容器代替，但是当电容器的数值较高时，语音信号的高频部分将有很大的衰减。减小 C5 的电容值，将加大发射频率，按照上面的数值制作，频率大约为 106MHz，调整 R4 的阻值可以调整后级电路的工作电流，进而达到调整输出功率的目的。R4 的阻值与整机电流的关系见表 3-3。

表 3-3　R4 的阻值与整机电流的关系

R4 的阻值（Ω）	工 作 电 流
100	30mA
220	11mA
330	8mA
1k	5mA

　　图 3-26 为变压器反馈式 LC 正弦波振荡器电路。其中，晶体三极管 VT1 可组成共射放大电路；变压器 T 的原绕组 L1（振荡线圈）与电容 C 组成的调谐回路，既可以作为放大器的负载，又可起到选频作用，副绕组 L2 为反馈线圈，L3 为输出线圈。

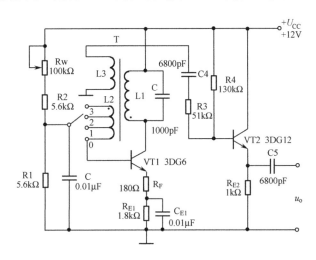

图 3-26　变压器反馈式 LC 正弦波振荡器电路

　　该电路靠变压器原、副绕组同名端的正确连接来满足自激振荡的相位条件，即满足正反馈条件，在实际调试中，可以通过把振荡线圈 L1 或反馈线圈 L2 的首、末端对调来改变反馈的极性。而振幅条件的满足，一是靠合理选择电路参数，使放大器建立合适的静态工作点，其次是改变线圈 L2 的匝数或它与 L1 之间的耦合程度，以得到足够强的反馈量。稳幅作用是利用晶体管的非线性来实现的。由于 LC 并联谐振回路具有良好的选频作用，因此输出电压波形一般失真不大。振荡器的输出端增加一级射极跟随器，用以提高电路的带负载能力。

　　由于 L1 和 L2 是用一个线圈绕制而成的，耦合紧密，因而容易起振，并且振荡幅度和调频范围大，但输出波形质量较差。

【电感器信号接收电路】

　　电感器既可以将电信号转换成磁信号，也可以将磁信号转换成电信号。因此可以利用电感器将空中的无线电电磁波转换成微弱的电信号，然后经过放大得到需要的信号。目前，很多学校在电化教学中采用的红外线、无线两用学习耳机就是采用电感器接收无线电电磁波信号的典型应用电路，如图 3-27 所示。

　　当将单刀双掷开关 K 拨至 "2" 位置（耳机波段开关位于 "AM" 挡）时，耳机处于无线接收状态，磁性线圈接收到的语音信号经过 VT1～VT3 放大后推动耳机发声。

　　这种耳机的磁性线圈是采用直径为 0.41mm 的漆包线在磁芯上绕制而成的，由于线径很细，很容易断线，故使耳机产生在无线接收状态时无声的故障。另外，据笔者为小同学维修时的几例故障来看，耦合电容 C2 很容易产生虚焊，从而导致无声的故障。这时明显的特征就是用金属镊子碰触音量电位器 VR1 的活动旋钮，耳机中有 "咯嗒" 声，而碰触单刀双掷开关的中间接点则没有 "咯嗒" 声。

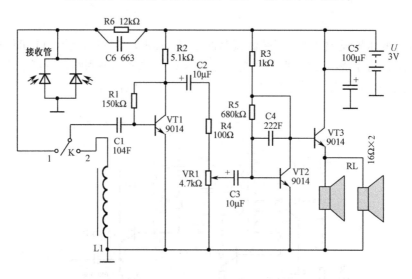

图 3-27　电感器在学习耳机中的应用电路

另外，如果在维修时，不巧正碰到学校不播放语音信号时，可以用一个耳塞机接上音源靠近磁性电感 L1 来作为信号发生器。

当单刀双掷开关 K 拨至"1"位置（耳机波段开关位于"FM"挡）时，耳机处于红外线接收状态。耳机中红外线接收管将接收来自教室后面的 100 只并联的红外线发光管发射的红外线语音信号。该信号经电容 C1 耦合到 VT1 进行放大，放大后的语音信号经音量电位器的活动旋钮送到由 VT2、VT3 组成的两级放大电路，放大后推动两个左、右并联的耳机使其发声。

该耳机不但在作为学习耳机时使用效果很好，而且在作为一个看电视时的无线耳机来使用时，效果也很不错（红外线信号较稳定，但易受日光灯的干扰，因此在用红外线接收时，最好关闭日光灯）。

【电感器分频电路】

由于现在的音箱几乎都采用多单元分频段重放的设计方式，所以必须有一种装置，能够将功放送来的全频带音乐信号按需要划分为高音、低音输出或者高音、中音、低音输出，才能与相应的喇叭单元连接，分频器就是这样的装置。如果把全频带信号不加分配地直接送入高、中、低音单元中去，在单元频响范围之外的那部分"多余信号"会对正常频带内的信号还原产生不利影响，甚至可能使高音、中音单元损坏。

从电路结构来看，分频器本质上是由电容器和电感线圈构成的 LC 滤波网络。高音通道是高通滤波器，它只让高频信号通过而阻止低频信号。低音通道正好相反，它只让低频信号通过而阻止高频信号。中音通道则是一个带通滤波器，除了一低一高两个分频点之间的频率可以通过，高频成分和低频成分都将被阻止。在实际的分频器中，有时为了平衡高、低音单元之间的灵敏度差异，还要加入衰减电阻。另外，有些分频器中还加入了由电阻、电容构成的阻抗补偿网络，其目的是使音箱的阻抗曲线尽量平坦一些，以便于功放驱动。

一阶扬声器分频网络是最简单的分频网络。这种分频网络的低通网络和高通网络都只使用一个电抗组件，因此它也叫一单元分频网络。一阶分频网络中的低通网络只使用一只电感线圈，这只电感线圈与网络终端的低频扬声器串联。由于电感线圈具有一定的电感量，故只允许某一特定频率以下的低频信号通过，从而使高频信号无法通过低频扬声器。同样道理，这种分频网络的高通网络只使用一只电容器。这只电容器与网络终端的高频扬声器串联，具有一定电容量的电容器只允许高于某特定频率的高频信号顺利地通过，低于该特定频率的低频信号却无法通过。

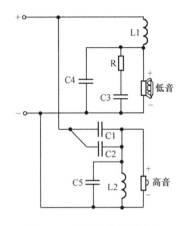

常见的分频器电路如图 3-28 所示。

由于低音扬声器音圈除了具有电阻外，还具有感抗，且电感的感抗随着音频频率的升高而增大，这就会导致扬声器的阻抗曲线中高频段阻抗随着频率的升高而增大，故在如图 3-28 所示的分频器电路中，增加了由电阻 R、电容 C3 组成的阻容网络，可对低音扬声器在高频下

图 3-28 常见的分频器电路

的阻抗增加进行补偿，使低音扬声器的阻抗近似为纯电阻，改善功放电路的工作条件。由于 C1、C2、C5 对于高频信号的通路有很大的影响，故需要选择高品质的无极性电容。

若分频器中采用了多个电感器，故为了防止电感平行安装引起的互相干扰，导致音质变劣，分频器中各电感器的安装位置最好互相垂直。

【电感器储能升压电路】

电感器储能升压电路是通过在电感器中先储存电荷，然后释放电荷来完成的。在电感器中进行充电与放电是按照 4 个步骤来完成的，如图 3-29 所示。

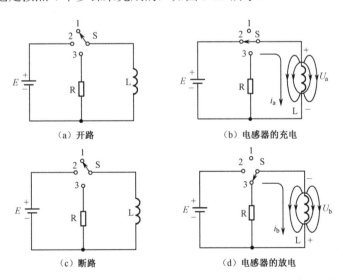

图 3-29 电感器的充电、放电示意图

① 开路：电路为关路状态，电路无电流，电感器未被充电，因此没有储存能量。

② 电感器的充电：开关 S 置于 2 处，电路成通路，电感器中的能量随着 i_a 的增加而增加。

③ 断路：充电的电源中断时，电路中没有电流。

④ 电感器的放电：开关 S 在撤离的同时改接一负载 R，此瞬间电流 i_a 与 i_b 相同，电感器的磁场立即崩溃，电感器中所储存的能量被释放。

电感器两端电压的大小为其电感量与电流变动率的乘积，此即电感器的欧姆定律。因此电感的定义即为：“一个电路的电压与其电流变动率的比例常数为电路的电感”。电流在 1s 内的变动量为 1A 时，感应电动势为 1V，因此在电感器电路中 $U= L×(di/dt)$。式中，U 为电感器两端的感应电压；L 为电感量；di/dt 为电路中的电流变动率。

在实际应用电路中，开关 S 通常采用晶体管或者场效应管来代替。图 3-30 为实用的电感器升压白光 LED 驱动电路。

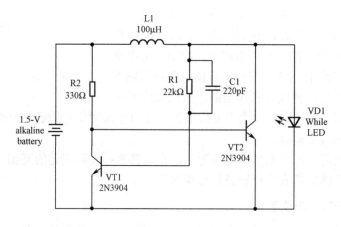

图 3-30　电感器升压白光 LED 驱动电路

在如图 3-30 所示电路中，三极管 VT1、VT2 构成多谐振荡器，使 VT2 按照一定的工作频率轮流导通与截止，在 VT2 导通时，电流通过三极管 VT2 的 C、E 极、电感 L1 构成回路，为 L1 充电；当 VT2 截止时，L1 中存储的能量与电池电压进行串联后通过驱动白光二极管 VD1 发光。

【电感器的串/并联电路】

在实际应用中，电感器既可以进行串联使用，也可以进行并联使用，如图 3-31 所示。

（a）电感器的串联　　　　　　　（b）电感器的并联

图 3-31　电感器的串/并联电路

在电感器进行串联使用时，总电感量为两个电感器的电感量之和，即 $L=L_1+L_2$。在电感器进行并联使用时，总电感量的倒数为各电感器电感量倒数之和，$1/L=1/L_1+1/L_2$，即 $L=L_1×L_2/(L_1+L_2)$。

3.2　变压器

变压器（Transformer）是一种用来改变电压的元器件，主要作用就是变压，也就是改变电压。变压器有多个分别独立的线圈（这些不同的线圈就构成不同的绕组）共用一个磁芯，变压器通上交流电时，变压器的铁芯中产生交变的磁场，在次级绕组就感应出频率相同的交流电压，变压器初、次级线圈的匝数比等于电压比。其与电源相连的线圈接收交流电能，称为初级绕组；与负载相连的线圈送出交流电能，称为次级绕组。变压器只能改变交流电压，不能改变直流电压，因为直流电流是不会变化的，电流通过变压器不会产生交变的磁场，所以次级线圈只能在直接接通的一瞬间产生一个瞬间电流和电压。

> 变压器（Transformer）是用做变换电路中电压、电流和阻抗的器件，按其工作频率的高、低可分为低频变压器、中频变压器及高频变压器。
> 变压器是一种常用的电子器件。它通常包括两组以上的线圈（这个线圈又称绕组），并且彼此以电感方式组合在一起。

变压器是由铁芯或磁芯和绕在绝缘骨架上的漆包线构成的。漆包线绕在塑料骨架上作为线圈。线圈中间用绝缘纸隔离。变压器利用电磁感应原理从它的一个绕组向另几个绕组传输电能量。漆包线绕好后将许多铁芯（或者磁芯）薄片插在塑料骨架的中间，这样就能够使线圈的电感量显著增大。变压器在电路中具有很重要的功能，即电压变换、阻抗变换（利用变压器使电路两端的阻抗得到良好匹配，以获得最大限度的信号传送功率）、隔离、稳压（磁饱和变压器）等。

原、副绕组可构成变压器电路的主体，完成电能的传输或信号的传递：原边（原绕组）通电后产生电流，接收电源的电能；副边（副绕组）供电给负载，将电能传输给负载。

3.2.1　变压器的种类

变压器可以根据其工作频率、用途及铁芯形状等进行分类。

按工作频率，变压器可分为高频变压器、中频变压器和低频变压器；按用途，变压器可分为电源变压器（包括电力变压器）、音频变压器、脉冲变压器、恒压变压器、耦合变压器、自耦变压器、升压变压器、隔离变压器、输入变压器、输出变压器等多种；按铁芯（磁芯）形状，变压器可分为"EI"形变压器（或"E"形变压器）、"C"形变压器和环形变压器、"R"形变压器、反"R"形变压器。

音频推动级和功率放大级之间使用的变压器通常称为输入变压器。它主要起信号耦合、传输的作用，也称推动变压器，主要应用在早期的半导体收音机中。输入变压器有单端输入式和推挽输入式。若推动电路为单端电路，则输入变压器也为单端输入式变压器。若推动电路为推挽电路，则输入变压器也为推挽输入式变压器。

输出变压器通常接在功率放大器的输出电路与扬声器之间，主要起信号传输和阻抗匹配的作用。输出变压器分为单端输出变压器和推挽输出变压器两种。

目前常用的变压器有下面几种。

【普通 E 型电源变压器】

这种电源变压器的作用是将 220V 交流电变换成需要的各种较低的交流电压，再通过二极管整流成需要的低压直流电，如常用的 220V 转换成 12V 的电源适配器中通常就采用这种变压器，如图 3-32 所示。

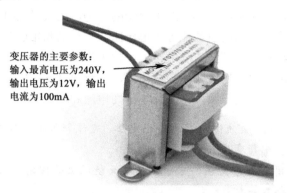

变压器的主要参数：
输入最高电压为240V，
输出电压为12V，输出
电流为100mA

图 3-32　普通电源变压器

【环形变压器】

环形变压器是电源变压器中的一大类型，已广泛应用于家电设备和其他技术要求较高的电子设备中，主要作为电源变压器和隔离变压器。

环形变压器的铁芯是用优质冷轧硅钢片（片厚一般为0.35mm 以下）无缝卷制而成的，使铁芯的性能优于传统的叠片式铁芯。环形变压器的线圈均匀绕在铁芯上，线圈产生的磁力线方向与铁芯磁路几乎完全重合，与叠片式相比，激磁能量和铁芯损耗将减小 25%。常见的环形电源变压器如图 3-33 所示。

图 3-33　常见的环形电源变压器

【开关电源变压器】

开关电源变压器除了具有普通变压器的电压变换功能外，还兼具绝缘隔离与功率传送功能。开关电源变压器一般用在开关电源等涉及高频电路的场合。常见的开关电源变压器如图 3-34 所示。

开关电源变压器，附近通常有很多滤波电容器

图 3-34　常见的开关电源变压器

【贴片变压器】

贴片变压器主要应用在小功率、不高于 1500V 的电源变换电路中，如液晶显示器中的 CCFL 灯管驱动变压器采用的就是贴片变压器，如图 3-35 所示。

图 3-35　常用的贴片变压器

【中频变压器】

中频变压器俗称中周，整个结构装在金属屏蔽罩中，下有引出脚，上有调节孔。初级线圈和次级线圈都绕在磁芯上，磁帽罩在磁芯外面。磁帽上有螺纹，能在尼龙支架上旋转。调节磁帽和磁芯的间隙可以改变线圈电感量，如图 3-36 所示。

中频变压器一般与电容器搭配组成调谐回路。中频变压器分成单调谐和双调谐两种。只有初级线圈和电容器组成一个调谐回路的叫单调谐中频变压器。如果调谐回路之间用电容器或电感器耦合，则叫双调谐中频变压器。一般晶体管收音机有三个单调谐中频变压器，它们三个的位置不可互换。

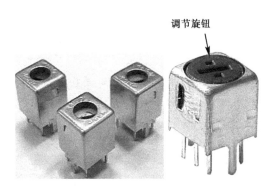

图 3-36　中频变压器

【自耦变压器】

前面介绍的变压器有两个绕组，绕组间彼此绝缘，没有电的直接联系，称为双绕组（或多绕组）变压器。而自耦变压器只有一个绕组。自耦变压器其实是一个具有抽头的电感器，同一线圈作为初级及次级绕组，而部分线圈是公用的绕组，如图 3-37 所示。

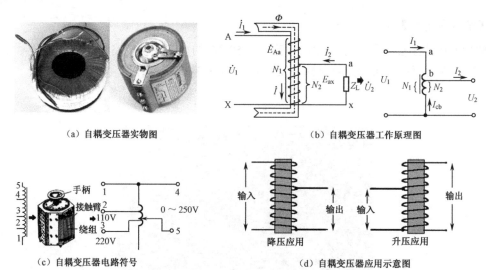

（a）自耦变压器实物图　　　　　　　　（b）自耦变压器工作原理图

（c）自耦变压器电路符号　　　　　　　　（d）自耦变压器应用示意图

图 3-37　自耦变压器工作示意图

自耦变压器原绕组 A、X 接入电源，匝数为 N_1，原绕组中的一部分 ax 兼做副绕组，其匝数为 N_2，供电压给负载。自耦变压器原、副线圈公用一部分绕组，它们之间不仅有磁耦合，还存在着电的直接联系。这是自耦变压器区别于普通变压器之处。自耦变压器在磁路上原、副绕组自相耦合，故称其为"自耦"。

自耦变压器的电压、电流变换作用与普通变压器相似。自耦变压器原、副线圈电压之比和电流之比的关系为 $\dfrac{U_1}{U_2} = \dfrac{I_2}{I_1} \approx \dfrac{N_1}{N_2} = K$。

　　自耦变压器具有体积小、成本低、传输功率大等优点。在相同的输出功率下，效率比普通变压器高，电压调整率比普通变压器低。上述优点在初级和次级电压值差越小时越明显。通常，自耦变压器的变压比不超过 2。自耦变压器的缺点是：由于初、次级绕组间电压的联系存在公共接地点，它不能作为隔离变压器来用。当初、次级变压比比较高时，自耦变压器的优点也就消失了。

　　自耦变压器的计算和普通变压器基本相同。不同点在于选择铁芯是按照通过电磁感应的功率，即结构容量 U_{ab} 而不是按其传递容量及输出功率来进行的；另一个特点是公共绕组的电流是初、次电流之差。

自耦变压器在使用时，一定要注意正确接线，否则易于发生触电事故。实验室中用来连续改变电源电压的调压变压器，就是一种自耦变压器。这种自耦变压器的分接头 a 可以平滑移动，通过改变 N_2 的匝数调节输出电压 U_2 的大小。其缺点是原、副边之间有电的直接联系，不够安全，因此使用时应注意下列事项：

① 原、副边不能对调使用，即不能将电源接到副边，否则可能烧坏自耦变压器；

② 原、副边的 X 端必须接电源地线，使副边电压 U_2 对地电位不高，保证用电安全；

③ 自耦变压器可以作为升压变压器，也可以作为降压变压器，整个线圈做原线圈时即为降压变压器，整个线圈做副线圈时即为升压变压器。

　　自耦变压器作为降压变压器使用时，从绕组中抽出一部分线匝作为二次绕组；作为升压变压器使用时，外部电压只加在绕组的一部分线圈上。通常把同时属于一次和二次的那部分绕组称为公共绕组，其余部分称为串联绕组。

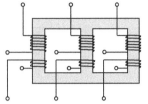

【三相变压器】

　　三相变压器就是三个相同的单相变压器的组合，如图 3-38所示。三相变压器主要用于供电系统中。电力网中的变压器几乎都是三相变压器。生活中的单相交流电通常是由其一相提供的。

　　对称三相交流电分别通入对称三相绕组后，会产生一个随时间旋转的磁场（即旋转磁场）。根据三相电源和负载的不同，三

图 3-38　三相变压器示意图

相变压器初级和次级线圈可接成星形或三角形。三相变压器的高、低压绕组可分别接成星形或三角形，故我国采用的连接组别有 Y/Y_0、$Y/\triangle$、$Y_0/\triangle$ 三种（Y_0 表示中点有引出线），如图 3-39 所示。

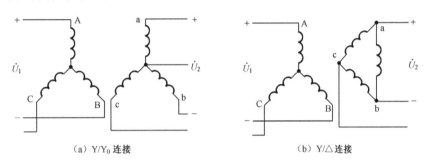

（a）Y/Y_0 连接　　　　　　　　　　（b）$Y/\triangle$ 连接

图 3-39　三相变压器的连接方式

　　传输同样的功率，用三相变压器要比单相变压器节省材料，并且效率高。Y/Y_0 连接的三相变压器是供动力负载和照明负载公用的，低压绕组一般是 400V，高压绕组不超过 35kV；$Y/\triangle$ 连接的变压器，低压一般是 10kV，高压不超过 60kV。

【互感器】

　　互感器是一种专供测量仪表、控制设备和保护设备中使用的变压器。在高电压、大电流的系统和装置中，为了测量和使用上的方便和安全，需要用互感器把电压、电流降低，用于电压变换的叫电压互感器，用于电流变换的叫电流互感器。

　　（1）电压互感器

　　电压互感器是一个降压变压器。其原边匝数多，并联接于被测高压线路；副边匝数少，一些测量仪表，如电压表和功率表的电压线圈等作为负载并联接于副边两端。由于电压表的阻抗很大，因此电压互感器的工作情况与普通变压器的空载运行相似，即 $\dfrac{U_1}{U_2} = \dfrac{N_1}{N_2} = K$。式中，$K$ 为电压互感器的变比，且 $K > 1$。为使仪表标准化，副边的额定电压均为标准值 100V。对不同额定电压等级的高压线路可选用各相应变比的电压互感器，如 6000V/100V、10 000V/100V 等不同型号的电压互感器。

　　使用时，电压互感器的高压绕组跨接在需要测量的供电线路上，低压绕组则与电压表相连，如图 3-40 所示。

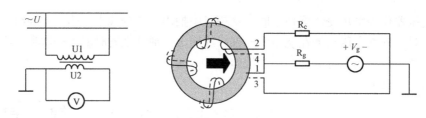

图 3-40　电压互感器连接方式

高压线路的电压 U_1 等于所测量电压 U_2 和变压比 K 的乘积，即 $U_1=KU_2$。

电压互感器的副边不能短路，否则会因短路电流过大而烧毁；其次，电压互感器的铁芯、金属外壳和副边的一端必须可靠接地，防止绝缘损坏时，副边出现高电压而危及人员的安全。

（2）电流互感器

电流互感器用于将大电流变换为小电流，所以原边匝数少，副边匝数多。由于电流互感器是测量电流的，所以其原边应串接于被测线路中，副边与电流表和功率表的电流线圈等负载相串接使用时，电流互感器的初级绕组与待测电流的负载相串联，次级绕组则与电流表串联成闭合回路，如图 3-41 所示。

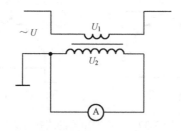

图 3-41　电流互感器电路

由于电流表等负载的阻抗都很小，因此电流互感器的工作情况相当于副边短路运行的普通变压器，即 $\dot{I}_1 N_1 + \dot{I}_2 N_2 = \dot{I}_0 N_1$，若忽略 $\dot{I}_0 N_1$，则

$$\dot{I}_1 N_1 \approx -\dot{I}_2 N_2$$

$$\frac{I_1}{I_2} \approx \frac{N_2}{N_1} = \frac{1}{K} = K_i$$

式中，K 为电流互感器的变比；K_i 为变流比；且 $K_i > 1$。电流互感器的副边额定电流通常设计成标准值 5A，如 30A/5A、75A/5A、100A/5A 等不同型号的电流互感器。选用时，应使互感器的原边额定电流与被测电路的最大工作电流相一致。

通过负载的电流等于所测电流和变压比倒数的乘积。

使用电流互感器时应注意：

① 不能让电流互感器的次级开路，否则易造成危险。这是由于原边串联在被测回路中，所以原边电流的大小是由被测回路中的用电负荷所决定的，原边电流通常很大，原边磁通势 $\dot{I}_1 N_1$ 也就很大。正常工作时，$\dot{I}_2 N_2$ 与 $\dot{I}_1 N_1$ 相位相反，起去磁作用。当副边开路时，副边电流及其去磁磁通势 $\dot{I}_2 N_2$ 立即为零，由式 $\dot{I}_1 N_1 + \dot{I}_2 N_2 = \dot{I}_0 N_1$ 和式 $\dot{I}_1 N_1 \approx -\dot{I}_2 N_2$ 可知，此时的 $\dot{I}_1 N_1$ 远大于正常运行时的 $\dot{I}_0 N_1$，这就使铁芯的磁通远大于正常运行时的磁通，使铁芯迅速饱和，造成铁芯和绕组过热，使互感器烧损。另外，电流互感器副边开路时，可在副边感应出很高的

电压，不仅能使绝缘损坏，还危及人身安全。

②　铁芯和次级绕组一端均应可靠接地。在测量电路中，使用电流互感器的作用主要有以下三点：将测量仪表与高电压隔离；扩大仪表测量范围；减少测量中的能耗。

常用的钳形电流表也是一种电流互感器。它是由一个电流表接成闭合回路的次级绕组和一个铁芯构成。其铁芯可开、可合。测量时，把待测电流的一根导线放入钳口中，在电流表上可直接读出被测电流的大小，如图 3-42 所示。

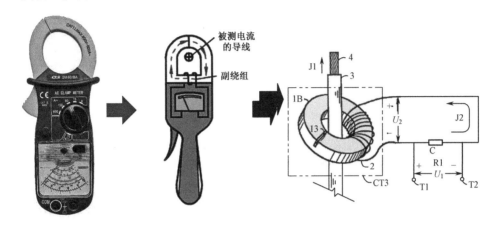

图 3-42　钳形电流表工作示意图

3.2.2　变压器的工作原理

变压器是一个能把交流电的电压升高或降低而保持频率不变的一种装置。交流电比直流电应用广泛，其中一个重要原因就是交流电可以通过变压器来改变电压，这样，一方面交流电可以符合各种不同电压要求的电器；另一方面，高压的交流电可进行远距离输送，减少电力的损耗。

当变压器初级绕组接上交流电源时，初级绕组就有交流电流通过，并产生磁场，磁场通过铁芯穿过次级绕组。根据电磁感应定律，变化的磁通（Magnetic Flux）在两绕组上引起感应电动势。此时，如果在次级绕组接上负载，便有电流通过负载。

当一交流电流（具有某一已知频率）流过变压器中的其中一组线圈时，另外的一组（或者多组）线圈中将感应出具有相同频率的交流电压。在通常情况下，连接高压交流电源的线圈被称为"一次线圈（Primary Coil）"或"初级绕组（Primary Winding）"，跨于此线圈两端的电压被称为"一次电压"或"初级电压"；而把连接负载的一个感应线圈绕组称为"次级线圈"或"次级绕组（Secondary Winding）"，该线圈中感应的电压则被称为"次级电压"。

"次级线圈"两端的感应电压是由"一次线圈"与"次级线圈"之间的"匝数比"决定的，因此在"次级线圈"两端的感应电压可能大于或小于"一次电压"，故变压器有升压变压器与降压变压器两种。

大部分的变压器均有固定的铁芯，其上绕有初级与次级线圈。基于磁性材料的高导磁性，大部分磁通量局限在铁芯（或磁芯）里，因此，两组线圈就可以获得相当高程度的磁耦合。

在一些变压器中，线圈与铁芯（或磁芯）二者间紧密结合，其初级与次级电压的比值几乎与二者的线圈匝数比相同。因此，变压器的匝数比，一般可作为变压器升压或降压的参考数值。

变压器的原理简图如图 3-43 所示。

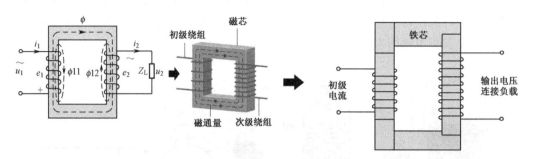

图 3-43   变压器的原理简图

当一个正弦交流电压 u_1 加在"一次线圈"两端时，线圈中就有一个交变电流 i_1，并产生交变磁通 $\phi11$，$\phi11$ 沿着铁芯穿过"一次线圈"和"次级线圈"形成闭合的磁路。在"次级线圈"中就会感应出互感电势 u_2，同时 $\phi11$ 也会在初级绕组上感应出一个自感电势 e_1，e_1 的方向与所加电压 u_1 的方向相反且幅度相近，故可以限制 i_1 的大小。为了保持磁通 $\phi11$ 的存在就需要有一定的电能消耗，并且变压器"一次线圈"本身也有一定的阻抗。尽管此时次级没有接负载，初级绕组中仍有一定的电流，这个电流被称为"空载电流"。

如果次级绕组接上负载 Z_L，次级线圈就产生电流 i_2，并因此而产生磁通 $\phi12$、$\phi12$ 的方向与 $\phi11$ 相反，起互相抵消的作用，使铁芯中总的磁通量有所减少，从而使初级自感电压 e_1 减小，其结果使 I_{l1} 增大。可见，初级电流与次级负载有密切的关系。当次级负载电流加大时，i_1 增加，$\phi11$ 也增加，并且 $\phi11$ 的增加部分正好补充了被 $\phi12$ 所抵消的那部分磁通，保持铁芯里总磁通量不变。如果不考虑变压器的损耗，则可以认为一个理想的变压器次级负载消耗的功率也就是初级从电源取得的电功率。变压器能根据需要通过改变次级线圈的圈数而改变次级电压，但是不能改变允许输出的最大功率。

当变压器初级绕组的电源电压 U_1 一定时，通过改变原、副边的匝数比，就能得到不同的输出电压。这就是变压器的电压变换功能。

3.2.3   变压器的主要参数

对不同类型的变压器都有相应的参数要求，如电源变压器的主要参数有额定功率、额定电压和电压比、工作频率、额定电压、额定功率、空载电流、空载损耗、绝缘电阻和防潮性能等。一般低音频变压器的主要参数有变压比、频率特性、非线性失真、磁屏蔽和静电屏蔽、效率等。

📇【电压比】

设变压器两组线圈圈数分别为 N_1 和 N_2。N_1 为初级绕组，N_2 为次级绕组。在初级绕组上加一交流电压，在次级线圈两端就会产生感应电动势。当 $N_2 > N_1$ 时，其感应电动势要比初级所加的电压还要高，这种变压器称为升压变压器；当 $N_2 < N_1$ 时，其感应电动势低于初级电压，

这种变压器称为降压变压器。初、次级电压和线圈圈数间具有下列关系，即

$$\frac{U_2}{U_1}=\frac{N_2}{N_1}=K$$

式中，K 为电压比（圈数比）。当 $K<1$ 时，则 $N_1>N_2$，$U_1>U_2$，该变压器为降压变压器，反之则为升压变压器。变压器能根据需要通过改变次级线圈的圈数而改变次级电压，但是不能改变允许负载消耗的功率。需要注意的是，电压比有空载电压比和负载电压比的区别。

电压比通常也被称为变压器的变比，等于初级、次级电压之比。变比的计算公式为 $K=U_1/U_2=N_1/N_2$（K 为绕组匝数）。

例 1　已知一个变压器的初级绕组电压（原边电压）为 220V，次级绕组电压为 36V，则该变压器的电压比 $K=U_1/U_2=220/36=6.11$。

例 2　已知一个变压器的电压比 $K=5$，初级绕组匝数 $N_1=2200$ 匝，则次级绕组匝数 $N_2=2200/5=440$ 匝。

变压器负载电流增加时，次级绕组中的电流将增大，使初级电流增加。变压器中，次级绕组与初级绕组的电流比等于变压器的电压比（$K=I_2/I_1$，I_2 为次级绕组电流，I_1 为初级绕组电流）。例如，已知某电焊机变压器电压比 $K=5$，若初级绕组电流 $I_1=12A$，则次级绕组电流 $I_2=K\times I_1=5\times12=60A$。

【效率】

在额定功率时，变压器的输出功率和输入功率的比值被称为变压器的效率，即

$$\eta= P_2/P_1\times100\%$$

式中，η 为变压器的效率；P_1 为输入功率；P_2 为输出功率。当变压器的输出功率 P_2 等于输入功率 P_1 时，效率 η 等于 100%。此时变压器将不产生任何损耗。但实际上，这种变压器是不存在的，变压器传输电能时总要产生损耗。这种损耗主要有铜损及铁损。

铜损是指变压器线圈电阻所引起的损耗，当电流通过线圈电阻发热时，一部分电能就转变为热能而损耗掉了，由于线圈一般都由带绝缘层的铜线（漆包线）缠绕而成，因此称为铜损。

变压器的铁损包括两个方面：一是磁滞损耗，当交流电流通过变压器时，通过变压器硅钢片磁力线的方向和大小随之变化，使得硅钢片（磁芯）内部分子相互摩擦，放出热能，从而损耗了一部分电能，这便是磁滞损耗；另一是涡流损耗，当变压器工作时（磁芯在交变磁通作用下产生感应电动势时），磁芯中有磁力线穿过，在与磁力线垂直的平面上就会产生感应电流，由于此电流自成闭合回路形成环路，且成旋涡状，故称为涡流，由于磁芯也有一定电阻，故涡流的存在也会使磁芯发热，消耗能量，这种损耗称为涡流损耗。

为减少磁滞损耗，通常采用磁滞回线面积较小的磁性材料或者电阻率较高的导磁材料，如软磁材料、硅钢片、坡莫合金及铁氧体等；在磁芯结构方面，可以将整块磁芯改为由 0.35～0.55mm 厚的硅钢片叠装而成，且每层硅钢片之间彼此绝缘。这些措施都可以增大涡流通路外的电阻，从而降低涡流损耗。

变压器的效率与变压器的功率等级有密切关系，通常功率越大，损耗就越小，效率也就越高；反之，功率越小，效率也就越低。

【工作频率】

由于变压器铁芯损耗与频率关系很大，故应根据使用频率来设计和使用。这种频率被称为工作频率。

【额定电压】

该参数是指在变压器的初级线圈上所允许施加的电压，正常工作时，变压器初级绕组上施加的电压不得大于规定值。

【额定功率】

额定功率是指变压器在规定的频率和电压下能长期工作，而不超过规定温升时次级输出的功率。变压器额定功率的单位为 VA（伏安），而不用 W（瓦特）表示。这是因为额定功率中会有部分无功功率，所以用 VA 表示比较确切。

【空载电流】

当变压器次级绕组开路时，初级线圈中仍有一定的电流，这个电流被称为空载电流。空载电流由磁化电流（产生磁通）和铁损电流（由铁芯损耗引起）组成。对于 50Hz 电源变压器而言，空载电流基本上等于磁化电流。

【空载损耗】

变压器次级开路时，在初级测得的功率损耗即为空载损耗。

【绝缘电阻】

该参数表示变压器各线圈之间、各线圈与铁芯之间的绝缘性能。绝缘电阻的高低与所使用的绝缘材料的性能、温度高低和潮湿程度有关。

绝缘电阻是表示变压器绝缘性能的一个参数，是施加在绝缘层上的电压与漏电流的比值，包括绕组之间、绕组与铁芯及外壳之间的绝缘阻值。由于绝缘电阻很大，一般只能用兆欧表（或万用表的 R×10k 挡）测量其阻值。如果变压器的绝缘电阻过低，则在使用中可能出现机壳带电甚至可能将变压器绕组击穿烧毁。

【温升】

变压器投入运行时，线圈温度高出周围环境温度的部分称为线圈温升Δt_m；铁芯工作温度高出周围环境温度的部分被称为铁芯温升Δt。温升有最热点温升和平均温升两种。一般以线圈的平均温升作为变压器的温升指标。温升是影响变压器寿命的重要因素。变压器的允许温升由其绝缘耐热等级确定。各种绝缘耐热等级的最高工作温度见表 3-4。

表 3-4　各种绝缘耐热等级的最高工作温度

绝缘耐热等级	A	E	B	F	H	C
允许最高工作温度（℃）	105	120	130	155	180	>180

例如，EI 形变压器通常为 A 级绝缘，C 形变压器通常为 F 级绝缘。

【调整率】

变压器的调整率=（空载电压−满载电压）/满载电压。一般 10W 以下变压器的调整率多在 20%以上，要想在使用中降低变压器的调整率，只有选大一些功率的变压器，如 3W 的变压器的调整率为 28%，使用功率为 1.5W，调整率为 12%。

3.2.4 变压器的磁芯

虽然变压器工作原理并不复杂，但根据不同的使用场合（不同的用途）、变压器的绕制工艺及材料会有不同的要求。其中，区别最大的是变压器的磁芯材料。变压器的磁芯主要有高频、低频、整体磁芯三种。

最常用的高频磁芯是铁粉磁芯（Ferrite Core）。这种磁芯主要用于高频变压器。它是一种带有尖晶石结晶状结构的磁体。此种尖晶石为氧化铁和其他二价的金属化合物，如 kFe_2O_4（k 代表其他金属，目前常使用的金属有锰 Mn、锌 Zn、镍 Ni、镁 Mg、铜 Cu）。这种磁芯具有高导磁率的特性，使用频率范围由 1kHz 到超过 200kHz。

常用的低频类磁芯就是硅钢片（Lamination）。通常称加了硅的钢片为硅钢片。钢片中加入硅可降低钢片的导电性，增加电阻率，并可减少涡流，使损耗减少。变压器的质量与所用硅钢片的质量有很大关系，硅钢片的质量通常用磁通密度 B 来表示，一般黑铁片的 B 值为 6000～8000，低硅片为 9000～11 000，高硅片为 12 000～16 000。

硅钢片主要用于低频变压器，种类很多，按其制作工艺不同可分为 A：煅烧（黑片）和 N：无煅烧（白片）两种；按其形状不同可分为 EI 形、UI 形、口形、C 形。

EI 形硅钢片是常见的磁芯，如图 3-44 所示。

EI 形硅钢片又称"壳型"或"日形"硅钢片。它的主要优点是初、次级线圈公用一个线架，有较高的窗口占空系数（占空系数 K_m 是铜线净截面积和窗口的面积比）；硅钢片可以对绕组形成保护外壳，使绕组不易受到机械性损

图 3-44 EI 形硅钢片

伤；硅钢片散热面积较大，变压器磁场发散较少。其缺点是初、次级漏感较大，外来磁场干扰也较大。此外，由于绕组平均周长较长，在同样圈数和铁芯截面积条件下，EI 形铁芯变压器所用的铜线较多，故通常在普通变压器中使用。

口形硅钢片常在功率较大的变压器中使用。它的绝缘性能好，易于散热，同时磁短路，主要用于 500～1000W 的大功率变压器中。

C 形铁芯性能优异，用它制作的变压器体积小、质量轻、效率高。从装配的角度来看，C 形硅钢片零件很少，通用性强，因此生产效率高，但是 C 形硅钢片加工工序较多，制作较复杂，需用专用设备制造，因而目前成本还较高。

由两个 C 形硅钢片组成的一套硅钢片被称为 CD 型硅钢片。用 CD 型硅钢片制作的电源变压器在截面积相同的条件下，窗口越高，变压器功率越大，在铁芯两侧可以分别安装线圈，因此变压器的线圈匝数可分配在两个线包上，从而使每个线包的平均匝长较短，线圈的铜耗减小。另外，如果把要求对称的两个线圈分别绕在两个线包上，则可以达到完全对称的效果。

由 4 个 C 形硅钢片组成的一套硅钢片被称为 ED 型硅钢片。用 ED 型硅钢片制成的变压器外形呈扁宽形，在功率相同的条件下，ED 型变压器比 CD 型变压器矮些，宽度大些。另外，由于线圈安装在硅钢片中间，有外磁路，因此漏磁小，对整体干扰小。但是它所有线圈都绕在一个线包上，线包较厚，故平均匝长较长，铜耗较大。

硅钢片的厚度常用的有 0.35mm、0.5mm 两种。硅钢片的组装方式有交叠法和对叠法两种。交叠法是将硅钢片的开口一对一交替地分布在两边。这种叠法比较麻烦，但硅钢片间隙小、磁阻小，有利于增大磁通，因此电源变压器都采用这种方法。对叠法常用于通有直流电流的场合。为避免直流电流引起饱和，硅钢片之间需要留有空隙，因此对叠法将 E 片与 I 片各放一边，两者之间的空隙可用纸片来调节。

整体磁芯分三种类型：环形磁芯（T Core），这种磁芯是将 O 形磁性材料层叠而成，或由硅钢片卷绕而成；棒状铁芯（R Core）；鼓形铁芯（DR Core）。常见的整体磁芯形状如图 3-45 所示。

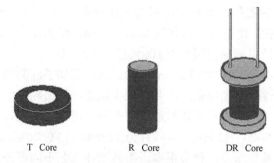

T Core   R Core   DR Core

图 3-45　常见的整体磁芯形状

3.2.5　变压器的识别与检测

在电路原理图中，变压器通常用字母 T 表示，如用"T1"表示编号为 1 的变压器。常见变压器在电路原理图中的符号如图 3-46 所示。其中，有黑点的一端表示变压器绕组的同名端。

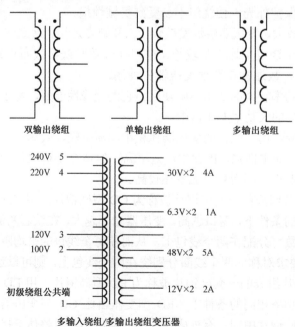

双输出绕组　　　　单输出绕组　　　　多输出绕组

240V 5
220V 4
　　　　　　　　　　　　30V×2　4A

　　　　　　　　　　　　6.3V×2　1A

120V 3
100V 2
　　　　　　　　　　　　48V×2　5A

初级绕组公共端
　　　　　　　　　　　　12V×2　2A
1

多输入绕组/多输出绕组变压器

图 3-46　常见变压器在电路原理图中的符号

普通低频变压器型号的名称通常由三部分组成：

第一部分：主称，用字母表示；

第二部分：功率，用数字表示，计量单位用伏安（VA）来表示，但 RB 型变压器除外；

第三部分：序号，用数字表示。

变压器型号中主称部分字母所表示的意义见表 3-5。

表 3-5　变压器型号中主称部分字母所表示的意义

字　　母	意　　义
DB	电源变压器
CB	音频输出变压器
RB	音频输入变压器
GB	高频变压器
HB	灯丝变压器
SB 或 ZB	音频（定阻式）输送变压器
SB 或 EB	音频（定压式或自耦式）变压器

中频变压器的型号通常也由三部分组成：

第一部分：用字母表示主称；

第二部分：用数字表示尺寸；

第三部分：用数字表示级数。

中频变压器各部分的字母和数字所表示的意义见表 3-6。

表 3-6　中频变压器各部分的字母和数字所表示的意义

主　　称		尺　　寸		级　　数	
字母	名称、特征、用途	数字	外形尺寸（mm）	数字	用于中波级数
T	中频变压器	1	7×7×12	1	第一级
L	线圈或振荡线圈	2	10×10×14	2	第二级
T	磁性瓷芯式	3	12×12×16	3	第三级
F	调幅收音机用	4	20×25×36		
S	短波段	5			

例如，TTF—2—1 型中频变压器表示该变压器为调幅收音机用磁性瓷芯式中频变压器，外形尺寸为 10mm×10mm×14mm，用于中波第一级。

当变压器有多个输出绕组时，输出端通常用不同颜色的引出线表示不同的输出绕组，变压器的输出功率与各输出绕组的输出电压通常都在变压器表面采用标签的方法标出，如图 3-47 所示。

检测变压器时，首先可以通过观察变压器的外貌来检查其是否有明显的异常，如线圈引线是否断裂、脱焊，绝缘材料是否有烧焦痕迹，铁芯紧固螺钉是否有松动，硅钢片有无锈蚀，绕组线圈是否有外露等。

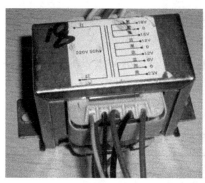

图 3-47　变压器绕组标示示意图

【绝缘性能的检测】

用兆欧表（若无兆欧表，则可用指针式万用表的 R×10k 挡）分别测量变压器铁芯与初级、初级与各次级、铁芯与各次级、静电屏蔽层与初次级、次级各绕组间的电阻值，阻值应大于 100MΩ或表针指在无穷大处不动，否则，说明变压器绝缘性能不良。

变压器各绕组之间及绕组和铁芯之间的绝缘电阻可用 500V 或 1000V 兆欧表（摇表）测量，可根据不同的变压器选择不同的摇表。一般电源变压器和扼流圈应选用 1000V 摇表，其绝缘电阻应不小于 1000MΩ；晶体管输入变压器和输出变压器用 500V 摇表，其绝缘电阻应不小于 100MΩ。若无摇表，则也可用万用表的 R×10k 挡，测量时，表头指针应不动（相当于电阻为∞）。

【线圈通/断的检测】

将万用表置于 R×1 挡检测线圈绕组两个接线端子之间的电阻值，若某个绕组的电阻值为无穷大，则说明该绕组有断路性故障。电源变压器发生短路性故障后的主要现象是发热严重和次级绕组输出电压失常。通常，线圈内部匝间短路点越多，短路电流就越大，而变压器发热就越严重。当短路严重时，变压器在空载加电几十秒之内便会迅速发热，用手触摸铁芯会有烫手的感觉，此时不用测量空载电流便可断定变压器有短路存在。

【初、次级绕组的判别】

电源变压器初级绕组引脚和次级绕组引脚通常是分别从两侧引出的，并且初级绕组多标有 220V 字样，次级绕组则标出额定电压值，如 15V、24V、35V 等。对于输出变压器，初级绕组电阻值通常大于次级绕组电阻值，且初级绕组漆包线比次级绕组细。

【空载电流的检测】

将次级绕组全部开路，把万用表置于交流电流挡（通常 500mA 挡即可），并串入初级绕组中。当初级绕组的插头插入 220V 交流市电时，万用表显示的电流值便是空载电流值。此值不应大于变压器满载电流的 10%～20%。如果超出太多，则说明变压器有短路性故障。

【直流电阻的检测】

由于变压器的直流电阻很小，所以一般用万用表的 R×1 挡来测量绕组的电阻值，可判断绕组有无短路或断路现象。对于某些晶体管收音机中使用的输入、输出变压器，由于它们体积相同，外形相似，一旦标志脱落，直观上很难区分，此时可根据其线圈直流电阻值进行区分。在一般情况下,输入变压器的直流电阻值较大,初级多为几百欧姆,次级多为 1～200Ω; 输出变压器的初级多为几十～上百欧姆,次级多为零点几欧姆～几欧姆。

【各绕组同名端的判别】

在使用电源变压器时,有时为了得到所需的次级电压,可将两个或多个次级绕组串联起来使用。采用串联法使用电源变压器时,进行串联的各绕组同名端必须正确连接,不能搞错;否则,变压器将被烧毁或者不能正常工作。判别同名端的方法如下:

按照如图 3-48 所示在变压器任意一组绕组上连接一个 1.5V 的干电池,然后将其余各绕组线圈抽头分别接在直流毫伏表或直流毫安表的正、负端。接通 1.5V 电源的瞬间,表的指针会很快摆动一下,如果指针向正方向偏转,则接电池正极的线头与接电表正接线柱的线头为同名端;如果指针反向偏转,则接电池正极的线头与接电表负接线柱的线头为同名端。

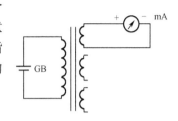

另外,在测试时还应注意以下两点:

图 3-48　判别变压器同名端

① 若电池接在变压器的升压绕组(即匝数较多的绕组),则电表应选用最小的量程,使指针摆动幅度较大,可利于观察;若变压器的降压绕组(即匝数较少的绕组)接电池,则电表应选用较大的量程,以免损坏电表。

② 接通电源的瞬间,指针会向某一个方向偏转,但断开电源时,由于自感作用,指针将向相反方向倒转。如果接通和断开电源的间隔时间太短,很可能只看到断开时指针的偏转方向,而把测量结果搞错。所以接通电源后要等几秒后再断开电源,也可以多测几次,以保证测量结果的准确。

3.2.6　变压器的应用电路

变压器的输出电压均为空载电压(定制的除外),使用时要注意电压调整率。普通的变压器允许超载 6% 使用。例如,220V/5W 的变压器允许在 220V/5.3W 的情况下使用,如电网电压波动较大(如经常超过 240V),则选用变压器的功率时比实际使用功率要大一些,变压器的输出电压要高于需要输出电压的 3V 左右,如设计输出电压为 5V/8W 的直流稳压电源时,要选 7～9V/10W 的变压器(长期满载工作的选择高于 8V,否则选 7V 即可)。

变压器主要应用在电源电压变换、电压控制(调压电路)信号耦合、阻抗匹配、隔离电路中。下面根据具体应用电路来介绍其工作原理。

【变压器降压电路】

由于电网电压是 220V 交流电压,而一些用电器通常不能工作在这么高的电压下,因此需要将电压降低后才能为用电器供电。

变压器降压电路的典型应用电路如图 3-49 所示。

在如图 3-49(a)所示的电路中,变压器 T 的初级绕组与 220V 交流电压连接在一起,接通电源后,次级绕组就会输出 9V 的交流电压(可以根据电路需要选择不同输出电压的变压器),次级输出的 9V 交流电压经过二极管 VD 整流后变成直流电,为用电器(负载)R_L 供电。

在如图 3-49(a)所示的变压器中,只有一个次级绕组,因此只能输出一个电压,而在有些电路中,需要正、负两组电源(双电源)才能工作。若将变压器的次级绕组线圈匝数增加一倍，并在中心抽头，就能感应出两个相等的电压，再经过二极管整流后就可以为用电器提供正、负两组电源（双电源），如图 3-49（b）所示。

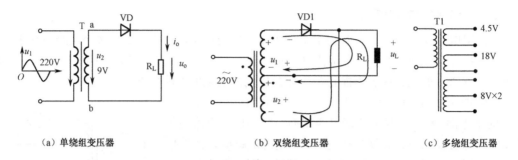

（a）单绕组变压器　　　　　　　（b）双绕组变压器　　　　　　　（c）多绕组变压器

图 3-49　变压器降压电路的典型应用电路

在有些电路中，可能需要多种电压才能工作，此时只需要在变压器的次级增加不同的绕组就可以输出不同的电压了，而不需要通过多个变压器来供电。

【变压器升压电路】

变压器除了可以将电压降低供用电器使用外，也可以将电压升高满足不同的电路需要。由于变压器通常是用来降压的，因此用来升压的变压器通常又被称为逆变变压器，用来将电压升高的电路称为逆变电路。图 3-50 是变压器应用在升压电路中的电路图。

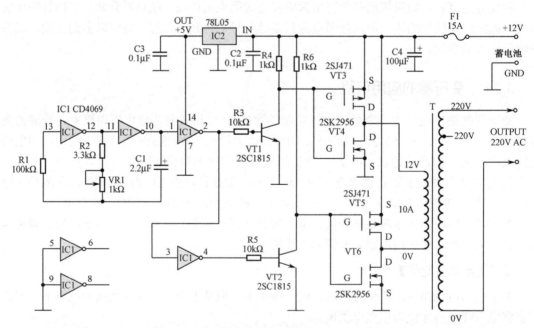

图 3-50　变压器应用在升压电路中的电路图

在如图 3-50 所示电路中，由集成电路 IC1（CD4069）构成方波信号发生器。电路中，R1 是补偿电阻，用于改善由于电源电压的变化而引起的振荡频率不稳，电路的振荡频率 $f=1/2.2RC$。

方波信号发生器输出的振荡信号电压最大振幅为 0～5V，VT1、VT2 用来将振荡信号电压放大至 0～12V 以充分驱动电源开关电路。

VT1、VT2 集电极输出的方波信号驱动 VT3～VT6 轮流导通，将低电压、大电流、频率为 50Hz 的交变信号通过变压器的低压绕组后，在变压器的高压绕组感应出高压交流电压，完成直流到交流的转换。

逆变变压器 T 采用次级输出电压为 12V、输出电流为 10A、初级电压为 220V 的普通电源变压器。

【变压器调压电路】

目前在我国的一些地区，电网电压极不稳定，在这样的电压下，电视机等家用电器就无法正常使用了，因此就需要将电网电压调整到 220V 以供用电器使用。

变压器调压电路中采用的变压器通常为自耦变压器。图 3-51 所示的电路即为一个全自动变压器调压电路。

电网电压经开关、J1 的常闭触点接变压器 T 的 3 脚。R1 为取样电阻，由 VT1、VT2 组成控制电路。

当电网电压低于 220V 时，J1 常闭触点使自耦变压器 T 组成升压形式。

当电网电压高于 220V 时，通过 R1 取样控制 J1 吸合，接至自耦变压器的 5 脚，形成降压形式。如输出端电压超过设定值，则通过 R4 取样控制 J2 吸合，常开触点接通自耦变压器的 4 脚。

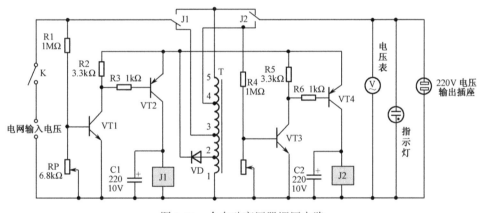

图 3-51　全自动变压器调压电路

图 3-42 所示调压器的功率主要取决于变压器铁芯截面积和漆包线的直径。铁芯可以选用 19×（24～25）的 EI 形硅钢片，自耦变压器的 1～3 绕组选用直径为 0.27～0.35mm 的高强度漆包线密绕：1～2 绕组 48 匝、2～3 绕组 822 匝；自耦变压器的 3～5 绕组采用 0.41～0.51mm 的漆包线即可：3～4、4～5 各绕组均绕 85 匝。

【变压器信号耦合电路】

在音频电路中，通常只需要将交流信号进行放大，由于变压器具有通过交流信号阻止直流信号通过的功能，因此可以在音频电路中利用变压器将前、后级电路隔离开，用变压器只进行交流信号的传递。

变压器信号耦合电路如图 3-52 所示。

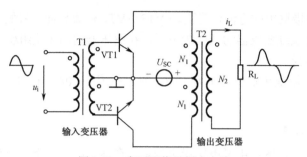

图 3-52　变压器信号耦合电路

在变压器信号耦合电路中，变压器又有输入变压器和输出变压器之分：输入变压器用来将输入信号分成两个大小相等、相位相反的信号，分别送两个放大三极管的基极，使三极管 VT1、VT2 轮流导通；输出变压器用来将两个集电极输出信号合为一个信号，耦合到次级输出给负载。

【变压器阻抗匹配电路】

在实际应用中，人们不仅关心变压器一次侧、二次侧电压、电流关系，还关心阻抗的特性。事实上，变压器还具有阻抗变换功能。

根据需要，通过改变变压器匝数比即可获得合适的等效阻抗，从而使负载获得最大功率，这种方法被称为"阻抗匹配"。

变压器的阻抗变换电路示意图如图 3-53 所示。

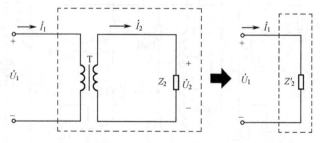

图 3-53　变压器的阻抗变换电路示意图

图 3-53 中的左图可等效为右图，即从电源看，变压器可视为一个负载——阻抗 Z_2'，将变压器视为理想变压器，根据电压、电流变换原理 $|Z_2'| = \dfrac{U_1}{I_1} = \dfrac{KU_2}{I_2/K} = K^2 \dfrac{U_2}{I_2} = K^2 |Z_2|$，即 $|Z_2'| = K^2 |Z_2|$，变压器初级绕组的等效负载为次级绕组所带负载乘以变压比的平方。

由于变压器原、副边电压等级不同，所以分别进行等效，从而分别得到原、副边的电压、电流关系式，得到电压和电流变换。分析阻抗变换时，从电源的角度，可将变压器及其所带负载的这部分电路视为电源负载，所以可用阻抗替代。

应用变压器阻抗变换原理，对电路进行阻抗匹配，可使负载获得最大功率。例如，若将一只 4Ω的扬声器 R_L 直接接入一个输出电压 E=80V、输出内阻 $R_0 = 100\Omega$ 的晶体管功率放大电路中时，扬声器上得到的功率 $P = \dfrac{\left(\dfrac{R_L}{R_L + R_0}E\right)^2}{R_L} = \dfrac{\left(\dfrac{4}{4+400}\times 80\right)^2}{4} = 0.157\mathrm{W}$；若将该扬声器通过

变压器接入电路时，晶体管功率放大电路的输出功率 $P_{\max} = \dfrac{U^2}{R'_{\mathrm{L}}} = \dfrac{\left(\frac{1}{2}E\right)^2}{R'_{\mathrm{L}}} = \dfrac{\left(\frac{1}{2}\times 80\right)^2}{400} = 4\mathrm{W}$，

在选择变压器时，只需要选择变压器的变比 $K = \sqrt{\dfrac{R'_{\mathrm{L}}}{R_{\mathrm{L}}}} = \sqrt{\dfrac{400}{4}} = 10$ 即可满足要求。

在阻抗变换电路中，根据输出电路的阻抗与负载的阻抗选择不同的变比，即可使负载获得最大输出功率，提高电路的工作效率。

在实际应用中，可以根据需要灵活地改变变压器的用途，如手头有一个 220V/12V 的双输出电源变压器，而电路又需要采用 220V+24V 或者 220V–24V 的电压（或者 220V±12V 的电压），此时就可以将该电源变压器进行变通运用，将普通电源变压器作为自耦变压器应用，输出需要的电压，如图 3-54 所示。

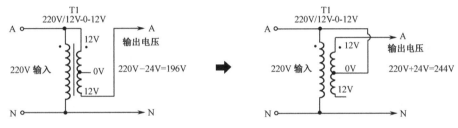

图 3-54　电源变压器作为自耦变压器应用示意图

第4章

二极管的识别/检测/选用

二极管（Diode）是常用的半导体组件之一。二极管有正、负两个引脚。正端称为阳极 A，负端称为阴极 K，故有二极管之称。二极管具有单向导电的特性，电流只能从阳极流向阴极，而不能从阴极流向阳极。当电流由阳极流向阴极时，二极管呈短路状态，没有电阻，对电流的流通毫无阻碍。反之，当电流企图从阴极流向阳极时，二极管呈断路状态，具有无限大的电阻，使电流无法流通。

> 由于单向导电的特性，使得二极管广泛应用在整流、检波、保护和数字电路上，是电子工程上用途最广的组件之一。

4.1 二极管的种类

二极管有多种类型：按材料分，有锗二极管、硅二极管、砷化镓二极管等；按制作工艺来分，可分为面接触二极管和点接触二极管；按用途不同，又可分为整流二极管、检波二极管、稳压二极管、变容二极管、光电二极管、发光二极管、开关二极管、快速恢复二极管等；按结构类型来分，又可分为半导体结型二极管、金属半导体接触二极管等；按封装形式，可分为常规封装二极管、特殊封装二极管等。下面以使用用途为例，介绍不同种类二极管的特性。

1. 整流二极管

整流二极管是将交流电源整流成脉动直流电的二极管。它是利用二极管的单向导电特性工作的。

因为整流二极管正向工作电流较大，工艺上多采用面接触结构。由于这种结构的二极管结电容较大，因此整流二极管工作频率一般小于 3kHz。

整流二极管主要有全密封金属结构封装和塑料封装两种封装形式。在通常情况下，额定正向工作电流 I_F 在 1A 以上的整流二极管采用金属壳封装，以利于散热；额定正向工作电流 I_F 在 1A 以下的采用全塑料封装。另外，由于工艺技术的不断提高，也有不少较大功率的整流二极管采用塑料封装，在使用中应予以区别。

常见的整流二极管外形图如图 4-1 所示。

图 4-1　常用的整流二极管

由于整流电路通常为桥式整流电路（如图 4-2（a）所示），故一些公司将 4 个整流二极管封装在一起，这种组件通常被称为整流桥（Bridge Rectifier）或者整流全桥（简称全桥）。常见整流桥的外形图如图 4-2（b）所示。

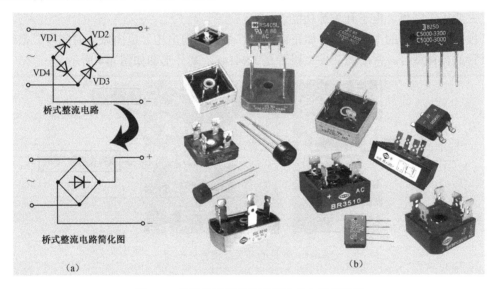

图 4-2　常见整流桥的外形图及其电路示意图

2．检波二极管

检波二极管是用于把叠加在高频载波中的低频信号检出来的器件，具有较高的检波效率和良好的频率特性。

检波二极管要求正向压降小、检波效率高、结电容小、频率特性好，其外形一般采用玻璃封装结构。一般检波二极管采用锗材料点接触型结构。

检波二极管具有结电容低、工作频率高和反向电流小等特点，通常用于调幅信号检波电路。其检波工作原理如下：调幅信号是一个高频信号承载一个低频信号,调幅信号的波包（Envelope）即为基带低频信号，如在每个信号周期取平均值，其恒为零，若将调幅信号通过检波二极管，则由于检波二极管的单向导电特性，故调幅信号的负向部分被截去，仅留下其正向部分，此时如在每个信号周期取平均值（低通滤波），则所得为基带低频信号，实现了解调（检波）功能。

常用的检波二极管型号有 2AP9、1N60、1N34 等。常见的检波二极管外形图如图 4-3 所示。

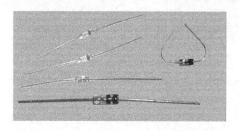

图 4-3　常见的检波二极管外形图

3．开关二极管

开关二极管（Switching Diode）的作用是利用其单向导电特性使其成为一个较理想的电子开关。半导体二极管导通时相当于开关闭合（电路接通），截止时相当于开关打开（电路切断），所以二极管可用做开关。它的特点是反向恢复时间短，能满足高频和超高频应用的需要，主要用于隔离、电子开关等功能。

要根据应用电路的主要参数（如正向电流、最高反向电压、反向恢复时间等）来选择开关二极管的具体型号。常用的开关二极管是 1N4148。其外形图如图 4-4 所示。

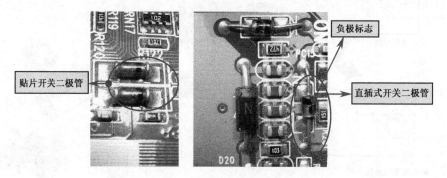

图 4-4　常见的开关二极管外形图

4．稳压二极管

稳压二极管又名齐纳二极管（Zener Diode），是利用硅二极管反向击穿特性来稳定直流电压的——在反向击穿时，通过它的电流尽管在很大范围内改变，但其两端的电压几乎不变。因为它能在电路中起稳压作用，故被称为稳压二极管（简称稳压管）。稳压二极管与一般二极管的最大区别是：一般二极管反向击穿后就毁坏了，而稳压二极管只要不超过最大允许工作电流就不会毁坏；实际应用时，稳压二极管是工作在反向击穿状态下的。

稳压二极管根据击穿电压分稳压值。其稳压值就是击穿电压值。稳压二极管主要用在稳压电源中的电压基准或用在过电压保护电路中作为保护二极管，且可以串联起来得到较高的稳压值。

常见的稳压二极管外形图如图 4-5 所示。

在一些新型的显示器、DVD 影碟机、手机充电器等电器产品中，经常可以看到一些采用色环法标注稳压值的玻璃封装稳压二极管，这种稳压二极管通常叫做色环稳压二极管。由于这是一种新型的稳压二极管，故很多电子爱好者对其稳压值不是很熟悉，以至于更换工作难以进行。下面就介绍一些色环稳压二极管的相关知识供参考。

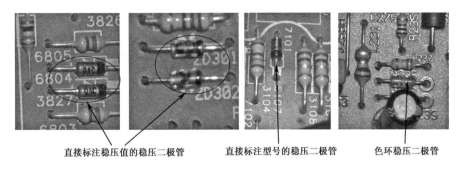

直接标注稳压值的稳压二极管　　　直接标注型号的稳压二极管　　　色环稳压二极管

图 4-5　常见的稳压二极管外形图

色环稳压二极管的玻璃管壁主体颜色呈淡黄绿色，用两道或者三道色环来标注稳压值，靠近阴极端为第一道色环，如图 4-6 所示。

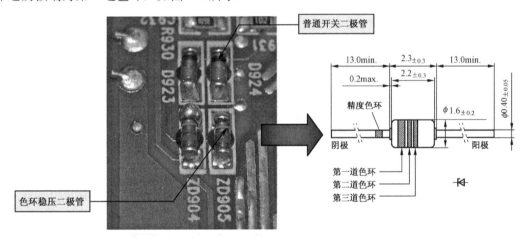

图 4-6　色环稳压二极管示意图

稳压值低于 10V 的色环稳压二极管采用三道色环，第二道色环与第三道色环颜色相同。稳压值为 10～99V 的稳压二极管采用两道色环标注。

仅有两道色环的稳压二极管，其标称稳定电压为"××V"（几十几伏）。第 1 环表示电压十位上的数值，第 2 环表示个位上的数值，如第 1、2 环颜色依次为棕、红的色环稳压二极管，其稳压值为 12V。

有 3 道色环且第 2、3 两道色环颜色相同的稳压二极管，其标称稳定电压为"×.× V"（几点几伏）。第 1 环表示电压个位上的数值，第 2、3 两道色环（颜色相同）共同表示十分位（小数点后第一位）的数值，如第 1、2、3 环颜色依次为橙、红、红的色环稳压二极管，其稳压值为 3.2V。

有 3 道色环且第 2、3 两道色环颜色不同的稳压二极管，其标称稳定电压为"××.× V"（几十几点几伏）。第 1 环表示电压十位上的数值，第 2 环表示个位上的数值，第 3 环表示十分位（小数点后第一位）的数值。如采用的色环为棕、黑、黄的色环稳压二极管，其稳压值为 10.4V。

负极引线上的一道色环表示精度，白色表示低精度（误差为 5%），蓝色表示中等精度（误差为 3%），红色表示精度最高（误差为 1%）。各种颜色所代表的数值见表 4-1。

表 4-1　各种颜色所代表的数值

颜　　　色	代 表 数 值
棕	1
红	2
橙	3
黄	4
绿	5
蓝	6
紫	7
灰	8
白	9
黑	0

采用色环标注稳压值的二极管主要有 MAZ4000、MA4000、MAZ7000、MA7000、MA2000 系列稳压二极管。

MAZ4000 系列稳压二极管与以前的旧型号 MA4000 系列稳压二极管参数一致，它们可以互换，该系列稳压二极管额定功率为 250mW；MAZ7000 系列稳压二极管与以前的旧型号 MA7000 系列稳压二极管参数一致，它们可以互换，该系列稳压二极管额定功率为 800mW；MA2000 系列稳压二极管额定功率为 1000mW。

在电子设备中还有一种双稳压二极管，这种二极管有三个引脚，内部有两个稳压二极管，常用的双稳压二极管型号是 62Z（实际型号是 HZM6.2ZWA，62Z 只是型号代码，是一个 0.5W/6.2V 的双稳压二极管）。其外形图如图 4-7 所示。

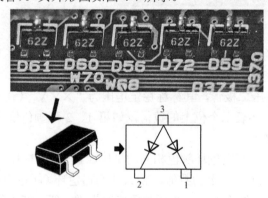

图 4-7　常见的双稳压二极管外形图

> 稳压二极管在工作时应反接，并串入一只电阻器。电阻器的作用：一是起限流作用，用以保护稳压管；二是当输入电压或负载电流变化时，通过该电阻器上电压降的变化，取出误差信号以调节稳压管的工作电流，从而起到稳压作用。

5. 快速恢复二极管

快速恢复二极管（Fast Recovery Diode，FRD）是一种新型的半导体二极管，是一种开关特性好、反向恢复时间短的半导体二极管，主要应用于开关电源、PWM 脉宽调制器、变频器等电子电路中，作为高频整流二极管、续流二极管或阻尼二极管使用。

当工作频率在几十至几百 kHz 时，普通整流二极管正反向电压变化的时间慢于恢复时间，普通整流二极管就不能正常实现单向导通而进行整流工作了，此时就要用快速恢复整流二极管才能胜任。因此，彩电等用电器采用开关电源供电的用电器整流二极管通常为快速恢复二极管，而不能用普通整流二极管代替，否则，用电器可能不能正常工作。

快速恢复二极管有一个决定其性能的重要参数——反向恢复时间。反向恢复时间的定义为：二极管从正向导通状态急剧转换到截止状态，从输出脉冲下降到零线开始，到反向电源恢复到最大反向电流的 10% 所需要的时间，用符号 t_{rr} 表示。

在通常情况下，5A 以下的快速恢复二极管通常采用 DO-41、DO-15 或 DO-27 塑料封装；5～20A 的快速恢复二极管及超快速恢复二极管大多采用 TO-220 封装；20A 以上的大功率快速恢复二极管采用顶部带金属散热片的 TO-3P 塑料封装。常用的整流用快速恢复二极管有 31DF6、RU4、BYT56M、FR304、UF5408、HER304、RG2T、EGP20F 等型号；阻尼用快速恢复二极管主要有 31DF6、BT359X1500、DMV56 等型号。其中，DMV56 是将一个快速恢复二极管和一个普通大功率二极管封装在一起，并引出三个引脚的一种特殊二极管，使用时不要将其与三极管混淆。

由于快速恢复二极管通常应用在大电流整流电路中，因此为方便应用，通常将两个快速恢复二极管封装在一起，并将两个二极管的负极（或者正极）连接在一起，引出三个引脚。这种快速恢复二极管又被称为半桥。根据两只二极管接法的不同，又有共阴对管、共阳对管之分。

常见的快速恢复二极管的外形图如图 4-8 所示。

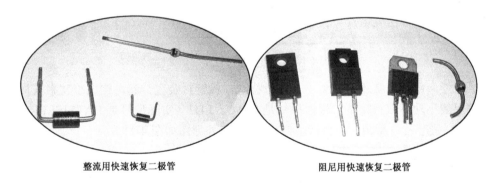

整流用快速恢复二极管　　　　　　阻尼用快速恢复二极管

图 4-8　常用的快速恢复二极管

6. 肖特基二极管

肖特基二极管是肖特基势垒二极管（Schottky Diode）的简称，是近年来生产的低功耗、大电流、超高速半导体器件。其反向恢复时间极短（可以小到几纳秒），正向导通压降仅为 0.4V 左右，而整流电流却可达到几千安。这些优良特性是快速恢复二极管所无法比拟的。

肖特基二极管通常用在高频、大电流、低电压整流电路中。常用的肖特基二极管有小功率贴片式、大功率双二极管等类型。

小功率贴片式肖特基二极管主要有 SS12、6M、T11E 等型号，如图 4-9 所示。

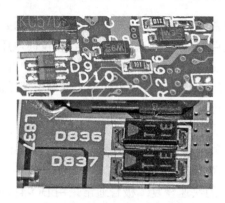

图 4-9　小功率贴片式肖特基二极管

大功率双肖特基二极管通常应用在大电流整流电路中，常用的型号有 MBR20100CT、BA7H26、SBG1035、SBG1040CT、600C03L 等，如图 4-10 所示。

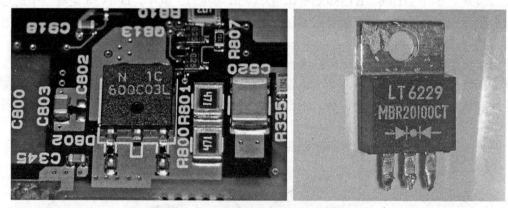

图 4-10　大功率双肖特基二极管

为了方便应用，通常还将两个小功率肖特基二极管封装在一起，构成小功率双肖特基二极管。常用的小功率双肖特基二极管型号是 C31C、LD3（实际型号是 BAT54SLT1，LD3 只是型号代码，是一个 1A/20V 的肖特基二极管）。其外形图如图 4-11 所示。

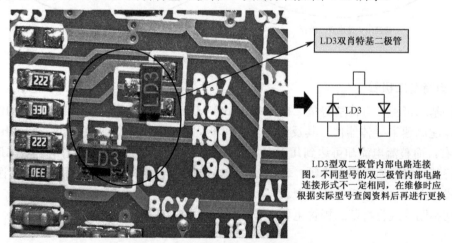

图 4-11　小功率双肖特基二极管外形图

7. 瞬态电压抑制二极管

瞬态电压抑制二极管又被称为瞬态电压抑制器，简称 TVS（Transient Voltage Suppressor）管。它是在稳压二极管的工艺基础上发展起来的一种半导体器件，主要应用于快速过压保护电路中。

瞬态电压抑制二极管是一种新型的过压保护器件。由于它的响应速度极快、钳位电压稳定、体积小、价格低，因此可作为各种仪器、仪表、自控装置和家用电器中的过压保护器，还可用来保护单片开关电源集成电路、MOS 功率器件及其他对电压敏感的半导体器件。

瞬态电压抑制二极管按照其峰值脉冲功率可以分为四类，即 500W、1000W、1500W、5000W。每类按照其标称电压分为若干种，最小击穿电压为 8.2V，最大为 200V。

瞬态电压抑制二极管在承受瞬态高电压（如浪涌电压、雷电干扰、尖峰电压）时，能迅速反向击穿，由高阻态变成低阻态，并把干扰脉冲钳位于规定值，从而保证电子设备或元器件不受损坏。钳位时间定义为从零伏达到反向击穿电压最小值所需要的时间。瞬态电压抑制二极管的钳位时间极短，仅 1ns，所能承受的瞬态脉冲峰值电流却高达几十至几百安。其性能要优于压敏电阻器（VSR），且参数的一致性好。

瞬态电压抑制二极管分为单向瞬态电压抑制器、双向瞬态电压抑制器两种类型。常用的有 TVP、SE、5KP、P6KE、BZY、BZT 等系列产品。

双向瞬态电压抑制二极管的典型产品有 P6KE20、P6KE250 等。这类器件能同时抑制正向、负向两种极性的干扰信号，适用于交流电路中。瞬态电压抑制二极管也可串联或并联使用，以提高峰值脉冲功率，但在并联时，各器件的 U_B 值应相等。

常用瞬态电压抑制二极管的外形图如图 4-12 所示。

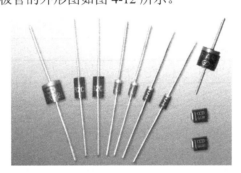

图 4-12　常用瞬态电压抑制二极管的外形图

8. 发光二极管

发光二极管的英文简称是 LED（Light Emitting Diode）。顾名思义，这是一种会发光的半导体组件，且具有二极管的电子特性。

发光二极管是采用磷化镓、磷砷化镓等半导体材料制成的，可以将电能直接转换为光能的器件。发光二极管除了具有普通二极管的单向导电特性之外，还可以将电能转换为光能。给发光二极管外加正向电压时，它也处于导通状态，当正向电流流过管芯时，发光二极管就会发光，将电能转换成光能。

发光二极管的发光颜色主要由制作管子的材料及掺入杂质的种类决定。目前，常见的发光二极管发光颜色主要有蓝色、绿色、黄色、红色、橙色、白色等。其中，白色发光二极管是新型产品，主要应用在手机背光灯、液晶显示器背光灯、照明等领域。

发光二极管的工作电压（即正向压降）随着材料的不同而不同：普通绿色、黄色、红色、橙色发光二极管的工作电压约为 2V；白色发光二极管的工作电压通常高于 2.4V（2.5～3.2V）；蓝色发光二极管的工作电压通常高于 3.3V。发光二极管可用直流、交流、脉冲等电源驱动，工作电流通常为 2～25mA（工作电流越大，亮度越大，通常 10mA 的电流即可满足亮度需要）。发光二极管的工作电流不能超过额定值太高，否则有烧毁的危险，故通常在发光二极管回路中串联一个电阻作为限流电阻 R。R 的阻值可由下式算出，即 $R=(U-U_F)/I_F$。式中，U 是电源电压；U_F 是工作电压；I_F 是工作电流。

红外发光二极管是一种特殊的发光二极管，其外形和发光二极管相似，只是它发出的是红外光，在正常情况下人眼是看不见的，其工作电压约为 1.4V，工作电流一般小于 20mA。红外发光二极管的结构、原理与普通发光二极管相近，只是使用的半导体材料不同。红外发光二极管通常使用砷化镓（GaAs）、砷铝化镓（GaAlAs）等材料，采用全透明或浅蓝色、黑色的树脂封装。不同颜色发光二极管所采用的基本材料及工作电压见表 4-2。

表 4-2　不同颜色发光二极管所采用的基本材料及工作电压

颜色		λ 波长（nm）	正向偏压（V）	半　导　体
	红外线	940～760	1.2～1.9	砷化镓、铝砷化镓
	红	760～610	1.63～2.03	铝砷化镓、砷化镓磷化物、磷化铟镓铝、磷化镓（掺杂氧化锌）
	橙	610～590	2.03～2.10	砷化镓磷化物、磷化铟镓、铝磷化镓（掺杂）
	黄	590～570	2.10-2.3	砷化镓磷化物、磷化铟镓、铝磷化镓（掺杂氮）
	绿	570～500	2.18～4	铟氮化镓/氮化镓、磷化镓、磷化铟镓铝、铝磷化镓
	蓝	500～430	2.48～4	硒化锌、铟氮化镓、碳化硅
	紫	450～380	2.48～4	铟氮化镓
	紫外线	<380	3.1～4.4	碳（钻石）、氮化铝、铝镓氮化物、氮化铝镓铟
白			2.9～4	

有些生产厂家将两个不同颜色的发光二极管封装在一起，使其成为双色二极管（又名变色发光二极管）。这种发光二极管通常有三个引脚，其中一个是公共端。它可以发出三种颜色的光（其中一种是两种颜色的混合色），故通常作为不同工作状态的指示器件。

常见发光二极管的外形与构造如图 4-13 所示。

透明环氧树脂封装
LED芯片
楔形支架
有发射碗的阴极杆
阳极杆
引线架
发光二极管的构造图

图 4-13　常见发光二极管的外形与构造

发光二极管的发光颜色一般和它本身的颜色相同,但是近年来出现了透明色的发光二极管,也能发出红、黄、绿等颜色的光,只有通电后才能知道其发光颜色。

发光二极管主要分为可见光与不可见光两大类。目前可见光发光二极管被广泛应用在大型全彩广告牌、信息显示板、汽车、扫描仪、信号灯、手机背光源等各种设备中。相对于可见光,波长在 800nm 以上的不可见光主要分为两种,即短波长红外光及长波长红外光。短波长红外光应用在无线通信用光源、遥控器、传感器,而长波长红外光则用在短距离光纤中通信用光源,在信息及通信中的应用也逐渐扩大。

普通发光二极管的发光颜色与发光波长有关,而发光波长又取决于制造发光二极管所用的半导体材料。红色发光二极管的波长一般为 650～700nm,琥珀色发光二极管的波长一般为 630～650nm,橙色发光二极管的波长一般为 610～630nm,黄色发光二极管的波长一般为 585nm 左右,绿色发光二极管的波长一般为 555～570nm。不同波长的发光二极管应用领域见表 4-3。

表 4-3　不同波长的发光二极管应用领域

LED		主要应用领域
可见光(波长为 450～780nm)	一般	家电的指示光源、室内显示
	高亮度	大型广告牌、交通信号灯、手机背光源、室内显示
不可见光(波长为 850～1550nm)	短波长(850～950nm)	红外线、无线通信、遥控器
	长波长(1300～1550nm)	光通信光源

现在有一种新型的七彩发光二极管,可做各种电子产品的显示及指示,多种颜色自动变换,七彩发光二极管内部自带集成电路控制芯片和红、绿、蓝三个发光芯片,接通电源后,三个发光芯片在集成电路的控制下自动点亮和熄灭,可以组合成各种颜色交替循环点亮。七彩发光二极管的工作电压为 2.4V 或以上,推荐工作电流为 20mA。在一般情况下,不论供电电压是多高,都要串联一只限流电阻,改变限流电阻的阻值让工作电流在 1～30mA 之间。工作电流大,发光亮度就会高。电流太大时,管芯会发热,工作寿命会缩短。一般 5～10mA 时已亮。

闪烁发光二极管是将 CMOS 振荡电路芯片与 LED 管芯组合封装而成的一种新型半导体器件。

闪烁发光二极管的最大优点是内部封装有大规模集成电路,当外加额定电压时,内部振荡器便产生一定频率的方波脉冲,经分频器变换为超低频脉冲,再通过驱动放大器推动发光二极管闪烁发光,可自行产生较强视觉冲击的闪烁光。

闪烁发光二极管的主要参数有工作电压、工作电流、闪烁频率及发光强度等。如常用的 BTS11405 型红色闪烁发光二极管的主要参数为:工作电压为 5V,工作电流小于等于 35mA,闪烁频率为 1.3～5.2Hz,发光强度为 0.8mcd。

9. 恒流二极管

恒流二极管(Current Regurative Diode)又被称为限流二极管(Current Limiting Diode),是近年来问世的半导体恒流器件。它能在很宽的电压范围内输出恒定的电流,并具有很高的动态阻抗。由于它的恒流性能好、价格较低、使用简便,因此目前已被广泛用于恒流源、稳压源、放大器及电子仪器的保护电路中。

恒流二极管的正向击穿电压 U_{BO} 一般为 30～100V，在零偏置下的结电容近似为 10pF，进入恒流区后降至 3～5pF，其频率响应大致为 0～500kHz。当工作频率过高时，由于结电容的容抗迅速减小，动态阻抗就降低，导致恒流特性变差。

常用的国产恒流二极管是 2DH 系列，分为 2DH0、2DH00、2DH100、2DH000 四个子系列。

常见的恒流二极管如图 4-14 所示。

图 4-14　常见的恒流二极管

10．变容二极管

变容二极管（Variable-Capacitance Diode，VCD）是利用反向偏压来改变 PN 结电容量的特殊半导体器件。变容二极管相当于一个容量可变的电容器。其两个电极之间的 PN 结电容大小随加到变容二极管两端反向电压大小的改变而变化。

变容二极管属于反偏压二极管，改变其 PN 结上的反向偏压，即可改变 PN 结电容量。反向偏压越高，结电容则越小。反向偏压与结电容之间的关系是非线性的。如 2CB14 型变容二极管，当反向电压在 3～25V 之间变化时，其结电容在 20～30pF 之间变化。

由于变容二极管具有这一特性，所以变容二极管广泛应用于电视接收电路、调频接收器及其他通信设备中，作为一个可以通过电压控制的自动微调电容器。

变容二极管一般在谐振回路中使用，以取代传统的可变电容器，因此必须要有足够的 Q 值。显然，随着频率的升高，Q 值会逐渐降低，因此定义 $Q=1$ 时频率为截止频率，使用时工作频率必须低于截止频率。

常见的变容二极管及其典型应用电路如图 4-15 所示。

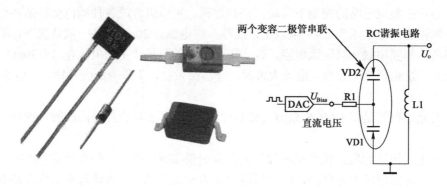

图 4-15　常见的变容二极管及其典型应用电路

11．双向触发二极管

双向触发二极管也称二端交流器件（DIAC）。它是一种硅双向电压触发开关器件，当双向触发二极管两端施加的电压超过其击穿电压时，两端即导通，导通将持续到电流中断或降到器件的最小保持电流后才会再次关断。

在双向触发二极管截止时，若加在双向触发二极管两端的电压大到一定程度时，会瞬间呈现"负电阻"的方式导通。一般电阻在电流增加时，电阻两端的电压也跟着增加。而"负电阻"则是电流增加时，两端的电压反而减少。所以，双向触发二极管和 RC 充电电路配合，可以在电容充电到一定电压时（如 DB3 型双向触发二极管导通电压约为

30V）瞬间导通，产生很大的触发信号（很大的触发电压和触发电流），控制晶闸管或者开关管工作。双向触发二极管通常应用在过压保护电路、移相电路、晶闸管触发电路及定时电路中。

4.2 二极管的识别

普通二极管在电路中常用字母"VD"或"D"加数字表示，如 VD5 表示编号为 5 的二极管，稳压二极管在电路图中用字母"ZD"表示。二极管在电路图中的符号如图 4-16 所示。

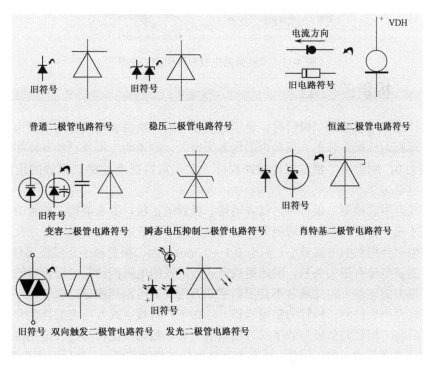

图 4-16 二极管在电路图中的符号

小功率二极管的负极通常在表面用一个色环标出；金属封装二极管的螺母部分通常为负极引线；发光二极管则通常用引脚长短来识别正、负极，长脚为正，短脚为负；另外，若仔细观察发光二极管，可以发现内部的两个电极一大一小：一般来说，电极较小、个头较矮的一个是发光二极管的正极，电极较大的一个是负极。

整流桥的表面通常标注内部电路结构或者交流输入端及直流输出端的名称，交流输入端通常用"AC"或者"～"表示；直流输出端通常以"+"、"－"符号表示。

贴片二极管由于外形多种多样，其极性也有多种标注方法：在有引线的贴片二极管中，管体有白色色环的一端为负极；在有引线而无色环的贴片二极管中，引线较长的一端为正极；在无引线的贴片二极管中，表面有色带或者有缺口的一端为负极；贴片发光二极管中有缺口的一端为负极。

二极管的电极极性识别示意图如图 4-17 所示。

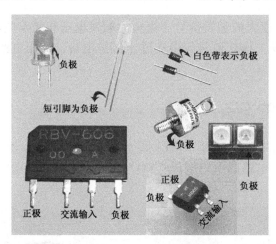

图 4-17　二极管的电极极性识别示意图

4.3　二极管的检测

在用指针式万用表检测二极管时，显示数值较小的一次黑表笔所接的一端为正极，红表笔所接的一端则为负极。若正、反向电阻均为无穷大，则表明二极管已经开路损坏；若正、反向电阻均为 0，则表明二极管已经短路损坏。在正常情况下，锗二极管的正向电阻约为1.6kΩ。

用数字式万用表检测二极管时，红表笔接二极管的正极，黑表笔接二极管的负极，此时测得的阻值才是二极管的正向导通阻值，这与指针式万用表的表笔接法刚好相反。由于数字式万用表的电阻挡提供的电流较小，只有 0.1～0.5mA；而二极管属于非线性器件，其正、反向电阻值与测试电流有很大关系，因此用数字式万用表的电阻挡测量二极管时的测量数值与实际数值有很大的误差，因此通常不会用数字式万用表的电阻挡测量二极管。

用数字式万用表检测二极管的常用操作方法如下：将数字式万用表的挡位开关放置在二极管挡，然后将二极管的负极与数字式万用表的黑表笔相接，正极与红表笔相接，此时显示屏上即可显示二极管的正向压降值，两支表笔分别接二极管的两极，然后颠倒表笔再测一次。两次测量的结果通常是：一次显示过量程符号"1"或者"O.L"字样，另一次显示三位数字（或者零点几）的正向压降数值。

显示屏上显示的三位数字即是二极管的正向压降（三位数字的单位为 mV，显示零点几数字的单位为 V）：普通整流二极管正向导通压降应为 530～800mV；快速恢复二极管正向导通压降应为 400～600mV；肖特基二极管的正向导通压降应为 150～300mV。根据二极管的特性，可以判断此时红表笔接的是二极管的正极，黑表笔接的是二极管的负极。

假如交换表笔后两次显示的数值都相同，那么这个二极管已经损坏了：若显示"000"，则说明二极管两个引脚被击穿短路；若显示"1"，则说明二极管截止不通（内部开路）。

由于用数字式万用表测量时的电流很小，因此屏幕上显示的二极管压降值要低于在额定电流时的压降值。同种型号的二极管，测量的正向压降值越小，说明该二极管的性能越好，整流时的效率越高。

用数字式万用表测量普通整流二极管的示意图如图 4-18、图 4-19 所示。

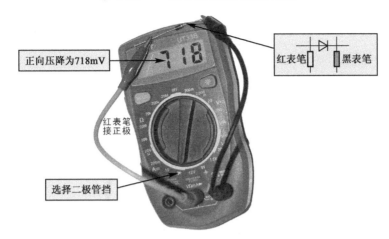

图 4-18　整流二极管 1N4007 正向压降测量示意图

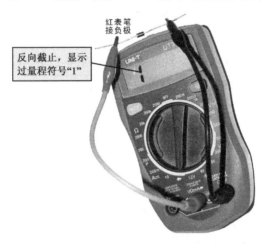

图 4-19　整流二极管 1N4007 反向压降测量示意图

快速恢复管的正向压降比普通整流二极管的低，约为 0.5V，如图 4-20 所示。

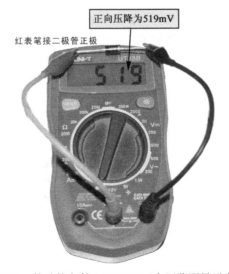

图 4-20　快速恢复管 MUR420 正向压降测量示意图

快速恢复管 MUR420 反向压降测量示意图如图 4-21 所示。

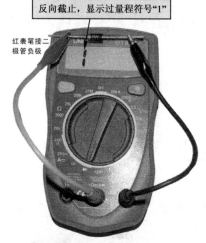

图 4-21　快速恢复管 MUR420 反向压降测量示意图

肖特基二极管的正向压降值更低，约为 0.2V，如图 4-22 所示。

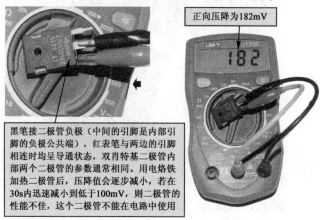

图 4-22　肖特基二极管 SBL3040 正向压降测量示意图

肖特基二极管 SBL3040 反向压降测量示意图如图 4-23 所示。

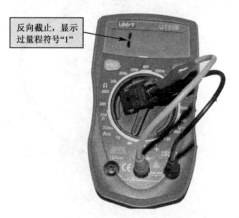

图 4-23　肖特基二极管 SBL3040 反向压降测量示意图

同类型的二极管，由于额定功率不同，因此正向压降值也不同。如前面检测的肖特基二极管 SBL3040 的正向压降值只有 182mV，而功率稍微小一些的肖特基二极管 W2156 的正向压降值为 204mV，如图 4-24 所示。

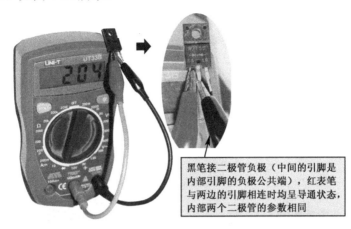

图 4-24　肖特基二极管 W2156 的正向压降检测示意图

要测量整流桥的好坏，需要从电路板上拆下来测量。用数字式万用表或指针式万用表测量整流桥的两个交流输入端"～"脚应该是完全不通的。如果用数字式万用表的红表笔接+端，黑表笔接-端，也不会导通，但是如果用指针式万用表的电阻挡测量，则指针会偏转。

如果用数字式万用表的红表笔接-端，黑表笔接+端，则屏幕会显示 1.2V 左右的电压值，这个电压叫做正向压降，用指针式万用表测量不会导通。

整流桥由四只二极管串接而成，如果用数字式万用表测量，红表笔任意接～端、黑表笔接+端，红表笔接-端、黑表笔接任意～端，则应该有 0.4～0.6V 的正向压降；反之，不应当导通，数字式万用表显示过量程符号"1"。

如果一个整流桥的四个引脚都没有编号，用数字式万用表如何才能分辨出四个引脚的功能呢？具体方法如下。

将表笔接在 4 个引脚的任意两个引脚上反复测量，找出表笔接在任意两个引脚都不导通（数字式万用表显示过量程符号"1"）的引脚，这两个引脚就是交流输入端（标注～的引脚）。

再反复测量剩下的那两个引脚时，应该会发现红表笔接在其中的一个引脚时显示过量程符号"1"，而对调表笔后，数字式万用表则显示 0.8～1.2V 的正向压降。当数字式万用表显示屏上出现 0.8～1.2V 数值时，红表笔连接的就是整流桥的负极，黑表笔连接的就是整流桥的正极。用数字式万用表测量整流桥的示意图如图 4-25 所示。

用数字式万用表测量整流桥（反向压降）的示意图如图 4-26 所示。

有些双二极管内部两只二极管的参数是不一样的，因此正向压降值也是不同的，如双阻尼二极管（如 DMV56）内部的两只二极管不一样，因此测试的压降值也不一样。DMV56 的正向压降测量示意图如图 4-27 所示。

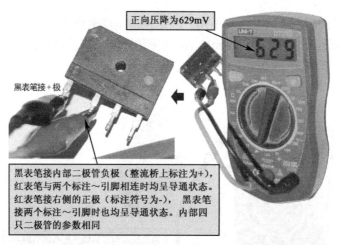

正向压降为629mV

黑表笔接＋极

黑表笔接内部二极管负极（整流桥上标注为+），红表笔与两个标注～引脚相连时均呈导通状态。红表笔接右侧的正极（标注符号为-）， 黑表笔接两个标注～引脚时也均呈导通状态。内部四只二极管的参数相同

图 4-25　用数字式万用表测量整流桥（正向压降）的示意图

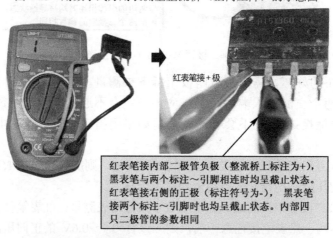

红表笔接＋极

红表笔接内部二极管负极（整流桥上标注为+），黑表笔与两个标注～引脚相连时均呈截止状态。红表笔接右侧的正极（标注符号为-）， 黑表笔接两个标注～引脚时也均呈截止状态。内部四只二极管的参数相同

图 4-26　用数字式万用表测量整流桥（反向压降）的示意图

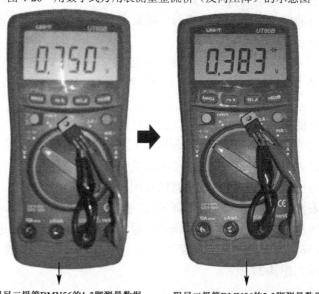

阻尼二极管DMV56的1-3脚测量数据　　　　阻尼二极管DMV56的2-3脚测量数据

图 4-27　DMV56 的正向压降测量示意图

即使是同一只二极管,若采用不同的数字式万用表来测量,则由于万用表内部提供的基准电流不同,测量结果也可能是不同的,如前面测得快速恢复管 MUR420 的正向压降为519mV,如用 UT60B 型数字式万用表测量,则测得的结果为 0.428V。

　　测量二极管时,开关二极管和稳压二极管可以直接在电路板上测量,肖特基二极管要先把其中的一个引脚与电路板焊开后再测量,否则会导致测量的结果有很大的误差。对于在电路板上测量的二极管,若测量的结果与标准值误差过多,则要将其从电路板上焊开一个引脚后再测量。

　　用数字式万用表二极管挡检测稳压二极管的方法与普通二极管相同。稳压二极管的正向压降比普通二极管稍大,通常为 0.7～0.95V。用数字式万用表二极管挡测量 6V 稳压二极管示意图分别如图 4-28、图 4-29 所示。

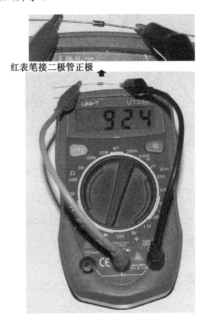

图 4-28　用数字式万用表二极管挡测量 6V 稳压二极管正向压降示意图

图 4-29　用数字式万用表二极管挡测量 6V 稳压二极管反向压降示意图

由于用数字式万用表测量时的电流很小，因此屏幕上显示的二极管压降值要低于在额定电流时的压降值（对于双向触发二极管，其正、反两方向压降都显示溢出符号才是好的）。

用数字式万用表测量二极管时，红表笔接二极管的正极，黑表笔接二极管的负极，此时测得的阻值才是二极管的正向导通阻值，与指针式万用表的表笔接法刚好相反。

检测双向触发二极管时，可以将万用表拨至 R×1k（或 R×10k）挡，由于双向触发二极管的 U_{bo} 值都在 20V 以上，而万用表内电池远小于此值，所以测得双向触发二极管的正、反向电阻值都应是无穷大，否则为 PN 结击穿。

检测恒流二极管时，可以将一个恒流二极管与一个发光二极管和一个电流表串联在一起，然后接入一个 9V 电池上，如图 4-30 所示。

图 4-30　检测恒流二极管示意图

若发光二极管正常发光，并且电流表中指示的电流值恒定在一个数值上（如 19mA），则说明该恒流二极管正常；若发光二极管不能点亮，则检查电路连接是否正确，各电极极性是否正常；若以上均正常，则说明该恒流二极管损坏。

4.4　二极管的主要参数

二极管的参数是用来表示二极管的性能好坏和适用范围的技术指标。不同类型的二极管有不同的参数。对初学电子技术的爱好者而言，必须了解的参数主要有以下几个。

1. 额定正向工作电流

额定正向工作电流是指二极管长期连续工作时允许通过的最大正向电流值。因为电流通过管子时会使管芯发热，温度上升，温度超过容许限度（硅管为 140℃左右，锗管为 90℃左右）时，就会使管芯过热而损坏。所以，二极管使用中不要超过其额定正向工作电流值。例如，常用的 1N4001 型整流二极管的额定正向工作电流为 1A。

2. 最大浪涌电流

最大浪涌电流（I_{surge}）是允许流过的最大正向电流。最大浪涌电流不是二极管正常工作时的电流，而是瞬间电流，这个值通常为额定正向工作电流的 20 倍左右。

3. 最高反向工作电压 U_{WRM}

加在二极管两端的反向电压高到一定值时，会将管子击穿，失去单向导电能力。为了保证使用安全，规定了最高反向工作电压值 U_{WRM}（也称耐压）。最高反向工作电压 U_{WRM} 是保证二极管不被击穿而给出的反向峰值电压。例如，1N4001 型二极管的反向工作电压为 50V，1N4007 型二极管的反向工作电压为 700V。

4. 反向击穿电压 U_{BR}

在二极管上加反向电压时，反向电流会很小。但当反向电压增大至某一数值时，反向电流将突然增大，这种现象被称为击穿。二极管被击穿时，反向电流会剧增，二极管的单向导电性被破坏，此时二极管失去单向导电性，甚至可能因过热而烧坏。产生击穿时的电压被称为反向击穿电压 U_{BR}。不同型号的二极管有不同的反向击穿电压。二极管手册上给出的最高反向工作电压 U_{WRM} 一般是 U_{BR} 的 1/2 或 2/3。

5. 反向电流 I_R

反向电流（I_R）是指二极管在规定的温度和最高反向电压作用下，流过二极管的反向电流。反向电流大，说明管子的单向导电性差，因此反向电流越小越好。反向电流受温度的影响，温度越高，反向电流越大。反向电流越小，管子的单向导电性能越好。值得注意的是，反向电流与温度有着密切的关系，大约温度每升高 10℃，反向电流增大一倍。例如，2AP1 型锗二极管，在 25℃时，反向电流为 250μA，温度升高到 35℃时，反向电流将上升到 500μA，在 75℃时，反向电流已达 8mA，不仅失去了单向导电特性，还会使管子过热而损坏。硅管的反向电流较小，锗管的反向电流要比硅管大几十到几百倍，因此硅二极管比锗二极管在高温下的稳定性要好。

6. 反向恢复时间 t_{rr}

从正向电压变成反向电压时，理想情况是电流能瞬时截止，实际上，一般要延迟一点时间，决定电流截止延时的量就是反向恢复时间。虽然它直接影响二极管的开关速度，但不一定说这个值小就好。

7. 最大功率

最大功率就是加在二极管两端的电压乘以流过的电流。这个极限参数对稳压二极管等二极管显得特别重要。

上述参数为普通二极管的主要直流参数，对于一些特殊二极管（如稳压二极管）还会有一些其他参数。

稳压二极管的主要参数为稳压值 U_Z、稳定电流 I_Z、最大稳定电流 I_{ZM}、动态电阻 r_Z 及最大允许耗散功率 P_{ZM}。稳压值 U_Z 一般取反向击穿电压。稳压二极管使用时一般需串联限流电阻，以确保工作电流不超过最大稳定电流 I_{ZM}。

稳压二极管还有一个参数——温度系数。该参数是衡量由于温度变化而使稳定电压 U_Z 变化的参数。一般 U_Z 大于 6V 的为正温度系数，小于 6V 的为负温度系数。

稳定电流 I_Z 是稳压管工作时的参考电流数值。工作电流若小于稳定电流 I_Z，则稳压性能较差；工作电流若大于稳定电流 I_Z，则稳压性能较好，但是要注意，管子的功率损耗不要超出允许值。

常用二极管的参数分别见表 4-4～表 4-9。

表 4-4　常用整流二极管的主要参数

型　　号	最高反向工作电压（V）	额定正向工作电流（A）	最大浪涌电流（A）
1N4001	50	1	30
1N4002	100	1	30
1N4003	200	1	30
1N4004	400	1	30
1N4005	500	1	30
1N4006	600	1	30
1N4007	700	1	30

表 4-5　常用开关二极管的主要参数

型　　号	最高反向工作电压（V）	额定正向工作电流（A）	最大浪涌电流（A）
1N4148	100	0.2	1
1N5401	50	3	200
1N5402	100	3	200
1N5403	200	3	200
1N5404	400	3	200
1N5405	500	3	200
1N5406	600	3	200
1N5407	800	3	200
1N5408	1000	3	200

表 4-6　常用快速恢复二极管参数

型　　号	最高反向工作电压（V）	额定正向工作电流（A）	结电容 C_J（pF）	最大浪涌电流（A）
FR101	50	1	50	35
FR102	100	1	50	35
FR103	200	1	50	35
FR104	400	1	50	35
FR105	600	1	50	35
FR106	800	1	50	35
FR107	1000	1	50	35
FR107—STR	1000	1	50	35

表 4-7　常用稳压二极管的主要参数

型　　号	稳压值（V）	动态电阻（Ω）	稳定电流（mA）	反向电流（μA）
1N4728	3.3	10	76	100
1N4729	3.6	10	69	100
1N4730	3.9	9.0	64	50
1N4731	4.3	9.0	58	10
1N4732	4.7	8.0	53	10
1N4733	5.1	7.0	49	10

续表

型　号	稳压值（V）	动态电阻（Ω）	稳定电流（mA）	反向电流（μA）
1N4734	5.6	5.0	45	10
1N4735	6.2	2.0	41	10
1N4736	6.8	3.5	37	10
1N4737	7.5	4.0	34	10
1N4738	8.2	4.5	31	10
1N4739	9.1	5.0	28	10
1N4740	10	7.0	25	10

表 4-8　常用色环稳压二极管的主要参数

型　号	稳压值 U_Z（V）		反向电流（μA）	动态电阻（Ω）I_Z=5mA	典型电压温度系数 S_Z（mV/℃）I_Z=5mA	典型结电容（U_R=0V, f=1MHz）	色　环		
	最小值	最大值					第一道	第二道	第三道
MAZ4020	1.88	2.24							
MAZ4020—L	1.88	2.12	120	100	−3.5	375	红色	黑色	黑色
MAZ4020—H	2.01	2.24							
MAZ4022	2.08	2.45							
MAZ4022—L	2.08	2.33	120	100	−3.5	375	红色	红色	红色
MAZ4022—H	2.20	2.45							
MAZ4024	2.28	2.7							
MAZ4024—L	2.28	2.56	120	100	−1.6	375	红色	黄色	黄色
MAZ4024—H	2.4	2.7							
MAZ4027	2.5	2.9							
MAZ4027—L	2.5	2.75	100	100	−2	350	红色	紫色	紫色
MAZ4027—H	2.65	2.9							
MAZ4030	2.8	3.2							
MAZ4030—L	2.83	2.97	50	100	−2.1	350	橙色	黑色	黑色
MAZ4030—M	2.93	3.08							
MAZ4030—H	3.02	3.18							
MAZ4033	3.1	3.5							
MAZ4033—L	3.12	3.28	20	100	−2.4	325	橙色	橙色	橙色
MAZ4033—M	3.22	3.38							
MAZ4033—H	3.32	3.49							
MAZ4036	3.4	3.8							
MAZ4036—L	3.41	3.59	10	100	−2.4	300	橙色	蓝色	蓝色
MAZ4036—M	3.51	3.69							
MAZ4036—H	3.61	3.79							
MAZ4039	3.7	4.1							
MAZ4039—L	3.71	3.9	10	100	−2.5	300	橙色	白色	白色
MAZ4039—M	3.8	4.0							
MAZ4039—H	3.9	4.1							

续表

型　号	稳压值 U_Z（V）		反向电流（μA）	动态电阻（Ω）I_Z=5mA	典型电压温度系数 S_Z（mV/℃）I_Z=5mA	典型结电容（U_R=0V，f=1MHz）	色　环		
	最小值	最大值					第一道	第二道	第三道
MAZ4043	4.0	4.6	10	100	−2.5	275	黄色	橙色	橙色
MAZ4043—L	4.03	4.26							
MAZ4043—M	4.17	4.4							
MAZ4043—H	4.31	4.54							
MAZ4047	4.4	5.0	3	80	−1.4	130	黄色	紫色	紫色
MAZ4047—L	4.45	4.69							
MAZ4047—M	4.59	4.83							
MAZ4047—H	4.74	4.99							

表 4-9　常用整流桥参数

型　号	最高反向工作电压（V）	额定正向工作电流（A）	最大浪涌电流（A）
GBU4A	50	4	150
GBU4B	100	4	150
GBU4C	200	4	150
GBU4G	400	4	150
GBU4J	600	4	150
GBU4K	800	4	150

4.5　二极管的工作特性

4.5.1　二极管的导电特性

二极管最重要的特性就是单向导电性。在电路中，电流只能从二极管的正极流入，负极流出。下面通过简单的实验说明二极管的正向特性和反向特性。

【正向特性】

在电子电路中，将二极管的正极接在高电位端，负极接在低电位端，二极管就会导通，这种连接方式，称为正向偏置。需要说明的是，当加在二极管两端的正向电压很小时，二极管仍然不能导通，流过二极管的正向电流十分微弱，只有当正向电压达到某一数值（这一数值被称为"门槛电压"，锗管约为 0.2V，硅管约为 0.6V）以后，二极管才能真正导通。导通后，二极管两端的电压基本上保持不变（锗管约为 0.3V，硅管约为 0.7V），称为二极管的"正向压降"。

【反向特性】

在电子电路中，二极管的正极接在低电位端，负极接在高电位端，此时二极管中几乎没有电流流过，二极管处于截止状态，这种连接方式，称为反向偏置。二极管处于反向偏置时，仍然会有微弱的反向电流流过二极管，称为漏电流。当二极管两端的反向电压增大到某一数值时，反向电流会急剧增大，二极管将失去单向导电特性，这种状态称为"二极管被击穿"。

4.5.2　二极管的伏安特性

二极管具有单向导电性。其伏安特性曲线如图 4-31 所示。

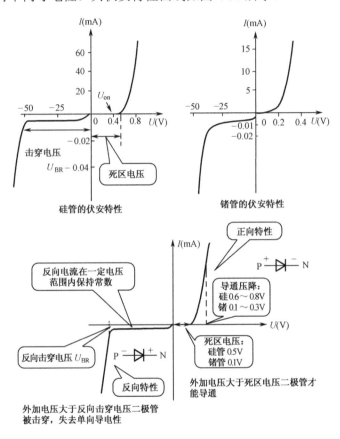

图 4-31　二极管的伏安特性曲线

图中，U_{on} 被称为死区电压，通常硅管的死区电压约为 0.5V，锗管约为 0.1V。当外加正向电压低于死区电压时，外电场还不足以克服内电场对扩散运动的阻挡，正向电流几乎为零。当外加正向电压超过死区电压后，内电场被大大削弱，正向电流增长很快，二极管处于正向导通状态。导通时，二极管的正向压降变化不大，硅管为 0.6～0.8V，锗管为 0.2～0.3V。温度上升，死区电压和正向压降均相应降低。

U_{BR} 被称为反向击穿电压，当外加反向电压低于 U_{BR} 时，二极管处于反向截止区，反向电流几乎为零，但温度上升，反向电流会有所增长。当外加反向电压超过 U_{BR} 后，反向电流突然增大，二极管失去单向导电性，这种现象称为击穿。普通二极管被击穿后，由于反向电流很大，一般会造成"热击穿"，不能恢复原来的性能，也就是失效了。

稳压管工作于反向击穿区，其伏安特性曲线如图 4-32 所示。

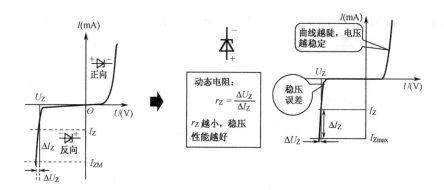

图 4-32　稳压管的伏安特性曲线

从如图 4-32 所示中可以看出，反向电压在一定范围内变化时，反向电流很小。当反向电压增高到击穿电压时，反向电流突然骤增，稳压管被反向击穿。此后，电流虽然在很大范围内变化，但稳压管两端的电压变化很小。由图 4-32 可见，其特性和普通二极管类似，但它的反向击穿是可逆的，不会发生"热击穿"，而且其反向击穿后的特性曲线比较陡直，即反向电压基本不随反向电流的变化而变化。这就是稳压二极管的稳压特性。

> 稳压二极管的特点就是被击穿后，其两端的电压基本保持不变。这样，当把稳压管接入电路以后，若由于电源电压发生波动，或其他原因造成电路中各点电压变动时，负载两端的电压将基本保持不变。
>
> 稳压二极管的故障主要表现在开路、短路和稳压值不稳定。在这 3 种故障中，前一种故障表现为电源电压升高；后两种故障表现为电源电压降低或输出电压不稳定。

恒流二极管的伏安特性曲线如图 4-33 所示。

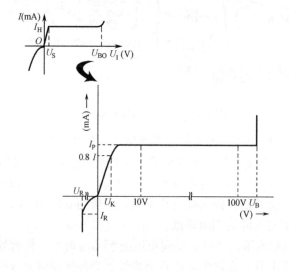

图 4-33　恒流二极管的伏安特性曲线

通过如图 4-33 所示可以看出，恒流二极管在正向工作时存在一个恒流区，在此区域内，I_H 不随 U_I 而变化，其反向工作特性与普通二极管的正向特性有相似之处。

4.6　二极管的选择和应用

4.6.1　二极管的选择

选用整流二极管时，主要应考虑其最大整流电流、最大反向工作电流、截止频率及反向恢复时间等参数。

普通串联稳压电源电路中使用的整流二极管，对截止频率的反向恢复时间要求不高，只要根据电路的要求选择最大整流电流和最大反向工作电流符合要求的整流二极管（如 1N 系列）即可。

开关稳压电源整流电路及脉冲整流电路中使用的整流二极管，应选用工作频率较高、反向恢复时间较短的整流二极管（如 RU 系列、EU 系列、V 系列、1SR 系列等）或快速恢复二极管。

整流二极管损坏后，可以用同型号的整流二极管或参数相近的其他型号整流二极管代换。

在通常情况下，高耐压值（反向电压）的整流二极管可以代换低耐压值的整流二极管，而低耐压值的整流二极管不能代换高耐压值的整流二极管。整流电流值高的二极管可以代换整流电流值低的二极管，而整流电流值低的二极管不能代换整流电流值高的二极管。

检波二极管一般可选用点接触型锗二极管，如 2AP 系列等。选用时，应根据电路的具体要求来选择工作频率高、反向电流小、正向电流足够大的检波二极管。虽然检波和整流的原理是一样的，但整流的目的只是为了得到直流电，而检波则是从被调制波中取出信号成分（包络线）。检波电路和半波整流电路完全相同。

高速开关二极管可以代换普通开关二极管，反向击穿电压高的开关二极管可以代换反向击穿电压低的开关二极管。

选用稳压二极管时，应根据应用电路中的主要参数进行选择：稳压二极管的稳定电压值应与应用电路的基准电压值相同，稳压二极管的最大稳定电流应高于应用电路最大负载电流的 50%左右。

稳压二极管损坏后，可以采用同型号稳压二极管或电参数相同的稳压二极管来更换。可以用具有相同稳定电压值的高耗散功率稳压二极管来代换耗散功率低的稳压二极管，但不能用耗散功率低的稳压二极管来代换耗散功率高的稳压二极管。例如，0.5W、6.2V 的稳压二极管可以用 1W、6.2V 的稳压二极管代换。

选用变容二极管时，应着重考虑其工作频率、最高反向工作电压、最大正向电流和零偏压结电容等参数是否符合应用电路的要求，应选用结电容变化大、高 Q 值、反向漏电流小的变容二极管。

变容二极管损坏后，应更换与原型号相同的变容二极管或用其主要参数相同（尤其是结电容范围应相同或相近）的其他型号的变容二极管来代换。

开关电源中的肖特基整流二极管损坏后，必须采用同类型的二极管代换，不能采用体积差不多的其他类型二极管代换，如采用普通的整流管或者快速恢复二极管代换肖特基二极管，会出现新换的二极管发热严重，电路不停重启的新故障。

判断二极管类型的最快方法就是通过数字式万用表的二极管挡测量正向压降值，肖特基二极管的正向压降值一般为 0.2V 左右，普通快速恢复二极管的正向压降值通常为 0.4V 左右，普通整流二极管的正向压降值为 0.7V 左右。

普通整流管用 1N5408、高频整流管用 RU4 或 UF5408 或 31DF4 代换一般都可以正常工作。

4.6.2　普通二极管的应用

普通二极管主要应用在以下场合：①整流、检波、隔离、保护和限幅等，此时不给二极管加正向偏置电压；②简易的稳压、温度补偿、偏置等，此时要给二极管加正向偏置电压。下面以二极管的具体应用电路为例介绍二极管电路的工作原理。

1. 二极管整流电路

二极管整流电路就是利用二极管单向导电的特性，将交流电变换为脉冲直流电的电路。根据整流电路中二极管的使用情况，整流电路可以分为二极管半波、全波、全波桥式与倍压整流电路等电路形式。

【二极管半波整流电路】

二极管半波整流电路如图 4-34 所示。

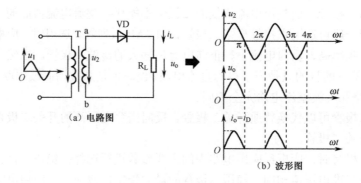

(a) 电路图　　　　(b) 波形图

图 4-34　二极管半波整流电路

图 4-34（a）所示的电路由电源变压器 T、整流二极管 VD 和负载电阻 R_L 组成。

变压器次级电压 u_2 是一个方向和大小都随时间变化的正弦波电压。其波形如图 4-34（b）上方所示。由于整流二极管具有单向导电特性，因此，当 u_2 为正半周时（在 0～π 时间内），a 端电位高于 b 端电位，整流二极管 VD 正偏导通（忽略二极管正向导通压降），u_2 通过 VD 加在负载电阻 R_L 上；而当 u_2 为负半周时（在 π～2π 时间内），b 端电位高于 a 端电位，整流二极管 VD 反偏截止不导通，R_L 上无电压。因而在 u_2 的一个周期内，负载电阻 R_L 的电压波形如图 4-34（b）所示。在 2π～3π 时间内，重复 0～π 时间的过程，而在 3π～4π 时间内，又重复 π～2π 时间的过程……这样反复下去，交流电的负半周就被"削"掉了，只有正半周通过 R_L，在 R_L 上获得了一个上正、下负的电压，达到了整流的目的。但是，负载电压 u_o 及负载电流的大小还随时间而变化，因此，通常称它为脉动直流。由于流过负载的电流和加在负载两端的电压只有半个周期的正弦波，故称半波整流。

半波整流是以"牺牲"一半的交流为代价而换取整流效果的，电流利用率很低（计算表明，整流得出的半波电压在整个周期内的平均值，即负载上的直流电压 $u_o = 0.45u_2$），因此常用在高电压、小电流的场合，在一般无线电装置中很少采用。

流过负载 R_L 上的直流电流 $i_o = \dfrac{u_o}{R_L} \approx 0.45\dfrac{U_2}{R_L}$，选择半波整流电路中的整流二极管时，只要管子的最大正向电流 $I_{FM} > i_o$，最高反向峰值电压 $U_{RM} > \sqrt{2}U_2$ 即可满足电路需要。

【二极管全波整流电路】

全波整流电路意即在交流电压的正、负半周之间，均能产生单一方向的电流流过负载，提供两倍于半波整流电路的能量。全波整流又分为两种电路形态：一种为"中心抽头全波整流"；另一种为"桥式整流"。

"中心抽头全波整流"可以看作是由两个半波整流电路组合成的。中心抽头是指电路中变压器的规格：在变压器次级绕组正中央引出一个抽头，把次组线圈分成两个对称的绕组。如果用双踪示波器观察，将接地点接在变压器中间抽头的位置，CH1 接一边，CH2 接另一边，这时在示波器里看见的应该是大小相同、相位（极性）刚好相反的信号电压。了解了变压器每个引脚间的关系，对中心抽头全波整流电路的理解就相当简单了！

二极管全波整流电路如图 4-35 所示。

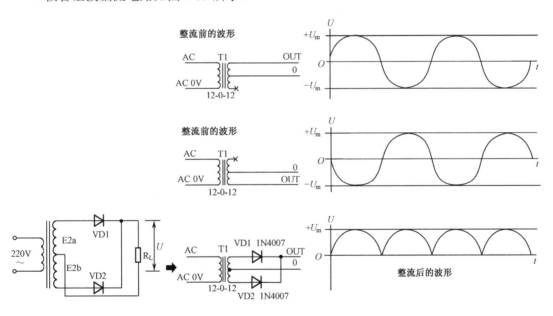

图 4-35　二极管全波整流电路

图 4-35 所示的电路有 E2a、VD1、R_L 与 E2b、VD2、R_L 两个通电回路。全波整流电路的工作原理如下：在 $0 \sim \pi$ 时间内，E2a 对 VD1 为正向电压，VD1 导通，在 R_L 上得到上正、下负的电压，E2b 对 VD2 为反向电压，VD2 不导通；在 $\pi \sim 2\pi$ 时间内，E2b 对 VD2 为正向电压，VD2 导通，在 R_L 上得到的仍然是上正、下负的电压，E2a 对 VD1 为反向电压，VD1 不导通。

如此反复，由于两个整流组件 VD1、VD2 轮流导通，结果负载电阻 R_L 上，在正、负两个半周作用期间都有同一方向的电流通过，因此称为全波整流。全波整流不仅利用了正半周，而且还巧妙地利用了负半周，从而大大地提高了整流效率。

负电压全波整流的工作状况与正电压全波整流雷同，只是二极管连接的方向相反，输出电压相反，得到的效果是完全相同的。

全波整流电路的输出平均电压 $U_o = \dfrac{2\sqrt{2}}{\pi}u_2 = 0.9u_2$，流过负载的平均电流 $I_o = I_L = \dfrac{2\sqrt{2}u_2}{\pi R_L} = \dfrac{0.9u_2}{R_L}$，二极管所承受的最大反向电压 $U_{RM} = 2\sqrt{2}u_2$。

在这种整流电路中，需注意二极管的逆向耐压：在 VD1 导通时，VD2 承受的逆向电压会有下半组次级线圈的电压，还要加上上半组次级线圈的电压，所以耐压至少要为变压器次级电压最大值的两倍，否则二极管会被烧毁。

【二极管桥式整流电路】

中心抽头全波整流电路会受限于变压器规格的限制。桥式整流就是突破变压器规格限制的一种改良方法。桥式整流器由四只二极管组成，不需要中心抽头的变压器，四只二极管承受的逆向耐压只为变压器次级电压最大值。

二极管桥式整流电路由变压器和4个同型号的二极管接成电桥形式组成，如图4-36所示。

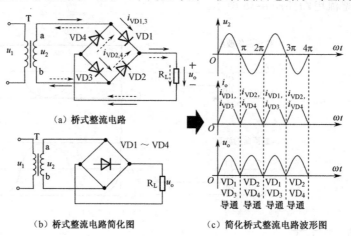

图 4-36　二极管桥式整流电路

图中，T 为变压器，其作用是将电网上的交流电压 u_1 变为整流电路要求的交流电压 u_2，R_L 是要求直流供电的负载电阻。

二极管桥式整流电路中的电流路径如图4-37所示。

整流过程如下：当 u_2 为正半周时，即 a 端为正、b 端为负，这时 VD1、VD3 导通，VD2、VD4 截止，电流的通路是 a→VD1→R_L→VD3→b，如图中实线箭头所示；当 u_2 为负半周时，VD2、VD4 导通，VD1、VD3 截止，电流的通路是 b→VD2→R_L→VD4→a，如图中虚线箭头所示。由此可见，无论 u_2 处于正半周还是负半周，都有电流分别流过两对二极管，并以相同方向流过负载 R_L，是单方向的全波脉动波形。

从上面的分析得知，桥式整流中负载所获得的直流电压比半波整流电路提高了一倍，即 $u_o = 2 \times 0.45u_2 = 0.9u_2$；流过负载 R_L 上的直流电流 $i_L = \dfrac{2\sqrt{2}u_2}{\pi R_L} = \dfrac{0.9u_2}{R_L}$；流过二极管的平均电

流 $i_o = \dfrac{i_L}{2} = \dfrac{\sqrt{2}u_2}{\pi R_L} = \dfrac{0.45u_2}{R_L}$ ；二极管所承受的最大反向电压 $U_{RM} = \sqrt{2}u_2$ 。

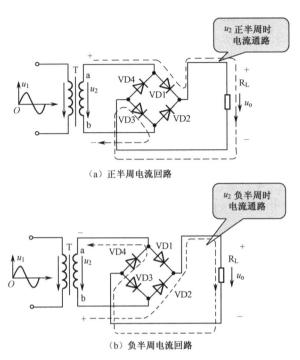

（a）正半周电流回路

（b）负半周电流回路

图 4-37　二极管桥式整流电路中的电流路径

> 　　桥式整流电路的变压器中只有交流电流流过，而半波和全波整流电路中均有直流分量流过。所以桥式整流电路的变压器利用效率较高，在同样的功率容量条件下，体积可以小一些。桥式整流电路的总体性能优于单相半波和全波整流电路，故广泛应用于直流电源之中。

【二极管倍压整流电路】

　　顾名思义，"倍压整流"就是可以把较低的交流电压，用耐压较低的整流二极管和电容器，"整"出一个较高的直流电压。在对电源质量要求不是很高，且功率要求也不是很大的地方，常常使用倍压整流电路。如电蚊拍就需要输出 1200V 的高压才能将蚊子击毙，要想采用相应的变压器是很不容易的。这时就需要使用倍压整流电路来达到目的。倍压整流电路一般按输出电压是输入电压的多少倍，分为二倍压、三倍压与多倍压整流电路。图 4-38 是二倍压整流电路的典型应用电路。

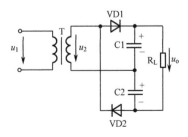

图 4-38　二倍压整流电路的典型应用电路

电路由变压器 T、两个整流二极管 VD1、VD2 及两个电容器 C1、C2 组成。其工作原理如下：u_2 为正半周时，VD1 导通，VD2 截止，在理想情况下，电容 C1 的电压充到 $\sqrt{2}u_2$；u_2 为负半周时，VD2 导通，VD1 截止，在理想情况下，电容 C2 的电压充到 $\sqrt{2}u_2$，所以，负载上的电压为 $2\sqrt{2}u_2$，它的值是变压器次级绕组输出电压的两倍，所以叫做二倍压整流电路。在实际电路中，负载上的电压 $u_o = 2 \times 1.2 u_2$。

在二倍压整流电路的基础上，再加一个整流二极管 VD3 和一个滤波电容器 C3，就可以组成三倍压整流电路。如果要获得 n 倍压整流电路，则根据同相原理，只要把更多的电容串联起来并配以相应的二极管分别对它们充电即可。多倍压整流电路如图 4-39 所示。

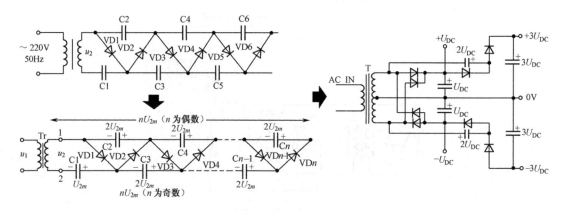

图 4-38　多倍压整流电路

在空载情况下，根据上述分析方法可得，在如图 4-39 所示电路中，C1 上的电压为 $\sqrt{2}U_2$，C2～C6 上的电压为 $2\sqrt{2}U_2$。因此，以 C1 两端作为输出端，输出电压的值为 $\sqrt{2}U_2$；以 C2 两端作为输出端，输出电压的值为 $2\sqrt{2}U_2$；以 C1 和 C3 上的电压相加作为输出端，输出电压的值为 $3\sqrt{2}U_2$，……，以此类推，从不同位置输出，即可获得 $\sqrt{2}U_2$ 的 4、5、6 倍的输出电压。

> 倍压整流电路只能在负载较轻（即负载电路的阻抗较大，输出电流较小）的情况下工作，否则会降低输出电压。倍压越高的整流电路，这种因负载电流增大影响输出电压下降的情况越明显。
>
> 倍压整流电路使用的电容器容量比较小，不用电解电容器。电容器的耐压值要大于 $1.5U_2$，在使用上才安全可靠。

2. 二极管开关电路

由于二极管具有单向导电的特性，电流只能从阳极流向阴极，而不能从阴极流向阳极。因此当电流由阳极流向阴极时，二极管呈导通状态，没有电阻，对电流的流通毫无阻碍；反之，当电流企图从阴极流向阳极时，二极管呈断路状态，如同一只断开的开关，使电流无法流通。因而，可以将二极管作为一种特殊的开关，组成各种逻辑电路，应用在各种需要自动开关控制的电路中。

图 4-40 是二极管作为开关应用电路的典型电路。

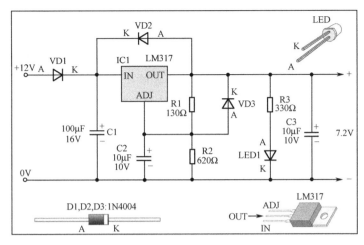

图 4-40　二极管作为开关应用电路的典型电路

图中，二极管 VD1 为防止电源极性接反的电子开关。当电源极性接反时，二极管 VD1 不导通，电压不能加到后面的稳压电路中，保护后面的稳压电路不会因电源电压极性接反而损坏；当电压极性正确时，二极管 VD1 导通，电源电压正常进入后级电路。

二极管 VD2 的作用是用来防止在输入端电源断开时，电容器 C3 中存储的能量从稳压器输出端向稳压器放电而导致稳压器损坏。在输入端有电压输入时，二极管 VD2 截止，对电路正常工作无影响；当输入端电压断开时（如拔下电源插头），二极管 VD2 导通，将电容器 C3 中的电荷泄放掉，保护稳压集成电路不会因电流倒灌而损坏。

二极管 VD3 的作用是输出端短路保护二极管。在负载正常时，二极管 VD3 截止，对电路正常工作无影响；当负载短路时，C2 中的电荷将向稳压器调整端放电，并使 IC1 内部的调整管发射结反偏；此时 VD3 导通，用来为 C2 提供放电通路，起保护稳压器的作用。

在通常情况下，可以将硅、锗二极管看作是理想开关，截止时认为开路，导通时视为短路。二极管导通后，其管压降是恒定的，且不随电流的变化而改变（硅管典型值为 0.7V，锗管典型值为 0.3V）。

3. 二极管续流电路

续流二极管在开关电源的电感中和继电器等感性负载中起续流作用。

二极管续流电路如图 4-41 所示。

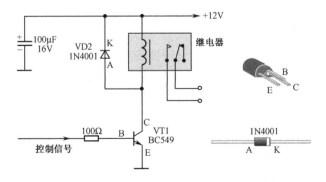

图 4-41　二极管续流电路

大家都知道，流经线圈的电流变化时，线圈会产生自激电压来抑制电流的变化，当线圈中的电流变化越快时，所产生的电压越高。

图 4-41 中，二极管 VD2 是续流二极管，在三极管 VT1 导通时，继电器得电吸合，此时二极管 VD2 因为两端加的是反向偏压而截止，不影响电路工作。当三极管 VT1 由导通变为截止时，流经继电器线圈的电流将迅速减小，这时继电器的绕组线圈上就会感生出一个较大的自感电压，它因与电源电压方向相同而叠加，然后加在三极管的集电极、发射极两极间，故很可能击穿三极管。而这个自感电压与电源电压之和对二极管 VD2 来说却是正向偏压，使二极管 VD2 导通，形成环流，将继电器绕组上产生的感应电动势短路掉，使加到三极管 VT1 上的电压基本上还是电源电压，保证了三极管的安全。续流二极管的最高反向工作电压应为电源电压的 10 倍。安装续流二极管时一定要注意二极管的极性不可接反，否则容易损坏三极管等驱动元器件。

> 在有些电路中没有采用续流二极管，而是采用了 R、C 元器件来代替续流二极管达到保护三极管的目的，此时也是利用电容上的电压不能突变的原理来吸收感应电动势的。

4．二极管降压电路

由于二极管导通时有一个正向压降，且该压降为固定值（硅管为 0.7V，锗管为 0.3V），因此在一些电路中可以采用二极管对电压进行降低，以供后级电路使用。

图 4-42 为二极管降压电路。

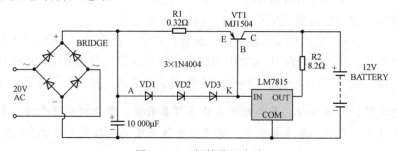

图 4-42　二极管降压电路

图中，二极管 VD1、VD2、VD3 可以将整流桥输出的电压降低 2.1V（0.7×3）后送到三端稳压器 LM7815 输入端，以防止三端稳压器 LM7815 输入端电压过高而损坏。另外，由于二极管 VD1、VD2、VD3 串联后的压降为 2.1V，该压降电压通过电阻器 R1 加在三极管 VT1 的基极与发射极之间，使三极管 VT1 导通，对三端稳压器 LM7815 的输出电流进行扩大。

5．二极管检波电路

对无线电波进行整流，并从中还原出它所携带的信息，这种过程在电子学中称为检波或解调。二极管检波电路是一种特殊的整流电路，通常把输出电流小于 100mA 的整流电路叫检波电路。就原理而言，从输入的载波信号中取出调制信号是检波。检波二极管除用于检波外，还能够用于限幅、削波、调制、混频、开关等电路。

二极管检波电路是一种线性检波电路。其原理是利用二极管将含有语音信号（或者其他有用信息）载波信号的负半周去除，再利用后面连接的低通滤波器滤除高频载波成分，以恢复原始低频信号（即包迹线）。

二极管检波电路及其工作原理如图 4-43 所示。

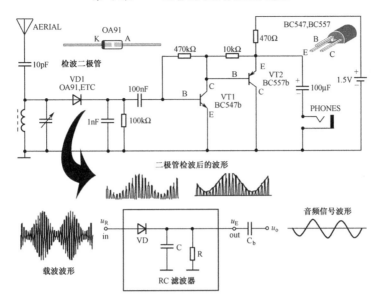

图 4-43　二极管检波电路及其工作原理

6. 二极管隔离电路

由于二极管具有单向导电性，电流只能从正极流向负极，而不能从负极流向正极，因此在有些电路中通常用二极管对电路中的两部分电路进行隔离。

图 4-44 是二极管作为隔离二极管的典型应用电路。

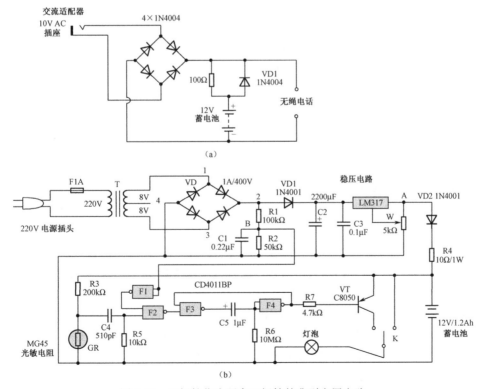

图 4-44　二极管作为隔离二极管的典型应用电路

在如图4-44（a）所示电路中，当交流适配器正常输出10V交流电压时，该10V交流电压经过由4个二极管组成的整流桥整流后输出14V左右的直流电压。该电压加在二极管VD1的负极，使二极管VD1的负极电压高于正极电压（12V），二极管VD1截止，负载通过交流适配器直接供电，此时交流适配器输出的电压还通过一个100Ω的电阻对12V蓄电池进行充电。当交流适配器不能输出10V交流电压时（如市电停电时），二极管的负极电压消失。由于二极管VD1正极电压一直为+12V，二极管导通，后面的负载通过蓄电池继续供电。在此电路中，二极管VD1的作用就是将蓄电池在交流适配器正常输出电压时与负载电路隔离开，延长蓄电池的寿命。

在如图4-44（b）所示电路中，二极管VD2的作用是在市电停电时（此时稳压器无电压输出）将蓄电池与前面的稳压电路隔离开，防止蓄电池中的电流向稳压电路中倒流。

7. 二极管限幅电路

二极管正向导通后，它的正向压降基本保持不变（硅管为0.7V，锗管为0.3V）。利用这一特性，就可以把二极管在电路中作为限幅组件，将信号幅度限制在一定范围内，这种电路在电路保护方面用途很多。

图4-45为二极管限幅应用电路。

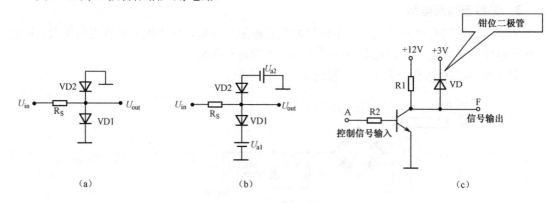

图4-45 二极管限幅应用电路

图4-45（a）是一个简单的限幅电路，在输入端没信号输入时，由于二极管反向连接，所以输出信号的幅度为零。当有脉冲信号输入时，若这个脉冲信号的幅度没有超过二极管的导通电压，则信号正常输出；如果这个脉冲的幅度足以使二极管导通时，则输出信号将会被限制在+0.7V和-0.7V之间（硅二极管的导通压降）。假如将二极管VD1和VD2（1N4148）以两个二极管串联代替，则限制电压就为-1.4～+1.4V。

若想将设定的电压范围是可调整的电压或其他的值，则可以在VD1、VD2的一端各接一直流电源当参考电压，如图4-45（b）所示，此时就可以很容易地将U_{out}限制在$(U_{a1}+0.7)$V和$-(U_{a2}-0.7)$V之间。

图4-45（c）为二极管限幅的典型应用电路。该电路中的二极管VD可以将输出端的电压限制在3V，由于限幅二极管可以将输出端的输出电压限制在一定的幅值，即将输出电压钳位在一定的范围内，因此该二极管又被称为钳位二极管。

8. 二极管逻辑门电路

利用二极管的开关作用可以将二极管设计成逻辑门电路。

由二极管组成的与门电路如图 4-46（a）所示。由二极管组成的或门电路如图 4-46（b）所示。

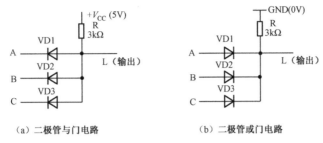

（a）二极管与门电路　　　　　　　（b）二极管或门电路

图 4-46　由二极管组成的逻辑门电路

图 4-46（a）中，A、B、C 为输入端，L 为输出端。用电子电路来实现逻辑运算时，它的输入、输出量均为电压（以 V 为单位）或电平（用 1 或 0 表示）。输入量作为条件，输出量作为结果，输入信号为+5V 或 0V。

图 4-46（a）所示电路按输入信号的不同有下述两种情况：

① 若输入端中任意一个，如 VA 为 0V，另两个为+5V 时，VD1 导通，使 L 点电压 U_L 钳制在 0V。此时，VD2、VD3 受反向电压作用而截止，所以 $U_L \approx 0V$。

由此可见，与门的几个输入端中，只有加低电压输入的二极管才导通，并把 L 钳制在低电压（接近 0V），而加高电压输入的二极管都截止。

② 输入端 A、B、C 都为高电压+5V 时，VD1、VD2、VD3 都截止，输出端 L 点的电压 U_L 与 V_{CC} 相等，即 $U_L = +5V$。

由二极管组成的与门电路输入、输出关系见表 4-10。

表 4-10　由二极管组成的与门电路输入、输出关系

输　　入			输　　出
U_A（V）	U_B（V）	U_C（V）	U_L（V）
0	0	0	0
0	0	+5	0
0	+5	0	0
0	+5	+5	0
+5	0	0	0
+5	0	+5	0
+5	+5	0	0
+5	+5	+5	+5

图 4-46（b）所示电路按输入信号的不同可分为两种情况进行分析：

① 输入端 A、B、C 都为 0V 时，VD1、VD2、VD3 都处于截止状态，$U_L = 0V$。

② 若输入端中有任意一个，如 U_A 为+5V，而另两个为 0V 时，VD1 导通，U_L 为高电压，VD2、VD3 受反向电压作用而截止，$U_L = +5V$。

如用二进制数字逻辑中的 1 和 0 分别表示高、低电平，则上述逻辑关系可列成真值表，见表 4-11。

表 4-11 由二极管组成的或门电路真值表

输 入			输 出
A	B	C	L
0	0	0	0
0	0	1	1
0	1	0	1
0	1	1	1
1	0	0	1
1	0	1	1
1	1	0	1
1	1	1	1

4.6.3 稳压二极管的应用

稳压二极管的主要参数为稳压值 U_Z 和最大稳定电流 I_{ZM}。稳压值 U_Z 一般取反向击穿电压。稳压二极管在工作时应反接，并串入一只电阻。电阻的作用一是起限流作用，以保护稳压管；其次是当输入电压或负载电流变化时，通过该电阻上电压降的变化，将稳压二极管电流的变化转换为电压的变化，取出误差信号以调节稳压管的工作电流，从而起到稳压作用。

稳压二极管稳压电路的稳压性能与稳压二极管击穿特性的动态电阻有关，与稳压电阻 R 的阻值大小有关。

显然，R 的数值越大，较小电流变化可引起足够大的 U_R 变化，就可达到足够的稳压效果。但 R 的数值越大，需要较大的输入电压值，损耗就要加大。

在如图 4-47 所示的稳压二极管应用电路中，R 为限流电阻，R_L 为负载电阻，只要输入反向电压在超过 U_Z 的范围内变化，负载电压则一直稳定在 U_Z。

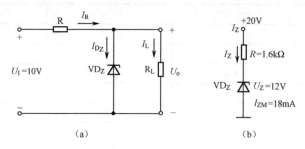

图 4-47 稳压二极管应用电路示意图

稳压二极管使用时一般需串联限流电阻，以确保工作电流不超过最大稳定电流 I_{ZM}。例如，在如图 4-47（b）所示电路中，按照图纸标注的元器件参数可以计算出通过稳压管的电流 $I_Z = \dfrac{20-12}{1.6 \times 10^3} A = 5 \times 10^{-3} A = 5mA$，由于图纸已经注明稳压二极管的 $I_{ZM}=18mA$，所以 $I_Z < I_{ZM}$，电阻 R 的阻值合适。

图 4-47 所示的电路又被称为串联型稳压电路，输出电流小，只能给负载提供几十毫安的电流，且输出电压不可调节，适用于输出电流较小、输出电压不变的场合，如做电压基准。为了扩大稳压二极管稳压电路输出电流的变化范围，可将稳压二极管的输出端接到大电流三极管的基极，从发射极输出。该电路被称为调整管稳压电路，如图 4-48 所示。

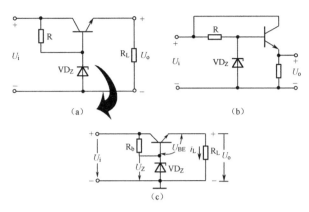

图 4-48　调整管稳压电路

图 4-48 所示的电路是将图 4-47 电路中的 R 换成三极管，目的是扩大稳压电路的输出电流。我们知道，三极管的集电极电流 $I_C = \beta \times I_B$。其中，β 是三极管的直流放大系数，I_B 是三极管的基极电流，如现在要向负载提供 500mA 的电流，三极管的直流放大系数 $\beta=100$，那么电路只要给三极管的基极提供 5mA 的电流就行了。所以，这种稳压电路由于三极管的加入，实际上相当于将如图 4-46 所示的稳压电路输出电流扩充了 β 倍。另外，由于三极管的基极电压被稳压二极管钳位在标称稳压值上，因此这种稳压电路输出的电压是 $Q_o = U_D - 0.7V$。0.7V 是三极管的基极、发射极正偏压降。

由于三极管在电路中起电压调整作用，故被称为调整管。因它与负载 R_L 是串联连接的，故称这类电路为串联型稳压电路。由于调整管工作在线性区，故称这类电路为线性稳压电源。

稳压二极管 VD_Z 与电阻器 R 可组成硅稳压管稳压电路，给三极管基极提供一个稳定的电压，叫基准电压 U_Z。R 又是晶体管的偏流电阻，使晶体管工作于合适的工作状态，由电路可知，$U_o = U_i - U_{CE}$；$U_{BE} = U_B - U_E = U_Z - U_o$。

图 4-48 所示电路的稳压原理如下：当输入电压 U_i 增加或负载电流 I_L 减小，使输出电压 U_o 增大时，三极管的 U_{BE} 减小，从而使 I_B、I_C 都减小，使 U_o 基本不变。这一稳压过程可表示为：$U_i \uparrow$（或 $I_L \downarrow$）$\rightarrow U_o \uparrow \rightarrow U_{BE} \downarrow \rightarrow I_B \downarrow \rightarrow I_C \downarrow \rightarrow U_{CE} \uparrow \rightarrow U_o \downarrow$。

同理，当 U_i 减小或 I_L 增大，使 U_o 减小时，通过与上述相反的调整过程，也可维持 U_o 基本不变。

从放大电路的角度看，该稳压电路是一射极输出器（R_L 接于三极管的射极），其输出电压 U_o 是跟随输入电压 $U_B = U_Z$ 变化的，因 U_B 是一稳定值，故 U_o 也是稳定的，基本上不受 U_i 与 I_L 变化的影响。

从上面分析中可以看到，调整管就像是一个自动的可变电阻：当输出电压增大时，它的集电极与发射极之间的"阻值"就增大，分担了大出来的电压；当输出电压减小时，它的集电极与发射极之间的"阻值"就减小，补足了小下去的电压。无论是哪种情况，都使电路保持输出一个稳定的电压。

图 4-48 所示稳压电路由于直接用输出电压的微小变化量去控制调整管，控制作用较小，所以稳压效果不好。如果在电路中增加一级直流放大电路，把输出电压的微小变化加以放大，再去控制调整管，则其稳压性能便可大大提高。这就是带放大电路的串联型稳压电路，如图 4-49 所示。

具有放大电路的可调稳压电路由调整管、基准电压电路、取样电路和比较放大电路组成。

下面以如图 4-49（a）所示电路介绍带放大电路的串联型稳压电路的稳压原理：当电网电压波动（或负载电阻的变化）使输出电压 U_o 上升时，运算放大器反相输入端的取样电压 U_N 增大，由于稳压管的电压 U_Z 不变，运放的输入电压 $U_{NP}=U_N-U_P=U_N-U_Z$ 增大，使运算放大器输出端的输出电压减小（即调整管的基极电位降低），使调整管的集电极与发射极压降增大，从而调节输出电压 U_o（等于 U_i-U_{ce}）减小，得到稳定的输出电压。

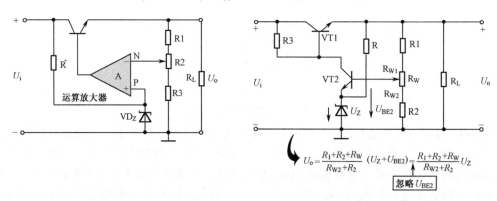

（a）运算放大器组成的可调稳压电路　　　　　（b）分立元器件组成的可调稳压电路

图 4-49　具有放大电路的可调稳压电路

当电位器 R2 的滑动端在最上端时，输出电压最小为 $U_{omin}=\dfrac{R_1+R_2+R_3}{R_2}U_Z$；当电位器 R2 的滑动端在最下端时，输出电压最大为 $U_{omax}=\dfrac{R_1+R_2+R_3}{R_2}U_Z$。若 $R_1=R_2=R_3=300\Omega$，$U_Z=6V$，则输出电压 $9V \leqslant U_o \leqslant 18V$。

图 4-50 是一款由分立元器件组成的串联型稳压电源电路图。

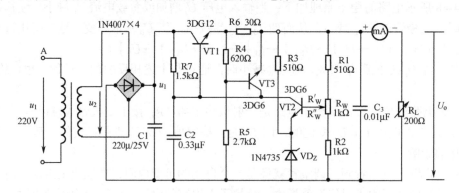

图 4-50　一款由分立元器件组成的串联型稳压电源电路图

图 4-50 是一个具有电压串联负反馈的闭环系统。其稳压过程如下：当电网电压波动或负载变动引起输出直流电压发生变化时，取样电路取出输出电压的一部分送入比较放大器，并与基准电压进行比较，产生的误差信号经 VT2 放大后送至调整管 VT1 的基极，使调整管改变其管压降，以补偿输出电压的变化，从而达到稳定输出电压的目的。

在稳压电路中，由于调整管与负载串联，因此流过它的电流与负载电流一样大。当输出电流过大或发生短路时，调整管会因电流过大或电压过高而损坏，所以需要对调整管加以保护。在如图 4-50 所示电路中，晶体管 VT3、R4、R5、R6 可组成减流型保护电路。在调试时，若保护提前作用，则应减小 R6 的值；若保护作用延迟后，则应增大 R6 的值。

输出电压 U_o 和输出电压调节范围 $U_o = \dfrac{R_1 + R_W + R_2}{R_2 + R_W''}(U_Z + U_{BE2})$，调节 R_W 的阻值，可以

改变输出电压 U_o。

4.6.4　双向触发二极管的应用

双向触发二极管通常应用在过压保护电路、移相电路、晶闸管触发电路、定时电路中。双向触发二极管在常用的调光灯中的应用电路如图 4-51 所示。

图 4-51 是利用双向触发二极管的负阻特性工作的。电容器 C1 和双向触发二极管 VD1 构成自激振荡器。220V 市电经电阻限流后给电容器 C1 充电，

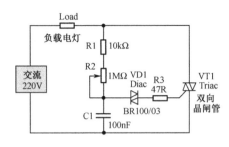

图 4-51　双向触发二极管在常用的调光灯中的应用电路

当 C1 上的电压达到双向触发二极管 VD1 的触发电压时，VD1 导通，双向晶闸管导通，使电灯点亮；VD1 导通后，就会对电容器 C1 上的电荷泄放，随后 VD1 又恢复截止。改变电阻器 R2 的阻值，可以改变 VD1 导通与截止的时间比，进而达到改变双向晶闸管 VT1 的导通角，从而达到调节灯光亮度的目的。

4.6.5　变容二极管的应用

变容二极管是根据普通二极管内部"PN 结"的结电容能随外加反向电压的变化而变化这一原理专门设计出来的一种特殊二极管。

通过施加反向电压，可以使变容二极管 PN 结的静电容量发生变化。因此，变容二极管通常应用在自动频率控制、扫描振荡、调频和调谐等电路中。

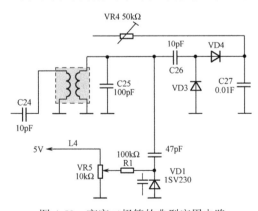

图 4-52　变容二极管的典型应用电路

变容二极管的典型应用电路如图 4-52 所示。

图中，VD1 是变容二极管。其等效电容量随着两极所加的反向电压的变化而变化，从而使振荡器及外围电路组成的谐振电路中心频率随之变化，达到改变谐振频率的目的。

变容二极管 VD1 工作时需要一定的直流反向偏压，直流偏置电压通过 VR5、R1 加到变容二极管的负端，形成变容二极管的直流通路。改变 VR5 的阻值即可改变加到变容二极管负极的电压值，从而达到改变变容二极管电容量的目的。

4.6.6　发光二极管的应用

发光二极管也具有单向导电性，广泛应用于各种电子电路、家电、仪表等设备中做电源指示或稳压作用。

普通单色发光二极管具有体积小、工作电压低、工作电流小、发光均匀稳定、响应速度快、寿命长等优点，可用各种直流、交流、脉冲等电源驱动点亮。它属于电流控制型半导体器件，使用时需串接合适的限流电阻。

> 由于发光二极管的颜色、尺寸、形状、发光强度及透明情况等不同，所以使用发光二极管时应根据实际需要进行适当选择。
>
> ⚠发光二极管工作电流一般为20mA，在工作点附近，发光二极管的I-V曲线十分陡峭，电压微小变化时对应的正向电流将明显变化：每当电压变化0.01V时，蓝、绿色发光二极管的正向电流I_F变化约为0.5mA，红、黄色发光二极管的电流变化约为1.0mA。

发光二极管的发光亮度随正向电流的变化而变化，当电流达到25mA以上时，发光强度基本上就不再随电流的增大而增大。

1. 发光二极管的基本应用电路

流过发光二极管几毫安的电流波动，即有可能对发光二极管的寿命和光衰减产生极大的影响，因此在设计时应着重考虑流过发光二极管的电流。

发光二极管的最基本应用电路如图4-53所示。

图中，RA为限流电阻，U_F为发光二极管的正向电压，I_F为正向电流，$I_F=(U_{DD}-U_F)/R_A$。

许多采用干电池供电的电路通常取消了限流电阻RA，使发光二极管直接工作在电池的输出电压下，靠电池内阻限流。而电池的内阻却与电池的容量、寿命、材料等有关，容量大的电池内阻也较小；新电池一般内阻较小，且随着使用时间的增加而加大。由于电池本身内阻的作用，其输出电压随电流的增大而下降，内阻较大的电池电压变化大。这种电路的优点为电路简单、成本低，缺点是电流变化大，发光二极管亮度变化也大，容易因过流烧毁发光二极管。

发光二极管通常作为负载与三极管的集电极相连接，基极信号控制发光二极管的亮、灭。三极管控制发光二极管的应用电路如图4-54所示。

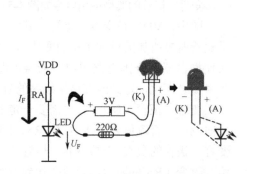 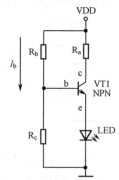

图4-53　发光二极管的最基本应用电路　　图4-54　三极管控制发光二极管的应用电路

图4-54所示的电路可用于电源显示，并兼做电源电压下降指示，如作为三极管的基极电压U_b的电压指示灯：$U_b=U_{be}+U_F=I_b×R_c=U_{dd}×R_c/(R_b+R_c)$。

2. 发光二极管的串/并联应用电路

发光二极管作为电路的负载经常需要几十个甚至上百个发光二极管组合在一起，构成发光组件。发光二极管负载的连接形式，直接关系到其可靠性和寿命。

发光二极管的串联应用电路，即将多个发光二极管的正极对负极连接成一串，如图 4-55 所示。

发光二极管串联连接方式的优点：通过每个发光二极管的工作电流一样，一般应串入一个限流电阻 R。

如图 4-55 所示的先串联后再并联的线路具有线路简单、亮度稳定、可靠性高，并且对器件的一致性要求较低的优点，即使个别发光二极管短路失效，也可以将其对整个发光组件的影响降到最小。例如，串联个数 N 为 8 的 GaAs 材料发光二极管，以正向电流 $I_F=20mA$ 为设计目标值，单个发光二极管的正向电压 $U_F=2.0V$，则 $U_D=8×U_F=16.0V$，$U_R=I_F×R=4.0V$，$U_{DD}=U_D+U_R=20.0V$。当单管的 U_F 离散性较大时，假设 $U_D=15.6～16.4V$，则对应 $U_R=4.4～3.6V$，通过计算可以得出 $I_F=22～18mA$，单个发光二极管的光强变化率可以控制在 10% 以内，基本上保持发光组件亮度均匀。当出现一个发光二极管短路时，$U_D=14V$，则 $U_R=6V$；$I_F=U_R/R=30mA$。实际上，由于单管短路造成 I_F 上升时，单管的 U_F 也会随 I_F 的增加而增加，U_D 应高于 14V，则 U_R 小于 6V，发光二极管的工作电流应小于 30mA。

这种连接形式的发光组件可靠性较高，并且对发光二极管的要求也较宽松，适用范围大，不需要特别挑选，整个发光组件的亮度也相对均匀，非常适合应用在工作环境因素变化较大的情况下。

发光二极管的并联应用电路，即将多个发光二极管的正极与正极、负极与负极连接在一起，如图 4-56 所示。

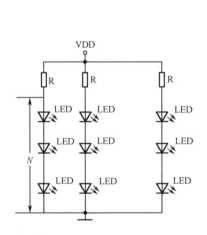

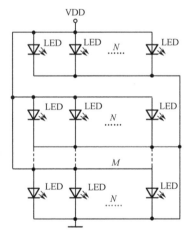

图 4-55　发光二极管的串联电路　　　　　　图 4-56　发光二极管的并联应用电路

发光二极管并联应用电路的特点是每个发光二极管的工作电压一样，总电流为 I_{FN}。为实现每个发光二极管的工作电流 I_F 一致，要求每个发光二极管的正向电压也要一致。但是，由于器件之间的特性总存在一定的差别，且发光二极管的正向电压 U_F 随温度的上升而下降，故不同发光二极管可能因为散热条件的差别引发工作电流的差别，散热条件较差的发光二极管，温升较大，正向电压 U_F 下降也较大，造成工作电流 I_F 上升，又加剧温升，如此循环可能导致发光二极管被烧毁。

由于发光二极管 U_F 的不稳定性，使多个发光二极管并联使用时，工作电流精度范围受到限制，因此，采用并联形式的发光二极管电路，在设计时，一定要考虑器件和环境差别等因素对电流的影响，设计时应留有一定的裕量，以保证其可靠性。

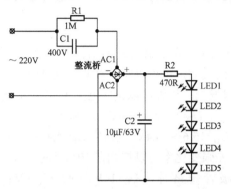

图 4-57 发光二极管在交流电压下的应用电路

3. 发光二极管在交流电压下的应用电路

发光二极管在交流电压下的应用电路主要是交流电源指示电路或者交流供电光源电路。

发光二极管在交流电压下的应用电路如图 4-57 所示。

图 4-57 所示的应用电路是发光二极管在交流电压下的典型应用电路。该电路是一种电容降压恒流电路，市电经过由 R1、C1 组成的 RC 并联电路限流，整流桥将交流电整流为脉动的直流电源，然后经 R2 限流后驱动发光二极管发光。

电容降压恒流电路的优点是成本低、结构简单。但是，在接通或断开电源开关时，会伴随着电容的充、放电产生瞬间的冲击电流。该冲击电流对发光二极管有损害，甚至可能导致发光二极管击穿。因此，设计电路时应考虑相应的保护措施，以延长发光二极管的使用寿命。

发光二极管在交流应用电路时的保护措施主要有稳压二极管保护和普通二极管保护两种，如图 4-58 所示。

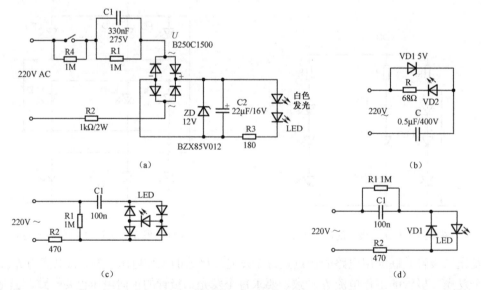

图 4-58 发光二极管交流应用电路保护措施

图 4-58（a）、图 4-58（b）所示的电路为采用稳压二极管做保护措施的应用电路，其中稳压二极管的稳压值要根据发光二极管的实际情况选择。

图 4-58（c）、图 4-58（d）所示的电路为采用普通二极管做保护措施的应用电路，二极管的作用是保证发光二极管不被过高的反向电压击穿，通常采用 1N4007 型普通二极管即可满足要求。

第5章

晶体三极管的识别/检测/选用

三极管（transistor）也称晶体管或者晶体三极管，是常用的半导体组件之一，具有放大和开关作用，是电子电路的核心组件。

三极管的三个引脚分别为发射极（emitter，E）、基极（base，B）和集电极（collector，C）。

5.1 三极管类型的识别

三极管按材料分有锗三极管、硅三极管等；按极性的不同，可分为 NPN 三极管和 PNP 三极管；按用途不同，可分为大功率三极管、小功率三极管、高频三极管、低频三极管；按用途的不同，可分为普通三极管、带阻三极管、带阻尼三极管、达林顿三极管等。下面分别介绍常用三极管的种类。

1. 塑封普通三极管

普通三极管是指在普通电路中起放大、开关作用的三极管。这类三极管在电路中应用数量最多，当然，也是最容易购买到的型号。

常用的贴片三极管有 SOT—23、SOT—89、SOT—223 等封装类型，常见的型号有 S1A（SMBT3904，NPN 三极管）、1AM（MMBT3904LT1，NPN 三极管）、K1N（MMBT3904—7，NPN 三极管）、W04（PMSS3904，NPN 三极管）、W2A（PMBT3906，PNP 三极管）等。常见的贴片三极管如图 5-1 所示。

贴片封装三极管在电路板中通常都标识有引脚功能

图 5-1　常见的贴片三极管

常用的有引脚的普通三极管有 2SC945（NPN）、2SA1015（PNP）、2SA733（PNP）、2N3904（NPN）、2N3906（PNP）、2SB772（PNP）、KTC319（NPN）、2N5551（NPN）。

常见的有引脚的塑封三极管如图 5-2 所示。

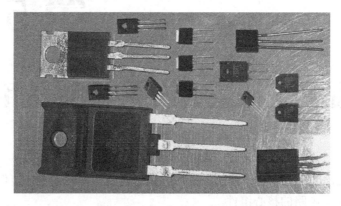

图 5-2 常见的有引脚的塑封三极管

对于普通三极管来说，一般情况下其体积越大，可以承受的 C-E 极电流也就越大，即额定功率越大。

2. 金属封装普通三极管

除了塑封三极管外，还有一部分三极管采用金属封装，这种三极管的外壳为金属，主要应用在高频（屏蔽）和大功率（便于散热）电路中。常见的金属封装三极管如图 5-3 所示。

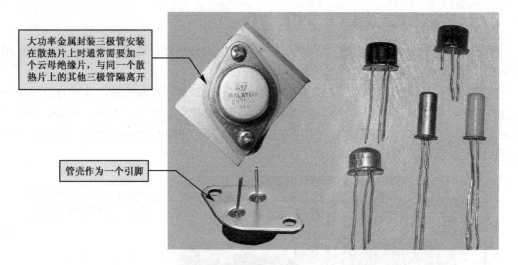

大功率金属封装三极管安装在散热片上时通常需要加一个云母绝缘片，与同一个散热片上的其他三极管隔离开

管壳作为一个引脚

图 5-3 常见的金属封装三极管

3. 带阻尼三极管

带阻尼三极管是将高反压大功率开关三极管与阻尼二极管、保护电阻封装为一体构成的特殊电子器件，主要用在彩色电视机或计算机显示器的行扫描电路中。

常见带阻尼三极管的内部结构电路和外形如图 5-4 所示。

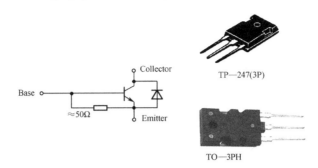

图 5-4　常见带阻尼三极管的内部结构电路和外形

4. 带阻三极管

带阻三极管（digital transistor）是将一只或两只电阻器与三极管连接后封装在一起构成的，通常在电路中作为反相器或倒相器，广泛应用在各类电子产品中。

常见带阻三极管的内部电路结构如图 5-5 所示。

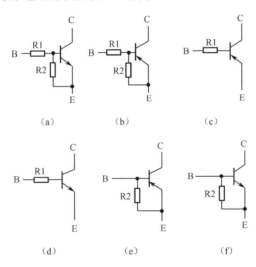

图 5-5　常见带阻三极管的内部电路结构

由于带阻三极管的基极串有电阻 R1，基极、发射极极间并有电阻 R2，有的系列 R_1/R_2 的电阻值也不同，因此用万用表检测时，不同型号的带阻三极管测量值也不同。一般 B-E、B-C、C-E 极间正、反向电阻值均比普通三极管要大得多。

> 由于带阻三极管通常应用在数字电路中，因此带阻三极管有时候又被称为数字三极管或数码晶体管。带阻三极管通常作为一个中速开关管，在电路中可看作一个电子开关，当其饱和导通时，管压降很小。

带阻三极管通常是将内部电阻 R1、R2 的值进行合理搭配后，与三极管的管芯封装成系列产品，使用户的电路设计简单化、标准化。常用带阻三极管系列产品的电阻 R_1/R_2 比率有 10k/10k、22k/22k、47k/47k、1k/10k、4.7k/10k、10k/47k、22k/47k、47k/22k 等（单位为Ω）。

还有些贴片封装的带阻三极管内部有两只带阻三极管，这种带阻三极管就要查看厂家技术资料来判断各引脚功能和内部的电路连接情况，如常见 XN1212 内部的电路构成如图 5-6 所示。

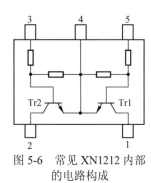

图 5-6　常见 XN1212 内部
的电路构成

带阻三极管内部电阻 R1、R2 值的大小对带阻三极管工作状态有较大的影响。R_1 越小，带阻三极管的饱和程度越深，I_C 越大，输出电压 U_{OL} 越低，抗干扰能力越强，但对开关速度有影响。R2 的作用是用来减小三极管截止时的集电极反向电流，并可减小整机的电源消耗。R2 的大小对带阻三极管截止时的集电极反向电流大小有影响。

带阻三极管通常采用片状塑封形式，主要产品有 TO−92、TO92S、SOT−23M 等几种。带阻三极管以小功率管为主，集电极最大允许电流 I_{CM} 大多为 100mA。部分带阻三极管的 I_{CM} 可达 700mA。带阻三极管外观上与普通三极管并无多大区别，要区分它们只能通过万用表测量或者查阅厂家技术资料。

带阻三极管具有较高的输入阻抗和低噪声性能，在电路中广泛作为电压放大元器件。常用的带阻三极管有 DTA 系列、DTB 系列、DTC 系列、DTD 系列、MRN 系列、RN 系列、UN 系列、KSR 系列、FA 系列、FN 系列、GN 系列、GA 系列、HC 系列、HD 系列、HQ 系列、HR 系列、GR 系列等多种。

5. 达林顿管

达林顿管（Darlington Transistor）也称复合晶体管，采用复合连接方式，将两只或更多只晶体管的集电极连在一起，而将第一只晶体管的发射极直接耦合到第二只晶体管的基极，依次级联而成，最后引出 E、B、C 三个电极。

达林顿管具有较大的电流放大系数及较高的输入阻抗，又分为普通达林顿管和大功率达林顿管。

普通达林顿管通常由两只晶体管或多只晶体管复合连接而成，内部不带保护电路，耗散功率在 2W 以下。普通达林顿管的内部电路结构如图 5-7 所示。

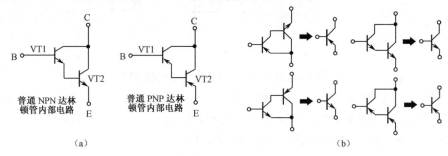

图 5-7　普通达林顿管的内部电路结构

普通达林顿管一般采用 TO−92 塑料封装，主要用于高增益放大电路或继电器驱动电路等。

达林顿管可以扩大电流的驱动能力，在实际应用中，通常采用两个三极管连接成达林顿管的形式来扩大电流的驱动能力。普通三极管连接成达林顿管主要有 4 种连接方式，如图 5-7（b）所示。不论哪种等效方式，等效后，晶体管的性能均遵循下列规律：$\beta \approx \beta_1 \times \beta_2$；晶体管的类型由复合管中的第一只管子决定。

大功率达林顿管在普通达林顿管的基础上增加由泄放电阻和续流二极管组成的保护电路。大功率达林顿管在 C-E 极之间反向并联一只过压保护二极管，当负载（如继电器线圈）突然断电时，可将反向电动势泄放掉，防止内部晶体管被击穿。大功率达林顿管稳定性较高，驱动电流更大。大功率达林顿管的内部电路结构如图 5-8 所示。

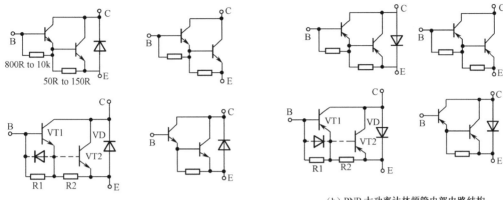

（a）NPN 大功率达林顿管内部电路结构　　　（b）PNP 大功率达林顿管内部电路结构

图 5-8　大功率达林顿管的内部电路结构

大功率达林顿管一般采用 TO—3 金属封装或采用 TO—126、TO—220、TO—3P 等塑料封装，主要用于音频功率放大、电源稳压、大电流驱动及开关控制等电路。

6. 差分对管

差分对管也称孪生对管或者一体化差分对管。它是把两只性能参数相同的三极管封装在一起构成的电子器件。差分对管能够以最简单的方式构成生能优良的差分放大器，一般用在音频放大器或仪器、仪表中作为差分输入放大管。

常用的差分对管型号有 2SA789、2SC1583、2SA979。常见差分对管的外形图如图 5-9 所示。

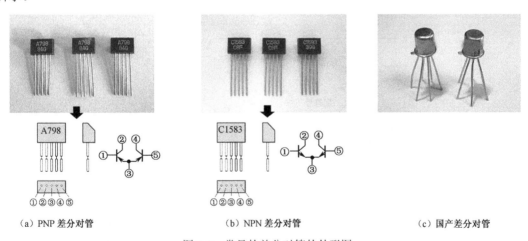

（a）PNP 差分对管　　　　　（b）NPN 差分对管　　　　　（c）国产差分对管

图 5-9　常见的差分对管的外形图

5.2　三极管的识别与检测

5.2.1　三极管外形与电路符号的识别

三极管在电路中常用字母 "V"、"VT" 加数字表示，如 VT5 表示编号为 5 的三极管。

贴片三极管有三个电极的，也有四个电极的。在四个电极的三极管中，比较大的一个引脚是三极管的输出端，另有两个引脚相通是发射极，余下的一个是基极。

一般的贴片三极管从顶端往下看有两边，上边只有一脚的为集电极，下边的两脚分别是基极和发射极，知道这些后，用万用表就不难区分了。当然是指三极管好的情况。如果三极管已经损坏，则还要结合偏置电路判定是 NPN 型还是 PNP 型。

常见的贴片三极管的外形图如图 5-10 所示。

图 5-10　常见的贴片三极管的外形图

根据结构不同，晶体管可分为 PNP 型和 NPN 型两类，在电路图形符号上，两种类型晶体管的发射极箭头（代表集电极电流的方向）不同。PNP 型晶体管的发射极箭头朝内，NPN 型晶体管的发射极箭头朝外，如图 5-11 所示。

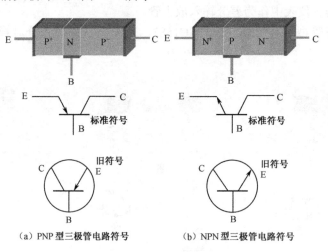

（a）PNP 型三极管电路符号　　　（b）NPN 型三极管电路符号

图 5-11　三极管电路图形符号

通过图 5-11 可以看出，发射极被特别标出，箭头所指的极为 N 型半导体，和二极管的符号一致。在没接外加偏压时，两个 PN 结面都会形成空区，将中性的 P 型区和 N 型区隔开。

带阻三极管目前尚无统一的标准符号，在不同厂家的电子产品中电路图形符号及文字符号的标注方法也不一样。日立、松下等公司的产品中常用字母"QR"来表示，东芝公司用字母"RN"来表示，飞利浦和日电（NEC）等公司用字母"Q"表示，还有的厂家用"IC"表示，国内电子产品中则通常使用普通三极管的文字符号，即用字母"V"或"VT"来表示。不同厂家电子产品中带阻三极管常用的电路图形符号见表 5-1。

表 5-1　不同厂家电子产品中带阻三极管常用的电路图形符号

公司 型号	松下、东芝	三洋、日电	夏普、飞利浦	日立	富丽
PNP 型					
NPN 型					

5.2.2　三极管型号的识别

　　三极管的型号通常都印在管子的表面。在有些塑料封装的三极管中，由于管面较小，为了打印方便，许多型号的三极管通常把通用的前缀去掉，而只打印后面的数字型号。如常用的 2SA、2SB、2SC、2SD 系列三极管，就常把前面的 2S 省略，即 C1518 就表示 2SC1518。

　　另外，有些日本产的塑料小功率晶体管，其型号后面标有"R"，说明其引脚排列与普通管子相反。

　　表面安装三极管的型号是采用数字或数字和字母混合的代码来表示的，不同公司生产的产品代码不一样。

　　在我们的国家标准中，三极管的命名规则见表 5-2。

表 5-2　国产半导体分立元器件命名规则

第 一 部 分		第 二 部 分		第 三 部 分				第 四 部 分	第 五 部 分
用数字表示器件电极的数目		用汉语拼音字母表示器件的材料和极性		用汉语拼音字母表示器件的类型				用数字表示器件序号	用汉语拼音表示规格的区别代号
符号	意义	符号	意义	符号	意义	符号	意义		
2	二极管	A	N 型，锗材料	P	普通管	D	$f_\alpha<3MHz$，$P_C\geq1W$		
		B	P 型，锗材料	V	微波管	A	高频大功率管（$f_\alpha\geq3MHz$，$P_C\geq1W$）		
		C	N 型，硅材料	W	稳压管	T	半导体晶闸管（晶闸管整流器）		
		D	P 型，硅材料	C	参量管	Y	体效应器件		

续表

第 一 部 分		第 二 部 分		第 三 部 分				第 四 部 分	第 五 部 分
3	三极管	A	PNP 型，锗材料	Z	整流管	B	雪崩管	用数字表示 器件序号	用汉语拼音 表示规格的 区别代号
		B	NPN 型，锗材料	L	整流堆	J	阶跃恢复管		
		C	PNP 型，硅材料	S	隧道管	CS	场效应器件		
		D	NPN 型，硅材料	N	阻尼管	BT	半导体特殊器件		
				U	光电器件	FH	复合管		
				K	开关管	PIN	PIN 型管		
				X	低频小功率管 ($f_\alpha<3MHz$， $P_C>1W$)	JG	激光器件		
				G	高频小功率管 ($f_\alpha\geq3MHz$， $P_C<1W$)				

例如，根据常用的 3AX81 三极管的型号可以知道该三极管为锗材料 PNP 型低频大功率三极管。

美国电子工业协会（EIA）规定的晶体管分立元器件型号的命名方法见表 5-3。

表 5-3 美国电子工业协会规定的晶体管分立元器件型号命名方法

第 一 部 分		第 二 部 分		第 三 部 分		第 四 部 分		第 五 部 分	
用符号表示用途的类型		用数字表示 PN 结的数目		美国电子工业协会 （EIA）注册标志		美国电子工业协会 （EIA）登记顺序号		用字母表示器件分挡	
符号	意义	符号	意义	符号	意义	符号	意义	符号	意义
JAN 或 J	军用品	1	二极管	N	该器件已在 美国电子工 业协会注册 登记	多 位 数 字	该器件在美国 电子工业协会 登记的顺序号	A B C D	同一型号的 不同挡别
		2	三极管						
无	非军用品	3	三个 PN 结器件						
		n	n个PN结 器件						

美国电子工业协会（EIA）规定的晶体管分立元器件型号的命名方法组成型号的第一部分是前缀，第五部分是后缀，中间的三部分为型号的基本部分。除去前缀以外，凡型号以 1N、2N 或 3N…开头的晶体管分立元器件，大都是美国制造的或按美国专利在其他国家制造的产品。第四部分数字只表示登记序号，不含其他意义。因此，序号相邻的两器件可能特性相差很大。例如，2N3464 为硅 NPN 型高频大功率管，而 2N3465 为 N 沟道场效应管。

例如，一个型号为 JAN2N2904 的器件就可以通过其型号知道它是一个 EIA 登记序号为 2904 的军用品三极管。

日本半导体分立元器件（包括晶体管）或其他国家按日本专利生产的器件，都是按日本工业标准（JIS）规定的命名方法（JIS—C—702）命名的。

日本半导体分立元器件的型号由五至七部分组成，通常只用到前五部分，前五部分符号及意义见表 5-4。

表 5-4　日本半导体分立元器件型号命名方法

第 一 部 分		第 二 部 分		第 三 部 分		第 四 部 分		第 五 部 分	
用数字表示类型或有效电极数		S 表示日本电子工业协会（EIA）的注册产品		字母表示器件的极性及类型		数字表示在日本电子工业协会登记的顺序号		用字母表示对原来型号的改进产品	
符号	意义	符号	意义	符号	意义	符号	意义	符号	意义
0	光电（即光敏）二极管、晶体管及其组合管	S	表示已在日本电子工业协会（EIA）注册登记的半导体分立元器件	A	PNP 型高频管	四位以上的数字	从 11 开始，表示在日本电子工业协会注册登记的顺序号，不同公司性能相同的器件可以使用同一顺序号，其数字越大，越是近期产品	A B C D E F	用字母表示对原来型号的改进产品
1	二极管			B	PNP 型低频管				
				C	NPN 型高频管				
2	三极管、具有两个以上 PN 结的其他晶体管			D	NPN 型低频管				
				F	P 控制极管闸管				
				G	N 控制极晶闸管				
3	具有四个有效电极或具有三个 PN 结的晶体管			H	N 基极单结晶体管				
				J	P 沟道场效应管				
				K	N 沟道场效应管				
n–1	具有 n 个有效电极或具有 n–1 个 PN 结的晶体管			M	双向晶闸管				

第六、七部分的符号及意义通常是各公司自行规定的。第六部分的符号表示特殊的用途及特性。其常用的符号有：

M——松下公司用来表示该器件符合日本防卫厅海上自卫队参谋部有关标准登记的产品。

N——松下公司用来表示该器件符合日本广播协会（NHK）有关标准的登记产品。

Z——松下公司用来表示专用通信用的可靠性高的器件。

H——日立公司用来表示专为通信用的可靠性高的器件。

K——日立公司用来表示专为通信用的塑料外壳的可靠性高的器件。

T——日立公司用来表示收发报机用的推荐产品。

G——东芝公司用来表示专为通信用的设备制造的器件。

S——三洋公司用来表示专为通信设备制造的器件。

第七部分的符号常被用来作为器件某个参数的分挡标志。例如，三菱公司常用 R、G、Y 等字母，日立公司常用 A、B、C、D 等字母，作为直流放大系数 h_{FE} 的分挡标志。

如型号 "2SD1427" 表示该器件为 NPN 型低频三极管。

日本半导体器件型号命名法中的第三部分既不表示材料，也不表示功率的大小。第四部分只表示在日本电子工业协会（EIA）注册登记的顺序号，并不反映器件的性能，顺序号相邻的两个器件的某一性能可能相差很远。例如，2SC2680 型的最大额定耗散功率为 200mW，而 2SC2681 的最大额定耗散功率为 100W。但是，登记顺序号能反映产品时间的先后。登记顺序号的数字越大，越是近期产品。第六、七两部分的符号和意义各公司不完全相同。

日本有些半导体分立元器件的外壳上标记的型号常采用简化标记的方法，即把 2S 省略。例如，2SD764 简化为 D764，2SC502A 简化为 C502A。

5.2.3 三极管引脚的识别

三极管引脚的排列位置依其品种、型号及功能等不同而异。要正确使用三极管，首先必须识别出三极管的各个电极。

国产中、小功率金属封装三极管通常在管壳上有一个小凸片，与该小凸片相邻最近的引脚即为发射极，如图 5-12 所示。

图 5-12 小功率金属封装三极管发射极标志

大功率金属封装的三极管，其管壳通常为集电极，另外的两个电极则为发射极和基极，在有些管子上还标出了另外两个电极以方便使用，如图 5-13 所示。

在一些塑料封装的三极管中，有时也会标出各引脚的名称，如图 5-14 所示。

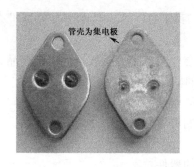
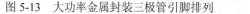

图 5-13 大功率金属封装三极管引脚排列　　　图 5-14 标出引脚名称的塑料封装的三极管

一般的贴片三极管从顶端往下看有两边，上边只有一脚的为集电极，下边的两脚分别是基极和发射极，知道这些后，用万用表就不难区分了，当然是指三极管好的情况。如果三极管已经损坏，还要结合偏置电路判定是 NPN 型还是 PNP 型。

贴片三极管有三个电极的，也有四个电极的。在四个电极的三极管中，顶端比较大的一个引脚是三极管集电极输出端，另有两个引脚分别是发射极，余下的一个是基极。

常用贴片三极管散热片所连接的引脚通常是集电极，下边的两脚分别是基极和发射极，引脚排列如图 5-15 所示。

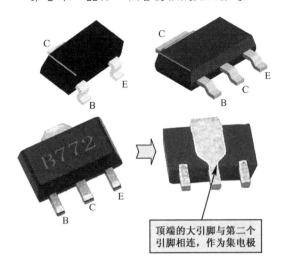

顶端的大引脚与第二个
引脚相连，作为集电极

图 5-15　4 引脚贴片三极管引脚排列示意图

5.2.4　三极管的测量

1. 用指针式万用表检测

用指针式万用表的 R×100 挡或 R×1k 挡分别测量三极管三个电极中每两个极之间的正、反向电阻值。当用一个表笔接某一电极，而另一个表笔先后接触另外两个电极均测得低阻值时，则第一支表笔所接的那个电极即为基极。这时，要注意万用表表笔的极性，如果红表笔接的是基极 B，黑表笔分别接在其他两极时，测得的阻值都较小，则可判定被测三极管为 PNP 型管；如果黑表笔接的是基极 B，红表笔分别接触其他两极时，测得的阻值较小，则被测三极管为 NPN 型管。

将指针式万用表置于 R×100 挡或 R×1k 挡，红表笔接基极 B（PNP 型三极管），用黑表笔分别接触另外两个引脚时，所测得的两个电阻值会是一个大一些，一个小一些。在阻值小的一次测量中，黑表笔所接引脚为集电极；在阻值较大的一次测量中，黑表笔所接引脚为发射极。

当用万用表 R×1k 挡测试时，硅管 PN 结的正向电阻值为 3～10kΩ，反向电阻值大于 500kΩ；锗管 PN 结的正向电阻值为 500～2000kΩ，反向电阻值大于 100kΩ。

倘若测试结果偏离甚远，就可以认为管子是坏的，如极间击穿，则正、反向电阻值均为零。若烧断，则均为无穷大。

2. 用数字式万用表检测

利用数字式万用表不仅能判定晶体管电极、测量管子的共发射极电流放大系数 h_{FE}，还可以鉴别硅管与锗管。由于数字式万用表电阻挡的测试电流很小，所以不适用于检测晶体管，应使用二极管挡或者 h_{FE} 挡进行测试。

将数字式万用表拨至二极管挡，红表笔固定任接某个引脚（假设三极管为 NPN 型），用黑表笔依次接触另外两个引脚，两次显示值均小于 1V 或都显示溢出符号"OL"或"1"，若是 PNP 型三极管，则红表笔所接的引脚就是基极 B。

如果在两次测试中，一次显示值小于 1V，另一次显示溢出符号"OL"或"1"（视不同的数字式万用表而定），则表明红表笔接的引脚不是基极 B，此时应改换其他引脚重新测量，直到找出基极 B 为止。

　　用红表笔接基极，用黑表笔先后接触其他两个引脚，如果显示屏上的数值都显示为 0.6～0.8V，则被测管属于硅 NPN 型中、小功率三极管。其中，显示数值较大的一次，黑表笔所接的电极为发射极。在如图 5-16 和图 5-17 所示的测试结果中，图 5-15 中黑表笔所接的电极即为发射极。

图 5-16　硅 NPN 型中、小功率　　　　图 5-17　硅 NPN 型中、小功率
　　　三极管测量结果示意图 1　　　　　　　　三极管测量结果示意图 2

　　如果显示屏上的数值都显示为 0.400～0.600V，则被测管属于硅 NPN 型大功率三极管。其中，显示数值较大的一次，黑表笔所接的电极为发射极，在如图 5-18 和图 5-19 所示的测试结果中，图 5-19 中黑表笔所接的电极即为发射极。用红表笔接基极，用黑表笔先后接触其他两个引脚，若两次都显示溢出符号"OL"或"1"（视不同的数字式万用表而定），则表明被测管属于硅 PNP 型三极管，此时数值大的那次，红表笔所接的电极为发射极。

图 5-18　硅 NPN 型大功率三　　　　图 5-19　硅 NPN 型大功率三
　　极管测量结果示意图 1　　　　　　　　极管测量结果示意图 2

　　在上述测量过程中，若显示屏上的显示数值都小于 0.4V，如图 5-20 所示，则被测管属于锗三极管。

　　h_{FE} 是三极管的直流电流放大系数。用数字式万用表可以方便地测出三极管的 h_{FE}。将数字式万用表置于 h_{FE} 挡，若被测管是 NPN 型管，则将管子的各个引脚插入 NPN 插孔相应的插座中，此时屏幕上就会显示出被测管的 h_{FE}，如图 5-21 所示。

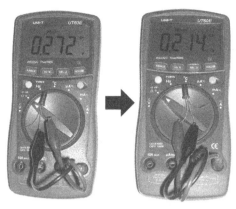

图 5-20　锗三极管测量结果示意图　　　　　　图 5-21　测量三极管 h_{FE} 结果示意图

5.3　三极管的主要参数

三极管的主要参数有电流放大系数、耗散功率、频率特性、集电极最大电流、最大反向电压及反向电流等。

1. 电流放大系数

电流放大系数也称电流放大倍数，用来表示三极管的放大能力。根据三极管工作状态的不同，电流放大系数又分为直流电流放大系数和交流电流放大系数。

直流电流放大系数也称静态电流放大系数或直流放大倍数，是指在静态无变化信号输入时，三极管集电极电流 I_C 与基极电流 I_B 的比值，一般用 h_{FE} 或 $\overline{\beta}$ 表示。

交流电流放大系数也称动态电流放大系数或交流放大倍数或共射交流电流放大系数，是指在交流状态下，三极管集电极电流变化量ΔI_C与基极电流变化量ΔI_B的比值，一般用 h_{FE} 或β表示。β是反映三极管放大能力的重要指标。由于工艺上的原因，即使同一批次生产的同型号的三极管，其β值也可能不同。

尽管 $\overline{\beta}$ 和β的含义不同，但在小信号下 $\overline{\beta} \approx \beta$，因此在计算时两者通常取值相同。

三极管的β范围很大，小的数十倍，大的几百倍甚至近千倍。在使用时，不同的电路需用不同β的三极管。然而，在工厂生产三极管的过程中，由于工艺上的原因，较难生产出同一批有相同β的管子。因此，必须对三极管检测后进行分类。目前通常都采用电脑自动检测，并在检测过的管子上做一个标志来指示β的大小，以方便用户选用。β的标注方式常用色标法和英文字母标注法两种。

色标法是用各种不同颜色的色点表示β的大小，通常色点涂在管子的顶面，如图 5-22 所示。国产小功率管色标颜色与对应的β见表 5-5。

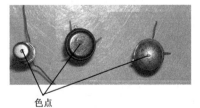

图 5-22　β色标法示意图

表 5-5　国产小功率管色标颜色与对应的β

色标颜色	棕	红	橙	黄	绿	蓝	紫	灰	白	黑	黑橙
β	5～15	15～25	25～40	40～55	55～80	80～120	120～180	180～270	270～400	400～600	600～1000

　　英文字母标注法即在管子型号后面用一个英文字母来代表 β 的大小。该字母随同型号一起打印，更适应现代大规模生产。小功率三极管用 A、B、C、…、I、M、L、K 十二个字母作为标志。例如，在如图 5-23 所示中，9013I 在型号后面印个 I 字，表示 β 在 180～350 之间。常见三极管 β 分挡标准见表 5-6。

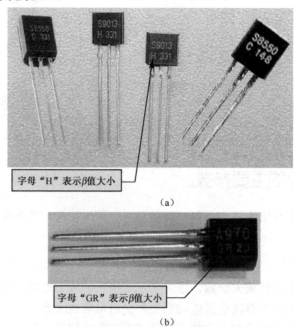

字母"H"表示 β 值大小

（a）

字母"GR"表示 β 值大小

（b）

图 5-23　β 英文字母标注法示意图

表 5-6　常见三极管 β 分挡标准

β 字母　型号	A	B	C	D	E	F	G	H	I	M	L	K
9011 9018	—	—	—	29～44	39～60	54～80	72～108	97～146	132～198	—	—	—
9012 9013	—	—	—	64～91	78～112	96～135	118、119	144～202	180～350	—	—	—
9014 9015	60～150	100～300	200～600	400～1000	—	—	—	—	—	—	—	—
8050 8550	—	85～160	120～200	160～300	—	—	—	—	—	—	—	—
5551 5401	82～160	150～240	200～395	—	—	—	—	—	—	—	—	—
BU406	30～45	35～85	75～125	115～200	—	—	—	—	—	—	—	—
2SC2500	140～240	200～330	300～450	420～600	—	—	—	—	—	—	—	—
BC546 BC547 BC548	110～220	200～450	420～800	—	—	—	—	—	—	—	—	—
2SC1674 2SC1730	—	—	—	—	—	—	—	—	40～80	60～120	90～180	—
SC458	—	100～180	180～250	250～500	—	—	—	—	—	—	—	—

另一种字母法采用颜色的英文名词的每一个字母跟在管子型号后面来表示 β 的大小。由于各种颜色英文词首字母在 26 个英文字母排列较靠后，故可与型号后缀表示对原型号改进产品的字母 A、B、C 相区别。例如，R 代表 Red（红色）、O 代表 Orange（橙色）、Y 代表 Yellow（黄色）等，共有红、橙、黄、……七挡标志。如图 5-22（b）所示，C945 后面的 O 表示 β 为 135～270。部分进口三极管的分挡标准见表 5-7。

表 5-7　部分进口三极管的分挡标准

β＼型号＼字母	R	O	Y	GR	BL	P	K
2SC1162 2SC1923 2SC1959 2SC2229 2SC2458 2SA1015	40～80	70～140	120～240	200～400	350～700	—	—
2SC945、2SA733	90～180	135～270	—	—	—	200～400	300～600
2SA1013	60～120	100～200	160～320	—	—	—	—

达林顿管的基本电路由两只 NPN 或 PNP 型晶体管构成。假定达林顿管由 N 只晶体管（VT1～VTn）组成，每只晶体管的放大系数分别为 h_{FE1}、h_{FE2}、…、h_{FEn}，则总放大系数约等于各管放大系数的乘积，即 $h_{FE} \approx h_{FE1} \cdot h_{FE2} \cdot \cdots \cdot h_{FEn}$。因此，达林顿管具有很高的放大系数，其值可以达到几千倍，甚至几十万倍。利用它不仅能构成高增益放大器，还能提高驱动能力，获得大电流输出，构成达林顿功率开关管。

2．耗散功率

耗散功率也称集电极最大允许耗散功率 P_{CM}，是指三极管参数变化不超过规定允许值时的最大集电极耗散功率。

耗散功率与三极管的最高允许结温和集电极最大电流有密切关系。管子工作时，U_{CE} 电压的大部分降在集电结上，因此集电极功率损耗 $P_C = U_{CE} \times I_C$，近似为集电结功耗。它将使集电结温度升高而使三极管发热致使管子损坏。使用三极管时，其实际功耗不允许超过 P_{CM}，否则会造成晶体管因过载而损坏。

通常将耗散功率 P_{CM} 小于 1W 的晶体管称为小功率晶体管；将 P_{CM} 等于或大于 1W、小于 10W 的晶体管称为中功率晶体管；将 P_{CM} 等于或大于 10W 的晶体管称为大功率晶体管。

3．频率特性

晶体管的电流放大系数与工作频率有关。若晶体管超过了工作频率范围，则会出现放大能力减弱甚至失去放大作用。

晶体管的频率特性参数主要包括特征频率 f_T 和最高振荡频率 f_M 等。

特征频率 f_T：晶体管的工作频率超过截止频率 f_β 或 f_α 时，其电流放大系数 β 将随着频率的升高而下降。特征频率是指 β 降为 1 时晶体管的工作频率。

最高振荡频率 f_M：最高振荡频率是指晶体管的功率增益降为 1 时所对应的频率。通常，高频晶体管的最高振荡频率低于共基极截止频率 f_α，而特征频率 f_T 则高于共基极截止频率 f_α、低于共集电极截止频率 f_β。

4. 集电极最大电流 I_{CM}

集电极最大电流是指三极管集电极所允许通过的最大电流。集电极电流 I_C 上升会导致三极管的 β 下降。当 β 下降到正常值的 2/3 时，集电极电流即为 I_{CM}。

当三极管的集电极电流 I_C 超过 I_{CM} 时，三极管的 β 等参数将发生明显变化，影响其正常工作，甚至还会损坏。

5. 最大反向电压

最大反向电压是指三极管在工作时所允许施加的最高工作电压。它包括集电极–发射极反向击穿电压、集电极–基极反向击穿电压及发射极–基极反向击穿电压。

集电极–发射极反向击穿电压是指当三极管的基极开路时，其集电极与发射极之间的最大允许反向电压，一般用 U_{CEO} 或 BV_{CEO} 表示。

集电极–基极反向击穿电压是指当三极管的发射极开路时，其集电极与基极之间的最大允许反向电压，用 U_{CBO} 或 BV_{CBO} 表示。

发射极–基极反向击穿电压是指当三极管的集电极开路时，其发射极与基极之间的最大允许反向电压，用 U_{EBO} 或 BV_{EBO} 表示。

几个击穿电压有如下关系，即 $U_{CBO} > U_{CEO} > U_{EBO}$。

6. 反向电流

晶体管的反向电流包括集电极–基极之间的反向电流 I_{CBO} 和集电极–发射极之间的反向击穿电流 I_{CEO}。反向电流影响管子的热稳定性，其值越小越好。一般小功率硅管的 I_{CBO} 在 $1\mu A$ 以下，而小功率锗管的反向电流则较大，一般在几毫安以下。

I_{CBO} 也称集电结反向漏电电流，是指当三极管的发射极开路时，集电极与基极之间的反向电流。I_{CBO} 对温度较敏感。该值越小，说明三极管的温度特性越好。

I_{CEO} 是指当三极管的基极开路时，其集电极与发射极之间的反向漏电电流，也称穿透电流。此电流值越小，说明晶体管的性能越好。$I_{CEO} = \beta I_B + I_{CBO}$。

三极管表面温度每升高 10℃，I_{CBO} 增大一倍；温度每升高 1℃，U_{BE} 减小 2～2.5mV；温度每升高 1℃，β 增大 0.5%～1%，最终使 I_C 随温度的升高而增大。

7. 三极管的封装形式

封装形式是三极管的外形参数，三极管的封装通常为 TOXXX，后缀 XXX 表示三极管的外形。常见三极管的外形与封装名称如图 5-24 所示。

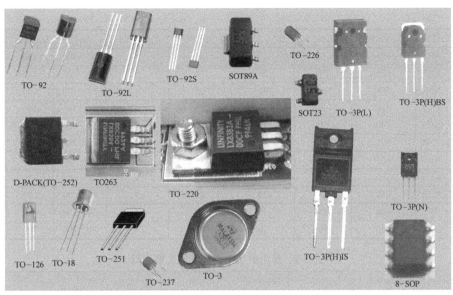

图 5-24　常见三极管的外形与封装名称

常用三极管的主要参数分别见表 5-8～表 5-14。

表 5-8　常用小功率三极管的主要参数

型　　号	极性	P_{CM}（mW）	I_C（mA）	U_{CBO}（V）	U_{CEO}（V）	U_{EBO}（V）	h_{FE}	f_T（MHz）	封装形式
2N3904	NPN	625	200	60	40	6	100～300	300	TO—92
2N3906	PNP	625	600	40	40	5	100～300	250	TO—92
2N4401	NPN	625	600	60	40	6	100～300	250	TO—92
2N4403	PNP	625	600	40	40	5	100～300	200	TO—92
2N5401	PNP	625	600	160	150	5	60～240	100	TO—92
2N5551	NPN	625	600	180	160	6	80～250	100	TO—92
2SA1015	PNP	400	150	50	50	5	70～400	80	TO—92
2SA2907A	PNP	300	600	60	60	5	100～300	200	TO—92S
2SA3906	PNP	300	200	40	40	5	100～300	250	TO—92S
2SA5401	PNP	300	600	160	150	5	60～240	100	TO—92S
2SA8550	PNP	300	700	25	20	5	60～300	150	TO—92S
2SA9012	PNP	300	500	40	20	5	60～300	—	TO—92S
2SA9015	PNP	300	100	50	45	5	60～600	100	TO—92S
2SA9018	NPN	300	50	30	15	5	30～200	700	TO—92S
2SC1815	NPN	400	150	30	50	5	70～700	80	TO—92
2SC3904	NPN	300	200	60	40	6	100～300	300	TO—92S
2SC5551	NPN	300	600	180	160	6	80～250	100	TO—92S
2SC8050	NPN	300	700	25	20	5	60～300	150	TO—92S
2SC9011	NPN	300	30	50	30	5	30～200	150	TO—92S
2SC9013	NPN	300	500	40	20	5	60～300	—	TO—92S
2SC9014	NPN	300	100	50	45	5	60～1000	150	TO—92S
2SC9016	NPN	300	25	30	20	4	30～200	400	TO—92S
BC548	NPN	500	100	30	30	5	200～600	200	TO—92
BC548B	NPN	500	100	30	30	5	200～450	200	TO—92
BC558	PNP	500	100	30	30	5	200～600	100	TO—92

续表

型　　号	极性	P_{CM}（mW）	I_C（mA）	U_{CBO}（V）	U_{CEO}（V）	U_{EBO}（V）	h_{FE}	f_T（MHz）	封装形式
E8050	NPN	625	700	25	20	5	60～300	150	TO—92
E8550	PNP	625	700	25	20	5	60～300	150	TO—92
S8050	NPN	1000	1500	40	25	6	85～300	100	TO—92
S8550	PNP	1000	1500	40	25	6	85～300	100	TO—92
S9011	NPN	400	30	50	30	5	30～200	150	TO—92
S9012	PNP	625	500	40	20	5	60～300	—	TO—92
S9013	NPN	625	500	40	20	5	60～300	—	TO—92
S9014	NPN	450	100	50	45	5	60～1000	150	TO—92
S9015	PNP	450	100	50	45	5	60～600	100	TO—92
S9016	NPN	400	25	30	20	4	30～200	400	TO—92
S9018	NPN	400	50	30	15	5	30～200	700	TO—92

表 5-9　常用中功率三极管的主要参数

型　　号	P_{CM}（mW）	I_C（mA）	U_{CBO}（V）	U_{CEO}（V）	U_{EBO}（V）	h_{FE}	封装形式
MJE13001	7	0.5	500	400	9	10～40	TO—92
MJE13001L	7	0.8	400	200	9	10～40	TO—92

表 5-10　常用大功率三极管的主要参数

型　　号	P_{CM}（mW）	I_C（mA）	U_{CBO}（V）	U_{CEO}（V）	U_{EBO}（V）	h_{FE}	f_T（MHz）	封装形式
BU406	60	7	400	200	6	41	8	TO—220
BU407	60	7	330	150	6	42	8	TO—220
BUT11A	75	5	1000	450	9	10～50	4	TO—220
MJE13002	20	1.0	600	400	9	10～40		TO—126
MJE13003	50	2.0	600	400	9	10～40		TO—220
MJE13003	40	2.0	600	400	9	10～40		TO—126
MJE13003	18	1.5	600	400	9	10～40	50	TO—92

表 5-11　常用带阻三极管的主要参数

型　号		封装形式								参　数			代换型号
PNP	NPN	R_1（kΩ）	R_2（kΩ）	VMT3	EMT3	UMT3	SMT3	SST3	MPT3	SPT	U_{CEO}（V）	I_C（mA）	h_{FE}	代换型号
					P_{CM}=150mW				P_{CM}=200mW		P_{CM}=0.5W	P_{CM}=300mW			
DTA123	DTC123	2.2	2.2	√	√	√	√	—		√	50	100	20	
DTA143	DTC143	4.7	4.7	√	√	√	√	—		√	50	100	20	PNP:2SA—1037AK　NPN:2SC2412K
DTA114	DTC114	10	10	√	√	√	√	√		√	50	50	30	
DTA124	DTC124	22	22	√	√	√	√	—		√	50	30	56	
DTA144	DTC144	47	47	√	√	√	√	—		√	50	30	68	
DTA115	DTC115	100	100	√	√	√	√	—		√	50	20	82	
DTB743	DTD743	4.7	4.7	√	√	—	—	—		—	30	200	120	—
DTB543	DTD543	4.7	4.7	√	√	—	—	—		—	12	500	120	PNP:2SA2018　NPN:2SC5585

续表

型号		R_1 (kΩ)	R_2 (kΩ)	封装形式							参数			代换型号
PNP	NPN			VMT3	EMT3	UMT3	SMT3	SST3	MPT3	SPT	U_{CEO} (V)	I_C (mA)	h_{FE}	
				P_{CM}=150mW			P_{CM}=200mW		P_{CM}=0.5W	P_{CM}=300mW				
DTB113	DTD113	1	1	—	—	—	√	—	—	√	50	500	33	PNP:2SA1036K
DTB123	DTD123	2.2	2.2	—	—	—	√	—	—	√	50	500	39	NPN:2SC2411K
DTA114T	DTC114T	10	无	√	√	√	√	—	—	√	50	100	100～600	
DTA124T	DTC124T	22	无	√	√	√	√	—	—	√	50	100	100～600	

表 5-12　ROHM（罗姆）公司贴片三极管标记及代表型号一览表

代码（或者代号）	代表型号	封装形式
02	DTC123TKA	SMT3
03	DTC143TE	EMT3
03	DTC143TUA	UMT3
03	DTC143TKA	SMT3
04	DTC114TE	EMT3
04	DTC114TUA	UMT3
04	DTC114TKA	SMT3
04	DTC114TCA	SST3
05	DTC124TE	EMT3
05	DTC124TUA	UMT3
05	DTC124TKA	SMT3
06	DTC144TE	EMT3
06	DTC144TUA	UMT3
06	DTC144TKA	SMT3
09	DTC115TUA	UMT3
09	DTC115TKA	SMT3
0A	DTC125TUA	UMT3
0A	DTC125TKA	SMT3
111	DTA113ZUA	UMT3
113	DTA143ZUA	UMT3
12	DTA123EE	EMT3
12	DTA123EUA	UMT3
12	DTA123EKA	SMT3
121	DTC113ZU	UMT3
123	DTC143ZUA	UMT3

代码（或者代号）	代 表 型 号	封 装 形 式
13	DTA143EE	EMT3
13	DTA143EUA	UMT3
13	DTA143EKA	SMT3
13	DTA143ECA	SST3
132	DTA123JUA	UMT3
14	DTA114EE	EMT3
14	DTA114EUA	UMT3
14	DTA114EKA	SMT3
14	DTA114ECA	SST3
142	DTC123JUA	UMT3
15	DTA124EE	EMT3
15	DTA124EUA	UMT3
15	DTA124ECA	SST3
156	DTA144VUA	UMT3
16	DTA144EE	EMT3
16	DTA144EUA	UMT3
16	DTA144EE	SMT3
166	DTC144VUA	UMT3
19	DTA115EE	EMT3
19	DTA115EUA	UMT3
19	DTA115EE	SMT3
1C	2SC4082	UMT3
1D	2SC4083	UMT3
22	DTC123EE	EMT3
22	DTC123EUA	UMT3
22	DTC123EE	SMT3
23	DTC143EE	EMT3
23	DTC143EUA	UMT3
23	DTC143EE	SMT3
24	DTC114EE	EMT3

表 5-13 PANASONIC（松下）公司贴片三极管标记及代表型号一览表

代码（或者代号）	代 表 型 号	封 装 形 式
0A	2SB970（X）	SC—59
0C	XP1D873	SC—88A
0C	XN1D873	SC—74A
0I	XP111D	SC—88A
0I	XN111D	SC—74A
0K	XP111E	SC—88A
0K	XN111E	SC—74A
0L	XP1117	SC—88A

续表

代码（或者代号）	代 表 型 号	封 装 形 式
0L	XN1117	SC—74A
0M	XP1118	SC—88A
0M	XN1118	SC—74A
1A	2SB779	SC—59
1A	2SA1538	SC—62
1B	2SC4114	SC—62
1C	2SB902	SC—59
1C	UN7231	SC—62
1D	2SD1328	SC—59
1E	2SD1328X	SC—59
1E	2SA1737	SC—62
1F	2SK321	SC—59
1F	2SC4543	SC—62
1H	2SK123	SC—59
1H	2SD2185	SC—62
1I	2SB1440	SC—62
1K	2SD2210	SC—62
1L	2SK247	SC—59
1L	2SB1537	SC—62
1M	2SJ84	SC—59
1M	2SD2357	SC—62
1N	2SK199	SC—59
1N	2SB1539	SC—62
1O	2SK662	SC—70
1O	2SD198	SC—59
1O	2SD2359	SC—62
1P	2SK158	SC—59
1R	2SB970	SC—59
1R	2SC4929	SC—62
1S	2SC4809	SC—75
1S	2SC3935	SC—70
1S	2SC3130	SC—59
1S	2SD2413	SC—62
1SF	2SC3130（F）	SC—59
1T	2SC3933	SC—70
1T	2SC3077	SC—59
1T	2SD2416	SC—62
1U	2SC3934	SC—70
1U	2SC3110	SC—59
1U	2SD1589	SC—62
1V	2SD1824	SC—70

续表

代码（或者代号）	代 表 型 号	封 装 形 式
1V	2SD1149	SC—59
1V	2SD2441	SC—62
1W	2SC2847	SC—59
1W	2SC5019	SC—62
1X	2SC4780	SC—70

表 5-14　常用贴片三极管代换型号

代码（或者代号）	代 表 型 号	封 装 形 式	可代换型号
1E	PMBTA43	SOT23	MPSA43
1E	BC847A	SOT23	BC547A
3E	BC857A	SOT23	BC557A
4E	BC860A	SOT23	BC560A
5E	BC808—16	SOT23	BC328—16
6E	BC818—16	SOT23	BC338—16
A1	BAW56	SOT23	BAW62
A2	BAT18	SOT23	BA243
A3	BAT17	SOT23	BA480/481
A4	BAV70	SOT23	BAW62
A5	BRY61	SOT23	BRY56
A51	BRY62	SOT23	BR101
A6	BAS16	SOT23	1N4148
A7	BAV99	SOT23	BAW62
A91	BAS17	SOT23	BA314
AA	BCW60A	SOT23	BC548A
AA	BCX51	SOT23	BC536
AB	BCW60B	SOT23	BC548B
AB	BCX52—10	SOT89	BC638—10
AC	BCW60C	SOT23	BC548B
AC	BCX51—10	SOT89	BC636—10
AD	BCW60D	SOT23	BC548C
AD	BCX51—16	SOT89	BC636—16
AE	BCX52	SOT89	BC638
AG	BCX70G	SOT23	BC547C
AH	BCX70H	SOT23	BC547B
AH	BCX53	SOT89	BC640
AJ	BCX70J	SOT23	BC547B
AK	BCX70K	SOT23	BC547C
AK	BCX53—10	SOT89	BC640—10
AL	BCX53—16	SOT89	BC640—16
AM	BCX52—16	SOT89	BC638—16

代码（或者代号）	代 表 型 号	封 装 形 式	可代换型号
AM	BSS64	SOT23	BSS38
AR1	BSR40	SOT89	BSX46—6
AR2	BSR41	SOT89	BSX46—16
AR3	BSR42	SOT89	BSX47—6
AR4	BSR43	SOT89	BSX47—10
AS1	BST50	SOT89	BDX42
AS2	BST51	SOT89	BDX43
AS3	BST52	SOT89	BDX44
AT1	BST39	SOT89	BF459
AT2	BST40	SOT89	BF419
B2	BSV52	SOT23	BF370
B26	BF570	SOT23	BF370
B5	BSR12	SOT23	2N2894A
BA	BCW61A	SOT23	BC558A
BA	BCX54	SOT89	BC635
BB	BCW61B	SOT23	BC558B
BC	BCW61C	SOT23	BC558B

在选择三极管时，应根据电路需要，使其特征频率高于电路工作频率的 3～10 倍，但不能太高，否则将引起高频振荡。

三极管的 β 应选择适中，一般选 30～200 为宜。β 太低，电路的放大能力差；β 过高，又可能使管子工作不稳定，造成电路的噪声增大。

选择三极管时，反向击穿电压 U_{CEO} 应大于电源电压。在常温下，集电极耗散功率 P_{CM} 应选择适中。如选小了，会因管子过热而烧毁；选大了，又会造成浪费。

在代换三极管时，新换三极管的极限参数应等于或大于原三极管；性能好的三极管可代替性能差的三极管；如 β 高的可代替 β 低的，穿透电流小的可代换穿透电流大的；在耗散功率允许的情况下，可用高频管代替低频管（如 3DG 型可代替 3DX 型）。

5.4　三极管的应用

5.4.1　三极管电路的连接形式

三极管（transistor）是近代电子电路的核心组件。其主要功能是做电流的开关，就如同控制水管中水流量的阀（valve）。三极管工作情况模拟示意图如图 5-25 所示。

简单地说，流进三极管基极的小电流，可以控制流过集电极–发射极的大电流，因此三极管是一种电流控制组件。与一般机械开关不同处在于三极管是利用电信

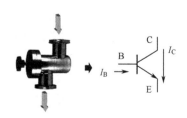

图 5-25　三极管工作情况模拟示意图

号来控制的，而且开关速度非常快，在实验室中的切换速度可达 100GHz 以上。

在一般的电子电路应用上，三极管是一个同时具有输入端（input port）与输出端（output port）的所谓双端组件（two-port device），这就有别于普通电阻器或二极管等仅有两只引脚的所谓单端口组件（single-port device）。通常，双端口组件的输入端和输出端各有两只引脚，故三极管在工作时必须有一只引脚给输入端和输出端共享。三极管在电路中的接法也以此来分类命名。除共享的引脚外，另两只引脚则分别用作输入端和输出端。

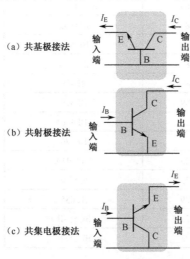

图 5-26　三极管的电路连接形式

若依排列组合，三极管的三只引脚均可用作公共端。每一种公共端有两种输入端和输出端的组合，故总共有 6 种接法。但在一般用法中，并不是每只引脚都可以用作输入端或输出端，如基极的电流太小，不适合当作输出端，而集电极并不与控制电流的发射极-基极相接，故不适合当作输入端。排除基极和集电极的限制，三种公共端各自只对应一种输出、输入端组合方式，因此最后只有三种常用接法，分别称为共基极（common-base）、共射极（common-emitter）及共集电极（common-collector）连接。它们的输入、输出端如图 5-26 所示（图中以 NPN 型三极管为例）。这三种接法的特性各异，有的有大的电压增益，有的有大的电流增益，各有用途，具体差异见下文介绍。

5.4.2　三极管的工作特性曲线

三极管的特性曲线是指各极电压与电流之间的关系曲线。它是三极管内部载流子运动的外部表现。从使用角度来看，外部特性显得更为重要。

由于三极管有三个电极，因此，它的伏安特性曲线比二极管更复杂一些。工程上常用到的是它的输入特性和输出特性。由于三极管的共射接法应用最广，故以 NPN 型三极管共射接法为例来分析三极管的特性曲线。

（1）输入特性曲线

当三极管的集电极-发射极电压 U_{CE} 不变时，输入回路中的电流 I_B 与集电极-发射极电压 U_{BE} 之间的关系曲线被称为输入特性。三极管的输入特性曲线如图 5-27 所示。

（2）输出特性曲线

当 I_B 不变时，输出回路中的电流 I_C 与集电极-发射极电压 U_{CE} 之间的关系曲线被称为输出特性曲线。固定一个 I_B，可得到一条输出特性曲线；改变 I_B，则可得到一族输出特性曲线。

硅 NPN 型三极管的输出特性曲线如图 5-28 所示。

通过图 5-28 可以知道，在输出特性曲线上可划分三个区，即放大区、截止区及饱和区。

① 放大区。当 $U_{CE}>1V$ 以后，三极管的集电极电流 $I_C=\beta\times I_B+I_{CEO}$，$I_C$ 与 I_B 成正比，与 U_{CE} 关系不大。所以，输出特性曲线几乎与横轴平行。当 I_B 一定时，I_C 基本不随 U_{CE} 变化，具有恒流特性。I_B 等量增加时，输出特性曲线等间隔地平行上移。这个区域的工作特点是发射结正向偏置，集电结反偏，$I_C\approx\beta\times I_B$。由于工作在这一区域的三极管具有放大作用，因而把该区域称为放大区或者线性区。

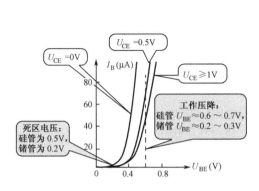

图 5-27　三极管的输入特性曲线

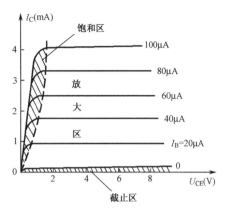

图 5-28　硅 NPN 型三极管的输出特性曲线

⚠**什么是 PN 结的偏置电压？**

PN 结的偏置电压简称偏压，指的是在 PN 结两端外加的电压。

P 区接电源正极、N 区接电源负极时被称为 PN 结正向偏置（简称正偏）。此时，PN 结处于正向导通状态。给 PN 结施加反向偏置电压，即 N 区接电源正极、P 区接电源负极，则称 PN 结反向偏置（简称反偏）。

三极管工作在放大区需要满足下列条件：发射结正偏（$U_{BE}>0V$，$U_B>U_E$），集电结反偏（$U_{BC}<0$，$U_B<U_C$），U_{BE} 电压大于 0.7 V（硅管）。基极电流 I_B 对集电极电流 I_C 有很强的控制作用，$I_C=\beta\times I_B$（此时三极管有放大能力）。从特性曲线上可以看出，在相同的 U_{CE} 条件下，I_B 有很小的变化量 ΔI_B，I_C 就有很大的变化量 ΔI_C。

② 截止区。当 $I_B=0$ 时，$I_C=I_{CEO}$，由于穿透电流 I_{CEO} 很小，输出特性曲线是一条几乎与横轴重合的直线。工作在截止区的三极管，其集电极与发射极相当于一个断开的开关。三极管工作在截止区需要满足下列条件：发射结、集电结均反偏（$U_{BE}\leq 0V$，$U_{BC}<0$，$I_B=0$，$I_C=0$，$U_C=U_{CC}$）。

③ 饱和区。当 $U_{CE}<U_{BE}$ 时，I_C 和 I_B 不成比例，随 U_{CE} 的增加而迅速上升。这一区域被称为饱和区。$U_{CE}=U_{BE}$ 被称为临界饱和。在饱和区时，三极管的集电极电流 I_C 不再服从 $I_C=\beta I_B$ 的规律。三极管在饱和状态时，其集电极和发射极之间相当于一个闭合开关，集电极与发射极之间的压降约为一个 PN 结压降（硅管为 0.7V，锗管为 0.3V）。

三极管工作在饱和区需要满足下列条件：发射结正偏（$U_{BE}>0V$，$U_B>U_E$），集电结反偏（$U_{BC}>0$，$U_B>U_C$），基极电位高于发射极、集电极电位。

综上所述，对于 NPN 型三极管，工作于放大区时，$U_C>U_B>U_E$；工作于截止区时，$U_C>U_E>U+$；工作于饱和区时，$U_B>U_C>U_E$。

对于 NPN 型硅三极管，当 $U_{BE}<0.5V$ 时，管子截止，即 $i_B=0$，$i_C=0$；当 $U_{BE}\approx 0.7V$ 且 $U_{CE}=U_{CES}=0.3V$ 时（$U_C<U_B$ 或 $i_B>I_{BS}$，$I_{BS}=I_{BS}/\beta=(U_C-U_{CES})/(R_c\times\beta)$，管子处于饱和状态，当 $U_{BE}\approx 0.7V$ 且 $U_{CE}>0.3V$ 时（$U_C>U_B$）或 $i_B<I_{BS}$，管子处于放大状态，$i_C=\beta i_B$。管子的放大区多应用于模拟电路，截止区及饱和区多应用于数字电路。由于三极管的工作曲线可以分为三个区，因此三极管就有下面的三种工作状态。

【截止状态】

当加在三极管发射结的电压小于 PN 结的导通电压时，基极电流为零，集电极电流和发射极电流都为零，此时三极管失去了电流放大作用，集电极和发射极之间相当于一只断开的开关，则称三极管处于截止状态。

【放大状态】

当加在三极管发射结的电压大于 PN 结的导通电压，并处于某一个恰当的值时，三极管的发射结正向偏置，集电结反向偏置，这时基极电流对集电极电流起着控制作用，使三极管具有电流放大作用，其电流放大倍数 $\beta=\Delta I_c/\Delta I_b$，这时三极管处放大状态。

【饱和导通状态】

当加在三极管发射结的电压大于 PN 结的导通电压，并当基极电流增大到一定程度时，三极管的发射结和集电极的电压都处于正常偏置状态，集电极电流不再随着基极电流的增大而增大，而是处于某一定值附近不怎么变化，这时三极管失去电流放大作用，集电极与发射极之间的电压很小，集电极和发射极之间相当于开关的导通状态。三极管的这种状态被称为饱和导通状态。

5.4.3 三极管放大电路

1. 三极管基本放大电路

三极管具有电流放大作用。其实质是三极管能以基极电流微小的变化量来控制集电极电流较大的变化量。这是三极管最基本的和最重要的特性。电流放大倍数对于某一只三极管来说是一个定值，但随着三极管工作时基极电流的变化也会有一定的改变。

放大器的功能，基本上就是要将输入端小的电信号（可以是电压、电流或功率）放大成输出端大的电信号（可以是电压、电流或功率）。这里要特别说明一下，输出信号的能量来源是提供偏压的直流电源，而非三极管产生的。事实上，三极管本身在工作时也会消耗功率。下面就以三极管共射极接法为例，简单说明如何利用三极管来做放大器或开关。

三极管最主要的功能是放大电流信号，当基极到发射极之间有微量电流导通时，会触发集电极到发射极之间的大电流。图 5-29（a）是采用三极管的一个简单放大电路。

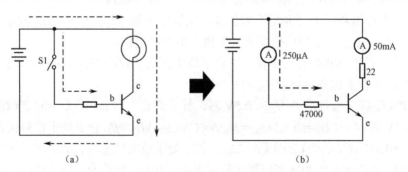

（a）　　　　　　　　　　　　（b）

图 5-29　采用三极管的一个简单放大电路

在图 5-29（a）中，当 S1 为开路时没有任何电流流过三极管，灯泡不亮；若 S1 关闭时，由于串联大电阻的关系，故仅有微小电流流经电阻并进入基极中，这使得三极管被触发，在集电极产生大电流并流过灯泡，使灯泡发亮。晶体管放大电流效果通常以"电流增益比值"（current gain）来表示，计算方法为 $h_{fe} = \dfrac{I_c}{I_b} = \dfrac{\text{集电极电流}}{\text{基极电流}}$。

在图 5-29（b）中，利用安培计测量出基极电流和集电极电流的大小分别为 50mA 和 250μA，则可以计算出三极管的增益比值为 $h_e = \dfrac{0.05}{0.00025} = 200$。

2．三极管放大电路连接形式

放大器是一种三端电路，其中必有一端是输入和输出的共同"地"端。如果这个共"地"端接于发射极，则称其为共发射极放大电路；接于集电极，则称其为共集电极放大电路；接于基极，则称其为共基极放大电路。下面分别介绍这几种电路连接形式的特点。

（1）共发射极放大电路

共发射极放大电路如图 5-30 所示。

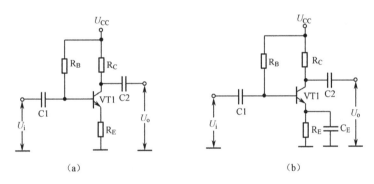

（a）　　　　　　　　　　　　　　　（b）

图 5-30　共发射极放大电路

图 5-30（a）是共发射极放大电路的典型应用电路。其输入信号是由三极管的基极与发射极两端输入的，再由三极管的集电极与发射极两端获得输出信号。因为发射极是共同接地端，所以称为共发射极放大电路。

一般常用的共发射极放大电路均会在射极电阻 R_E 旁并联一个旁路电容器 C_E，如图 5-30（b）所示。电容器在直流情况下几乎呈现开路，所以发射极电阻有稳定直流工作点的作用；在交流情况下，电容器几乎呈现短路，可以提高电压增益，所以通常在射极电阻旁并联一个旁路电容器。

共发射极放大电路具有以下特性：

① 输入信号与输出信号反相；

② 电压增益高；

③ 电流增益高；

④ 功率增益最高（与共集电极、共基极比较）；

⑤ 适用于电压放大与功率放大电路。

（2）共集电极放大电路

共集电极放大电路的典型应用电路如图 5-31 所示。

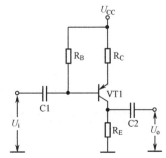

图 5-31　共集电极放大电路的典型
应用电路

在共集电极放大电路中，输入信号是由三极管的基极与集电极两端输入的，再由三极管的发射极与集电极两端获得输出信号。因为集电极是共同接地端，所以称为共集电极放大电路。

共集电极放大电路具有以下特性：

① 输入信号与输出信号同相；

② 电压增益低（≤1）；

③ 电流增益高（$1+\beta$）；

④ 功率增益低；

⑤ 适用于电流放大和阻抗匹配电路。

共集电极放大电路的输出电压与输入电压近似相等，电压未被放大，但是电流放大了，即输出功率被放大了。

> 由于共集电极放大电路输入、输出信号同相，输出电压跟随输入电压，故又称电压跟随器或者射极跟随器（Emitter Follower）。

共集电极放大电路的特点是输出、输入特性佳（输入阻抗大，输出阻抗小），但是电压增益却大约只有一倍。基于这种特性，共集电极放大电路并不适合用来放大电压信号。它最大的用途是用作缓冲电路。将共集电极放大电路接在一个电路系统的输入端之前作为输入级，或接在输出端之后作为输出级，可以使整个系统有高输入阻抗或低输出阻抗，提高系统性能。

（3）共基极放大电路

共基极放大电路的典型应用电路如图5-32所示。

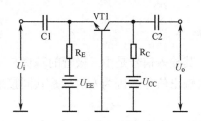

图5-32 共基极放大电路的典型应用电路

在共基极放大电路中，输入信号是由三极管的发射极与基极两端输入的，再由三极管的集电极与基极两端获得输出信号。因为基极是共同接地端，所以称为共基极放大电路。

共基极放大电路具有以下特性：

① 输入信号与输出信号同相；

② 电压增益最高；

③ 电流增益低（≤1）；

④ 功率增益高；

⑤ 适用于高频电路。

共基极放大电路的输入阻抗很小，会使输入信号严重衰减，不适合作为电压放大器。但它的频宽很大，因此通常用来做宽频或高频放大器。在某些场合，共基极放大电路也可以作为"电流缓冲器"（Current Buffer）使用。

3. 三极管放大电路的工作点与偏压电路

三极管要实现放大作用必须满足的外部条件：发射结加正向电压，集电结加反向电压，即发射结正偏，集电结反偏，如图5-33所示。

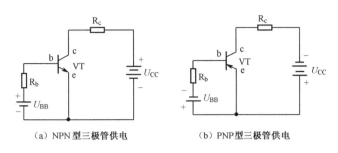

（a）NPN 型三极管供电　　　　（b）PNP 型三极管供电

图 5-33　三极管放大状态供电电路

图中，VT 为三极管；U_{CC} 为集电极电源电压；U_{BB} 为基极电源电压，两类管子外部电路所接电源极性正好相反；R_b 为基极电阻；R_c 为集电极电阻。若以发射极电压为参考电压，则三极管发射结正偏，集电结反偏，这个外部条件也可用电压关系来表示：对于 NPN 型三极管，$U_C > U_B > U_E$；对于 PNP 型三极管，$U_E > U_B > U_C$。

⚠三极管必须有适当的直流偏压才能担任放大的工作，而且此直流偏压的设计原则就是必须使输入信号能在输出端获得一个放大且不失真的信号。三极管的工作点是由三极管电路中的直流偏压来决定的。所谓工作点，就是指当没有输入交流信号时，三极管的直流电压与电流值。

当没有信号输入到放大电路时，放大电路中各处的电压、电流是不变的直流，这时称电路的状态为直流状态或静止工作状态，简称静态。静态时，三极管具有固定的基极电流、偏压、集电极电流和集电极电压，称为直流工作点或静态工作点。

当输入交流信号后（注意：控制信号通常是直流控制电压），电路中各处的电压、电流是变动的，这时电路处于交流状态或动态工作状态，放大电路中各处的电压、电流是随输入信号的变化而变化的。

对于共发射电极放大电路，当放大电路无信号输入时，三极管电路各处的电压、电流不变；当有输入信号进入，且在信号的正半周时，信号电压叠加在基极电压上，基极电压上升，基极电流上升，使三极管的集电极电流以一定的倍数增长。集电极电流的增大使集电极电阻上的电压降增大，导致集电极电压下降。当信号处于负半周时，信号电压使基极电压下降，基极电流下降，使三极管的集电极电流也急剧下降。集电极电流的减小使集电极电阻上的电压降减小，导致集电极电压增大。由于集电极电流的变化量比基极电流的变化量大，所以集电极电压的变化量也比基极电压的变化量大，从而使基极信号被放大后输出。

在进行三极管放大电路分析时，要注意三极管的偏压（硅材料三极管的基极偏压在 0.65V 左右，锗材料三极管的基极偏压在 0.2V 左右）。而集电极电压通常接近相应的电源电压。通过测量这些电压，就基本上可以判断三极管是否能比较正常地工作。

一般而言，三极管的工作点均利用三极管输出特性曲线来描绘。图 5-34 是三极管的输出

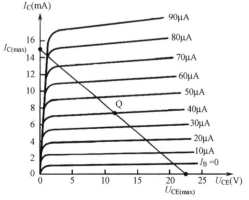

图 5-34　三极管的输出特性曲线

特性曲线。

在图 5-34 中，直流负载线是由 $I_{C(max)}$ 和 $U_{CE(max)}$ 两点来决定的，而此直流负载线与电流 I_B 的交会点被称为静态偏压点（Quiescent Point），简称为工作点 Q（Q-point）。

对一个放大电路而言，要求输出波形的失真应尽可能小。但是，如果静态值设置不当，即静态工作点位置不合适，则将出现严重的非线性失真。静态工作点对输出波形失真的影响示意图如图 5-35 所示。

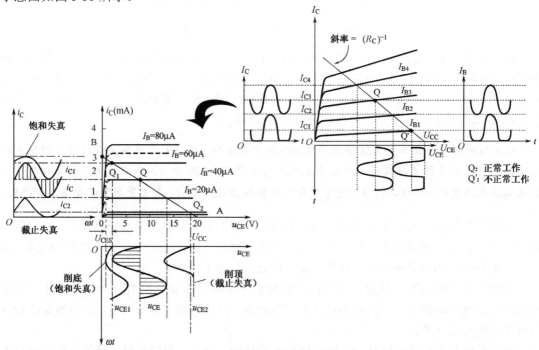

图 5-35 静态工作点对输出波形失真的影响示意图

在图 5-35 中，设正常情况下静态工作点位于 Q 点，可以得到失真很小的 i_C 和 u_{CE} 波形。当调节基极的偏置电压，使静态工作点设置在 Q_1 点或 Q_2 点时，输出波形将产生严重的失真。

静态工作点设置在 Q_1 点时，虽然 i_B 正常，但 i_C 的正半周和 u_{CE} 的负半周出现失真。这种失真是由于 Q 点过高，使其动态工作进入饱和区而引起的失真，因而被称为"饱和失真"。

当静态工作点设置在 Q_2 点时，i_B 严重失真，使 i_C 的负半周和 u_{CE} 的正半周进入截止区，从而造成失真，因此被称为"截止失真"。饱和失真和截止失真都是由于三极管工作在特性曲线的非线性区所引起的，因而被称为非线性失真。适当调整电路参数使 Q 点合适，则可降低非线性失真的程度。

三极管在放大状态时，微小的 U_{BE} 变动能够产生巨大的 I_C 变动（并且是线性放大），这也就是它可以做放大器的原因。三极管最常应用的电路类型就是放大电路。

⚠️什么是零点漂移？

零点漂移是放大电路静态工作点随时间而逐渐偏离原有静态值的现象。产生零点漂移的主要原因是温度的影响，所以有时也用温度漂移或时间漂移来表示。

通过前面的介绍已经知道，三极管放大电路要有适当的偏压点才能使输出波形不会失真。但放大电路的工作点若因某些原因而偏离原来设计的位置时，输出的波形就可能发生失真，以至于失去了放大的作用。为了避免这种情况发生，通常会将工作点放在中央的位置，使得三极管正常的工作范围较大，不会因工作点小小的变动而发生失真现象。同时，在设计电路时，一定要设法让三极管工作点的变动量最小，以提高电路的稳定性。这就需要供给三极管适当的电压，使三极管的工作点（Q）稳定保持在放大区，即可作为理想的线性放大器。这就是偏压（Bias）的目的。反之，若提供不适当的偏压，则会引起输出信号发生失真的现象。下面介绍几种典型的偏压电路及其特性。

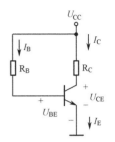

图 5-36　固定偏压电路

（1）固定偏压电路

固定偏压电路如图 5-36 所示。

在图 5-36 中，直流电源电压 U_{CC} 经电阻 R_B 降压，取得偏压 U_{BE}。对于这样的电路，当 U_{CC} 固定不变时，电流 I_B 也基本不变 [因为 $I_B = (U_{CC} - U_{BE})/R_B$，且当三极管导通时，$U_{BE}$ 大约为 0.7V]，所以称这样的电路为固定偏压电路。

因为 $U_{CC} = U_{RB} + U_{BE}$，所以 $U_{BE} = U_{CC} - U_{RB} = U_{CC} - R_B I_B$，又 $U_{CC} = I_C R_C + U_{CE}$，所以 $U_{CE} = U_{CC} - R_C I_C = U_{CC} - \beta R_C I_B$。

集电极电流 $I_C = \beta \cdot I_B$（因为在作用区），集、射电压 $U_{CE} = U_{CC} - I_C R_C$，在放大区的条件就是 $I_C \approx \dfrac{U_{CC} - U_{CEQ}}{R_C}$，因此 Q 点的选择要使 $U_{CEQ} = \dfrac{1}{2} U_{CC}$。

由上式可知，不同的 β 会造成 I_C 及 U_{CE} 的改变，因此晶体管的工作点 Q 也会跟着改变。也就是说，只要是不同的晶体管，则工作点就会跟着不同，那这样的电路稳定度就很差。固定偏压电路是最基本的三极管偏压形式，其电路结构最简单，缺点是温度稳定性不佳，因为集电极电流会随着 β 与 I_{CBO} 的改变而变化，所以输出电压 U_{CE} 也会随之改变，同时当温度发生变化时，集电极电流也会随之改变，同样也会改变输出电压，使三极管的偏压工作点变得很不稳定。

（2）集电极反馈式偏压电路

集电极反馈式偏压电路又名自生偏压电路或者集电极－基极负反馈偏压电路。集电极反馈式偏压电路如图 5-37 所示。

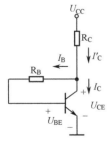

图 5-37　集电极反馈式偏压电路

集电极反馈式偏压电路将由集电极－发射极间的电压 U_{CE} 经基极偏压电阻 R_B 降压，取得偏压 U_{BE} 和偏压电流 I_B。基极偏压 $U_{BE} = U_{CE} - U_{RB} = U_{CE} - R_B I_B$，偏压电流 $I_B = \dfrac{U_{CE} - U_{BE}}{R_B} \approx$

$\dfrac{U_{CC} - I_C R_C - U_{BE}}{R_B}$，集电极电流 $I_C' \approx I_C = \beta \cdot I_B$，集－射电压 $U_{CE} \approx U_{CC} - I_C R_C$。

集电极反馈式偏压电路在三极管的基极－集电极间并联一个电阻 R_B 来稳定工作点，当温度上升时，集电极电流增加，集电极电压也随之减少，使得三极管 U_{BE} 下降，所以基极电流减少，集电极电流也随之减少，如此便能抑制集电极电流继续上升，获得一个稳定的工作点。

集电极反馈式偏压电路受 β 及温度的影响较小，因为当 I_C 随着 β 的变大或温度上升而增加时，U_{CE} 会随之下降，使 I_B 降低，进而减小 I_C 的增加量，以维持偏压稳定；像这种将输出端（I_C）的变化反馈到输入端（U_{BE}）以抑制输出端的电压变动的偏压电路又被称为电压反馈式偏压电路。这种电路比固定偏压电路稳定度要高。

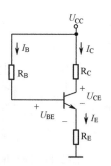

图 5-38 发射极反馈式偏压电路

（3）发射极反馈式偏压电路

发射极反馈式偏压电路如图 5-38 所示。

发射极反馈式偏压电路是最常见的一种偏压电路，基极偏压 U_{BE} 是由直流电压源 U_{CC} 经分压电阻 R_B 及射极电阻 R_E 的降压而取得的。

发射极串联的电阻 R_E 可以改善固定式偏压电路工作点的不稳定。当温度上升时，集电极电流增加，相对地发射极电流随之增加，发射极电压也随之增加，使得晶体管 U_{BE} 下降，所以基极电流减小，集电极电流也随之减小，如此便能抑制集电极电流继续上升，获得一个稳定的工作点，因此这种电路又称为电流反馈偏压电路。

发射极反馈式偏压电路的基极电流 $I_B = \dfrac{U_{CC} - U_{BE}}{R_B + (1+\beta)R_E} \approx \dfrac{U_{CC}}{R_B + \beta R_E}$、集电极电流 $I_C = \beta \cdot I_B \approx I_E$，集—射电压 $U_{CE} \approx U_{CC} - I_C\left(R_C + R_E\right)$。

发射极反馈式偏压电路受 β 及温度的影响较小。因为当 IC 随着 β 的变大或温度上升而增加时，迫使 U_{BE} 下降，进而减小 I_C 的增加量，以维持偏压稳定。

（4）混合型偏压电路

若在集电极反馈式偏压电路中再加入 R_E，则电路就成为集电极反馈式偏压电路及发射极反馈式偏压电路的混合体。它能产生双重回授的作用，使得偏压电路更为稳定。称这种电路为混合型偏压电路。

混合型偏压电路如图 5-39 所示。

（5）分压式偏压电路

分压式偏压电路如图 5-40 所示。

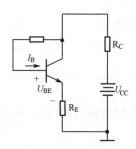

图 5-39 混合型偏压电路

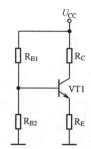

图 5-40 分压式偏压电路

在分压式偏置电路中，电源通过电阻 R_{B1}、R_{B2} 分压，给三极管 VT1 的发射极提供合适的正向偏置电压，又给基极提供一个合适的基极电流。基极回路电阻既与电源配合，使电路有合适的基极电流，又保证在输入信号作用下，基极电流能做相应的变化。若基极分压电阻 $R_{B1}=0$，则基极电压恒定，等于电源电压，基极电流不会发生变化，电路就没有放大作用。由 R_{B1} 与 R_{B2} 构成一个固定的分压电路，达到稳定放大器工作点的作用。在电路中，R_{B1} 被称为上偏置电阻，R_{B2} 被称为下偏置电阻。

电源通过集电极电阻 R_C 给集电极加上反向偏压，使三极管工作在放大区（只有当三极管的集电极处于反向偏置，发射极处于正向偏置时，三极管才能工作在放大区），同时电源也给输出信号提供能量。集电极电阻 R_C 的作用是把放大了的集电极电流的变化转化为集电极电压的变化，然后输出（实际上，就是把三极管的电流放大转化为电压放大，从而使三极管放大电路具有电压放大能力）。若集电极电阻 $R_C=0$，则输出电压恒定，等于电源电压，电路也将失去电压放大作用。

在分压式偏压电路中，三极管 VT1 的基极电流 $U_B = \dfrac{R_2}{R_1 + R_2} \cdot U_{CC}$，集电极电流 $I_E = U_E / R_E \approx I_C$，发射极电压 $U_E = U_B - U_{BE} \approx U_B (U_B \gg U_{BE})$，集电极电压 $U_C = U_{CC} - I_C R_C$，集–射电压 $U_{CE} = U_C - U_E$，电路增益 $S = \dfrac{1+\beta}{1+\beta R_C / (R_C + R_B)}$ $R_B = R_{B1} // R_{B2}$。

分压式偏压电路是一个完全与三极管 β 无关的电路，此电路不但能提高电路的稳定性，而且在更换三极管后，电路仍能继续正常工作。

4. 三极管放大电路工作原理分析

三极管放大电路的典型实用电路如图 5-41 所示。

图 5-41 中，晶体三极管采用 NPN 型硅管，具有电流放大作用，使 $I_C=\beta I_B$。基极电阻 R_{b1}、R_{b2} 被称为偏流电阻。它们可构成分压式偏压电路，使发射结正偏，并提供适当的静态工作点 I_B 和 U_{BE}，使三极管工作在放大区。

电阻 R_C 可以为集电极提供电源，为电路提供能量，并保证集电结反偏。另外，R_C 还可以将变化的电流转变为变化的电压。

电容 C1 和 C2 分别为输入与输出隔直电容，又称耦合电容。C1、C2 使放大器与前后级电路互

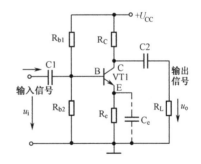

图 5-41　三极管放大电路的典型实用电路

不影响，同时又起交流耦合作用，让交流信号顺利通过。C1、C2 起到一个"隔直通交"的作用。它把信号源与放大电路之间，放大电路与负载之间的直流隔开。在如图 5-41 所示电路中，C1 左边、C2 右边只有交流而无直流，中间部分为交、直流共存。耦合电容一般采用电解电容器，容量通常为 $0.1 \sim 100\mu F$。在使用时，应注意它的极性与加在它两端的工作电压极性相一致，正极接高电位，负极接低电位。

R_L 为集电极负载电阻。当三极管的集电极电流受基极电流控制而发生变化时，流过负载电阻的电流会在集电极电阻 R_C 上产生电压变化，从而引起 U_{CE} 的变化。这个变化的电压就是输出电压 U_o。假设 $R_C=0$，则 $U_{CE}=U_{CC}$。当 I_C 变化时，U_{CE} 无法变化，因而就没有交流电压传送给负载 R_L。

为避免交流信号电压在发射极电阻 R_e 上产生压降，造成放大电路电压放大倍数下降，常

在 R_e 的两端并联一个电容（C_e）。只要 C_e 的容量足够大，对交流分量就可视作短路。C_e 被称为发射极交流旁路电容。

在如图 5-41 所示电路中，当 $U_i=0$ 时，放大电路中没有交流成分，称为静态工作状态。这时耦合电容 C1、C2 视为开路。其中基极电流 I_B、集电极电流 I_C 及集电极—发射极间电压 U_{CE} 只有直流成分，无交流输出，此时的基极电流、集电极电流、集电极—发射极间电压用 I_{BQ}、I_{CQ}、U_{CEQ} 表示。它们在三极管特性曲线上所确定的点被称为静态工作点，用 Q 表示，如图 5-42 所示。

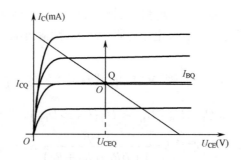

图 5-42　三极管放大电路静态工作点 Q 示意图

输入端加上正弦交流信号电压 U_i 时，放大电路的工作状态为动态。这时电路中既有直流成分，也有交流成分，各极的电流和电压都是在静态值的基础上再叠加交流分量。

对一个放大电路的分析不外乎两个方面：第一，确定静态工作点，求解 I_{BQ}、I_{CQ}、U_{CEQ}；第二，计算放大电路在有信号输入时的放大倍数及输入阻抗、输出阻抗等。

在三极管放大电路中，若只有一个三极管，则该电路被称为单级放大电路或者单管放大电路。为了提高放大倍数，提高驱动能力，三极管放大电路通常由多个三极管组成多级放大电路。

多级放大电路也是由多个单管放大电路串联而成的，这些单管放大电路之间的信号传输称为信号耦合。信号耦合主要有阻容耦合、直接耦合及变压器耦合三种类型，如图 5-43 所示。

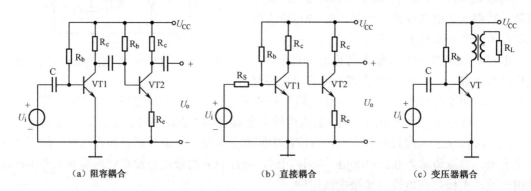

（a）阻容耦合　　　　　　　　（b）直接耦合　　　　　　　　（c）变压器耦合

图 5-43　多级放大电路耦合电路

不同的耦合电路具有不同的优、缺点：

① 阻容耦合电路可以抑制温漂，但是低频特性差，不易集成化；

② 直接耦合电路的低频特性好，易集成化，但是温漂严重；

③ 变压器耦合电路可以抑制温漂，阻抗匹配性能好，不过低频特性差，不易集成化。

如何判断一个放大器的特性呢？在分析放大器的优劣或功能时，通常从以下几个特性着手。

（1）增益

通常我们所需要的是电压信号的线性放大，而三极管却是一个非线性的电流放大器件，因此只有在信号很小时，才能让三极管放大器进行近似线性放大。而放大的倍率，就被称为"增益"（gain）。

（2）频率响应

所谓"频率响应"，是指一个电路的输出对输入信号的比值（即增益）与相位差随频率变化的情形。对于一般放大器增益的频率响应，经常在频率过高或者频率太低的部分有严重的衰减。

（3）输出及输入阻抗

通常，放大器不会只有单独一级，而是有好几级串联而成，因此每一级的输出及输入阻抗都会对下一级的输入或前一级的输出造成相当程度的影响。

⚠什么是高 3dB 频率 f_H 与低 3dB 频率 f_L？

在测量放大器的频率响应时，有两个频率特别重要：高 3dB 频率 f_H 与低 3dB 频率 f_L。所谓"3dB 频率"，是指"使放大器的增益衰减到原来 $1/\sqrt{2}$ 倍"（约 0.7 倍）时的频率。将频率由中频开始，分别调高、调低，各可以找到一个符合这个条件的频率：f_H 和 f_L，而 $f_H - f_L$ 就被称为"频宽"（Band Width）。必须注意的是，这个" $1/\sqrt{2}$ 倍"，是与中频增益（也就是最大增益）进行比较，因此在测量 f_H、f_L 之前必须先找出放大器的最大增益才行。

5.4.4　三极管开关电路

在实际电路中，除了使用三极管放大电路之外，还经常用到三极管的开关电路。三极管开关电路在电路中通常用作电子开关。工作在开关状态下的三极管处于两种状态，即饱和（导通）状态和截止状态。

三极管在饱和与截止两种状态转换过程中具有的特性称为三极管的动态特性。三极管与二极管一样，内部也存在着电荷的建立与消失过程。因此，饱和与截止两种状态也需要一定的时间才能完成。

为了对三极管的瞬态过程进行定量描述，通常引入以下几个参数来表征。

延迟时间 t_d：从 $+U_{B2}$ 加入到集电极电流 i_c 上升到 $0.1I_{cs}$ 所需的时间。当三极管处于截止状态时，发射极反偏，空间电荷区比较宽。当输入信号 u_i 由 $-U_1$ 跳变到 $+U_2$ 时，由于发射结空间电荷区仍保持在截止时的宽度，故发射区的电子还不能立即穿过发射结到达基区。这时，发射区的电子进入空间电荷区，使空间电荷区变窄，然后发射区开始向基区发射电子，晶体管开始导通。

上升时间 t_r：i_c 从 $0.1I_{cs}$ 上升到 $0.9I_{cs}$ 所需的时间。发射区不断向基区注入电子，电子在基区积累，并向集电区扩散，形成集电极电流 i_c。随着基区电子浓度的增加，i_c 不断增大。

存储时间 t_s：从输入信号降到 $-U_{B2}$ 到 i_c 降到 $0.9I_{cs}$ 所需的时间。经过上升时间后，集电极电流继续增加到 I_{cs}，这时由于进入了饱和状态，集电极收集电子的能力减弱，过剩的电子在基区不断积累起来，称为超量存储电荷，同时集电区靠近边界处也积累起一定的空穴，集电结处于正向偏置。

当输入电压 u_i 由$+U_2$跳变到$-U_1$时，上述的存储电荷不能立即消失，而是在反向电压作用下产生漂移运动而形成反向基极电流，促使超量存储电荷泄放。在存储电荷完全消失前，集电极电流维持 I_{cs} 不变，直至存储电荷全部消散，晶体管才开始退出饱和状态，i_c 开始下降。

下降时间 t_f：i_c 从 $0.9I_{cs}$ 下降到 $0.1I_{cs}$ 所需的时间。在基区存储的多余电荷全部消失后，基区中的电子在反向电压的作用下越来越少，集电极电流 i_c 也不断减小，并逐渐接近于 0。

上述四个参数被称为三极管的开关时间参数。它们都以集电极电流 i_c 变化为基准。

通常把 $t_{on}=t_d+t_r$ 称为开通时间，它反映了三极管从截止到饱和所需的时间；把 $t_{off}=t_s+t_f$ 称为关闭时间，它反映了三极管从饱和到截止所需的时间。

开通时间和关闭时间总称为开关时间。它随管子的类型不同而有很大差别，一般在几十纳秒至几百纳秒的范围，可以从器件手册中查到。

以 NPN 型三极管来说，当三极管的基极有一个高电平（一个远远大于三极管 PN 结偏置电压的电压）时，则三极管饱和导通。这时，三极管集电极与发射极之间的电阻很小，发射极电压基本上等于集电极电压，就像开关闭合一样；当三极管的基极有一个低电平（一个远远低于三极管 PN 结偏置电压的电压）时，三极管截止。这时，三极管集电极与发射极之间的电阻很大，集电极电压近似等于电源电压，发射极电压近似等于 0V。三极管的截止和导通状态工作示意图如图 5-44 所示。

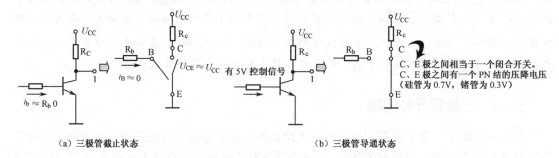

（a）三极管截止状态　　　　　　　　　（b）三极管导通状态

图 5-44　三极管的截止和导通状态工作示意图

共发射极放大电路只要稍经修改便可用作开关。图 5-45 即为一个采用三极管控制灯泡亮、灭的开关电路。

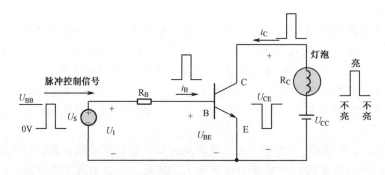

图 5-45　采用三极管控制灯泡亮、灭的开关电路

图 5-45 中，控制信号为一个脉冲信号，脉冲的高度为 U_{BB}（大于 0.7V）。当脉冲信号的高度 U_I 为 0V 时，$i_B=0$，三极管工作在截止区，同时 $i_C=0$，没有电流流过灯泡，灯泡不亮。这时 $U_{CE}=U_{CC}$（灯泡两端的压降为 0）。

当脉冲信号的高度 U_I 变为 U_{BB} 时，$i_B=(U_{BB}-0.7V)/R_B$。i_B 决定后，即决定了三极管的输出曲线，再由 U_{CC} 和 R_C 所决定的输出负载线，Q 点便可求出，通过灯泡的电流 i_C 也就知道了。这时三极管的偏压可能在放大区也可能在饱和区，无论如何，灯泡中总有电流流过，所以灯泡是亮的。只要 U_I 在 $0\sim U_{BB}$ 之间切换，就可以控制灯泡亮或不亮。

三极管开关和二极管开关一样，都存在开关惰性。三极管在做开关运用时，三极管饱和及截止两种状态不是瞬时完成的，这是因为三极管内部存在着电荷的建立和消散过程。

通常把三极管由截止→饱和的基极电流 i_{b1} 称为正向驱动电流；把三极管由饱和→截止的基极电流 i_{b2} 称为反向驱散电流。

为了保证三极管开关电路可靠地工作，就需要基极驱动电流 i_{b1} 很大，加速三极管由截止向饱和转变，缩短上升时间 t_r，减少延迟时间，提高工作速度。i_{b1} 增加带来 t_d、t_r 减小，同时也会使 t_s 增加。这就要求驱动电流不是常数，而是前大后小：前大可以加速导通，后小不过分饱和。

为加速三极管由饱和向截止状态转变，也需要基极驱散电流 i_{b2} 很大，同样 i_{b2} 增加会带来 t_f 的减小，同时也会使 t_d 增加。即三极管截止时，反偏电压越大，转向正偏时间越长。因此，就要求驱动电流也不是常数，而是前大后小：前大快速截止，后小不过分截止。

这样一个前大后小的基极驱动电流很难选取，因此通常会在三极管基极电阻上并联一个电容器，利用电容 C 上的电压不能突变的特性来实现加速作用，这个电容就叫做加速电容，如图 5-46 所示。

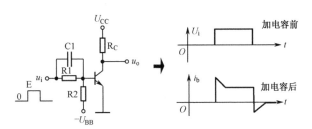

图 5-46　三极管开关电路中的加速电容

三极管集电极和发射极之间的电流随基极电流的变化而变化，相当于集电极和发射极之间的内阻随着基极电流的变化而变化。当基极电流越大时，三极管的集电极-发射极之间的电阻越小，反之越大。因此，可以利用三极管的这种特性设计出各种变化量需要控制的自动控制电路。

图 5-47 是采用三极管控制的灯泡亮度自动控制电路。

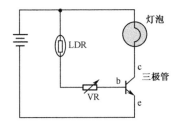

图 5-47　采用三极管控制的灯泡亮度自动控制电路

在如图 5-47 所示电路中，当光线越弱（天越暗）时，光敏电阻器阻值越小，三极管的基极电流越大，灯泡亮度越高；反之，灯泡亮度越小，直至熄灭。

通过光敏电阻器把光线明暗变化转换成电阻值变化，因为电阻值的改变会影响流经基极电流的大小，因此就可控制灯光的亮度（开与关）。由于光敏电阻器的电阻值未必刚好是所需的电阻值，所以需要串联一个修正电阻。一般使用可变电阻器进行微调与修正工作。

同样的原理也可以设计出温控开关，只要将光敏电阻器换成热敏电阻器，将灯泡换成电热丝即可。热敏电阻器能感应外界温度并变化阻值，与光控电路原理完全相同。

第6章

场效应管/晶闸管/绝缘栅双极晶体管的识别/检测/选用

6.1 场效应管的识别/检测/选用

场效应管是场效应晶体管（Field Effect Transistor，FET）的简称。它属于电压控制型半导体器件，具有输入电阻高（$10^7 \sim 10^9 \Omega$）、噪声小、功耗低、没有二次击穿现象、安全工作区域宽、受温度和辐射影响小等优点，特别适用于要求高灵敏度和低噪声的电路，现已成为普通晶体管的强大竞争者。

普通晶体管（三极管）是一种电流控制元件，工作时，多数载流子和少数载流子都参与运行，所以被称为双极型晶体管；而场效应管（FET）是一种电压控制器件（改变其栅源电压就可以改变其漏极电流），工作时，只有一种载流子参与导电，因此它是单极型晶体管。

场效应管和三极管一样都能实现信号的控制和放大，但由于它们的构造和工作原理截然不同，所以二者的差别很大。在某些特殊应用方面，场效应管优于三极管，是三极管无法替代的。三极管与场效应管的区别见表6-1。

表6-1　三极管与场效应管的区别

项目 \ 器件	三　极　管	场　效　应　管
导电机构	既用多子，又用少子	只用多子
导电方式	载流子浓度扩散及电场漂移	电场漂移
控制方式	电流控制	电压控制
类型	PNP、NPN	P沟道、N沟道
放大参数	$\beta = 50 \sim 100$ 或更大	$G_m = 1 \sim 6ms$
输入电阻	$10^2 \sim 10^4 \Omega$	$10^7 \sim 10^{15} \Omega$
抗辐射能力	差	在宇宙射线辐射下，仍能正常工作
噪声	较大	小
热稳定性	差	好
制造工艺	较复杂	简单，成本低，便于集成化
应用电路	C极与E极一般不可倒置使用	有的型号D、S极可倒置使用

场效应管是电压控制元件，而三极管是电流控制元件。在只允许从信号源取较少电流的情况下，应选用场效应管。而在信号电压较低，又允许从信号源取较多电流的条件下，应选用三极管。

场效应管靠多子导电，管中运动的只是一种极性的载流子；三极管既用多子，又用少子。由于多子浓度不易受外因的影响，因此在环境变化较强烈的场合，采用场效应管比较合适。

场效应管的输入电阻高，适用于高输入电阻的场合。场效应管的噪声系数小，适用于低噪声放大器的前置级。

与普通三极管一样，场效应管也有三个引脚，分别是门极（栅极）、源极、漏极。场效应管可看作一只普通三极管，栅极（闸极）G 对应基极 B，漏极 D 对应集电极 C，源极 S 对应发射极 E（N 沟道对应 NPN 型晶体管，P 沟道对应 PNP 晶体管）。

目前应用最为广泛的是绝缘栅型场效应管，简称 MOS 管或 MOSFET（Metal Oxide Semiconductor FET，金属—氧化物—半导体场效应管）。下面将侧重介绍绝缘栅型场效应管的相关识别与测量方法。

6.1.1 场效应管的识别

1. 小功率场效应管

常用的小功率场效应管主要有 TO—92、SOT—23、SOT—223 等封装形式，TO—92 为有引脚的封装形式。这种形式的场效应管与常见 2S9013 三极管的外形相同。SOT—23、SOT—223 封装为贴片封装。

采用 TO—92 封装的场效应管型号常用的有 2N7002、BSP254、BS170、1N60A 等。这种场效应管主要用在小功率放大、电子开关电路中。

采用 TO—92 封装的场效应管的实物图如图 6-1 所示。

采用 SOT—23 封装的场效应管通常用代码来表示相应的型号，如代码 K1N 或 K72 或 K7A 或 K7B 代表的型号都是 2N7002（N 沟道），代码 335 表示的型号是 FDN335N（N 沟道）。这种场效应管主要用在放大、电子开关电路中。采用 SOT—23 封装的场效应管实物图如图 6-2 所示。

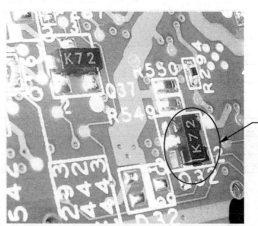

图 6-1　采用 TO—92 封装的场效应管的实物图　　　图 6-2　采用 SOT—23 封装的场效应管实物图

采用 SOT—223 封装的场效应管有 BSP100、P3055LL 等型号，主要用在中、小功率稳压电路和开关控制电路中。采用 SOT—223 封装的场效应管实物图如图 6-3 所示。

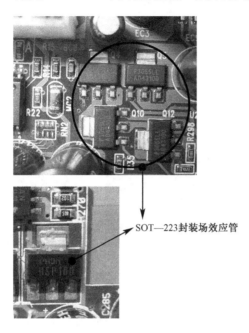

SOT—223 封装场效应管

图 6-3 采用 SOT—223 封装的场效应管实物图

2. 大功率场效应管

常用的大功率场效应管主要有 TO—220、TO—251、TO—252、TO—263 等封装形式。

采用 TO—220 封装的大功率场效应管主要有 7N60、2SK3878 等型号，主要应用在开关电源电路、功率放大电路中。采用 TO—220 封装的大功率场效应管实物图如图 6-4 所示。

TO—220 封装的场效应管

图 6-4 采用 TO—220 封装的大功率场效应管实物图

采用 TO—251 封装的场效应管有 K3365（N 沟道）、APM3055（N 沟道）等型号，主要应用在中功率供电电路中。采用 TO—251 封装的场效应管实物图如图 6-5 所示。

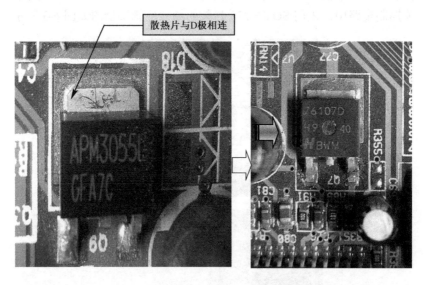

图 6-5　采用 TO—251 封装的场效应管实物图

采用 TO—252(TO—263)封装的场效应管有 HUF76121D3S、60N03、50N03、45N03、FDB6030、CEB703AL、CEB603AL、RF1S45N03LSM、RFD3055SM、BUZ102SL、PHD96NQ03LT、PHD98N03LT、PHD9NQ20T、FDB6670、K3296、32N03 等型号，主要应用在大功率供电电路和功率放大电路中。采用 TO—252(TO—263)封装的大功率场效应管实物图如图 6-6 所示。

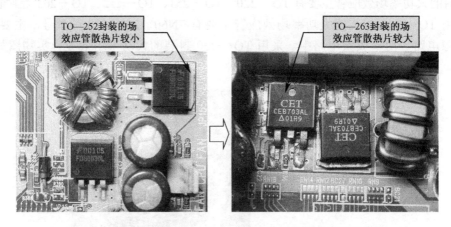

图 6-6　采用 TO—252(TO—263)封装的大功率场效应管实物图

3. 多引脚封装场效应管

很多新型电路采用超过三个引脚的多引脚封装场效应管，最常见的就是采用 SO—8 封装的场效应管。

采用 SO—8 封装场效应管的内部有 1 只或者两只场效应管，内含两个场效应管的通常称为双场效应管。常用双场效应管的型号有 A1760、FDS8936、SI9936、NDS9956A、FDS9926A、FDS6912、FDS6900、FDS6912A、FDS6982、FDS6930A、TPC8007 等，主要用在大功率稳压供电电路中。

采用 SO—8 封装的场效应管实物图如图 6-7 所示。

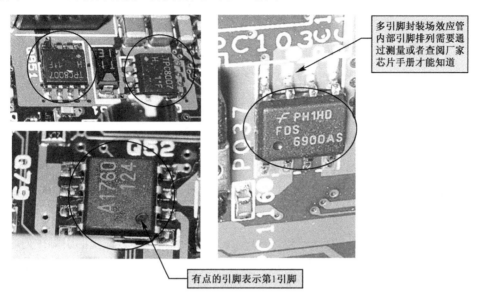

多引脚封装场效应管内部引脚排列需要通过测量或者查阅厂家芯片手册才能知道

有点的引脚表示第1引脚

图 6-7　采用 SO—8 封装的场效应管实物图

4. 场效应管在电路图中的识别

场效应管在电路中常用字母 "Q" "V" "VT" 加数字表示，如 Q1 表示编号为 1 的场效应管。

电路图中常用场效应管的电路图形符号如图 6-8 所示。

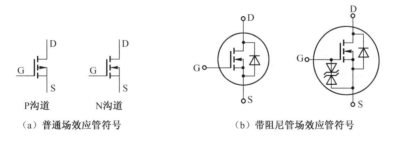

　P沟道　　　N沟道

（a）普通场效应管符号　　　　　（b）带阻尼管场效应管符号

图 6-8　电路图中常用场效应管的电路图形符号

目前，在很多场效应管中的 G-S 极间或者 D-S 极间增加了保护二极管，以保护场效应管不被静电击穿，其电路图符号如图 6-8（b）所示。

5. 场效应管的引脚功能识别

场效应管引脚排列位置依其品种、型号及功能等不同而异。要正确使用场效应管，首先必须识别出场效应管的各个电极。常用的有引脚场效应管，从左至右的引脚排列基本为 G、D、S（有散热片则接 D 极），如图 6-9 所示。

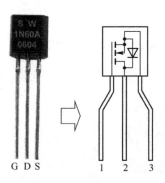

图 6-9　常见有引脚封装场效应管的引脚排列

> 　　同种型号后缀字母不相同，则引脚排列可能不一致，如显示器中常用行推动管 BSP254 的引脚排列为 G、D、S，而 BSP254A 的引脚排列则为 S、G、D，这种情况在应用时要注意。

　　SOT—223、TO—251、TO—252、TO—263 等贴片封装场效应管的引脚排列通常按照下面的标准：中间一个宽大的引脚（通常充当散热片）通常为 D 极，左边的引脚为 G 极，右边的引脚为 S 极。常用贴片封装场效应管的引脚排列如图 6-10 所示。

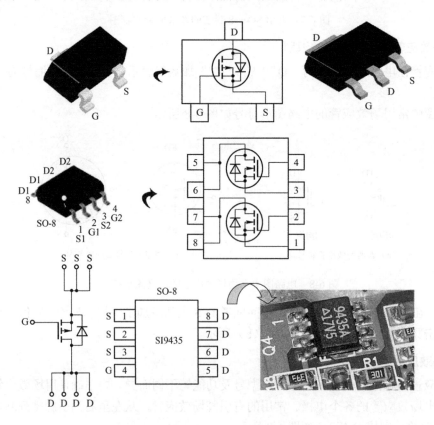

图 6-10　常用贴片封装场效应管的引脚排列

　　有些型号的场效应管表面标识有引脚名称，如图 6-11 所示。

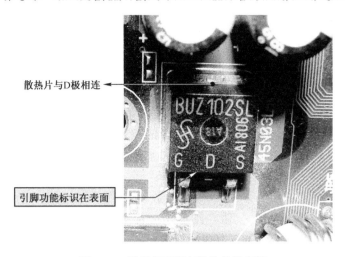

散热片与D极相连 ◀

引脚功能标识在表面

图 6-11　标识有引脚名称的场效应管

6.1.2　场效应管的检测

【用指针式万用表检测场效应管】

　　MOS 场效应管比较"娇气"。这是由于它的输入电阻很高，而栅—源极间电容又非常小，极易受外界电磁场或静电的感应而带电，而少量电荷就可在极间电容上形成相当高的电压（$U=Q/C$），将管子损坏。因此出厂时各引脚都绞合在一起，或装在金属箔内，使 G 极与 S 极短接，防止积累静电荷。管子不用时，全部引脚也应短接。在测量时应格外小心，并采取相应的防静电措施。

　　测量前，先把人体对地短路后，才能触摸 MOSFET 的引脚。最好在手腕上接一条导线与大地连通，使人体与大地保持等电位，再把引脚分开，然后拆掉导线。

　　根据 PN 结的正、反向电阻值不同的现象可以很方便地判别出结型场效应管的 G、D、S 极。

　　将万用表置于 R×1k 挡，任选两电极，分别测出它们之间的正、反向电阻。若正、反向电阻值相等（约几千欧），则该两极为漏极 D 和源极 S（结型场效应管的 D、S 极可互换），余下的则为栅极（闸极）G。

　　在实际工作中，也可以用下面的方法判断出场效应管的电极：将万用表的黑表笔任接一个电极，另一表笔依次接触其余的两个电极，测其阻值。若两次测得的阻值近似相等，则该黑表笔接的为栅极(闸极)G，余下的两个为 D 极和 S 极。

　　也可以将万用表的黑表笔（红表笔也行）任意接触一个电极，另一支表笔依次去接触其余的两个电极，测其电阻值。当出现两次测得的电阻值近似相等时，则黑表笔所接触的电极为栅极（闸极），其余两电极分别为漏极和源极。若两次测出的电阻值均很大，则说明 PN 结为反向，即都是反向电阻，可以判定是 N 沟道场效应管，且黑表笔接的是栅极（闸极）。若两次测出的电阻值均很小，则说明是正向 PN 结，即是正向电阻，判定为 P 沟道场效应管，黑表笔接的也是栅极（闸极）。若不出现上述情况，则可以调换黑、红表笔按上述方法进行测试，直到判别出栅极（闸极）为止。

图 6-12　场效应管跨导测量示意图

📑【用数字式万用表检测场效应管】

　　利用数字式万用表不仅能判定场效应管的电极，还可以测量场效应管的跨导（放大系数）。由于数字式万用表电阻挡的测试电流很小，所以不适用于检测场效应管，应使用 h_{FE} 挡进行测试。将场效应管的 G、D、S 极分别插入 h_{FE} 测量插座的 B、C、E 孔中（N 沟道管插入 NPN 插座中，P 沟道管插入 PNP 插座中），此时，显示屏上会显示一个数值，这个数值就是场效应管的跨导（放大系数），如图 6-12 所示；若电极插错或极性插错，则显示屏都不会显示出这个数值，此时将显示为"000"或"1"。

　　由于常用的 MOSFET 场效应管的 D-S 极之间基本都有一个阻尼二极管，因此可以采用数字式万用表的二极管挡检测 D-S 极之间的二极管压降判断场效应管的性能。具体检测方法如下。

　　将数字式万用表的挡位开关拨至二极管挡，用红表笔接 S 极、黑表笔接 D 极，此时万用表的屏幕上会显示出 D-S 极之间二极管的压降值，大功率场效应管的二极管压降值通常在 0.4～0.49V 之间，小功率场效应管（行推动管）的二极管压降值通常为 0.55V 左右；用黑表笔接 S 极、红表笔接 D 极及 G 极与其他各引脚之间均应该无压降（以 N 沟道场效应管为例，P 沟道场效应管应该是用红表笔接 D 极、黑表笔接 S 极才有压降值）。反之，则说明场效应管已经损坏。在维修中，显示器中的场效应管通常被击穿损坏，这时各引脚之间通常呈短路状态，因此各引脚间的压降值也通常为 0V。

　　常用的小功率场效应管与大功率场效应管的检测示意图分别如图 6-13 和图 6-14 所示。

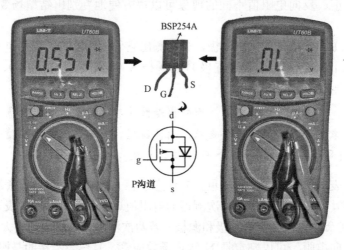

(a) 用红笔接D、黑笔接S极的测量结果　　　　(b) 用红笔接S、黑笔接D极的测量结果

图 6-13　常用小功率场效应管 BSP254A 检测示意图

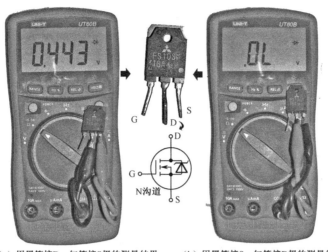

(a) 用黑笔接D、红笔接S极的测量结果　　(b) 用黑笔接S、红笔接D极的测量结果

图 6-14 常用的大功率场效应管 FS10SM18A 检测示意图

6.1.3 场效应管的主要参数

1. 开启电压 U_T

当 $U_{GS}>0$ 时，栅极与衬底之间产生了一个垂直于半导体表面、由栅极 G 指向衬底的电场。这个电场的作用是排斥 P 型衬底中的空穴而吸引电子到表面层。当 U_{GS} 增大到一定程度时，绝缘体和 P 型衬底的交界面附近积累了较多的电子，形成了 N 型薄层，称为 N 型反型层。反型层使漏极与源极之间成为一条由电子构成的导电沟道。当加上漏—源电压 U_{GS} 之后，就会有电流 I_D 流过沟道。通常将刚刚出现漏极电流 I_D 时所对应的栅—源电压称为开启电压，用 $U_{GS(th)}$ 或者 U_T 表示。

U_T 是 MOS 增强型管的参数，当栅—源电压 U_{GS} 小于开启电压的绝对值时，场效应管不能导通。

2. 夹断电压 U_P

当 U_{DS} 为某一个固定值（如 10V），使 i_D 等于某一个微小电流（如 50mA）时，栅-源极间所加的电压即为夹断电压。当栅—源电压 $U_{GS}=U_P$ 时，漏极电流为零。

3. 饱和漏极电流 I_{DSS}

饱和漏极电流 I_{DSS} 是在 $U_{GS}=0$ 的条件下，场效应管发生预夹断时的漏极电流。I_{DSS} 是结型场效应管所能输出的最大电流。

4. 直流输入电阻 R_{GS}

R_{GS} 是在漏—源极间短路的条件下，栅—源极间加一定的电压时，栅—源极之间的直流电阻，是栅—源极间的等效电阻。结型场效应管的 R_{GS} 大于 $10^7\Omega$，由于 MOS 管栅—源极间有 SiO_2 绝缘层，所以 MOS 场效应管的 R_{GS} 可达 $10^9\sim10^{15}\Omega$。

5. 跨导 g_m

漏极电流的微变量与引起这个变化的栅—源电压微变量之比，称为跨导，即 $g_m=\Delta I_D/\Delta U_{GS}$。

它是衡量场效应管栅—源电压对漏极电流控制能力的一个参数，也是衡量放大作用的重要参数。此参数常以栅—源电压变化 1V 时，漏极相应变化多少微安（μA/V）或毫安（mA/V）来表示。g_m 相当于普通晶体管的 h_{FE}，单位是 mS（毫/西门子）。

6．最大漏极功耗 P_D

$P_D=U_{DS}\times I_D$，相当于普通三极管的 P_{CM}。

7．极限漏极电流 I_D

I_D 是漏极能够输出的最大电流，相当于普通三极管的 I_C。其值与温度有关。通常手册上标注的是温度为 25℃时的值，一般指的是连续工作电流，若为瞬时工作电流，则标注为 I_{DM}，这个值通常大于 I_D。

8．导通电阻 $R_{DS(ON)}$

$R_{DS(ON)}$ 是一个静态参数，指场效应管导通时，D、S 极之间的电阻值。这个电阻值越小，其开关损耗越小。

9．最大漏-源电压 U_{DSS}

U_{DSS} 是场效应管漏-源极之间可以承受的最大电压（相当于普通晶体管的最大反向工作电压 U_{CEO}），有时也用 U_{DS} 表示。

常用场效应管的主要参数见表 6-2。

表 6-2　常用场效应管的主要参数

型　号	极限参数（T_a=25℃）			型　号	极限参数（T_a=25℃）		
	U_{DSS}（V）	I_D（A）	P_D（W）		U_{DSS}（V）	I_D（A）	P_D（W）
IRF530	100	14	79	IRFP240	200	31	150
IRF540	100	28	150	IRFP250	200	31	180
IRF630	200	9	75	IRFP251	150	33	180
IRF740	400	10	125	IRFP254	250	23	180
IRF820	500	2.5	50	IRFP350	400	16	180
IRF834	500	5	100	IRFP351	350	16	180
IRF840	500	8	125	IRFP360	400	23	250
IRF841	450	8	125	IRFP450	500	14	180
IRF842	500	7	125	IRFP451	450	14	180
IRFP150	100	41	180	IRFP452	500	12	180
IRFP151	60	19	180	IRFP460	500	20	250

6.1.4　场效应管的应用电路

场效应管和普通三极管一样，可以用作开关或放大器，利用栅极的电压信号，控制源极和漏极之间的电流。JFET 和 MOSFET 使用的场合略有不同。JFET 可用作模拟开关及信号放大器，特别是低噪声的放大器，但很少用在数字电路中的逻辑运算及功率放大器中；MOSFET 用途较广，除一般的开关、信号放大及功率放大外，在数字电路及内存等大规模集成电路（VLSI）方面都是 MOSFET 的天下。

场效应管应用在模拟信号放大器的设计方法和普通三极管类似。对应普通三极管的共射极、共基极和共集电极的接法,场效应管也有共源极、共栅极和共漏极的接法。漏极不能做输入端,闸极不能做输出端,与普通三极管集电极和基极的限制也一样。场效应管应该偏压在饱和区(或恒流区),栅极的电信号叠加在原来的直流偏压电压上,可造成输出电流 I_D 的变化。

1. 场效应管放大电路

(1)偏压电路

由场效应管组成放大电路时,也要建立合适的静态工作点 Q,而且场效应管是电压控制器件,因此需要有合适的栅—源偏置电压。常用的直流偏置电路有两种形式,即自偏压电路和分压式偏置电路。

【自偏压电路】

场效应管放大器的自偏压电路如图 6-15 所示。其中,场效应管的栅极通过电阻 R_g 接地,源极通过电阻 R 接地。

自偏压电路靠漏极电流 I_D 在源极电阻 R 上产生的电压为栅—源极之间提供一个偏置电压 U_{GS},故称为自偏压电路。

在静态时,源极电位 $U_S=I_{Dx}×R$。由于栅极电流为零,故 R_g 上没有电压降,栅极电位 $U_G=0$,所以栅—源偏置电压 $U_{GS}=U_G-U_S=-I_D×R$。自偏压电路只适用于结型场效应管或耗尽型 MOS 管。自偏压电路不宜用增强型 MOS 管,因为静态时该电路不能使管子开启(即 $I_D=0$)。

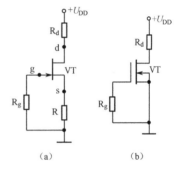

图 6-15 场效应管放大器的自偏压电路

增强型 MOS 管只有在栅—源电压达到其开启电压 U_T 时,才有漏极电流 I_D 产生,因此如图 6-15(a)所示的自偏压电路适合增强型 MOS 管;而如图 6-15(b)所示电路只适用于耗尽型 MOS 管,因为在栅—源电压大于零、等于零和小于零的一定范围内,耗尽型 MOS 管均能正常工作。

【分压式偏置电路】

分压式偏置电路是在自偏压电路的基础上加接分压电路后构成的,如图 6-16 所示。

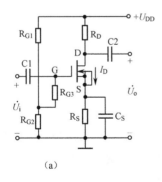

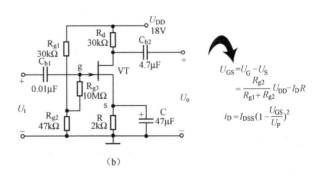

图 6-16 分压式偏置电路

静态时,由于栅极电流为零,R_{g3} 上没有电压降,所以栅极电位由 R_{g2} 与 R_{g1} 对电源 U_{DD} 分压得到,即 $U_G = \dfrac{R_{g3}}{R_{g1}+R_{g2}}U_{DD}$;源极电位 $U_S=I_D×R$,因此栅—源直流偏置电压 $U_{GS}=U_G-U_S$。

这种偏置方式同样适用于由结型场效应管或耗尽型 MOS 管组成的放大电路。

（2）场效应管放大电路连接方式

场效应管与双极型晶体管一样能实现信号的控制，所以也能组成放大电路。场效应管的三个极 G、D、S 分别与晶体管的 b、c、e 三个极相对应，因此从放大电路的组成上看也可以有三种基本放大组态，即共源放大电路、共漏放大电路及共栅放大电路，其中共栅放大电路不常用。

【共源放大电路】

共源放大电路如图 6-17 所示。

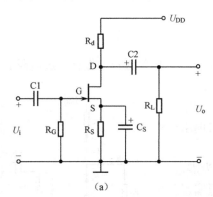 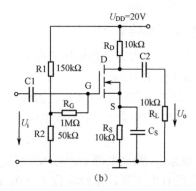

图 6-17　共源放大电路

从如图 6-17 所示电路可以看出，共源放大电路与共射电路形式相类似。只是共源放大电路的输入电阻要比共射电路大得多（R_{gs} 通常很大），故需要高输入电阻时多宜采用场效应管放大电路。

图 6-17（a）所示的电路就是由 N 沟道结型场效应管构成的自给偏压电路共源极放大器。由于栅极电流 I_G 近似为零，所以栅极电阻 R_G 上的压降近似为零，栅极 G 与地同电位，即 $U_G = 0$。对结型场效应管来说，即使在 $U_{GS} = 0$ 时，也存在漏极电流 I_D，因此在没有外加栅极电源的情况下，仍然有静态电流 I_{DQ} 流经源极电阻 R_S，在源极电阻 R_S 上产生压降 U_S（$U_S = I_{DQ} \times R_S$），使源极电位为正，结果在栅极与源极之间形成一个负偏置电压：$U_{GSQ} = U_{GQ} - U_{SQ} = -I_{DQ} \times R_S$（负号表示共源极放大电路的输出电压与输入电压相位相反，即共源放大电路属于反相电压放大电路）。这个偏置电压是由场效应管本身的电流 I_{DQ} 产生的，所以称为自给偏压。

为了减小 R_S 对交流信号的影响，可在 R_S 两端并联一个交流旁路电容 C_S。共源电路与共射电路均有电压放大作用，输出电压与输入电压相位相反。为此，可统称这两种放大电路为反相电压放大器。共源极放大电路的输入电阻很高，输出电阻主要由漏极电阻 R_D 决定（输出电阻=R_D），电压放大倍数大于 1，因此适用于做多级放大电路的输入级或中间级放大器。

【共漏放大电路】

共漏放大电路是与共集放大电路类似的一种电路形式，如图 6-18 所示。

图 6-18　共漏放大电路

共漏放大电路也常被称为源极跟随器或源极输出器。

共漏放大电路与共集放大电路均没有电压放大作用，在一定条件下，可认为输出电压与输入电压同相位。因此，可将这两种放大电路称为电压跟随器。

共漏电路的电压放大倍数一般比较低，输出电阻也较低。

共漏电路的输出电阻 R_o 等于源极电阻 R 和跨导的倒数相并联，所以输出电阻 R_o 较小。不过，由于在一般情况下跨导 g_m 较小，因而使共漏电路的输出电阻比共集电路的输出电阻高。

由以上分析可知，与三极管共集电极放大电路类似，场效应管共漏极放大电路没有电压放大作用，其电压增益小于 1，输出电压与输入电压相位相同，输入电阻高，输出电阻低。可做阻抗变换用。

共栅电路和共基电路均有输出电流与输入电流接近相等。为此，可将它们称为电流跟随器。而且，由于这两种放大电路的输入电流都比较大，因此它们的输入电阻都比较小。

场效应管放大电路最突出的优点是：共源、共漏和共栅电路的输入电阻高于相应的共射、共集和共基电路的输入电阻。此外，场效应管还有噪声低、温度稳定性好、抗辐射能力强等优于三极管的特点，而且便于集成。

由于场效应管的低频跨导一般比较小，所以场效应管的放大能力比三极管差，因而共源电路的电压增益往往小于共射电路的电压增益。另外，由于 MOS 管栅—源极之间的等效电容 C_{gs} 只有几皮法至几十皮法，而栅—源电阻 R_{gs} 又很大，若有感应电荷，则不易释放，从而形成高电压，以至于将栅—源极之间的绝缘层击穿，造成管子永久性损坏，使用时应注意保护。

在实际应用中，可根据具体要求将上述各种组态电路进行适当的组合，以构成高性能的放大电路。

图 6-19 为一款采用场效应管的 50W 音频功率放大电路。

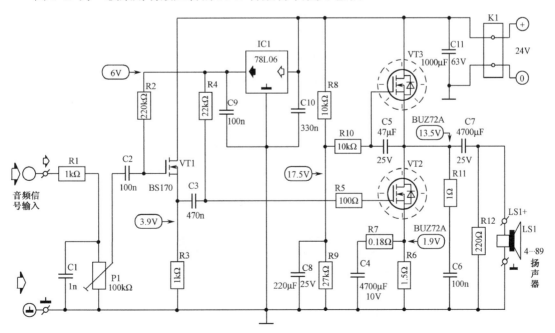

图 6-19　采用场效应管的 50W 音频功率放大电路

2. 效应管开关电路

场效应管作为开关元件，同样是工作在截止或导通两种状态。由于 MOS 管是电压控制元件，所以主要由栅—源电压 U_{GS} 决定其工作状态。由 NMOS 增强型管构成的开关电路如图 6-20 所示。

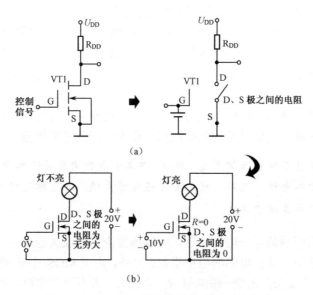

图 6-20　由 NMOS 增强型管构成的开关电路

当 U_{GS} 小于 NMOS 管的启动电压 U_T 时，MOS 管工作在截止区，i_{DS} 基本为 0，输出电压 $U_{DS} \approx U_{DD}$，MOS 管处于"断开"状态；当 U_{GS} 大于 NMOS 管的启动电压 U_T 时，MOS 管工作在导通区，此时漏—源电流 $i_{DS} = U_{DD}/(R_D + R_{DS})$。其中，$R_{DS}$ 为 MOS 管处于导通时的漏—源电阻。输出电压 $U_{DS} = U_{DD} \cdot R_{DS}/(R_D + R_{DS})$，如果 $R_{DS} \ll R_D$，则 $U_{DS} \approx 0V$，MOS 管处于"接通"状态。

与普通三极管一样，场效应管在饱和与截止两种状态转换过程中，由于管子内部也存在着电荷的建立与消失过程，因此饱和与截止两种状态也需要一定的时间才能完成。场效应管在饱和与截止两种状态转换过程中的特性被称为动态特性。

场效应管的动态特性示意图如图 6-21 所示。

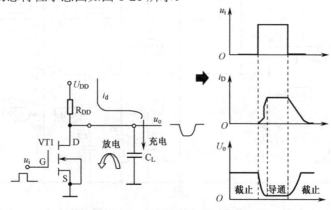

图 6-21　场效应管的动态特性示意图

当输入电压 u_i 由高变低，MOS 管由导通状态转换为截止状态时，电源 U_{DD} 通过 R_{DD} 向杂散电容 C_L 充电，充电时间常数 $\tau_1 = R_{DD} \cdot C_L$。所以，输出电压 u_o 要通过一定的延时才能由低电平变为高电平；当输入电压 u_i 由低变高，MOS 管由截止状态转换为导通状态时，杂散电容 C_L 上的电荷通过 R_{DS} 进行放电，其放电时间常数 $\tau_2 \approx R_{DS} \cdot C_L$。由此可见，输出电压 u_o 也要经过一定的延时才能转变成低电平。但因 R_{DS} 比 R_D 小得多，所以由截止到导通的转变时间比由导通到截止的转变时间要短。

不同半导体器件的开关电路及工作条件见表 6-3。

表 6-3 不同半导体器件的开关电路及工作条件

条 件		晶体二极管	晶体三极管	PMOS 管	NMOS 管
开关电路					
开关工作条件	截止	$U_F < U_{TH}$	$u_B < 0$	U_i 为高电平	U_i 为低电平
	导通（饱和）	$U_F \geqslant U_{TH}$	$u_B < 0$ $I_B \geqslant I_{BS}$ $I_{CS} = (u_{CC} - u_{CES})/R_C$	U_i 为低电平	U_i 为高电平

通过场效应管的特性曲线可以看出，在变阻区内，I_D 与 U_{DS} 的关系近似于线性关系，I_D 增加的比率受 U_{GS} 的控制。因此可以把场效应管的 D、S 极之间看成一个受 U_{GS} 控制的电阻（场效应管的栅—源电压 U_{GS} 可以控制其漏极、源极之间的导通程度，进而可以控制漏极、源极之间的电阻值），因此，可以利用场效应管的这种特性设计出各种变化量需要控制的自动控制电路（此时场效应管相当于一个大功率可变电阻器）。图 6-22 为一款采用场效应管的输出电压可调稳压电路。

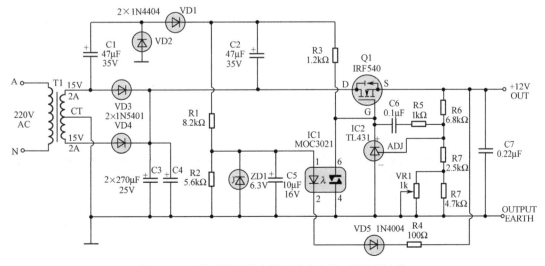

图 6-22 一款采用场效应管的输出电压可调稳压电路

在代换场效应管时主要应该考虑如下参数：最大漏极功耗 P_{DM}（相当于普通三极管的 P_{CM}）、极限漏极电流 I_D、最大漏源电压 V_{DS}、导通电阻 $R_{DS\,(ON)}$。除了考虑以上参数外，就要考虑引脚排列是否一致。因为场效应管的型号前缀字母与数字即使完全一致，只要后缀字母不相同，则引脚排列也可能不一致，如显示器中常用的行推动管 BSP254 与 BSP254A 的引脚排列就完全不一致。

在维修工作中，还要注意绝对不能用 N 沟道的场效应管代换 P 沟道的场效应管，反之也一样。

6.2 晶闸管的识别/检测/选用

⚠需要说明的是：用 P 沟道的场效应管的电路未必是降压型二次电源电路，反之 N 沟道的未必是升压型二次电源电路。

晶闸管是晶体闸流管（Thyristor）的简称，是一种大功率开关型半导体器件。它的出现使半导体器件由弱电领域扩展到强电领域。

晶闸管具有硅整流器件的特性，能在高电压、大电流条件下工作，且其工作过程可以控制，故被广泛应用在可控整流、交流调压、无触点电子开关、逆变及变频等电子电路中。

6.2.1 晶闸管的种类

晶闸管有多种分类方法。按关断、导通及控制方式，晶闸管可分为普通单向晶闸管、双向晶闸管、逆导晶闸管、门极关断晶闸管（GTO）、BTG 晶闸管、温控晶闸管及光控晶闸管等多种；按引脚和极性，晶闸管可分为二极晶闸管、三极晶闸管和四极晶闸管；按封装形式，晶闸管可分为金属封装晶闸管、塑封晶闸管和陶瓷封装晶闸管三种类型（金属封装晶闸管又分为螺栓形、平板形、圆壳形等多种，塑封晶闸管又分为带散热片型和不带散热片型两种）；按电流容量，晶闸管可分为大功率晶闸管、中功率晶闸管和小功率晶闸管（大功率晶闸管多采用金属壳封装，中、小功率晶闸管则多采用塑封或陶瓷封装）；按关断速度，晶闸管可分为普通晶闸管和高频（快速）晶闸管。常见的晶闸管外形图如图 6-23 所示。

目前，最常用的晶闸管是单向晶闸管和双向晶闸管。

1. 单向晶闸管

单向晶闸管又名可控硅整流器、晶体闸流管（Silicon Controlled Rectifier, SCR），是一种由 PNPN 四层半导体材料构成的三端半导体器件。三个引出电极的名称分别为阳极 A、阴极 K 和门极 G（又称栅极）。单向晶闸管的阳极与阴极之间具有单向导电的性能。其内部电路可以等效为由一只 PNP 型三极管和一只 NPN 型三极管组成的组合管，如图 6-24 所示。单向晶闸管的内部等效电路如图 6-25 所示。

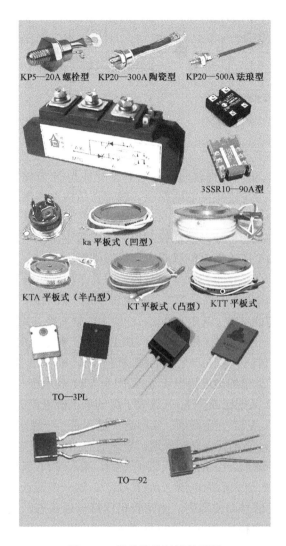

图 6-23　常见的晶闸管外形图

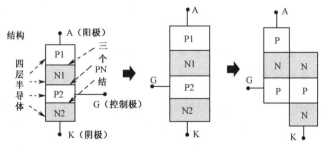

图 6-24　单向晶闸管的内部电路结构

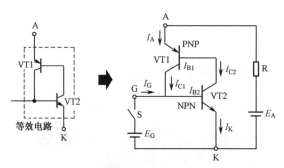

图6-25　单向晶闸管的内部等效电路

从图6-24可以看到，单向晶闸管的管芯是P型导体和N型导体交迭组成的四层结构，共有三个PN结，与只有一个PN结的硅整流二极管在结构上迥然不同。单向晶闸管的四层结构和控制极的引用，为其发挥"以小控大"的控制特性奠定了基础。在应用晶闸管时，只要在控制极加上很小的电流或电压，就能控制很大的阳极电流或电压。一般把5A以下的晶闸管叫小功率晶闸管，50A以上的晶闸管叫大功率晶闸管。

单向晶闸管为什么具有"以小控大"的可控性呢？下面简单分析晶闸管的工作原理。

首先，可以把从阴极向上数的第一、二、三层看作是一只NPN型晶体管，而第二、三、四层可组成另一只PNP型晶体管。其中，第二、三层为两管交叠共用。这样就可画出如图6-25所示的等效电路图来分析。当在阳极和阴极之间加上一个正向电压 E_A，又在控制极G和阴极C之间（相当VT1的基-射间）输入一个正的触发信号时，则VT1将产生基极电流 I_{B1}，经放大，VT1将有一个放大了 β_1 倍的集电极电流 I_{C1}。因为VT1集电极与VT2基极相连，I_{C1} 又是VT2的基极电流 I_{B2}。VT2又把比 I_{B2}（I_{B1}）放大了 β_2 的集电极电流 I_{C2} 送回VT1的基极放大。如此循环放大，直到VT1、VT2完全导通。实际这一过程是"一触即发"的过程，对晶闸管来说，触发信号加入控制极，晶闸管会立即导通。导通的时间主要决定于晶闸管的性能。

晶闸管一经被触发导通后，由于循环反馈的原因，流入VT1基极的电流已不只是初始的 I_{B1}，而是经过VT1、VT2放大后的电流（$\beta_1 \times \beta_2 \times I_{B1}$）。这一电流远大于 I_{B1}，足以保持VT1的持续导通。此时，触发信号即使消失，晶闸管仍保持导通状态，只有断开电源 E_A 或降低 E_A，使VT1、VT2中的集电极电流小于维持导通的最小值时，晶闸管方可关断。当然，如果 E_A 极性反接，VT1、VT2由于受到反向电压作用将处于截止状态时，即使输入触发信号，晶闸管也不能工作。反过来，E_A 接成正向，而触动发信号是负的，晶闸管也不能导通。另外，如果不加触发信号，而正向阳极电压大到超过一定值时，晶闸管也会导通，但已属于非正常工作情况了。

> 晶闸管这种通过触发信号（小的触发电流）来控制导通（晶闸管中通过大电流）的可控特性，正是它区别于普通硅整流二极管的重要特征。

在图6-25右部分电路中，单向晶闸管可以等效地看成由一个PNP型三极管（VT1）和一个NPN型三极管（VT2）组成。开关S断开时，VT1、VT2无基极电流，所以不导通；闭合开关S，在回路中则形成强烈的正反馈（$I_{B2}\uparrow \to I_{C2}\uparrow \to I_{B1}\uparrow \to I_{C1}\uparrow \to I_{B2}\uparrow$），使VT1、VT2迅速饱和导通；导通后，开关S即可断开，因为VT2的基极电流由VT1的集电极电流提供，可继续维持正反馈，所以门极也称控制极。它的作用仅是触发晶闸管导通，一旦导通，控制极就失去了作用。由此可知，单向晶闸管导通必须具备两个条件：阳极和阴极之间加上正向电压；门极与阴极之间必须加上适当的正向触发电压。

晶闸管有导通和关断两种状态。导通后，要使它关断：一是将阳极电流减小到无法维持正反馈；二是将阳极电压减小到一定程度。

当单向晶闸管阳极 A 端接负电源、阴极 K 端接正电源时，无论门极 G 所加什么极性的电压，单向晶闸管阳极 A 端与阴极 K 端均处于断开状态。

当单向晶闸管阳极 A 端接正电源、阴极 K 端接负电源时，只要门极 G 端加上一个合适的正向触发电压信号，单向晶闸管阳极 A 端与阴极 K 端就会由断开状态转为导通状态（阳极 A 端与阴极 K 端之间呈低阻导通状态，A、K 极之间压降约为 1V）。

若门极 G 所加触发电压为负，则单向晶闸管不导通。

一旦单向晶闸管受触发导通后，即使取消门极 G 端的触发电压，只要阳极 A 端与阴极 K 端之间仍保持正向电压，晶闸管将维持低阻导通状态（此时门极失去控制作用）。只有将阳极 A 端的电压降低到某一个临界值（晶闸管的电流降到接近于零的某一个数值以下）或阳极 A 端与阴极 K 端之间电压极性发生改变时（如交流过零），单向晶闸管阳极 A 端与阴极 K 端才由低阻导通状态转换为高阻断开状态。

单向晶闸管一旦为断开状态，即使其阳极 A 端与阴极 K 端之间又重新加上正向电压，也不会再次导通，只有在门极 G 端与阴极 K 端之间重新加上正向触发电压后方可导通。

2. 双向晶闸管

双向晶闸管（Triode AC Switch，TRIAC）是在单向晶闸管的基础上研制出的一种新型半导体器件。它是由 NPNPN 五层半导体材料构成的三端半导体器件，其 3 个电极分别为主电极 T1、主电极 T2 和门极 G。双向晶闸管的阳极与阴极之间具有双向导电的性能，其内部电路可以等效为由两只普通晶闸管反向并联组成的组合管。双向晶闸管的内部等效电路如图 6-26 所示。

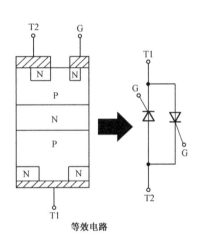

图 6-26 双向晶闸管的内部等效电路

双向晶闸管可以双向导通，即不论门极 G 端加上正还是负的触发电压，均能触发双向晶闸管正、反两个方向导通，故双向晶闸管有 4 种触发状态，如图 6-27 所示。

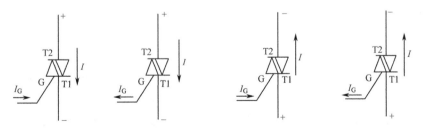

图 6-27 双向晶闸管的触发状态

当门极 G 和主电极 T2 相对于主电极 T1 的电压为正（$U_{T2} > U_{T1}$、$U_G > U_{T1}$）或门极 G 和主电极 T1 相对于主电极 T2 的电压为负（$U_{T1} < U_{T2}$、$U_G < U_{T2}$）时，晶闸管的导通方向为

T2→T1，此时 T2 为阳极，T1 为阴极。

当门极 G 和主电极 T1 相对于主电极 T2 为正（$U_{T1}>U_{T2}$、$U_G>U_{T2}$）或门极 G 和主电极 T2 相对于主电极 T1 的电压为负（$U_{T2}<U_{T1}$、$U_G<U_{T1}$）时，晶闸管的导通方向为 T1→T2，此时 T1 为阳极，T2 为阴极。

> 无论双向晶闸管的主电极 T1 与主电极 T2 之间所加电压极性是正向还是反向，只要门极 G 和主电极 T1（或 T2）之间加有正、负极性不同的触发电压，满足其必需的触发电流，晶闸管即可触发导通，呈低阻状态。此时，主电极 T1、T2 之间的压降约 1V。

双向晶闸管一旦导通，即使失去触发电压，也能继续维持导通状态。当主电极 T1、T2 电流减小至维持电流以下或 T1、T2 之间电压改变极性，且无触发电压时，双向晶闸管即可自动断开，只有重新施加触发电压，才能再次导通。加在门极 G 上的触发脉冲的大小或时间改变时，其导通电流就会相应地改变。

与单向晶闸管相比较，双向晶闸管的主要区别是：

① 在触发之后是双向导通的；

② 触发电压不分极性，只要绝对值达到触发门限值即可使双向晶闸管导通。

6.2.2　晶闸管的识别与检测

1．晶闸管外形的识别

晶闸管在电路中常用字母"SCR"加数字表示，如 SCR5 表示编号为 5 的晶闸管。

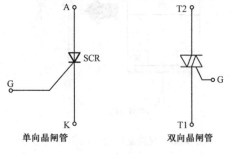

不同公司生产的单向晶闸管的引脚排列通常不一致，而双向晶闸管的引脚多数是按 T2、G、T1 的顺序从左至右排列（电极引脚向下，面对有字符的一面）的。对于采用螺栓型封装的晶闸管，通常螺栓是其阳极，这样就能与散热器紧密连接且方便安装。

晶闸管在电路原理图中的电路符号如图 6-28 所示。

图 6-28　晶闸管在电路原理图中的电路符号

2．晶闸管引脚的判别

晶闸管引脚排列依其品种、型号及功能等不同而异。要正确使用晶闸管，首先必须识别出晶闸管的各个电极。

【用指针式万用表判别】

先用 R×1 挡或 R×10 挡任意测两个极之间的电阻值，若正、反测指针均不动，则可能是 A、K 极或 G、A 极（对单向晶闸管），也可能是 T2、T1 极或 T2、G 极（对双向晶闸管）。

若其中有一次测量指示数值为几十欧至几百欧，则必为单向晶闸管，且红表笔所接为阴极 K，黑表笔所接的为门极 G，剩下即为阳极 A。

若正、反向测量指示的数值均为几十欧至几百欧，则必为双向晶闸管。其中必有一次阻值稍大，阻值稍大的一次红表笔接的为门极 G，黑表笔所接为主电极 T1，余下是主电极 T2。

【用数字万用表判别】

将数字万用表拨至二极管挡，红表笔固定任接某个引脚，用黑表笔依次接触另外两个引脚，如果在两次测试中，一次显示值小于 1V；另一次显示溢出符号"OL"或"1" （视不同的数字万用表而定），则表明红表笔接的引脚不是阴极 K（单向晶闸管）就是主电极 T2（双向晶闸管）。

若红表笔固定接一个引脚，黑表笔接第二个引脚时显示的数值为 0.6～0.8V，黑表笔接第三个引脚显示溢出符号"OL"或"1"，且红表笔所接的引脚与黑表笔所接的第二个引脚对调时，显示的数值由 0.6～0.8V 变为溢出符号"OL"或"1"，就可判定该晶闸管为单向晶闸管，如图 6-29 所示。此时红表笔所接的引脚是阴极 K，第二个引脚为门极 G，第三个引脚为阳极 A。

若红表笔固定接一个引脚，黑表笔接第二个引脚时显示的数值为 0.2～0.6V，黑表笔接第三个引脚显示溢出符号"OL"或"1"，且红表笔所接的引脚与黑表笔所接的第二个引脚对调，显示的数值固定为 0.2～0.6V 时，就可判定该晶闸管为双向晶闸管，如图 6-30 所示。此时红表笔所接的引脚是主电极 T2，第二个引脚为门极 G，第三个引脚为主电极 T1。

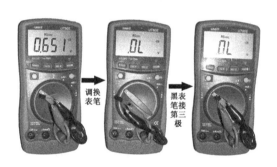

图 6-29 单向晶闸管电极判别示意图　　　　　图 6-30 双向晶闸管电极判别示意图

6.2.3 晶闸管的主要参数

晶闸管的主要电参数有正向转折电压 U_{BO}、正向平均漏电流 I_{FL}、反向漏电流 I_{RL}、断态重复峰值电压 U_{DRM}、反向重复峰值电压 U_{RRM}、正向平均电压降 U_F、通态平均电流 I_T、门极触发电压 U_{GT}、门极触发电流 I_G、门极反向电压及维持电流 I_H 等。

 【正向转折电压 U_{DSM}】

正向转折电压又称断态不重复峰值电压。晶闸管的正向转折电压 U_{DSM} 是指在额定结温为 100℃且门极 G 开路的条件下，在其阳极 A 与阴极 K 之间加正弦半波正向电压，使其由关断状态转变为导通状态时所对应的峰值电压。

控制极开路时，随 U_{AK} 的加大，阳极电流逐渐增加。当 $U = U_{DSM}$ 时，晶闸管自动导通。正常工作时，U_{AK} 应小于 U_{DSM}。

 【断态重复峰值电压 U_{DRM}】

断态重复峰值电压又称晶闸管耐压值。断态重复峰值电压 U_{DRM} 是指晶闸管在正向关断时，即在门极断路而结温为额定值时，允许加在 A、K（或 T1、T2）极之间最大的峰值电压。此电压约为正向转折电压 U_{DSM} 减去 100V 后的电压值。一般取 $U_{DRM}=80\%U_{DSM}$。普通晶闸管的 U_{DRM} 为 100～3000V。

【反向重复峰值电压 U_{RRM}】

反向重复峰值电压 U_{RRM} 是指晶闸管在门极 G 开路时，允许加在 A、K 极之间的最大反向峰值电压。此电压约为反向击穿电压减去 100V 后的峰值电压。

通常取晶闸管的 U_{DRM} 和 U_{RRM} 中较小的值作为该器件的额定电压。选用时，额定电压要留有一定裕量，一般取额定电压为正常工作时晶闸管所承受峰值电压的 2～3 倍。

【反向击穿电压 U_{RSM}】

反向击穿电压又称反向不重复峰值电压。反向击穿电压是指在额定结温下，晶闸管阳极与阴极之间施加正弦半波反向电压，当其反向漏电流急剧增加时所对应的峰值电压。

随反向电压的增加，反向漏电流稍有增加，当 $U=U_{RSM}$ 时，被反向击穿。在正常工作时，反向电压必须小于 U_{RSM}。

【门极触发电压 U_{GT}】

门极触发电压 U_{GT} 是指在规定的环境温度和晶闸管阳极与阴极之间正向电压为一定值的条件下，使晶闸管从关断状态转变为导通状态所需要的最小门极直流电压，一般为 1.5V 左右。

【门极反向电压】

门极反向电压是指晶闸管门极上所加的额定电压，一般不超过 10V。

【正向平均电压降 U_F】

正向平均电压降 U_F 也称通态平均电压或通态压降电压。它是指在规定环境温度和标准散热条件下，当通过晶闸管的电流为额定电流时，其阳极 A 与阴极 K 之间电压降的平均值，通常为 0.4～1.2V。

【通态平均电流 I_T】

通态平均电流 I_T 是指在规定环境温度和标准散热条件下，晶闸管正常工作时，A、K（或 T1、T2）极之间所允许通过电流的平均值。使用时应按实际电流与通态平均电流有效值相等的原则来选取晶闸管，通态平均电流应留一定的裕量，一般取 1.5～2 倍。常用的通态平均电流 I_T 有 1A、5A、10A、20A、30A、50A、100A、200A、300A、400A、500A、600A、800A、1000A 14 种规格。

【门极触发电流 I_{GT}】

门极触发电流 I_{GT} 是指在规定环境温度和晶闸管阳极与阴极之间电压为一定值的条件下，使晶闸管从关断状态转变为导通状态所需要的最小门极直流电流。

【维持电流 I_H】

维持电流 I_H 是指维持晶闸管导通的最小电流一般为几十毫安到几百毫安，与结温有关，结温越高，则 I_H 越小。当正向电流小于 I_H 时，导通的晶闸管会自动关断。

【擎住电流 I_L】

晶闸管刚从断态转入通态并移除触发信号后，能维持导通所需的最小电流称为擎住电流 I_L。对同一个晶闸管来说，通常 I_L 为 I_H 的 2～4 倍。

【断态重复峰值电流 I_{DR}】

断态重复峰值电流 I_{DR} 是指晶闸管在断开状态下的正向最大平均漏电电流值，一般小于 $100\mu A$。

【反向重复峰值电流 I_{RRM}】

反向重复峰值电流 I_{RRM} 是指晶闸管在关断状态下的反向最大漏电电流值，一般小于 $100\mu A$。

【浪涌电流 I_{TSM}】

浪涌电流 I_{TSM} 是指由电路异常情况引起的并使结温超过额定结温的不重复性最大正向过载电流。

常用晶闸管的主要参数见表 6-4。

表 6-4　常用晶闸管的主要参数

型　　号	通态平均电流（A）	反向击穿电压（V）	门极触发电流（A）	封 装 形 式	备注
2P4M	2	400	10～30μ	TO—202	单向
2P6M	2	600	10～30μ	TO—202	单向
BT131—400D	1	400	1～5m	TO—92	双向
BT131—400E	1	400	5～10m	TO—92	双向
BT131—600D	1	600	1～5m	TO—92	双向
BT131—600E	1	400	5～10m	TO—92	双向
BT138X—600F	12	600	25m	TO—220FP	
BT138X—800	12	800	35m	TO—220FP	
BT138X—800F	12	800	25m	TO—220FP	
BT139—600	16	600	35m	TO—220AB	
BT139—600D	16	600	1～5m	TO—220AB	
BT139—600E	16	600	5～10m	TO—220AB	
BT139—600F	16	600	25m	TO—220AB	
BT139—600F	16	600	25m	TO—220AB	
BT139—600G	16	600	50m	TO—220AB	
BT139—800	16	800	35m	TO—220AB	
BT139—800D	16	800	1～5m	TO—220AB	
BT139—800E	16	800	5～10m	TO—220AB	
BT139—800F	16	800	25m	TO—220AB	
BT139—800G	16	800	50m	TO—220AB	
BT139X—600	16	600	35m	TO—220FP	
BT139X—600F	16	600	25m	TO—220FP	
BT151	8	600	5～10m	TO—220AB	单向
BT151—500R	12	500	2～15m	TO—220AB	单向
BT151—500R	12	500	15m	TO—220AB	单向
BT151—650R	12	650	2～15m	TO—220AB	单向
BT151—650R	12	650	15m	TO—220AB	单向
BT151—800R	12	800	2～15m	TO—220AB	单向
BT151—800R	9	800	15m	TO—220AB	单向
BT151B—500R	12	500	15m	TO—263/D2—PAK	单向

续表

型　　号	通态平均电流（A）	反向击穿电压（V）	门极触发电流（A）	封 装 形 式	备注
BT151B—650R	12	650	15m	TO—263/D2—PAK	单向
BT151B—800R	12	800	15m	TO—263/D2—PAK	单向
BT151F—500R	9	500	15m	SOT—186	单向
BT151S—500R	12	500	15m	TO—252/D—PAK	单向
BT151S—650R	12	650	15m	TO—252/D—PAK	单向
BT151S—800R	12	800	15m	TO—252/D—PAK	单向
BT151X—500R	12	500	15m	TO—220FP	单向
BT151X—650R	12	650	15m	TO—220FP	单向
BT151X—800R	12	800	15m	TO—220FP	单向
BT169	1	600	10～50μ	TO—92	单向
CT10	10	600	8～15m	TO—220AB/FP	单向
CT12	12	600	8～15m	TO—220AB/FP	单向
CT16	16	600	8～15m	TO—220AB/FP	单向
CT20	20	600	10～20m	TO—220AB/FP	单向
JCT05	5	600	5～10m	TO—202AB	单向
MAC97A6	1	400	1～5m	TO—92	双向
MAC97A8	1	600	1～5m	TO—92	双向
MCR100—6	1	600	10～30μ	TO—92	单向
MCR100—8	1	800	10～30μ	TO—92	单向

6.2.4　晶闸管的伏安特性

晶闸管的伏安特性如图 6-31 所示。

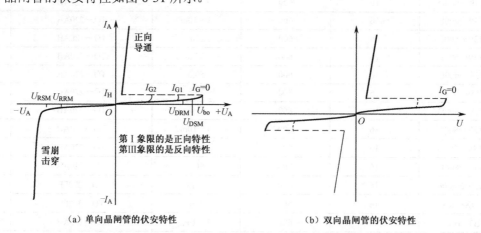

（a）单向晶闸管的伏安特性　　　　（b）双向晶闸管的伏安特性

图 6-31　晶闸管的伏安特性

当 $I_G=0$ 时，器件两端施加正向电压，处于正向阻断状态，只有很小的正向漏电流流过，正向电压超过临界极限即正向转折电压 U_{bo}，则漏电流急剧增大，器件开通。随着门极电流幅值的增大，正向转折电压降低。导通后的晶闸管特性和二极管的正向特性相仿。晶闸管本身的压降很小，在 1V 左右。导通期间，如果门极电流为零，并且阳极电流降至接近于零的

某一个数值 I_H 以下，则晶闸管又回到正向阻断状态，故 I_H 被称为维持电流。

晶闸管上施加反向电压时，伏安特性类似二极管的反向特性。晶闸管的门极触发电流从门极流入晶闸管，从阴极流出；阴极是晶闸管主电路与控制电路的公共端；门极触发电流也往往是通过触发电路在门极和阴极之间施加触发电压而产生的；晶闸管的门极和阴极之间是 PN 结 J3，其伏安特性称为门极伏安特性。为保证可靠、安全的触发，触发电路所提供的触发电压、电流和功率应限制在可靠触发区。

由于双向晶闸管正、反两方向均可触发导通，所以双向晶闸管在第 I 象限和第III象限有对称的伏安特性。

6.2.5　晶闸管的应用

选用晶闸管时主要考虑两个参数，即额定电压（正、反向峰值电压）和额定电流 $I_{T(AV)}$。若晶闸管正、反向电压过高，则会使它硬开通或被击穿，极易造成损坏。晶闸管承受的正、反向电压与电源电压、控制角 α 及电路的形式有关。通常取晶闸管的 U_{DRM} 和 U_{RRM} 中较小的标值作为该器件的额定电压。选用时，额定电压要留有一定裕量，一般取额定电压为正常工作时晶闸管所承受峰值电压的 2～3 倍。

晶闸管电流过载能力差，一般按电路最大工作电流来选择，即 $I_{T(AV)} \geqslant (1.5 \sim 2)I_{t(AV)}$，$I_{t(AV)}$ 是电路中的最大工作电流。

在实际应用中，应对晶闸管施加足够长时间的反向电压，使晶闸管充分恢复其对正向电压的阻断能力，电路才能可靠工作。

1．晶闸管直流电机调速电路

晶闸管直流电机调速电路如图 6-32 所示。

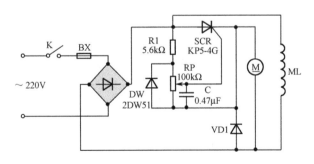

图 6-32　晶闸管直流电机调速电路

220V 市电经整流后，通过晶闸管 SCR 加到直流电机的电枢上，同时它还向励磁线圈 ML 提供励磁电流。只要调节 RP 的阻值，就能改变晶闸管的导通角，从而改变输出电压的大小，实现直流电机的调速。VD1 是续流二极管，加入 VD1 的目的就是消除反电动势的影响。

2．单向晶闸管交流调光灯电路

单向晶闸管交流调光灯电路如图 6-33 所示。

整流输出电压经 R1、DW 削波后供给由单结晶体管 BT33 构成的触发电路。在第一个半周期内，电容 C 上的充电电压达到 BT33 的峰点电压，BT33 导通，C 放电，R2 上输出的脉冲电压触发 SCR 使其导通，于是就有电流流过 L（灯）和 SCR，在 SCR 正向电压较小时，其自动关断。待下一个周期开始后，C 又充电，重复上述过程。调节 RP 的阻值可改变电容 C 的充、放电速度，从而改变 SCR 的导通角，改变负载电压，改变灯的亮暗。

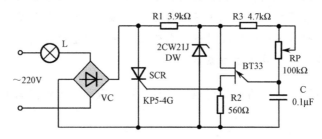

图 6-33　单向晶闸管交流调光灯电路

3. 双向晶闸管交流调压电路

双向晶闸管交流调压电路如图 6-34 所示。

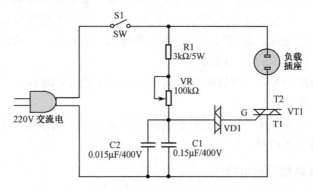

图 6-34　双向晶闸管交流调压电路

图 6-34 为一个构造极为简单且应用范围相当广泛的电路，适合用来控制台灯的光度、电热器的温度及电烙铁的温度等。图中的主要控制组件为一只双向晶闸管，利用 RC 电路在双向晶闸管的闸极（gate，G 极）产生一个触发电压，使双向晶闸管导通。由于 RC 造成的时间延迟，当 R 越大时，电容 C 的充电电流越小，使得 C 的电位达到足以触发双向晶闸管的时间越慢，因此在双向晶闸管 G 极上的触发角度越大，T1、T2 极之间的导通角度越小，负载上的电压越低。

R1 为保护电阻，以免在 VR 调整到 0 时，太大的电流造成组件损坏，在本电路中选用 3kΩ/5W 的电阻。负载端可连接一只交流插座，使用时只要将欲控制的电器（如灯泡、电热器等）插入即可。

4. 晶闸管开关电路

晶闸管开关电路如图 6-35 所示。

图 6-35 是一款延时自锁开关电路，接通 12V 直流电源并闭合开关 S 后，由于电容 C1 两端电压不能突变，三极管 VT1 截止，晶闸管 SCR1 不导通，继电器停止工作。随着电容 C1 充电时间的延长，三极管 VT1 的基极电位逐渐上升，当 VT1 基极电位上升到高于 1V 时，三极管 VT1 导通，为晶闸管 SCR1 提供一个触发信号，随后晶闸管 SCR1 导通，继电器得电吸

合，接通负载电路。只有 12V 直流电源或断开开关 S 后，晶闸管 SCR1 才能断开继电器的供电，进而切断负载供电。

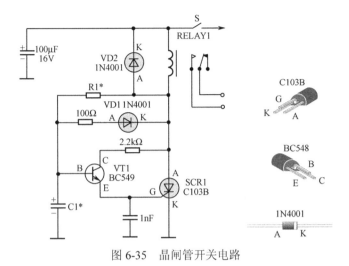

图 6-35 晶闸管开关电路

5. 晶闸管整流电路

晶闸管整流电路如图 6-36 所示。

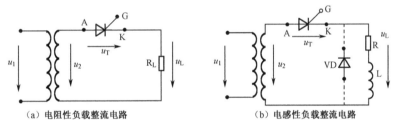

（a）电阻性负载整流电路　　　（b）电感性负载整流电路

图 6-36 晶闸管整流电路

图 6-36 是一种单相半波可控整流电路。纯电阻性负载的整流电路如图 6-36（a）所示，设 u_1 为正弦波，当 $u_2 > 0$ 时，加上触发电压 u_G，晶闸管导通，且 u_L 的大小随 u_G 加入的早晚而变化。当 $u_2 < 0$ 时，晶闸管不导通，$u_L = 0$，故称可控整流。

对于电感性负载，可采用如图 6-36（b）所示的电路，这是由于 u_2 正半周时晶闸管导通，u_2 过零后，由于电感反电动势的存在，晶闸管在一定时间内仍维持导通，失去单向导电作用。如图 6-36（b）所示电路中的二极管 VD 称为续流二极管，加入续流二极管 VD 的目的就是消除反电动势的影响。

6. 晶闸管保护电路

晶闸管的过流、过压能力很差，热容量很小，一旦过流，晶闸管内部的温度会急剧上升，导致器件被烧坏。例如，一只 100A 的晶闸管通过的电流为 400A 时，仅允许持续 0.02s，否则将被烧坏。晶闸管承受过电压的能力极差，电压超过其反向击穿电压时，即使时间极短，也容易损坏。正向电压超过转折电压时，会产生误导通，导通后的电流较大，使器件受损。

对于过压情况，常在晶闸管两端并联 RC 串联网络，该网络常被称为 RC 阻容吸收电路，如图 6-37 所示。

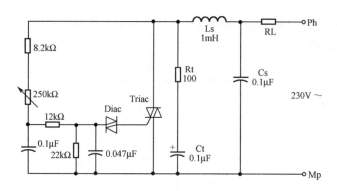

图 6-37　晶闸管两端并联 RC 串联网络应用电路

　　我们知道，晶闸管有一个重要的特性参数，即断态电压临界上升率。它表明晶闸管在额定结温和门极断路条件下，使晶闸管从断态转入通态的最低电压上升率。若电压上升率过大，超过了晶闸管的电压上升率的值，则会在无门极信号的情况下开通。即使此时加于晶闸管的正向电压低于其阳极峰值电压，也可能发生这种情况。因为晶闸管可以看作是由三个 PN 结组成的。在晶闸管处于阻断状态下，因各层相距很近，其 J2 结结面相当于一个电容 C0。当晶闸管阳极电压变化时，便会有充电电流流过电容 C0，这个电流起门极触发电流作用。如果晶闸管在关断时，阳极电压上升速度太快，则 C0 的充电电流越大，就越有可能造成门极在没有触发信号的情况下晶闸管误导通现象，即常说的硬开通，这是不允许的。因此，对加到晶闸管上的阳极电压上升率应有一定的限制。

　　为了限制电路电压上升率过大，确保晶闸管安全运行，常在晶闸管两端并联 RC 阻容吸收网络，利用电容两端电压不能突变的特性来限制电压上升率。因为电路中总是存在电感（变压器漏感或负载电感），所以与电容 C 串联的电阻 R 可起阻尼作用，可以防止 R、L、C 电路在过渡过程中因振荡在电容器两端出现过电压损坏晶闸管，同时避免电容器通过晶闸管放电电流过大，造成过电流而损坏晶闸管。

　　由于晶闸管过流、过压能力很差，故不采取可靠的保护措施是不能正常工作的。RC 阻容吸收网络是最常用的保护方法之一。

6.3　绝缘栅双极晶闸管的识别/检测/选用

　　绝缘栅双极晶体管（Insulated-gate Bipolar Transistor，IGBT 或 IGT）是普通三极管和 MOSFET 场效应管组成的复合全控型电压驱动式功率半导体器件，兼有 MOSFET 场效应管的高输入阻抗和普通三极管的低导通压降两方面的优点。

　　普通三极管饱和压降低，载流密度大，但驱动电流较大；MOSFET 场效应管驱动功率很小，开关速度快，但导通压降大，载流密度小。IGBT 综合以上两种器件的优点，驱动功率小而饱和压降低，非常适合应用在直流电压为 600V 及以上的变流系统，如交流电机、变频器、开关电源、照明电路、牵引传动等领域。

　　常见的绝缘栅双极晶闸管如图 6-38 所示。

　　绝缘栅双极晶闸管有三个电极：栅极 G、集电极 C 和发射极 E。其内部结构断面示意图、等效电路及电气图形符号如图 6-39 所示。

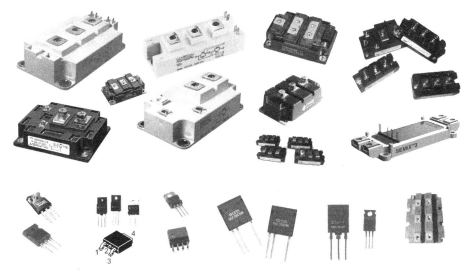

图 6-38　常见的绝缘栅双极晶闸管

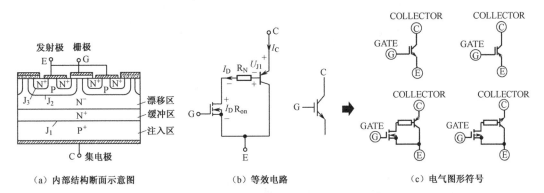

（a）内部结构断面示意图　　　　　（b）等效电路　　　　　（c）电气图形符号

图 6-39　绝缘栅双极晶闸管内部结构断面示意图、等效电路及电气图形符号

绝缘栅双极晶体管有三个电极，分别是 G、C、E 极，G 极与 C、E 极绝缘，G 极在没有充电的情况下，C 极与 E 极绝缘。常见的 IGBT 引脚排列顺序如图 6-40 所示，从左到右分别是 G、C、E 极。有散热片类型的，散热片与 C 极是相通的，这种类型在有的电路中需要做绝缘措施。

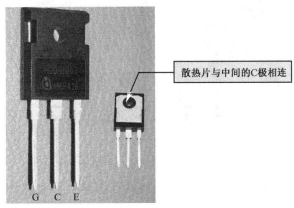

散热片与中间的C极相连

图 6-40　常见的 IGBT 引脚排列顺序

可以用数字式万用表二极管挡测量绝缘栅双极晶体管的"E""C""G"三极之间是否被击穿，"E"极与"G"极、"C"极与"G"极正、反测试应均不导通（正常），如图6-41所示。

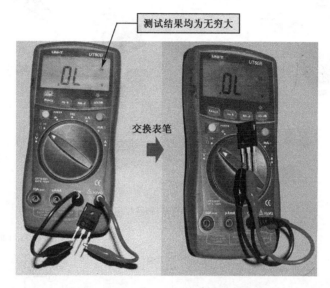

图6-41　"G"极与其他两个电极测试结果

由于常见的IGBT在C极和E极里面集成一个阻尼二极管，因此可以通过数字式万用表的二极管挡，用红表笔接"E"极，黑表笔接"C"极，万用表显示内部二极管的导通值为0.4V左右的电压降（对于一些没有内置二极管的型号，如GT40T101应没有电压降），如图6-42所示。

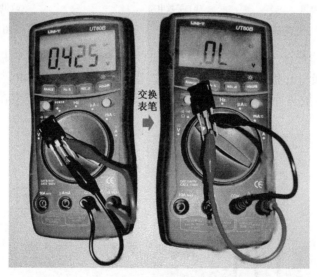

图6-42　内部二极管导通测量示意图

绝缘栅双极晶闸管的转移特性和输出特性曲线图如图6-43所示。

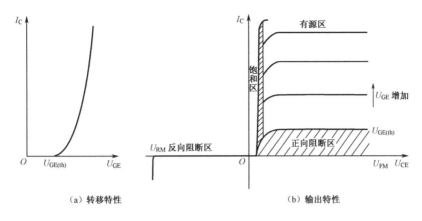

（a）转移特性　　　　　　　　　　　（b）输出特性

图 6-43 绝缘栅双极晶闸管的转移特性和输出特性曲线图

I_C 与 U_{GE} 之间的关系称为转移特性，与 MOSFET 转移特性类似。

以 U_{GE} 为参考变量时，I_C 与 U_{CE} 之间的关系称为输出特性（伏安特性），绝缘栅双极晶闸管的输出特性分为三个区域：正向阻断区、有源区和饱和区。分别与三极管的截止区、放大区和饱和区相对应（$U_{CE}<0$ 时，绝缘栅双极晶闸管为反向阻断工作状态）。

绝缘栅双极晶闸管的主要参数如下：

① 最大集-射极间电压 U_{CES}：由内部 PNP 晶体管的击穿电压确定；

② 最大集电极电流：包括额定直流电流 I_C 和 1ms 脉宽最大电流 I_{CP}；

③ 最大集电极功耗 P_{CM}：在正常工作温度下允许的最大功耗；

④ 开启电压 $U_{GE(th)}$：绝缘栅双极晶闸管能实现电导调制，而导通的最低栅-射电压随温度的升高而略有下降，在+25℃ 时，$U_{GE(th)}$ 的值一般为 2～6V。

常用绝缘栅双极晶闸管的主要参数见表 6-5。

表 6-5 常用绝缘栅双极晶闸管的主要参数

型　号	最大集-射极间电压（V）	开启电压（V）	25℃时最大集电极电流（A）	100℃时最大集电极电流（A）
IRG4BC20U	600	2.1	13	6.5
IRG4BC20W	600	2.6	13	6.5
IRG4BC20W—S	600	2.6	13	6.5
IRG4BC30F	600	1.8	31	17
IRG4BC30K	600	2.7	28	16
IRG4BC30K—S	600	2.7	28	16
IRG4BC30S	600	1.6	34	18
IRG4BC30S—S	600	1.6	34	18
IRG4BC30U	600	2.1	23	12
IRG4BC30U—S	600	1.95	23	12
IRG4BC30W	600	2.7	23	12
IRG4BC30W—S	600	2.1	23	12

续表

型　号	最大集—射极间电压（V）	开启电压（V）	25℃时最大集电极电流（A）	100℃时最大集电极电流（A）
IRG4BC40F	600	1.7	49	27
IRG4BC40K	600	2.6	42	25
IRG4BC40S	600	1.5	60	31
IRG4BC40U	600	2.1	40	20
IRG4BC40W	600	2.5	40	20
IRG4IBC20W	600	2.6	11.8	6.2
IRG4IBC30S	600	1.6	23.5	13
IRG4IBC30W	600	2.7	17	8.4
IRG4PC30F	600	1.8	31	17
IRG4PC30K	600	2.7	28	16
IRG4PC30S	600	1.6	34	18
IRG4PC30U	600	2.1	23	12
IRG4PC30W	600	2.7	23	12
IRG4PC40F	600	1.7	49	27
IRG4PC40K	600	2.6	42	25
IRG4PC40S	600	1.5	60	31
IRG4PC40U	600	2.1	40	20
IRG4PC40W	600	2.5	40	20
IRG4PC50F	600	1.6	70	39
IRG4PC50K	600	2.2	52	30
IRG4PC50S	600	1.36	70	41
IRG4PC50S—P	600	1.36	70	41

　　IGBT 的特性随门极驱动条件的变化而变化，就像双极型晶体管的开关特性和安全工作区随基极驱动而变化一样。

　　由于 IGBT 的栅—源间、栅—射间有数千皮法的电容，为快速建立驱动电压，要求驱动电路输出电阻小，使 IGBT 开通的驱动电压一般为 15～20V，关断时施加一定幅值的负驱动电压（一般取 –5～–15V）有利于减小关断时间和关断损耗，另外在栅极串入一只低值电阻（数十欧左右）可以减小寄生振荡。该电阻阻值应随被驱动器件电流额定值的增大而减小。因此，为了使 IGBT 工作在最佳状态，通常采用专用的驱动集成电路。

　　IGBT 最典型的应用就是在电磁炉中作为开关管。IGBT 在电磁炉中的应用电路如图 6-44 所示。

　　现在有很多高级的音响电路也开始采用 IGBT 作为功率输出管。图 6-45 所示的电路即是一款采用 IGBT 的 5W 甲类音频功率放大器。

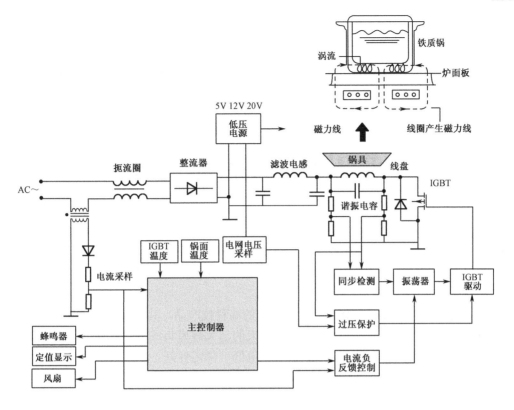

图 6-44 IGBT 在电磁炉中的应用电路

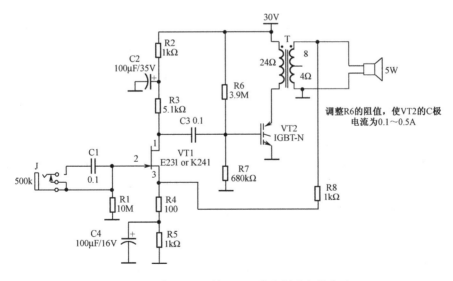

图 6-45 采用 IGBT 的 5W 甲类音频功率放大器

第7章

集成电路的识别/检测/选用

集成电路是一种采用特殊工艺，将晶体管、电阻、电容等元件集成在硅基片上而形成的具有特定功能的器件，英文名称为 Integrated Circuit，缩写为 IC，俗称芯片。集成电路能执行一些特定的功能，如放大信号或储存信息，也可以通过软件改变整个电路的功能（最典型的是单片机）。

集成电路是近几十年半导体器件发展起来的高科技产品。其发展速度异常迅猛，从小规模集成电路（含有几十个晶体管），发展到今天的超大规模集成电路（含有几千万个晶体管或近千万个门电路）。集成电路的体积小、耗电低、稳定性好。从某种意义上讲，集成电路是衡量一个电子产品是否先进的主要标志。

7.1 集成电路的类型和主要参数

集成电路根据不同的用途主要分为模拟和数字两大派别。其中，模拟集成电路主要有运算放大器、功率放大器、集成稳压电路、自动控制集成电路及信号处理集成电路等；数字集成电路按结构不同可分为双极型和单极型电路。其中，双极型电路有 DTL、TTL、ECL、HTL 等多种；单极型电路有 JFET、NMOS、PMOS、CMOS 四种。

7.1.1 数字集成电路

数字集成电路主要用来处理与储存二进制信号（数字信号）。数字集成电路可归纳成两大类：一种为"组合逻辑电路"（Combinational Logic Circuit），用于处理数字信号，这种数字集成电路又被通俗地称为"逻辑集成电路"（Logic IC）；另一种为"序向逻辑电路"（Sequential Logic Circuit），具有时序与记忆功能，并需要由时钟信号驱动，主要用于产生或储存数字信号。

在实际工程中，最常用的数字集成电路主要有 TTL 和 CMOS 两大系列。下面分别进行介绍。

TTL 集成电路是用双极型晶体管为基本元件集成在一块硅片上制成的，其品种、产量最多，应用也最广泛。

TTL 集成电路主要有 54 系列、74 系列。其中，54 系列为军用产品，74 系列为民用产品。54/74 系列 TTL 集成电路大致可分为 6 大类，即 54/74XX（标准型）、54/74LSXX（低功耗肖特基）、54/74SXX（肖特基）、54/74ALSXX（先进低功耗肖特基）、54/74ASXX（先进肖特基）、

54/74FXX（高速）。54 系列和 74 系列的主要区别在其工作环境温度上。54 系列的工作温度为–55～+125℃；74 系列为 0～70℃。另外，54 系列与 74 系列的区别还有平均传输时间和平均功耗这两个参数不同，其他的电参数和外引脚功能基本相同，必要时，可以互相代换。

54/74 系列产品（包括 HC、HCT、HCU 系列高速 CMOS 电路），只要后边的标号相同，其逻辑功能和引脚排列就相同。在实际使用时，可以根据不同的条件和要求选择不同类型的 54/74 系列产品，如电路的供电电压为 3V，就应选择 54/74HC 系列的产品。

CMOS 集成电路以单极型晶体管为基本元件制成。其发展迅速主要是因为它具有功耗低、速度快、工作电源电压范围宽（如 CD4000 系列的工作电源电压为 3～18V）、抗干扰能力强、输入阻抗高、扇出能力强、温度稳定性好及成本低等优点，尤其是它的制造工艺非常简单，为大批量生产提供了方便。CMOS 集成电路有三种封装方式：陶瓷扁平封装（工作温度范围为–55～+100℃）；陶瓷双列直插封装（工作温度范围为–55～+125℃）；塑料双列直插封装（工作温度范围为–40～+85℃）。

CMOS 电路主要有 4000 系列、54/74HCXXX 系列、54/74HCTXXX 系列、54/74HCUXX 四大类。

常用的 TTL、CMOS 集成电路之间的区别见表 7-1。

表 7-1 常用的 TTL、CMOS 集成电路之间的区别

IC 分类	电源电压	消耗电流	反应速度	输出电流	工作温度	开/关电平
54/74 TTL 系列	5±0.5V	1mA	10ns	20mA	0～70℃	2V / 0.7V
4000 CMOS 系列	3～15V	1nA	100ns	3mA	–40～+85℃	70%/30%U_{CC}
74HC 系列	2～6V	0.1mA	30ns	20mA	–40～+85℃	2V/0.7V

常见的数字集成电路外形图如图 7-1 所示。

数字集成电路的类型很多，但最常用的是门电路，常用的有与门、非门、与非门、或门、或非门、异或非门、异或门及施密特触发门等。

非门也称反相器。它是只有 1 个输入端和 1 个输出端的逻辑门。输入端为高电平时，输出端即为低电平；反之，输出端为高电平。输出端与输入端总是反相的。

与门具有两个或两个以上的输入端和 1 个输出端。当所有输入端都是高电平时，输出端也为高电平；只要有 1 个或 1 个以上的输入端为低电平时，则输出端就为低电平。

图 7-1 常见的数字集成电路外形图

与非门则是当输入端中有 1 个或 1 个以上是低电平时，输出端为高电平；只有所有的输入端均是高电平时，输出端才是低电平。

或门具有 1 个或端，两个或两个以上的输入端。当所有输入端为低电平时，输出端才是低电平。如果有 1 个或 1 个以上的输入端是高电平，则其输出端即为高电平。

或非门电路是当输入端都处于低电平时，其输出端才呈现高电平；只要有 1 个或 1 个以上的输入端为高电平，输出端则为低电平。

异或门电路有两个输入端，1 个输出端。当两个输入端中只有 1 个是高电平时，输出端则为高电平；当输入端都是低电平或都是高电平时，输出端才是低电平。

异或非门只有两个输入端，1 个输出端。当两个输入端都是低电平或都是高电平时，输出端为高电平；两个输入端只有 1 个是高电平时，输出端才是低电平。

7.1.2　模拟集成电路

模拟集成电路按用途可分为集成运算放大器（电压比较器）、直流稳压器、功率放大器及专用集成电路等。由于电子初学者应用特殊集成电路的情况很少，故下面只介绍常用模拟集成电路的特点和结构。

1. 集成运算放大器

集成运算放大器（Introduction to Operational Amplifiers），简称运放，是一种高电压放大倍数的直接耦合放大器，工作在放大区时，输入和输出呈线性关系，所以又被称为线性集成电路。

集成运算放大器是一种高电压增益、高输入电阻和低输出电阻的多级直接耦合放大电路。它的类型很多，电路也不一样，但其结构具有共同之处，一般由四部分组成，如图 7-2 所示。

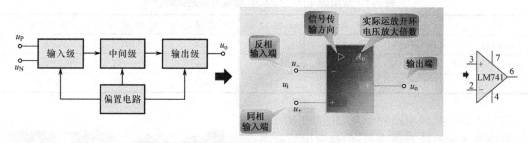

图 7-2　集成运算放大器内部电路框图

输入级是提高运算放大器质量的关键部分，要求其输入电阻高，能减小零点漂移和抑制干扰信号。输入级一般是差分式放大电路，利用它的对称特性可以提高整个电路的共模抑制比和其他方面的性能。它的两个输入端可构成整个电路的反相输入端和同相输入端。

电压放大级的主要作用是提高电压增益，可由一级或多级放大电路组成。该级电路一般由共发射极放大电路构成。

输出级一般由互补对称电路或射极电压跟随器组成，可降低输出电阻，能够输出足够大的电压和电流，提高带负载能力。

偏置电路的作用是为上述各级电路提供稳定和合适的偏置电流，决定各级的静态工作点，一般由各种恒流源电路构成。

此外还有一些辅助电路，如电平移动电路、过载保护电路及高频补偿电路等。

集成运算放大器的品种繁多，大致可分为"通用型"和"专用型"两大类。"通用型"集成运放的各项指标比较均衡，适用于无特殊要求的一般场合。根据集成电路内部封装放大器的个数，集成运算放大器可以分为单运放（如μA741、NE5534、TL081、LM833 等）、双运放（如μA747、LM358、NE5532、TL072、TL082、RC4558 等）、四运放（如 LM324、TL084 等）。双运放（或四运放）的内部包含两组（或四组）形式完全相同的运算放大器，除电源公用外，两组（或四组）运放相互独立，如图 7-3 所示。

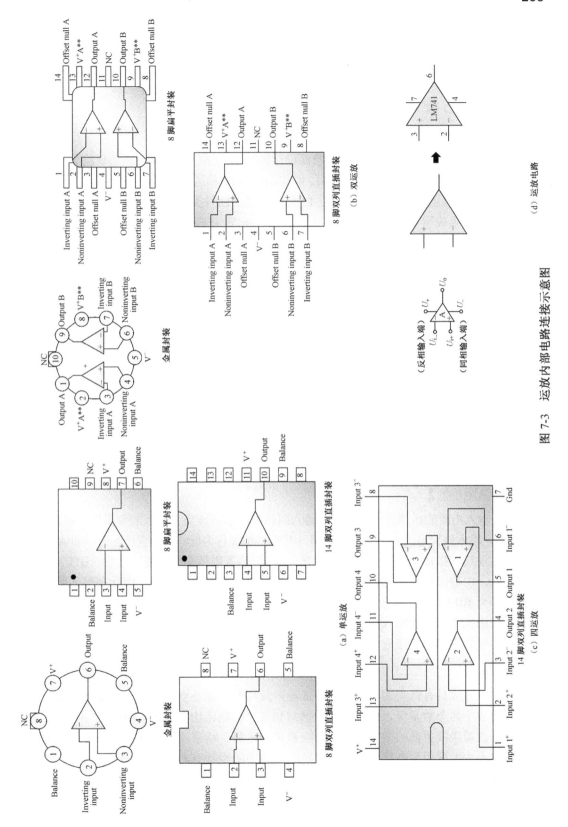

图 7-3　运放内部电路连接示意图

集成运放是通过其各个引脚与外电路相连的，不同型号的运算放大器，各输出引脚的功能定义不一定相同。

运算放大器有两个输入端、一个输出端。在运算放大器的代表符号中，反相输入端用"−"号表示，同相输入端用"+"表示。

根据应用情况，集成运放通常有下列几种类型。

 【通用型】

通用型运算放大器就是以通用为目的而设计的。这类器件的主要特点是价格低廉、产品量大面广。其性能指标能适合一般性使用。例如，μA741（单运放）、LM358（双运放）、LM324（四运放），以及以场效应管为输入级的 LF356 都属于此种类型的运算放大器。它们是目前应用最为广泛的集成运算放大器。

通用型运算放大器主要用于无特殊要求的电路之中，其性能指标的数值范围见表 7-2，少数运放可能超出表中数值的范围。

表 7-2　通用型运放的性能指标

参　数	数 值 范 围	单　位
差模抑制比	65～100	dB
输入阻抗	0.5～2	MΩ
输入失调电压	0.3～7	mV
共模抑制比	70～90	dB
单位增益带宽	0.5～2	MHz
摆率 SR	0.5～0.7	V/μs
功耗	80～120	mW

 【高输入阻抗型】

具有高输入电阻的运放通常被称为高输入阻抗型运放。该类型运放的差模输入阻抗 r_{id} 取 $10^9 \sim 10^{12}\Omega$，输入偏置电流 I_{IB} 为几皮安至几十皮安，故又称为低输入偏置电流型，如 AD549。

为了实现这些指标，通常利用场效应管（FET）输入阻抗高、普通三极管（BJT）电压增益高的优点，由普通三极管与场效应管相结合而构成差分输入级电路，因此高输入阻抗型运放又常被称为 BIFET 型运算放大器。

高输入阻抗型运放的输入级采用超 β 管或场效应管，输入阻抗大于 $10^9\Omega$，适用于测量放大电路、信号发生器电路或取样—保持电路。

 【高精度型】

高精度型运放具有低失调、低温漂、低噪声及高增益等特点。它的失调电压和失调电流比通用型运放小两个数量级，而开环差模增益和共模抑制比均大于 100dB。这种类型的运放适用于对毫伏量级或更低的微弱信号的精密测量和运算、精密模拟计算、高精度稳压电源及自动控制仪表中，常用于高精度的仪器设备中。常用的型号有 OP07、OP117 等。

 【高速型】

单位增益带宽和转换速率高的运放为高速型运放。对这种类型的运放，通常要求单位增益带宽 $B_{WG} > 10MHz$，有的高达千兆；转换速率大多在几十伏/微秒至几百伏/微秒，有的高达几千伏/微秒（通常 SR＞30V/ms）。一般用于模/数转换器、数/模转换器、精密比较器、锁相环电路和视频放大电路中。常用的型号有 LM318、EL2030 等。

【低功耗型】

低功耗型集成运放要求在电源电压±15V 时，最大功耗不大于 6mW，或要求工作在低电源电压（如 1.5～4V）时，具有低的静态功耗和保持良好的电气性能。在电路结构上，一般采用外接偏置电阻和用有源负载代替高阻值的电阻，以保证降低静态偏置电流和总功耗，使电路处于最佳工作状态，获得良好的电气性能。

低功耗型运放具有静态功耗低、工作电流电压低等特点。它们的功耗只有几毫瓦，甚至更小，电源电压为几伏，而其他方面的性能不比通用型运放差，适用于能源有严格限制的情况，如空间技术、军事科学、工业中的遥感遥测等领域，以及便携式仪器，如常用的 TL—022C、TL—060C 等，其工作电压为±2～±18V，消耗电流为 50～250mA。目前有的产品功耗已达微瓦级，如 ICL7600 的供电电压为 1.5V，功耗为 10mW，可采用单节电池供电。

此外，还有能够输出高电压（如 100V）的高压型运放、能够输出大功率（如几十瓦）的大功率型运放等。

除了通用型和特殊型运放外，还有一类运放是为完成某种特定功能而生产的，如仪表用放大器、隔离放大器、缓冲放大器及对数/反对数放大器等。

常用的 LM358、TL072、LM393 是双运算放大器，其内部有两个完全一样的放大器；LM324 是四运算放大器，内部有 4 个完全一样的放大器。

常用运放的型号及其类型见表 7-3。

表 7-3　常用运放的型号及其类型

型　号	类　型	通用型号	型　号	类　型	通用型号
F1558	通用型双运算放大器		LM324	四运算放大器	HA17324、LM324N
F157/A	通用型运算放大器		LM348	四运算放大器	
F158/258	单电源双运算放大器		LM358	单电源双运算放大器	
F1590	宽频带放大器		LM358	通用型双运算放大器	HA17358、LM358P
F248/348	通用型四运算放大器		LM386—1	音频放大器	NJM386D、UTC386
LF347	带宽四运算放大器	KA347	OP111A	低噪声运算放大器	
LF351	宽带运算放大器		OP—27CP	低噪声运算放大器	
LF351	BI—FET 单运算放大器		TL061	BIFET 单运算放大器	
LF353	高阻双运算放大器		TL062	低功耗 JEET 双运算放大器	
LF356	BIFET 单运算放大器		TL064	BIFET 四运算放大器	
LF357	BIFET 单运算放大器		TL072	低噪声 JEET 输入型双运算放大器	
LF398	采样保持放大器		TL074	BIFET 四运算放大器	
LF411	BIFET 单运算放大器		TL081	通用 JEET 输入型单运算放大器	
LF412	BIFET 双运算放大器		TL082	BIFET 双运算放大器	
LF4136	高性能四运算放大器		TL084	BIFET 四运算放大器	

集成运算放大器的主要参数如下。

差模开环放大倍数（增益）A_{ud}：集成运放在无外接反馈电路时的差模电压放大倍数，是衡量放大能力的重要指标，一般运放的电压增益都很大，为 60～100dB，高增益运放可达 140dB。共模开环放大倍数 A_{UC}：衡量运放抗温漂、抗共模干扰能力的重要指标，优质运放的 A_{UC} 应接近于零。

共模抑制比 K_{CMR}：反映运放的放大能力，尤其是抗温漂、抗共模干扰能力的重要指标，好的运放应在 100dB 以上。

单位增益带宽 B_{WG}：代表运放的增益带宽积，一般运放为几 MHz～几十 MHz，宽频带运放可达 100MHz 以上。单位增益带宽定义为，运放的闭环增益为 1 倍条件下，将一个恒幅正弦小信号输入到运放的输入端，从运放的输出端测得闭环电压增益下降 3dB（或是相当于运放输入信号的 0.707 倍）时所对应的信号频率。单位增益带宽是一个很重要的指标，对于正弦小信号放大时，单位增益带宽等于输入信号频率与该频率下的最大增益的乘积。换句话说，就是当知道要处理的信号频率和信号需要的增益以后，可以计算出单位增益带宽，用以选择合适的运放。

转换速率（也称为压摆率）SR：放大器在闭环状态下，输入放大信号时，放大器输出电压对时间的最大变化速率。

由于在转换期间，运放的输入级处于开关状态，所以运放的反馈回路不起作用，也就是转换速率与闭环增益无关。转换速率对于大信号处理是一个很重要的指标。转换速率 SR 是反映运放对输入信号的反应速度，其值越大越好。

差模输入阻抗 r_{id}（也称为输入阻抗）：运放工作在线性区时，两输入端的电压变化量与对应的输入端电流变化量的比值。差模输入阻抗包括输入电阻和输入电容，在低频时仅指输入电阻。一般产品也仅仅给出输入电阻。采用双极型晶体管做输入级运放的输入电阻不大于 10MΩ；场效应管做输入级运放的输入电阻一般大于 1000MΩ。

差模输入阻抗的大小反映了集成运放输入端向差模输入信号源索取电流的大小。该参数值越大越好。

共模输入阻抗：运放工作在输入信号时（即运放两输入端输入同一个信号），共模输入电压的变化量与对应的输入电流变化量之比。在低频情况下，它表现为共模电阻。通常，运放的共模输入阻抗比差模输入阻抗高很多，典型值在 10^8Ω 以上。

输出阻抗 r_O：运放工作在线性区时，在运放的输出端加信号电压，电压变化量与对应的电流变化量的比值。输出阻抗 r_O 的大小反映了集成运放在小信号输出时的负载能力，在低频时仅指运放的输出电阻。

输入失调电压 U_{IO}：理想的集成运放，当输入电压为零时，输出电压也应为零（不加调零装置）。但由于制造工艺等原因，实际的集成运放在输入电压为零时，输出电压常不为零。为了使输出电压为零，需在输入端加一个适当的直流补偿电压，这个输入电压叫做输入失调电压 U_{IO}。U_{IO} 一般为毫伏级。它的大小反映了差动输入级的对称程度，失调电压越大，集成运放的对称性越差，一般为 $\pm(1\sim10)$mV。

输入偏置电流 I_{IB}：集成运放的两个输入端是差分对管的基极，因此两个输入端总需要一定的输入电流 I_{BN} 和 I_{BP}。输入偏置电流是指集成运放输出电压为零时，两个输入端静态电流的平均值。此时，偏置电流为 $I_{IB}=(I_{BN}+I_{BP})/I$。

输入失调电流 I_{IO}：输入信号为零时，两个输入端静态电流 $I+$ 与 $I-$ 之差，一般为输入静态偏置电流的 1/10 左右。输入失调电流是由差动输入级两个晶体管的 β 值不一致所引起的。

由于信号源内阻的存在，I_{IO} 会引起输入电压，破坏放大器的平衡，使放大器输出电压不为零，所以希望 I_{IO} 越小越好。它反映了输入级有效差分对管的不对称程度，一般为 1nA～0.1μA。

温度漂移：放大器的温度漂移是漂移的主要来源，而它又是由输入失调电压和输入失调电流随温度的漂移所引起的，故常用两种方式表示：①输入失调电压温漂 DU_{IO}/D_T：这是指在规定温度范围内 U_{IO} 的温度系数，也是衡量电路温漂的重要指标，DU_{IO}/D_T 不能用外接调零装置的办法来补偿；②输入失调电流温漂 DI_{IO}/D_T：这是指在规定温度范围内 I_{IO} 的温度系数，也是对放大器电路漂移的量度。

最大差模输入电压 U_{idmax}：该参数是集成运放的反相和同相输入端所能承受的最大电压值。

最大共模输入电压 U_{icmax}：这是指运放所能承受的最大共模输入电压。

最大输出电流 I_{omax}：运放所能输出的正向或负向峰值电流。通常给出输出端的短路电流。

运放还有很多其他指标，如静态功耗是指没有输入信号时的功耗，通常约为数十毫瓦，有些低功耗运放，静态功耗可低到 0.1mW 以下，这个指标对于便携式或植入式医学仪器是很重要的。运放的最大共模输入电压是指运放共模抑制比明显恶化时的共模输入电压值，通常约为几伏到十几伏。运放的电源电压，一般从几伏到几十伏。

2．集成稳压器

集成稳压器又称集成稳压电源。其电路形式大多采用串联稳压方式。集成稳压器与分立元件稳压器相比，具有体积小、性能高、使用简便可靠的优点。集成稳压器的种类有多端可调式、三端可调式、三端固定式及单片开关式集成稳压器。最常用的是三端集成稳压器，简称三端稳压器。

三端集成稳压器有三个引脚，分别为输入端、输出端和公共端，因而称为三端稳压器。常见的三端稳压器如图 7-4 所示。常见的三端稳压器引脚排列如图 7-5 所示。

图 7-4　常见的三端稳压器

三端集成稳压器有固定输出和可调输出两种不同的类型。

固定式集成稳压器的输出电压不能进行调节，为固定值。三端固定式集成稳压电源最常用的产品为 78XX 系列和 79XX 系列。78XX 系列输出为正电压；79XX 系列输出为负电压。

两种系列均有 5V、6V、9V、12V、15V、18V、24V 七种不同的输出电压挡次，输出电流分1.5A（78XX）、0.5A（78MXX）和 0.1A（78LXX）三个挡次。78XX 系列三端稳压器内置过热保护电路，无需外部元件，内置短路电流限制电路。78 或者 79 后面的两位数字表示输出稳压电压值。78XX 系列和 79XX 系列之间唯一的区别就是输出电压极性不同（引脚排列也不同，见图 7-5）。下面就以 78XX 系列进行介绍。

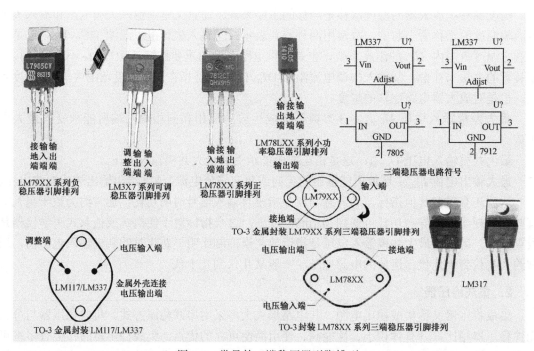

图 7-5 常见的三端稳压器引脚排列

我国和世界各大集成电路生产商均有同类产品可供选用，如 LM78XX 系列三端稳压器是美国国家半导体公司的固定输出三端正稳压器集成电路。不同厂商生产的同型号电路均可直接代换。不同厂商生产的 78XX 系列三端稳压器的后缀数字均相同，只是前缀字母不同，见表 7-4。

表 7-4 不同厂商的前缀字母

国家半导体	摩托罗拉	飞兆半导体	日电	东芝	日立	上无七厂	北京半导体五厂	意法半导体
LM78XX	MC78XX	MC78XX	μPC78XX	TA78XX	HA78XX	SW78XX	CW78XX	L78XX

例如，W7805 表示输出电压为 5V、最大输出电流为 1.5A；W78M05 表示输出电压为 5V、最大输出电流为 0.5A；W78L05 表示输出电压为 5V、最大输出电流为 0.1A。

78XX 系列三端集成稳压器的内部结构方框图如图 7-6 所示。

78XX 系列三端集成稳压器属于串联稳压电路。其工作原理与分立元件的串联稳压电源相同，由启动电路、取样电路、比较放大电路、基准环节、调整环节及过流保护等组成。此外它还有过热和过压保护电路。因此，其稳压性能要优于分立元件的串联型稳压电路。如串联稳压的启动电路是比较放大管的负载电阻，此电阻在电源工作过程始终接于电路中，当输入电压变化（电网波动）时，通过负载电阻可影响输出电压也跟着变化。而三端集成稳压器设置的启动电路，在稳压电源启动后处于正常状态，启动电路与稳压电源内部其他电路脱离联系，这样输入电压变化不直接影响基准电路和恒流源电路，保持输出电压的稳定。

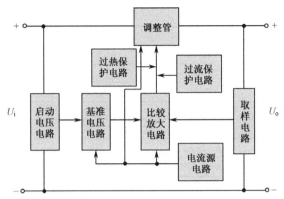

图 7-6　78XX 系列三端集成稳压器的内部结构方框图

78XX 系列三端集成稳压器的主要参数有下列几种。

最大输入电压 U_{imax}：保证稳压器安全工作时所允许的最大输入电压，为 35V。

输出电压 U_o：稳压器正常工作能输出的额定电压分为 5V、6V、9V、12V、15V、18V、24V 七个挡级。

最小输入/输出电压差值（U_i-U_o）min：保证稳压器正常工作时所允许的输入与输出电压的差值。（U_i-U_o）min 应为 2～3V，若此值太小，则内部的调整管将进入饱和区。

最大输出电流 I_{omax}：保证稳压器安全工作时所允许输出的最大电流。78XX 为 1.5A，78LXX 为 0.1A，78MXX 为 0.5mA。I_{omax} 与散热条件有关，散热条件好，I_o 可大些。因此，三端稳压器与串联型稳压电路的调整管一样，使用时应加装散热片。

电压调整率 K_V：当输入电压 U_i 变化±10%时输出电压相对变化量 $\Delta U_o/U_o$ 的百分数。此值越小，稳压性能越好。电压调整率能达到 0.1%～0.2%。

输出电阻 R_o：在输入电压变化量 ΔU_i 为 0 时，输出电压变化量 ΔU_o 与输出电流变化量 ΔI_o 的比值。它反映负载变化时的稳压性能，即稳压器带负载的能力。R_o 越小，即 ΔU_o 越小，稳压性能越好，带负载能力越强。

常用的 7805、7812、7815 的三端稳压器主要参数见表 7-5。

表 7-5　常用的 7805、7812、7815 的三端稳压器主要参数

参　数　　　　　　型　号			7805			7812			7815		
输出电压			5V			12V			15V		
输入电压			10V			19V			23V		
参数	单位	测试条件	最小	典型	最大	最小	典型	最大	最小	典型	最大
输出电压	V	$T_J=25℃$，$5mA{\leqslant}I_o{\leqslant}1A$	4.8	5	5.2	11.5	12	12.5	14.4	15	15.6
	V	$P_D{\leqslant}15W$，$5mA{\leqslant}I_o{\leqslant}1A$	4.75		5.25	11.4		12.6	14.25		15.75
	V	$U_{min}{\leqslant}U_i{\leqslant}U_{max}$	（$7.5{\leqslant}U_i{\leqslant}25$）			（$14.5{\leqslant}U_i{\leqslant}27$）			（$17.5{\leqslant}U_i{\leqslant}30$）		

续表

参数	单位	测试条件		7805		7812		7815	
电压调整率	mV	$I_o=500\text{mA}$	$T_J=25℃$	3	50	4	120	4	150
	V		ΔU_i	$(7{\leq}U_i{\leq}25)$		$(14.5{\leq}U_i{\leq}30)$		$(17.5{\leq}U_i{\leq}30)$	
	mV		$0℃{\leq}T_J{\leq}125℃$		50		120		150
	V		ΔU_i	$(8{\leq}U_i{\leq}20)$		$(15{\leq}U_i{\leq}27)$		$(18.5{\leq}U_i{\leq}30)$	
	mV	$I_o{\leq}1\text{A}$	$T_J=25℃$		50		120		150
	V		ΔU_i	$(7.5{\leq}U_i{\leq}20)$		$(14.6{\leq}U_i{\leq}27)$		$(17.7{\leq}U_i{\leq}30)$	
	mV		$0℃{\leq}T_J{\leq}125℃$		25		60		75
	V		ΔU_i	$(8{\leq}U_i{\leq}12)$		$(16{\leq}U_i{\leq}22)$		$(20{\leq}U_i{\leq}26)$	
负载调整率	mV	$T_J=25℃$	$5\text{mA}{\leq}I_o{\leq}1.5\text{A}$	10	50	12	120	12	150
	mV		$250\text{mA}{\leq}I_o{\leq}750\text{mA}$		25		60		75
	mV	$5\text{mA}{\leq}I_o{\leq}1\text{A}$，$0℃{\leq}T_J{\leq}+125℃$			50		120		150
静态电流	mA	$I_o{\leq}1\text{A}$	$T_J=25℃$		8		8		8
	mA		$0℃{\leq}T_J{\leq}+1℃$		8.5		8.5		8.5
静态电流变化	mA	$5\text{mA}{\leq}I_o{\leq}1\text{A}$			0.5		0.5		0.5
	mA	$T_J=25℃$，$I_o{\leq}1\text{A}$			1.0		1.0		1.0
	V	$U_{min}{\leq}U_i{\leq}U_{max}$		$(7.5{\leq}U_i{\leq}20)$		$(14.8{\leq}U_i{\leq}27)$		$(17.9{\leq}U_i{\leq}30)$	
	mA	$I_o{\leq}500\text{mA}$，$0℃{\leq}T_J{\leq}+125℃$			1.0		1.0		1.0
	V	$U_{min}{\leq}U_i{\leq}U_{max}$		$(7{\leq}U_i{\leq}25)$		$(14.5{\leq}U_i{\leq}30)$		$(17.5{\leq}U_i{\leq}30)$	
输出噪声电压	μV	$T_A=25℃$，$10\text{Hz}{\leq}f{\leq}100\text{kHz}$			40		75		90
纹波电压抑制	dB	$f=120\text{Hz}$	$T_J=25℃$，$I_o{\leq}1\text{A}$	62	80	55	72	54	70
	dB		$I_o{\leq}500\text{mA}$ $0℃{\leq}T_J{\leq}+125℃$	62		55		54	
	V	$U_{min}{\leq}U_i{\leq}U_{max}$		$(8{\leq}U_i{\leq}18)$		$(15{\leq}U_i{\leq}25)$		$(18.5{\leq}U_i{\leq}28.5)$	
输出电压漂移	mV/℃	$0℃{\leq}T_J{\leq}+125℃$，$I_o=5\text{mA}$			0.6		1.5		1.8
压差	V	$T_J=25℃$，$I_o{\leq}1\text{A}$			2.0		2.0		2.0

可调式三端稳压器可输出连续可调的直流电压。常见的产品有 XX117/XX217M/XX317L、XX137/XX237/XX337。型号前面的英文字母"XX"代表型号的前缀字母，不同厂家生产的元器件前缀字母不同（见表7-4），不同厂商生产的同型号电路均可直接代换。不同厂商生产的 XX117/XX217M/XX317L、XX137/XX237/XX337 系列三端稳压器的后缀数字均相同，只是前缀字母不同。

XX117/XX217M/XX317L 系列稳压器可输出连续可调的正电压，XX137/XX237/XX337 系列稳压器可输出连续可调的负电压，可调范围为 1.2～37V，最大输出电流均可达 1.5A。

XX117、XX217M、XX317L 的最大输出电流分别为 1.5A、0.5A、0.1A。XX117、XX217M、XX317L 具有相同的引出端、相同的基准电压和相似的内部电路。

XX117 的原理框图如图 7-7 所示。

XX117 有三个引出端，分别为输入端、输出端和电压调整端（简称调整端）。调整端是基准电压电路的公共端。由 VT1 和 VT2 组成的复合管为调整管。比较放大电路是共集—共射放大电路。保护电路包括过流保护、调整管安全区保护和过热保护三部分。R1 和 R2 为外接的取样电阻，调整端接在它们的连接点上。

当输出电压 U_o 因某种原因（如电网电压波动或负载电阻变化）增大时，比较放大电路的反相输入端电压（采样电压）随之升高，使得放大电路输出端电位下降，U_o 势必随之减小；当输出电压 U_o 因某种原因减小时，各部分的变化与上述过程相反，因而输出电压很稳定。

XX117、XX217M、XX317L 的主要性能参数见表 7-6。

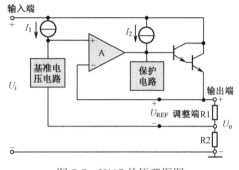

图 7-7　X117 的原理框图

表 7-6　XX117/XX217M/XX317L 的主要性能参数

参 数 名 称	符 号	单 位	W117/W217M	W317L
			典型值	典型值
输出电压	U_o	V	1.2～37	1.2～37
电压调整率	S_U	%/V	0.01	0.01
电流调整率	S_I	%	0.1	0.1
调整端电压	I_{adj}	μA	50	50
调整端电流变化	ΔI_{adj}	μA	0.2	0.2
基准电压	U_{REF}	V	1.25	1.25
最小负载电流	I_{omin}	mA	3.5	3.5

XX117、XX217M、XX317L 基准电压 U_{REF} 是 1.2～1.3V 中的某一个值，典型值为 1.25V。

XX117、XX217M、XX317L 的输出端和输入端电压之差为 3～40V，过低时，不能保证调整管工作在放大区，从而使稳压电路不能稳压；过高时，调整管可能因管压降过大而击穿。外接取样电阻不可少，根据最小输出电流 I_{omin} 可以求出取样电阻 R1 的最大值。

3. 集成音频功率放大器

集成音频功率放大器简称集成功放。功率放大电路简称功放。音频功率放大电路的作用就是将前级电路送来的微弱电信号进行功率放大，包括电压和电流，从而推动扬声器，完成电（信号）→声（信号）转换的过程。功率放大电路在整个电压放大过程中处于最末级，因此它的性能将直接影响到功放机的整体性能和功放机的效率。集成音频功率放大器由于外围电路简单、调试方便，因此被广泛应用在各类音频功率放大电路中。

按输出功率的大小，可将集成音频功率放大器分为小、中、大功率放大器，其输出功率从几百毫瓦（mW）到几百瓦（W）。根据内部放大器的个数，集成音频功率放大器通常分为单声道集成音频功率放大器、立体声（双声道）集成音频功率放大器、多声道集成音频功率放大器。

常用的集成音频功率放大器有 LM386、TDA2030、LM1875、LM4766、LM3886 等型号。

集成音频功率放大器的主要参数如下：

电源纹波抑制比 PSRR（Power Supply Rejection Rate）：音频放大器输入测量电源电压的偏差耦合到一个模拟电路的输出信号的比值，反映了音频功率放大器对电源的纹波要求。

PSRR 值越大，音频放大器输出音质就越好。

总谐波失真加噪声 THD+N（Total Harmonic Distortion）：一个模拟电路处理信号后，在一个特定频率范围内所引入的总失真量。噪声（Noise）是指通常不需要的信号。有时是由于热或者其他物理条件产生的在电路板上的其他电气行为（干扰）。从 THD+N 的定义中不难看出，总谐波失真和噪声越小越好。

信噪比（SNR）：通常指一个模拟信号中有用信号和噪声之间的比值。

增益（A_o）：对音频功率放大器来说，增益通常指放大器输出功率和输入功率之间的比值。增益越大，说明放大器的效率越高。

最大输出功率（POCM）：输出功率反映了一个音频功率放大器的负载能力，通常音频放大器厂家会提供产品在工作电压一定条件和额定负载下的最大输出功率。

工作电压：集成音频功率放大器的工作电压主要有最低工作电压、额定工作电压、最高工作电压等。最低工作电压是指集成音频功率放大器可以工作时的最低电压；额定工作电压是集成音频功率放大器输出额定功率时的工作电压，集成音频功率放大器在该电压下工作时最稳定；最大工作电压是指集成音频功率放大器能够承受的最高电压，长时间工作在最高工作电压下，对集成音频功率放大器的寿命是有影响的，甚至会烧毁集成音频功率放大器，因此，应尽量使集成音频功率放大器的实际工作电压低于最高工作电压。

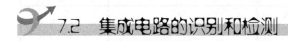

7.2 集成电路的识别和检测

7.2.1 集成电路型号的识别

集成电路的型号一般都在其表面印刷（或者激光刻蚀）出来。集成电路有各种型号，其命名也有一定的规律，一般是由前缀、数字编号、后缀组成。前缀主要为英文字母，用来表示集成电路的生产厂家及类别；后缀一般用来表示集成电路的封装形式、版本代号等，如常用的音频功率放大器 LM3886 就因为后缀不同而有 LM3886TF 和 LM3886T 两种类型，前者散热片绝缘，后者不绝缘，其中前缀 LM 表示该集成电路是美国国家半导体公司的产品。常用集成电路的前缀字母代表的公司名称见表 7-7。

表 7-7　常用集成电路的前缀字母代表的公司名称

前 缀 字 母	公司名称缩写	公 司 全 称	中文公司名称
AC	TI	TEXAS INSTRUMENTS	美国德克萨斯仪器公司
AD	AD	ANALOG DEVICES	美国模拟器件公司
AN		PANASONIC	日本松下电气公司
BA		ROHM	日本罗姆公司
CX		SONY	日本索尼公司
CXA		SONY	日本索尼公司
CXD		SONY	日本索尼公司
HA		HITACHI	日本日立公司
KA		SAMSUNG	韩国三星电子公司
KIA		KEC	韩国电子公司
LA		SANYO	日本三洋电气公司

前 缀 字 母	公司名称缩写	公 司 全 称	中文公司名称
LB		SANYO	日本三洋电气公司
LF		PHILIPS	荷兰飞利浦公司
LM		SANYO	日本三洋电气公司
LM	NS	NATIONAL SEMICONDUCTOR	美国国家半导体公司
LM		SIGNETICS	美国西格尼蒂克公司
LM		FAIRCHILD	美国飞兆半导体公司
LM		PHILIPS	荷兰飞利浦公司
LM		MOTOROLA	美国摩托罗拉半导体产品公司
LM		SAMSUNG	韩国三星电子公司
M			日本三菱公司
RA	HIT		日本日立公司
TDA		SIGNETICS	美国西格尼蒂克公司
TDA		MOTOROLA	美国摩托罗拉半导体产品公司
TDA	NS	NATIONAL SEMICONDUCTOR	美国国家半导体公司
TDA		SIEMENS	德国西门子公司
TDA	NEC	NEC ELECTRON	日本电气公司
TDA		AEG-TELEFUNKEN	德国德律风根公司
TDA		HITACHI	日本日立公司
TDA		PHILIPS	荷兰飞利浦公司
TDA		RCA	美国无线电公司
TDA		THOMSON-CSF	法国汤姆逊半导体公司
TL			美国德州仪器公司
ULN	MOTOROLA		美国摩托罗拉半导体产品公司
μPC	NEC	NEC ELECTRON	日本电气公司

国产集成电路的型号名称通常由五部分组成，各部分的含义见表 7-8。

表 7-8　国产集成电路型号名称各部分的含义

第 一 部 分		第 二 部 分		第 三 部 分	第 四 部 分		第 五 部 分	
用字母表示器件符合国家标准		用字母表示器件的类型		用阿拉伯数字表示器件的系列和品种代号	用字母表示器件的工作温度范围		用字母表示器件的封装	
符号	意义	符号	意义		符号	意义	符号	意义
		T	TTL		C	0℃～70℃	W	陶瓷扁平
		H	HTL		E	−40℃～85℃	B	塑料扁平
		E	ECL		R	−55℃～85℃	F	全封闭扁平
		C	CMOS	不同类型的集成电路，该部分数字不同			D	陶瓷直插
C	中国制造	F	线性放大器				P	塑料直插
		D	音响、电视电路		M ……	−55℃～125℃ ……	J	黑瓷双列直插
		W	稳压器				K	金属菱形
		J	接口电路				T	金属圆形

例如，国产型号为"CF741CT"的集成电路型号所代表的含义为：

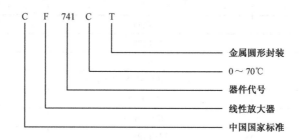

集成稳压器的型号由两部分组成。第一部分是字母，国标用"CW"表示。其中，"C"代表中国，"W"代表稳压器。国外产品有 LM（美国国家半导体公司）、μA（美国飞兆公司）、MC（摩托罗拉公司）、TA（日本东芝）、μPC（日本日电）、HA（日立）、L（意大利意法半导体公司）等。第二部分是数字，表示不同的输出电压。国内外同类产品的数字意义完全一样。

7.2.2 集成电路引脚的识别

集成电路通常有多个引脚，每一个引脚都有其相应的功能定义，使用集成电路前，必须认真查对识别集成电路的引脚，确认电源、接地端、输入、输出、控制等端的引脚号，以免因接错而损坏器件。

集成电路的封装形式有晶体管式封装、扁平封装和直插式封装。集成电路的引脚排列次序有一定的规律，一般是从外壳顶部向下看，从左下脚按逆时针方向读数，其中第一脚附近一般有参考标志，如凹槽、色点等。引脚排列的一般规律为：

圆形金属壳封装的集成电路多用于集成运放等，引脚数有 8、10、12 等种类。其引脚识别方法为：正视引脚，以管壳上的凸起部分（定位销）为参考标记，按顺时针方向数引脚依次为 1、2、3、…

扁平和双列直插式集成电路，其引脚数目有 8、10、12、14、16、18、20、24 等多种。这些集成电路上通常都有一个缺口（缺角或者圆弧）或者色点作为第一个引脚的识别标记。识别引脚时，要将有文字符号的一面正放（一般将缺口或者色点置于左方），由顶部俯视，从左下脚起，按逆时针方向数，依次为 1、2、3、…

方形扁平式封装与单列式封装的集成电路通常采用一个缺角标示引脚的起始。对于方形扁平式封装的集成电路，可以将有文字符号的一面正放（一般将缺角置于左方），由顶部俯视，从左下脚起，按逆时针方向数，依次为 1、2、3、…对于单列式封装的集成电路，可以将有文字符号的一面正放（一般将缺角置于左上方），从左下脚起，从左至右引脚号码依次为 1、2、3、…

常见的集成电路引脚识别方法如图 7-8 所示。集成电路各引脚代表的含义及内部的具体连接方法，应根据集成电路的型号查阅相关的技术手册。

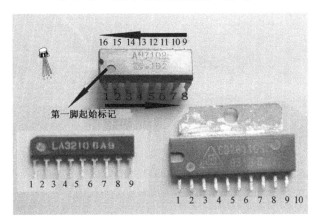

图 7-8　常见的集成电路引脚识别方法

7.2.3　集成电路封装的识别

所谓封装是指安装集成电路用的外壳。它不仅起着安放、固定、密封、保护芯片和增强电热性能的作用，而且还是沟通芯片内部与外部电路的桥梁，芯片上的接点用导线连接到封装外壳的引脚上。这些引脚又通过基板上的导线与其他元器件进行连接。因此，对于很多集成电路产品而言，封装技术都是非常关键的一环，对芯片自身性能的表现和发挥均有重要的影响。

按照封装材料，集成电路的封装可以分为金属封装、塑料封装及陶瓷封装等。其中，塑料封装的集成电路最常用。塑料封装的集成电路又有方形扁平型和小型外壳两大类。前者适用于多引脚电路，后者适用于少引脚电路。

按照封装外形，集成电路的封装可以分为直插式封装、贴片式封装及 BGA 封装等类型。下面介绍几种常用的集成电路封装。集成电路的封装通常用封装形式+数字的形式表示，如"DIP-8"表示"8 引脚双列直插式封装"。

【直插式封装】

直插式封装集成电路是引脚可直接插入印制板中，然后再焊接的一种集成电路封装形式，主要有单列式封装和双列直插式封装。其中，单列式封装有单列直插式封装（Single Inline Package，SIP）和单列曲插式封装（Zig-Zag Inline Package，ZIP）。单列直插式封装的集成电路只有一排引脚。单列曲插式封装的集成电路一排引脚又分成两排进行安装。

双列直插式封装又称 DIP 封装（Dual In-line Package）。采用这种封装的集成电路具有两排引脚。双列直插式封装适合 PCB 的穿孔安装，易于对 PCB 布线、安装方便。双列直插式封装的结构形式主要有多层陶瓷双列直插式封装、单层陶瓷双列直插式封装及引线框架式封装等。常见的直插式封装集成电路外形图如图 7-9 所示。

DIP 是最普及的插装型封装，应用范围包括标准逻辑 IC、微机电路等。引脚中心距2.54mm，引脚数从 6～64，封装宽度通常为 15.2mm。有的把宽度为 7.52mm 和 10.16mm 的封装分别称为 skinny DIP 和 slim DIP（窄体型 DIP）。但多数情况下并不加区分，统称为DIP。

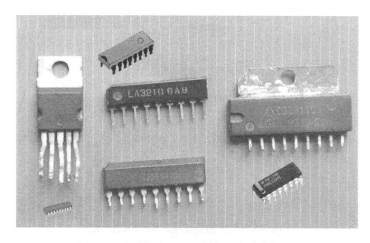

图 7-9　常见的直插式封装集成电路外形图

【贴片封装】

　　随着生产技术的提高，电子产品的体积越来越小，体积较大的直插式封装集成电路已经

不能满足需要，故设计者又研制出一种贴片封装的集成电路。这种封装的集成电路引脚很小，可以直接焊接在印制电路板的印制导线上。贴片封装的集成电路主要有薄型 QFP（TQFP）、细引脚间距 QFP（VQFP）、缩小型 QFP（SQFP）、塑料 QFP（PQFP）、金属 QFP（MetalQFP）、载带 QFP（TapeQFP）、J 型引脚小外形封装（SOJ）、薄小外形封装（TSOP）、甚小外形封装（VSOP）、缩小型 SOP（SSOP）、薄的缩小型 SOP（TSSOP）及小外形集成电路（SOIC）等派生封装。常见的贴片式封装集成电路的外形图如图 7-10 所示。

图 7-10　常见的贴片式封装集成电路外形图

【BGA 封装】

　　BGA 封装（Ball Grid Array Package）又名球栅阵列封装。BGA 封装的引脚以圆形或柱状焊点按阵列形式分布在封装下面。采用该封装形式的集成电路主要有 CPU 及南、北桥等的高密度、高性能、多功能集成电路。

　　BGA 封装集成电路的优点是虽然增加了引脚数，但引脚间距并没有减小反而增加了，从而提高了组装成品率；厚度和重量都较以前的封装技术有所减少；寄生参数减小，信号传输延迟小，使用频率大大提高；组装可用共面焊接，可靠性高。常见的 BGA 封装集成电路外形图如图 7-11 所示。

【厚膜封装】

　　厚膜封装的集成电路就是把专用的集成电路芯片与相关的电容、电阻元件集成在一个基板上，然后在其外部采用标准的封装形式，并引出引脚的一种模块化的集成电路。厚膜集成电路封装示意图如图 7-12 所示。

图 7-11　常见的 BGA 封装集成电路外形图　　　图 7-12　厚膜集成电路封装示意图

7.2.4　集成电路的电路符号

集成电路在电路原理图中通常用字母"ICxxx"或者"Uxxx"来表示，如"IC1"或者"U1"表示该集成电路为电路原理图中的第一个集成电路。

模拟集成电路在电路原理图中没有固定的图形，通常用一个方形框表示，并在方形框上拉出多个引脚线。该引脚线上对应的数字通常表示该引脚的引脚号码，如图 7-13 所示。在有些电路原理图中通常还在集成电路引脚附近标注该引脚的功能，以利于分析电路。

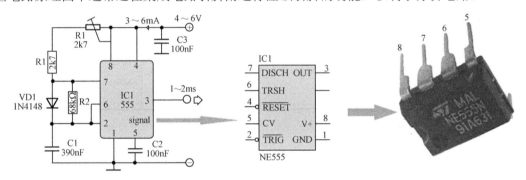

图 7-13　集成电路在电路原理图中的符号

运算放大器及数字集成电路通常都有固定的电路图符号。常用的运算放大器及数字集成电路在电路原理图中的符号见表 7-9。

表 7-9　常用的运算放大器及数字集成电路在电路原理图中的符号

集成电路名称	电路原理图符号	真　值　表			常　用　型　号
		输入		**输出**	
		A	B	L	
与门	A —[&]— $L=A \cdot B$ B	0	0	0	74HC21、CD4081B
		0	1	0	
		1	0	0	
		1	1	1	
		输入		**输出**	
		A	B	L	
或门	A —[≥1]— $L=A+B$ B	0	0	0	CD4071B
		0	1	1	
		1	0	1	
		1	1	1	

续表

集成电路名称	电路原理图符号	真 值 表	常 用 型 号
非门	A —[1]o— L=$\overline{A}$	<table><tr><td>A</td><td>L</td></tr><tr><td>0</td><td>1</td></tr><tr><td>1</td><td>0</td></tr></table>	CD4069
与非门	A —[&]o— L=$\overline{A \cdot B}$ B	<table><tr><td colspan="2">输入</td><td>输出</td></tr><tr><td>A</td><td>B</td><td>L</td></tr><tr><td>0</td><td>0</td><td>1</td></tr><tr><td>0</td><td>1</td><td>1</td></tr><tr><td>1</td><td>0</td><td>1</td></tr><tr><td>1</td><td>1</td><td>0</td></tr></table>	CD4011、CD4012、74HC00、74LS03
或非门	A —[≥1]o— L=$\overline{A+B}$ B	<table><tr><td colspan="2">输入</td><td>输出</td></tr><tr><td>A</td><td>B</td><td>L</td></tr><tr><td>0</td><td>0</td><td>1</td></tr><tr><td>0</td><td>1</td><td>0</td></tr><tr><td>1</td><td>0</td><td>0</td></tr><tr><td>1</td><td>1</td><td>0</td></tr></table>	CD4002
异或门	A —[=1]— L=A $\oplus$ B B	<table><tr><td colspan="2">输入</td><td>输出</td></tr><tr><td>A</td><td>B</td><td>L</td></tr><tr><td>0</td><td>0</td><td>0</td></tr><tr><td>0</td><td>1</td><td>1</td></tr><tr><td>1</td><td>0</td><td>1</td></tr><tr><td>1</td><td>1</td><td>0</td></tr></table>	CD4030
运算放大器、比较器	(三角形符号，含"−"和"+"输入端)	带有 "−" 符号的引脚表示该脚为反相输入端；带有 "+" 符号的引脚表示该脚为正相输入端	RC4558、NE5532、NE5534、LM741、LM324、TL082、TL084

7.2.5　集成电路的检测

集成电路常用的检测方法有在线测量法、非在线测量法。

非在线测量法是在集成电路未焊入电路时，通过用万用表测量各引脚对应于接地引脚之间的正、反向直流电阻值，然后与已知正常同型号集成电路各引脚之间的直流电阻值进行对比，以确定其是否正常。

在线测量法是通过万用表检测集成电路在路（在电路中）直流电阻、对地交、直流电压及工作电流是否正常，来判断该集成电路是否损坏。这种方法是检测集成电路最常用和实用的方法。

【直流电阻检测法】

这是一种用万用表欧姆挡直接在线路板上测量集成电路各引脚和外围元件的正、反向直流电阻值，并与正常数据相比较，来发现和确定故障的一种方法。

使用集成电路时，总有一个引脚与印制电路板上的"地"线是连通的，在电路中该引脚称为接地脚。由于集成电路内部元器件之间的连接都采用直接耦合，因此，集成电路的其他引脚与接地脚之间都存在着确定的直流电阻。这种确定的直流电阻被称为该脚内部等效直流电阻，简称 $R_{内}$。当拿到一块新的集成电路时，可通过用万用表测量各引脚的内部等效直流电阻来判断其好坏，若各引脚的内部等效电阻 $R_{内}$ 与标准值相符，则说明这块集成电路是正常的；

反之，若与标准值相差过大，则说明集成电路内部损坏。由于集成电路内部有大量的三极管、二极管等非线性元件，故在测量中单测得一个阻值还不能判断其好坏，必须互换表笔再测一次，以获得正、反向两个阻值。只有当 $R_内$ 正、反向阻值都符合标准，才能断定该集成电路完好。在电路中测得的集成电路某引脚与接地脚之间的直流电阻（在路电阻），实际是 $R_内$ 与 $R_外$ 并联的总直流等效电阻。

有时在路电压和在路电阻偏离标准值，并不一定是集成电路损坏，而是有关外围元件损坏，使 $R_外$ 不正常，从而造成在路电压和在路电阻的异常。这时可以通过测量集成电路内部直流等效电阻来判定集成电路是否损坏。在路检测集成电路内部直流等效电阻时可不把集成电路从电路上焊下来，只需将电压或在路电阻异常的脚与电路断开，再测量该脚与接地脚之间的 $R_内$ 正、反向电阻值便可判断其好坏。

测量直流电阻前要先断开电源，以免测试时损坏万用表。

 【对地交、直流电压测量法】

这是一种在通电情况下，用万用表直流电压挡对直流供电电压、外围元件的工作电压进行测量，检测集成电路各引脚对地直流电压值，并与正常值相比较，进而压缩故障范围，找出损坏元件的测量法。

对于输出交流信号的输出端，此时不能用直流电压法来判断，要用交流电压法来判断。检测交流电压时要把万用表挡位拨到"交流挡"（针对数字万用表），然后检测该脚对电路"地"的交流电压。如果电压异常，则可断开引脚连线测接线端电压，以判断电压变化是由外围元件引起，还是由集成电路内部引起的。

⚠对于一些多引脚的集成电路，不必检测每一个引脚的电压，只需要检测几个关键引脚的电压即可大致判断出其故障位置：如微处理器集成电路的关键测试引脚是电源端（V_{DD}）、复位端（RESET）、晶振信号输入端（XIN）、晶振信号输出端（XOUT）、I^2C 总线数据端（SDA）/时钟端（SCL）及其他各线输入、输出端。不同型号微处理器的 RESET 复位电压也不相同，有的是低电平复位，即在开机瞬间为低电平，复位后维持高电平；有的是高电平复位，即在开机瞬间为高电平，复位后维持低电平。

开关电源集成电路的关键脚是电源端（V_{CC}）、激励脉冲输出端（V_{OUT}）、电压检测输入端、电流检测输入端（I_L）。

音频放大集成电路的关键引脚是供电端（V_{CC}）、接地端（GND）、输入端（IN）、输出端（OUT）。对引起无声故障的音频功放集成电路，测量其电源电压正常时，可用信号干扰法来检查。测量时，将万用表置于 R×1 挡，将红表笔接地，用黑表笔点触音频输入端，正常时扬声器中应有较强的"喀、喀"声。

在路测量这些关键脚对地的电阻值和电压值，看是否与正常值相同（正常值可从产品电路图或有关维修资料中查出）。

 【工作电流测量法】

该法是通过检测集成电路电源引脚的总电流来判断集成电路好坏的一种方法。由于集成电路内部绝大多数为直接耦合，集成电路损坏时会引起后级饱和与截止，使总电流发生变化。所以通过测量总电流的方法可以判断集成电路的好坏。也可用测量电源通路中电阻的电压降，用欧姆定律计算出总电流值。

7.2.6　集成电路的代换

当集成电路损坏时，就需要将其更换才能使电路恢复正常工作。更换集成电路时就需要实施代换工作，代换工作主要有以下几种类型。

【直接代换】

直接代换是指用其他集成电路不经任何改动而直接取代原来的集成电路，代换后不影响机器的主要性能与指标。

直接代换的原则是：代换集成电路的功能、性能指标、封装形式、各引脚用途、引脚序号和引脚间距等均相同。

直接代换有以下两种形式。

采用同一型号的集成电路进行代换：采用同一型号的集成电路代换损坏的集成电路是最安全、可靠的代换方式。需要注意的是，对于一些集成电路，代换集成电路的型号最好与原损坏的集成电路前缀字母、后缀字母完全相同，否则容易出现一些莫名其妙的问题，如电脑显示器上常用的视放芯片LM1237，若采用后缀名称不同的集成电路（如LM1237BDCE）代换就会出现菜单字符为乱码的故障。

不同型号集成电路的代换：不同型号集成电路的代换形式又分为以下三种情况。

型号前缀字母不同、数字相同的集成电路的代换。在一般情况下，前缀字母是表示生产厂家及电路的类别，前缀字母后面的数字相同，大多数可以直接代换，如三端稳压器LM317可以与国产的W317直接代换。但也有少数集成电路，虽数字相同（前缀字母），但功能却完全不同。例如，RC4558和NJM4558均为8脚的运算放大器（它们之间可以互相代换），而CD4558为14脚的数字集成电路。

型号前缀字母相同、数字不同集成电路的代换。有些工厂生产的集成电路，其前缀字母相同，而用不同的后缀数字来表示不同的电气参数，只要这些不同后缀数字的集成电路相互间的引脚功能完全相同（其内部电路和电参数可以稍有差异），也可相互直接代换，如电脑显示器中常用的视频功率放大器LM2469可以直接代换LM2468（后者带宽比前者稍低）。

型号前缀字母和数字都不同的集成电路的代换。在有些情况下，不同厂家生产的同种功能的集成电路命名方式不完全一样，这就导致有些功能、参数、引脚排列都相同的集成电路可能名称不一样，如常用的四运算放大器LM324就可以采用HA17324直接代换。

【非直接代换】

非直接代换是指不能进行直接代换的集成电路，经稍加修改外围电路，改变原引脚的排列或增减个别元件等，达到可以代换损坏集成电路的一种方法。

非直接代换的原则：代换所用的集成电路可与原来的集成电路引脚功能不同、外形不同，但功能要相同，特性要相近；代换后，不应影响原机的性能。

7.3　集成电路的应用

7.3.1　运算放大器的应用

运算放大器是一种通用集成电路。其应用范围很广，可以应用在放大、振荡、电压比较、阻抗变换、有源滤波等电路中。根据工作特性，运算放大器构成的电路主要有线性放大器（Linear Amplifier）与非线性放大器（Nonlinear Amplifier）。

1. 反相放大器/同相放大器

将输入信号经过电阻器后，加入到运算放大器的反相输入端，用一个电阻器连接输出端与反相端（负反馈），便可构成反相放大器（Inverting Amplifier），如图 7-14（a）所示。

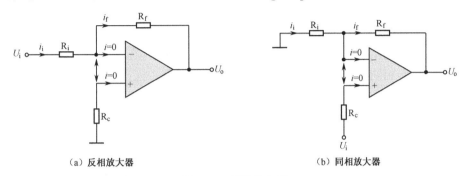

（a）反相放大器　　　　　　　　　（b）同相放大器

图 7-14　反相放大器

反相放大器电路的闭回路电压增益（以后简称为电压增益）$A_v = \dfrac{U_o}{U_i} = -\dfrac{R_f}{R_i}$。反相放大器的增益仅与外加电阻的大小有关，且其增益值为负值，即代表输出电压极性与输入信号相反。

反相放大器电路的输入电阻 $r_i = R_i$。为保证一定的输入电阻，当放大倍数大时，需增大 R_f 的阻值，大电阻的精度差，因此在放大倍数较大时，该电路结构已不再适用。

在反相放大器电路中，电阻器 R_c 为平衡电阻，用来使输入端对地的静态电阻相等，保证静态时输入级的对称性。

反相放大器输出电阻小，因此带负载能力强。但是输入电阻小，因此对输入电流有一定的要求。

将输入信号由运算放大器的同相端加入，接着用一个电阻连接输出端与反相端，便可构成同相放大器（Noninverting Amplifier），如图 7-14（b）所示。

同相放大器的电压增益 $A_u = \dfrac{u_o}{u_i} = \dfrac{R_i + R_f}{R_i} = 1 + \dfrac{R_f}{R_i}$。同相放大器的增益仅与外加电阻的大小有关，且其增益值为正值，即代表输出电压的极性与输入信号相同。

同相放大器的输出电阻小，因此带负载能力强。由于串联负反馈的作用，因此输入电阻大。

使用运算放大器来设计线性放大器相当简单，但在电路设计上有几点必须特别注意：

输入信号与增益的乘积（输出电压）不要超过饱和电压，否则将会使输出产生失真现象。对一般电路而言，最大输出电压应略小于饱和电压，以保证运算放大器能维持线性操作。

虽然增益值为外加电阻的比例，但所选择的电阻值应适当。若选用的电阻值太低，则会使接于放大器的负载变得太大，如此可能会工作在非线性状态；反之，若选用的电阻值太大，将会导致电阻的热噪声增加，如此可能会使直流偏补电压的补偿产生困难。虽然无法达到所有情况都处于最佳值，但对大部分电路而言，合理的电阻值范围应为 $1 \sim 100 k\Omega$。

运算放大器的增益与频宽的乘积为一个常数，故所设计的线性放大器的闭回路电压增益值，必须考虑到频宽与闭回路增益的精确值。

2．电压跟随器

电压增益为 1 且不反相，输出信号全部接到输入端作为百分之百的负反馈，即 U_o 追随着 U_i，这样的放大器被称为电压跟随器，如图 7-15 所示。

电压跟随器的输出电压全部引到反相输入端，信号从同相端输入。电压跟随器是同相比例运算放大器的特例。

电压跟随器是电压串联负反馈电路，输入电阻大，输出电阻小，在电路中的作用与分立元件的射极输出器相同，但是电压跟随性能要好一些。

3．差动放大器

若将反相与同相加法电路结合起来，便可得到一种相当实用的组合电路，这种电路被称为差动放大器（Differential Amplifier），如图 7-16 所示。

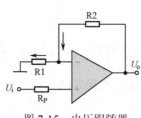

图 7-15　电压跟随器

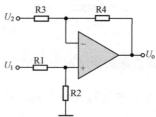

图 7-16　差动放大器

若输入信号 U_1 和 U_2 分别加入运算放大器的同相端与反相端，则输出端可得到一个输出电压 U_o。若适当地选择 $R_1 = R_3 = R_a$、$R_2 = R_4 = R_b$，则 $U_o = \dfrac{R_b}{R_a}(U_1 - U_2)$。

4．电压比较器

电压比较器（Voltage Comparator）是用来比较输入电压和参考电压的，将二者的相对大小在输出端以数字信号（高/低电平）表示。电压比较器可用作模拟电路和数字电路的接口，还可以用作波形产生和变换电路等。

把参考电压和输入信号分别接至集成运放的同相和反相输入端，就组成了简单的电压比较器。

将比较器的输出电压从一个电平跳变到另一个电平时对应的输入电压的值称为门限电压，简称为"阈值"，用符号 U_{th} 表示。

比较器的输入端进行的是模拟信号大小的比较，而在输出端则以高电平或低电平来反映其比较的结果。当参考电压 $U_R=0$ 时，即输入电压 U_i 与零电平比较，称为过零比较器。比较器是运算放大器的非线性运用，由于它的输入为模拟量，输出为数字量，是模拟电路与数字电路之间的过渡电路，所以在自动控制、数字仪表、波形变换、模/数转换等方面都广泛地使用电压比较器。目前，已有专门的单片集成比较器。

利用简单的电压比较器可将正弦波变为同频率的方波或矩形波。

当去掉运放的反馈电阻时，或者说反馈电阻趋于无穷大时（开环状态），理论上可认为运放的开环放大倍数也为无穷大（实际上是很大，如 LM324 运放开环放大倍数为 100dB，即

10 万倍）。此时运放便形成一个电压比较器，其输出端不是高电平（U_+），就是低电平（U_-或接地）。当正输入端电压高于负输入端电压时，运放输出低电平。

图 7-17 为一个典型的电压上、下限比较器电路。

在如图 7-17 所示电路中，由电阻 R1、R1′，组成分压电路，为运放 A1 设定比较电压 U_1；由电阻 R2、R2′，组成分压电路，为运放 A2 设定比较电压 U_2。输入电压 U_i 同时加到 A1 的正输入端和 A2 的负输入端之间，当 $U_i>U_1$ 时，运放 A1 输出高电平；当 $U_i<U_2$ 时，运放 A2 输出高电平。运放 A1、A2 只要有一个输出高电平，晶体管 VT1 就会导通，发光二极管 LED 就会点亮。

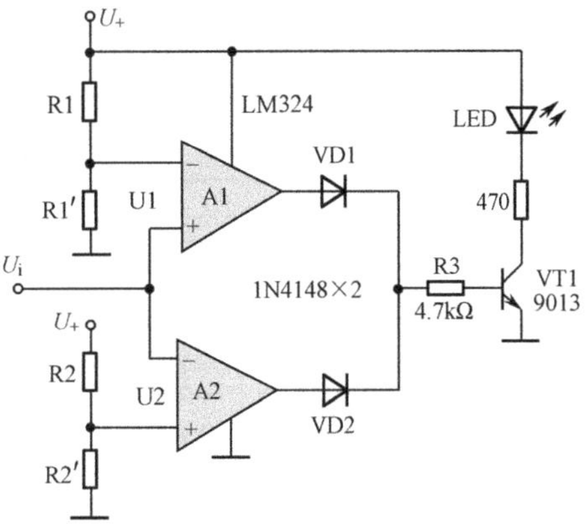

若选择 $U_1>U_2$，则当输入电压 U_i 超过 $U_2\sim U_1$ 范围时，LED 就会点亮，该电路可以作为一个电压双限指示器。

图 7-17　电压上、下限比较器电路

若选择 $U_2>U_1$，则当输入电压在 $U_1\sim U_2$ 之间时，LED 才点亮，此时该电路可以作为"窗口"电压指示器。

5. 运算放大器的实际应用电路

图 7-18 为采用运算放大器设计的几种实用电路，至于运算放大器的型号，读者可以根据需要进行选择，如μA741 或者 LM358。

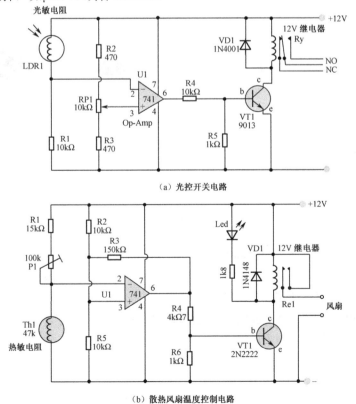

（a）光控开关电路

（b）散热风扇温度控制电路

图 7-18　采用运算放大器设计的几种实用电路

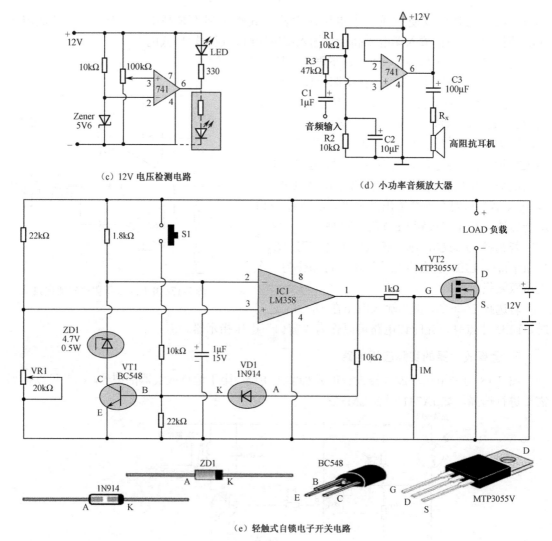

（c）12V 电压检测电路

（d）小功率音频放大器

（e）轻触式自锁电子开关电路

图 7-18　采用运算放大器设计的几种实用电路（续）

6．运算放大器应用注意事项

（1）电源供给方式

集成运算放大器有两个电源接线端$+V_{CC}$和$-V_{EE}$，但有不同的电源供给方式。对于不同的电源供给方式，对输入信号的要求是不同的。

双电源供电：运算放大器多采用这种方式供电。公共端（地）的正电源（+E）与负电源（-E）分别接于运放的$+V_{CC}$和$-V_{EE}$引脚上。在这种方式下，可把信号源直接接到运放的输入脚上，而输出电压的振幅可达正、负对称电源电压。

单电源供电：单电源供电是将运放的$-V_{EE}$引脚连接到接地端。此时为了保证运放内部单元电路具有合适的静态工作点，需要在运放输入端加入一个直流电位。此时运放的输出是在某一直流电位基础上随输入信号变化。

（2）消振

由于运放内部晶体管的极间电容和其他寄生参数的影响，很容易产生自激振荡。为使放大器能稳定地工作，就需要外加一定的频率补偿网络（通常是外接 RC 消振电路或消振电容）来破坏产生自激振荡的条件，以消除自激振荡。另外，为防止通过电源内阻造成低频振荡或高频振荡，通常在运放的正、负供电输入端对地分别加入一个电解电容（10～100μF）和一个高频滤波电容（0.01～0.1μF），如图 7-19 所示。

　　检查是否已经消振时，可将输入端接地，用示波器观察输出端有无自激振荡（自激振荡产生具有较高频率的波形）。

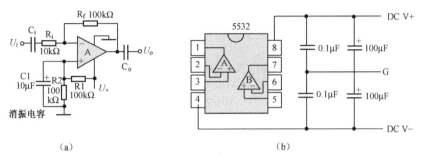

（a）　　　　　　　　　　　　　　　　（b）

图 7-19　运放消振电路

（3）调零

　　由于运放内部参数不完全对称，以至于当输入信号为零时，输出信号不为零。为了提高电路的运算精度，要求对失调电压和失调电流造成的误差进行补偿，这就是运算放大器的调零。常用的调零方法有内部调零和外部调零，而对于没有内部调零端子的集成运放需要采用外部调零方法。因此，在使用时要外接调零电位器。注意，要先消振，后调零，调零时应将电路接成闭环。

　　μA741 的调零电路如图 7-20 所示。接上电源后，将运放的输入端接地，然后调节电位器使输出电压 U_o 为零即可。

（4）安全保护

　　集成运放的安全保护有三个方面，即电源保护、输入保护及输出保护，如图 7-21 所示。

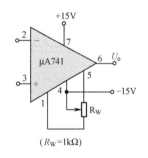

图 7-20　μA741 的调零电路

　　电源的常见故障是电源极性接反。电源反接保护电路可以采用两个二极管串联在电压输入端。

　　集成运放的输入差模电压过高或者输入共模电压过高（超出该集成运放的极限参数范围）也会损坏集成运放。通常在输入端接入两个反向并联的二极管，将输入电压限制在二极管的正向压降以下。

　　当集成运放过载或输出端短路时，若没有保护电路，则该运放就会损坏。但有些集成运放内部设置了限流保护或短路保护，使用这些器件就不需再加输出保护。对于内部没有限流或短路保护的集成运放，输出端可利用稳压管来保护，将两个稳压管反向串联，将输出电压限制在 ±（U_Z+U_D）的范围内。其中，U_Z 为稳压管的稳定电压；U_D 为其正向管压降，当输出保护时，电阻 R3 可起限流保护作用。

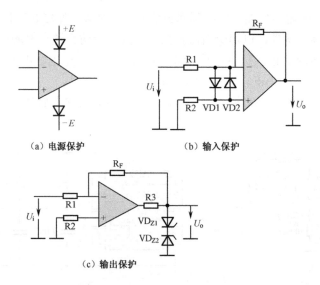

（a）电源保护　　　　　　　（b）输入保护

（c）输出保护

图 7-21　集成运放的安全保护电路

7.3.2　数字集成电路的应用

数字集成电路的应用电路有多种多样，下面仅介绍几个应用实例。

1. 逻辑测试笔

图 7-22 为一个逻辑测试笔电路。

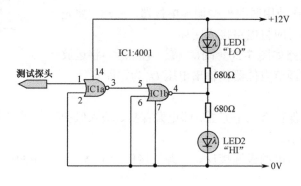

图 7-22　逻辑测试笔电路

该电路主要由二输入或非门 CD4001 组成。当探头连接点为低电平时，IC2b 的 4 脚输出低电平，LED1 点亮，指示测试端为低电平；当探头连接点为高电平时，IC2b 的 4 脚输出高电平，LED2 点亮，指示测试端为高电平。

2. D 型触发器音源选择电路

D 型触发器音源选择电路通常由多个 D 型触发器接成锁存器的形式构成，由于 D 型触发器接成的锁存器具有电路简单、工作可靠的优点，故这种电路形式目前被很多 AV 功放应用在音源选择电路中。D 型触发器音源选择电路如图 7-23 所示。

图 7-23 所示的电路由六 D 触发器 TC40174C 接成五位锁存器电路形式。TC40174C 是六 D 触发器，引脚功能与 CD40174 一样，可以直接用 CD40174 代换。

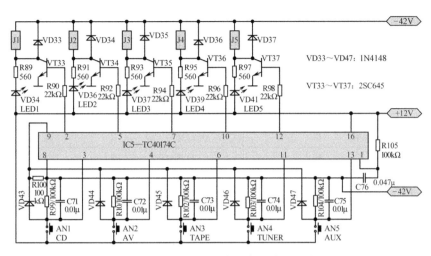

图 7-23   "D" 型触发器音源选择电路

刚开机时，由 R105、C76 组成的清零电路使 TC40174C（IC5）复位，Q1 端（第 2 脚）输出高电平使 VT33 导通，继电器 J1 吸合，把 CD 输入端口与后级电路接通，同时 VD34 点亮，显示选择音源是 CD。按动 AN2 时，TC40174 的 4 脚得到高电平信号，同时高电平经过 VD44 使 9 脚（时钟输入端）得到一个脉冲，结果使 5 脚输出高电平，VT34 导通使 J2 吸合，将 AV 音源接入后级电路，同时 VD36 点亮，显示选择音源为 AV。同理，当分别按动 AN1、AN3、AN4、AN5 时，TC40174 的 2、7、10、12 脚就会输出相应的高电平，控制相应的继电器接通相应的音源，同时，VD34、VD37、VD39、VD41 也相应点亮，指示所选择的音源。

3. 模拟电子开关音源选择电路

模拟电子开关音源选择电路通常由模拟电子开关电路充当音源切换开关来进行音源切换工作。目前，AV 功放音源选择电路中最常用的就是由 CD4052（HEF4052）、CD4053、CD4066 等模拟电子开关组成的切换电路。在这几种模拟电子开关电路中，以 CD4052 应用最为普遍。由 CD4052 组成的功放音源选择电路如图 7-24 所示。

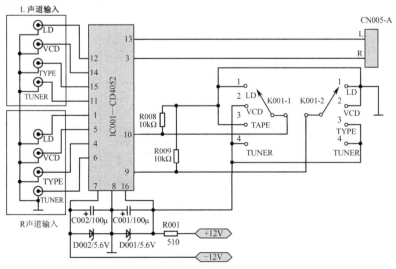

图 7-24   由 CD4052 组成的功放音源选择电路

图 7-24 所示电路的工作原理就是通过音源选择开关 K001（双刀双掷开关）改变 CD4052 控制端（9、10 脚）的电平，从而控制 CD4052 内部的电子开关来接通不同的音源。CD4052 的真值表见表 7-10。

表 7-10　CD4052 的真值表

控制引脚电位			公共引脚（COMMON）接通的引脚号	
6 脚禁止	9 脚 B	10 脚 A	13 脚 X 公共端	3 脚 Y 公共端
L	L	L	12 脚 0X	1 脚 0Y
L	L	H	14 脚 1X	5 脚 1Y
L	H	L	15 脚 2X	2 脚 2Y
L	H	H	11 脚 3X	4 脚 3Y
H	*	*	不接通	不接通
注：L 表示低电平；H 表示高电平。				

当把开关 K001 拨至位置 1（LD 挡）时，CD4052 的两个控制端 9、10 脚均为低电平，内部电子开关把第 12 脚与第 13 脚接通，第 1 脚与第 3 脚接通，将 LD 插口输入的音源信号接入后级电路。同理，当把音源选择开关拨至其他位置时，就会改变 CD4052 控制端（9、10 脚）的电平组合，从而接通相应的音源。

另外，有些采用电路电子开关 CD4052 作为音源选择的机型，其控制电路可能不是单纯的拨动开关，而是采用由触发器或者运算放大器（如奇声 AV—1700 型 AV 功放）来组成电平转换电路，不过其原理都是通过改变 CD4052 控制端（9、10 脚）的电平组合来达到音源切换目的的。

4. 方波信号发生器

图 7-25 是一款输出功率为 100W 的直流 12V 逆变器（输出电压为交流 220V）。

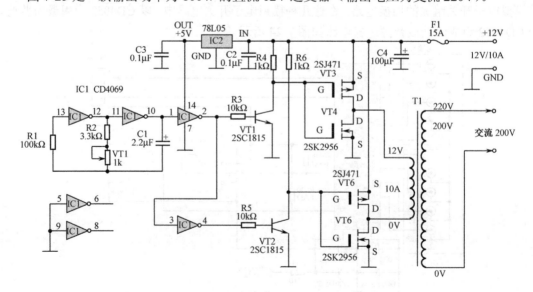

图 7-25　功率为 100W 的直流 12V 逆变器

图中，由六反相器 CD4069 构成方波信号发生器；R1 为补偿电阻，用于改善由于电源电压的变化而引起的振荡频率不稳。电路的振荡是通过电容 C1 充、放电完成的。其振荡频率为 $f=1/2.2RC$。图示电路的最大频率 f_{max}=62.6Hz；最小频率 f_{min}=48.0Hz。由于元件的误差，实际值会略有差异。其他多余的反相器，输入端均接地，避免影响其他电路。

方波信号发生器输出的振荡信号电压最大振幅为 0～5V，为充分驱动电源开关电路，这里用 VT1、VT2 将振荡信号电压放大至 0～12V。VT1、VT2 驱动 VT3～VT6 轮流导通，于是低电压、大电流、频率为 50Hz 的交变信号通过变压器的低压绕组后，在变压器的高压侧感应出高压交流电压，完成直流到交流的转换。

5. 门电路驱动电流扩展电路

大电流负载通常对输入电平的要求很宽松，但要求有足够大的驱动电流。最常见的大电流负载有继电器、脉冲变压器、LED 显示器、指示灯及可关断晶闸管等。普通门电路很难驱动这类负载。常用的方法有如下几种：

① 在普通门电路和大电流负载之间，接入和普通门电路类型相同的功率门（也叫驱动门）。有些功率门的驱动电流可达几百毫安。

② 利用分立的三极管或MOS管做接口电路来实现电流扩展，为充分发挥前级门的潜力，应将拉电流负载变成灌电流负载，因为大多数逻辑门的灌电流能力比拉电流能力强，如 TTL 门 74XX 系列的 I_{OH}=0.4 mA，I_{OL}=16 mA。

图 7-26 是一个用普通 TTL 门接入三极管来驱动大电流负载的电路。

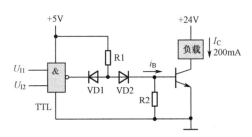

图 7-26 用普通 TTL 门接入三极管来驱动大电流负载的电路

若门电路是 CMOS 门，则应把双极性三极管换成 MOS 管。由于 CMOS 门的拉电流和灌电流基本相等，故 R1、VD1、VD2 应当去掉，但必须在门的输出端和 MOS 管的栅极之间串接一个电阻，并且保留 R2。

6. 逻辑门电路使用注意事项

【TTL 逻辑门电路使用注意事项】

TTL 逻辑门电路的供电电压均为+5V，因此电源电压不能高于+5.5V，使用时不能将电源正、负极错接，否则会因为过大电流而造成器件损坏。

TTL 逻辑门电路的各输入端不能直接与高于+5.5V 和低于–0.5V 的低内阻电源连接，因为低内阻电源能提供较大电流，这样会使器件过热而烧坏。

TTL 逻辑门电路的输出端不允许与电源或接地端短路，否则可能造成器件损坏，但可以通过电阻与电源相连，来提高输出高电平。

TTL 逻辑门电路多余的输入端最好不要悬空。虽然悬空相当于高电平，并不影响与门的逻辑功能，但悬空容易接受干扰，有时会造成电路误动作，在时序电路中表现得更明显。因此，多余输入端一般不要悬空，要根据需要处理。例如，与非门、与门的多余输入端可直接接到 V_{CC} 上，也可将不同的输入端公用 1 个公用电阻连接到 V_{CC} 上；也可以将多余输入端与使用端并联。不用的或门和或非门输入端最好直接接地。

【CMOS 逻辑门电路使用注意事项】

CMOS 逻辑门电路的多余端不能悬空，否则不但容易接受外界干扰，而且输入电平不稳，破坏正常的逻辑关系。因此根据电路的逻辑功能，需要分别情况加以处理。例如，与门、与非门的多余输入端应接到 V_{CC} 或高电平；或门、或非门的多余输入端应接到接地端或低电平；如果电路的工作速度不高时，则也可以将多余的输入端与使用端并联。

在 CMOS 逻辑门电路的输入端连线较长时，由于分布电容和分布电感的影响，容易构成 LC 振荡，这样可能会造成内部保护二极管损坏，因此必须在输入端串联 1 个 $10\sim20\text{k}\Omega$ 的电阻。为防止输入端的保护二极管因大电流而损坏，输入信号的电压不能超过电源电压；输入电流不宜超过 1mA，对低内阻的信号源要采取限流措施。

在印制电路板上安装 CMOS 逻辑门电路时，最好在与它有关的其他元器件安装之后，再安装 CMOS 逻辑门电路，避免 CMOS 逻辑门电路输入端悬空而损坏。

7.3.3　三端稳压集成电路的应用

1. 固定三端稳压器的应用

固定三端稳压器主要有 78XX 系列正电压输出稳压器和 79XX 系列负电压输出稳压器。

78XX、79XX 系列固定三端稳压器，输出电压有 5V、6V、9V、12V、15V、18V、24V 等规格，最大输出电流为 1.5A。这种稳压器内部含有限流保护、过热保护和过压保护电路，采用噪声低、温度漂移小的基准电压源，工作稳定可靠。78XX 系列三端固定稳压器的 1 脚为输入端，2 脚为接地端，3 脚为输出端。79XX 系列稳压器除输入电压和输出电压均为负值外，其他参数和特点与 78XX 系列集成稳压器相同。79XX 系列稳压器的 1 脚为接地端，2 脚为输入端，3 脚为输出端。

78XX 系列稳压器的典型应用电路如图 7-27 所示。

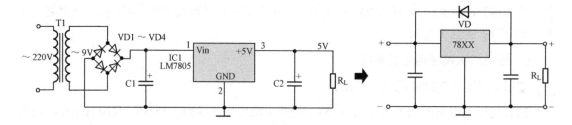

图 7-27　78XX 系列稳压器的典型应用电路

图中，稳压器型号为 LM7805，故输出电压为+5V 直流电压；C1、C2 分别为输入端和输出端滤波电容；R_L 为负载电阻。当输出电压较大时，LM7805 应配上散热板。

C1 的作用是消除输入连线较长时其电感效应引起的自激振荡，减小纹波电压。在输出端接电容 C2 是用于消除电路高频噪声。C1 电容量通常高于 $0.22\mu\text{F}$，C2 电容量通常高于 $0.1\mu\text{F}$。电容的耐压应高于电源的输入电压和输出电压。若 C2 容量较大，则一旦输入端断开，C2 将从稳压器输出端向稳压器放电，易使稳压器损坏，因此，可在稳压器的输入端和输出端之间跨接一个二极管起保护作用。

如果需要输出电压 U_o 高于手头现有的稳压器的输出电压时，则可使用一只稳压二极管 VD1 将稳压器的公共端电位抬高到稳压管的击穿电压 U_Z。此时，实际输出电压 U_o 等于稳压块原输出电压与 U_Z 之和。将普通二极管正向运用来替代 VD1，同样可起到抬高输出电压的作用，如图 7-28 所示。

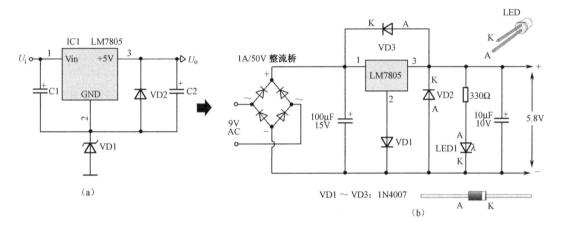

图 7-28　提高输出电压应用电路

例如，想为自己的收音机制作一个 6V、500mA 的稳压电源，而手头只有一只 LM7805 稳压器，则可按图 7-28（b）在 LM7805 的 2 脚与接地端之间串联一个 1N4007 二极管 VD1，由于二极管上的压降约为 0.8V，则输出电压就约为 5.8V，足以满足收音机的需要。若将 VD1 换成发光二极管 LED，不但能提高输出电压，而且 LED 发光还起到电源指示作用。

利用 78XX 系列固定输出稳压器，也可以组成输出电压可调的稳压电路。图 7-29 为输出电压可在一定范围内调节的应用电路。

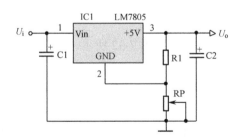

图 7-29　输出电压可在一定范围内调节的应用电路

由于 R1、RP 电阻网络的作用，使得输出电压被提高，提高的幅度取决于 R_P 与 R_1 的比值。

输出电压 $U_o=U_{XX}(1+R_P/R_1)$。其中，U_{XX} 为稳压器标称输出电压。调节电位器 RP 的阻值，即可在一定范围内调节输出电压。当 $R_P=0$ 时，输出电压 U_o 等于 78XX 稳压器输出电压；当 R_P 逐步增大时，U_o 也随之逐步提高。

78XX 系列稳压器的最大输出电流为 1.5A，如果电路需要稳压电源提供更大的电流，就需要采用扩流措施。常用的扩流方法是在稳压器输入、输出端连接一个大功率三极管进行扩流，如图 7-30 所示。

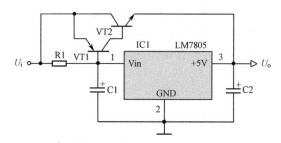

图 7-30　稳压器扩流电路

VT2 为外接扩流调整管，VT1 为推动管，二者为达林顿连接。R1 为偏置电阻。该电路最大输出电流取决于 VT2 的参数。

R1 是过流保护取样电阻，当输出电流增大超过一定值时，R1 上的压降增大，使 VT1 的 U_{be} 值减小，促使 VT1、VT2 向截止方向转化。因为稳压器本身有过热保护电路，如果将 VT2 和集成稳压器安装在同一个散热器板上，则 VT2 也同样可以受到过热保护。

集成稳压器还可以用作恒流源。顾名思义，恒流源（constant current source，sink）就是可以提供或是吸收稳定的电流的电路。图 7-31 为由 78XX 稳压器构成的恒流源电路。

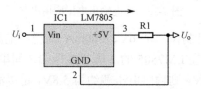

图 7-31　由 78XX 稳压器构成的恒流源电路

图 7-31 所示电路的恒定电流 I_o 等于 78XX 稳压器输出电压与 R_1 的比值。输出电流 $I_o = U_{XX}/R$。此电路可以给各种充电电池充电，在实际使用时，可以将不同的 R 接入，并用开关进行转换，可调整不同的充电电流。

79XX 系列稳压器的典型应用电路如图 7-32 所示。

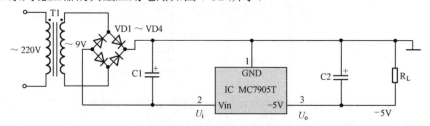

图 7-32　79XX 系列稳压器的典型应用电路

在如图 7-32 所示电路中，稳压器为 LM7905，输出直流电压为–5V，输出电流较大时应配上散热片。

同时运用 78XX 稳压器和 79XX 稳压器组成正、负对称输出的稳压电路。图 7-33 为输出电压为 ±5V 的稳压电源电路。

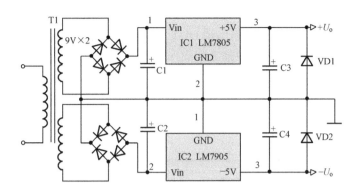

图 7-33　输出电压为±5V 的稳压电源电路

在如图 7-33 所示电路中，IC1 采用固定正输出集成稳压器 LM7805；IC2 采用固定负输出集成稳压器 LM7905；VD1、VD2 为保护二极管，用以防止正或负输入电压有一路未接入时损坏集成稳压器。

2．可调三端稳压器的应用

78XX、79XX 系列三端稳压器最不方便的地方是输出电压已经固定，若要输出可调的稳压电源，就可以采用可调三端稳压器 LM317（输出正电压）或者 LM337（输出负电压）。

LM317 与 LM78XX 一样有三只引脚：IN、OUT、ADJ。不同的是 ADJ 引脚取代了 GND 引脚。LM78XX 有固定的输出电压。LM317 并没有固定的输出电压。LM317 只控制 OUT 与 ADJ 引脚间的电位差为 1.25 V。LM317 的输出电压范围为 1.25～37V，负载电流最大为 1.5A。LM117、LM317 仅需两个外接电阻来设置输出电压。此外，它的线性调整率和负载调整率也比标准的固定稳压器好。

LM317 的典型应用电路如图 7-34 所示。

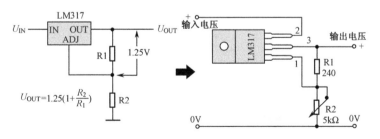

图 7-34　LM317 的典型应用电路

假设 R2 是一个固定电阻，因为输出端 OUT 的电位高，电流经 R1、R2 流入接地点。LM317 的 ADJ 端消耗非常少的电流，可忽略不计。所以 ADJ 端的电位是 $I \times R_2$。又因为 LM317 的 ADJ、OUT 引脚的电位差为 1.25V，所以 OUT 端的输出电压 $U_{out} = 1.25 + I \times R_2$。

由于 OUT 与 ADJ 引脚之间的电位差为 1.25V，OUT 与 ADJ 引脚之间连接的电阻为 R1，所以电流 $I = 1.25/R_1$，故 $U_{out} = 1.25 + I \times R_2 = 1.25 + \dfrac{1.25}{R_1} \times R_2 = 1.25 \times \left(1 + \dfrac{R_2}{R_1}\right) = 1.25 \times \left(1 + \dfrac{5000}{240}\right) = 27.3$。

通过上述计算可以说明：适当调整 R1、R2 的阻值比例，可以达到高压稳压的目的。需要注意的是：LM317 的输入端 IN、输出端 OUT 引脚之间的电位差不能超过 35V，所以在高压应用时，通常都会在 IN 与 OUT 引脚之间加入稳压二极管来保护 LM317。

使用 LM317 时，如果 R2 两端并联一个电容，则可以大幅提高抵抗干扰的能力。不过，并联一个电容的同时，应该多加一个二极管，在电容放电时保护 LM317，如图 7-35 所示。

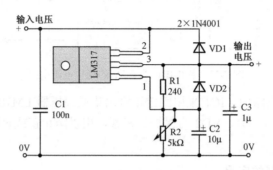

图 7-35　提高 LM317 抗干扰电路

若在 LM317 的 ADJ 引脚对地连接不同的分压电阻，再用一个多挡位开关进行切换，则可以设计出多路输出电压稳压电路。图 7-36 是采用 LM317 设计的多种输出电压可调电路。

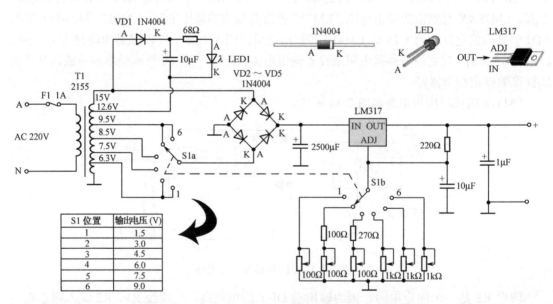

S1 位置	输出电压 (V)
1	1.5
2	3.0
3	4.5
4	6.0
5	7.5
6	9.0

图 7-36　采用 LM317 设计的多种输出电压可调电路

由于 LM317 的 OUT 与 ADJ 引脚之间的电位差为 1.25V，所以 LM317 的最低输出电压为 1.25V。若在电路中引入一个负电源电压，则可以将输出电压从 0V 起调。图 7-37 即为输出电压为 0～15V、输出电流为 60mA～5A 的可调稳压器电路。

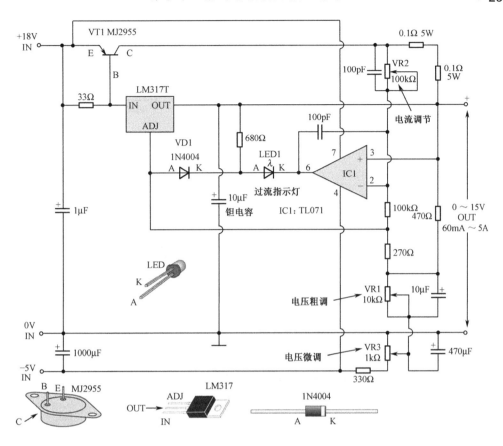

图 7-37　输出电压为 0～15V、输出电流为 60mA～5A 的可调稳压器电路

3. 三端稳压器应用注意事项

三端集成稳压器具有较完善的过流、过压和过热保护装置。在满负荷使用时，稳压器必须加合适的散热片，并防止将输入与输出端接反，避免接地端（GND）出现接触不良故障。当稳压器输出端接有大容量电容器时，应在电压输入端与电压输出端之间接一只保护二极管（二极管正极接电压输出端），以保护稳压块内部的大功率调整管。

7.3.4　音频功率放大器的应用

1. 小功率低电压音频放大器 LM386 的应用电路

LM386 是美国国家半导体公司生产的音频功率放大器，主要应用于低电压消费类产品。电压增益内置为 20，在 1 脚和 8 脚之间增加一只外接电阻和电容，便可将电压增益调为任意值，直至 200。输入端以地为参考，同时输出端被自动偏置到电源电压的一半，在 6V 电源电压下，它的静态功耗仅为 24mW，特别适用于电池供电的场合。LM386 电源电压为 4～12V，最高可使用到 15V，消耗静态电流为 4mA，输出音频功率为 0.5W。当电源电压为 12V 时，在 8Ω 的负载情况下，可提供几百 mW 的功率。LM386 的典型输入阻抗为 50kΩ。

LM386 的封装形式有塑封 8 引线双列直插式和贴片式封装。

LM386 的应用电路如图 7-38 所示。

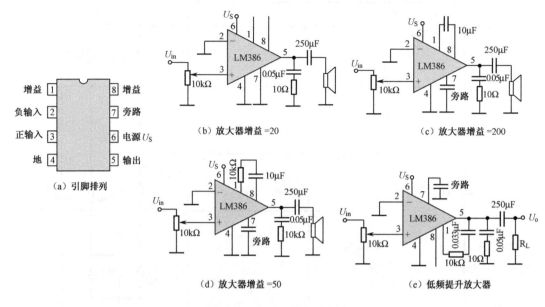

（a）引脚排列

（b）放大器增益 =20

（c）放大器增益 =200

（d）放大器增益 =50

（e）低频提升放大器

图 7-38　LM386 的应用电路

2．1W 立体声音频放大器 TDA2822 的应用电路

TDA2822 集成功放电路常用在随身听、便携式的 DVD 的音频功放中，功率虽然不是很大，但可以满足听觉要求，且具有电路简单、音质好、电压范围宽等特点，是业余制作小功放的较佳选择。

TDA2822 灵敏度高、功耗低，电压范围宽为 1.8～8V，外围元件少，无噪声，输出功率适中，在供电电压为 6V、负载为 4Ω 时输出功率为 0.65W×2。

TDA2822 既可以工作在立体声状态，也可以工作在 BTL 状态，在 BTL 状态下的输出功率为 2W。

TDA2822 的应用电路如图 7-39 所示。

3．18W 音频功率放大器 TDA2030 的应用电路

TDA2030 广泛应用于汽车立体声收录音机、中功率音响设备、多媒体音箱中，具有体积小、输出功率大、失真小等特点，并具有内部保护电路。SGS 公司、RCA 公司、日立公司、NEC 公司等均有同类产品生产，虽然其内部电路略有差异，但引出脚位置及功能均相同，可以互换。

TDA2030 具有外接元件非常少、输出功率大（P_o=18W，R_L=4Ω）、采用超小型 TO—220 封装、开机冲击极小等特性，因此工作安全可靠。

TDA2030 电源电压为 ±6～±18V，输出电流大，谐波失真和交越失真小（±14V/4Ω，THD=0.5%），具有优良的短路和过热保护电路。TDA2030 的典型应用电路如图 7-40 所示。

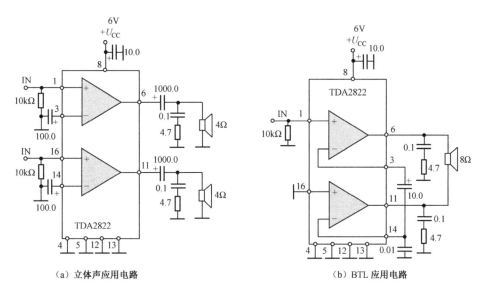

（a）立体声应用电路　　　　　　　　　　（b）BTL 应用电路

图 7-39　TDA2822 的应用电路

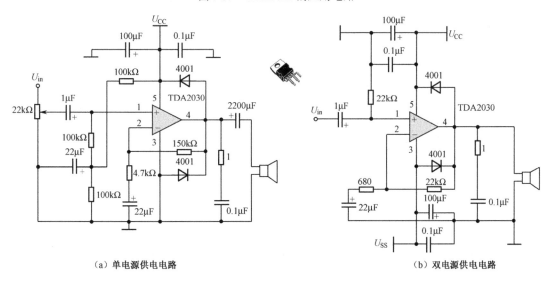

（a）单电源供电电路　　　　　　　　　　（b）双电源供电电路

图 7-40　TDA2030 的典型应用电路

4. 单声道 20W 音频放大器 LM1875 的应用电路

LM1875 是美国国家半导体器件公司生产的音频功放电路。在使用 ±30V 电源时可以为 8Ω 负载获得 30W 的功率；当使用单电源供电时，它能向 4Ω 的负载提供 20W 的功率，并且只产生 0.015% 的失真，内置有多种保护电路，广泛应用于汽车立体声收录音机、中功率音响设备，具有体积小、输出功率大及失真小等特点。

LM1875 功率比 TDA2030 大，供电电压范围为 16～60V（单电源），不失真功率为 20W（THD=0.08%），THD=1% 时，功率可达 40W（人耳对 THD<10% 时的失真没什么明显的感觉）。LM1875 既可以采用双电源供电，也可以使用单电源供电。LM1875 的典型应用电路如图 7-41 所示。

LM1875 为 5 脚 TO—220 封装形式，其 1 脚为同相输入端，2 脚为反相输入端，4 脚为功率输出端，5 脚、3 脚分别为正、负电源供电端。LM1875 内部含有过热、过流自动保护装置，工作安全可靠。

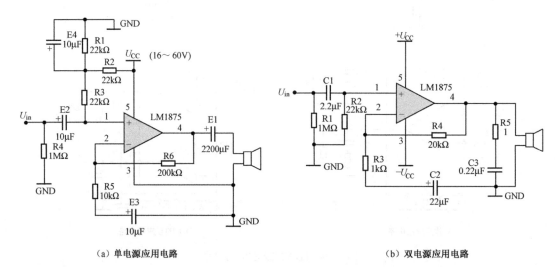

（a）单电源应用电路   （b）双电源应用电路

图 7-41   LM1875 的典型应用电路

在单电源供电情况下要想获得与双电源相同的输出功率，供电电压要为双电源电压的 2 倍。注意：采用单电源时，在其金属散热片和外接散热器之间不需使用绝缘垫片，但在用双电源供电时，则必须加绝缘垫片。

5. 双声道 20W 音频放大器 LM1876 的应用电路

LM1876 是 NS 公司生产的双声道 20W 高保真功率放大集成电路。LM1876 的主要参数见表 7-11。

表 7-11   LM1876 的主要参数

参　　数		最　小　值	典　型　值	最　大　值	单　位
电源电压	双电源	±10	±15	±32	V
	单电源	20	24	64	V
静态电流（P_o=0W）		50	80	95	Ma
输出功率		10	15	20	W
输入失调电流		±0.2	±0.5		μA
输入偏移电流		0.002	0.2		μA
声道分离度			80		dB
增益带宽		5	7.5		MHz
开环电压增益		90	110		dB
转折速率		12	18		V/μs
信噪比		98	108		dB
输出电流		2.9	3.5		A
THD+N		0.08	0.1		%
工作温度范围		−20	+20	+85	℃

LM1876 的典型应用电路如图 7-42 所示。

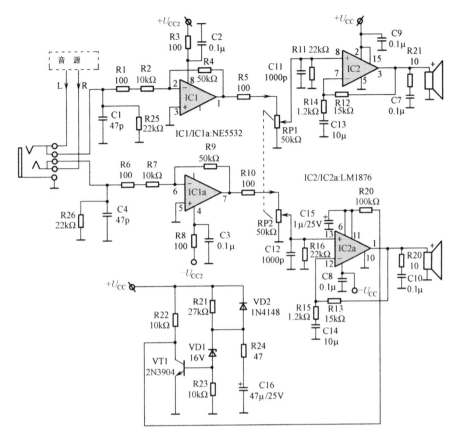

图 7-42　LM1876 的典型应用电路

图 7-42 中，IC1 及其周围元件可组成缓冲放大级，电路增益$=R_4/(R_1+R_2)=50/(10+0.1)\approx5dB$。为了避免在音源停止工作时，前置放大器输入端悬空，处于高阻抗输入状态，将感应到的 50Hz 交流电信号送到后级电路放大，从而在扬声器中出现较强的噪声，特设置了 22kΩ电阻 R25、R26，这样不但可以将输入阻抗限制在 22kΩ，避免前置电路工作在高阻抗状态，还可以对 50Hz 感应信号进行有效地抑制，提高整机信噪比。

LM1876 的负载范围很宽，在 4～30Ω的范围内均能稳定地工作。

LM1876 的供电电压范围为±10～±25V，当供电电压降低时，影响的只是输出功率的大小，而对其他指标影响不大。

LM1876 的 6、11 脚为左/右声道静噪控制端，当接高电平（高于 1.6V）时，LM1876 内部电路执行静音操作，切断输出端的音频信号。因此，可以在这些引脚中与正电压之间接一个 RC 延时网络，使其在开机瞬间为高电平，输出电路无音频信号输出，延时一段时间后，再正常输出，以达到避免开机瞬间输出端电位失谐对扬声器的冲击。

由 VT1、R24、C16、R20、C15 组成的即为开机延时网络，调整它们的取值范围，即可以改变延时时间的长短，从而获得满意的开机延时时间。

R11、R16 一方面作为后级功放电路的输入端电阻，决定功放电路的输入阻抗，如 R11、

R16 为 22kΩ的电阻，输入阻抗就为 22kΩ；另一方面是提供给集成电路内第一级差分放大电路一个偏置电流，使其正常工作。需要注意的是，R11、R16 的取值不可过高，否则会使输出端的中点电位偏高；也不可过低，否则输入阻抗太低，可增大前级电路的功耗，使电路输出增益下降，取值范围应在 15～51kΩ之间。

R12 和 R14 可组成一个分压器，与 LM1876 的 3、7 脚相连，构成负反馈网络。本电路的放大倍数也由它们决定，放大倍数=$(R_{12}+R_{14})/R_{14}$=(15k+1.2k)/1.2k=13.5。因此，只要改变 R12、R14 的阻值，就可以调整电路的放大倍数。但要注意的是，放大倍数应在 10 倍以上，否则 LM1876 工作会不稳定。

R15 与 C7 可构成扬声器补偿网络（或者称为茹贝尔网络），可吸收扬声器的反电动势，防止电路振荡。

C8 和 C9 为电源旁路电容（Bypass 旁路电容），可起到降低电源高频内阻的作用，防止电路高频自激，使 LM1876 工作更稳定。

第8章

石英晶体振荡器/陶瓷谐振元器件的识别/检测/选用

8.1 石英晶体振荡器

石英晶体振荡器（Quartz Crystal Oscillator）又称石英晶体谐振器，简称石英晶振或者晶振。

石英晶体振荡器是一种用于稳定频率和选择频率的电子元件，是高精度和高稳定度的振荡器，被广泛应用在彩电、电脑、遥控器等各类振荡电路中，在通信系统中用于频率发生器，为数据处理设备产生时钟信号，并为特定系统提供基准信号。

石英晶体振荡器简称为石英晶体或晶体、晶振，一般用金属外壳封装，也有用玻璃壳、陶瓷或塑料封装的。图 8-1 是一种金属外壳封装的石英晶体振荡器结构示意图。

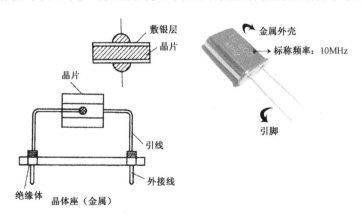

图 8-1 金属外壳封装的石英晶体振荡器结构示意图

在电路中，利用晶体片受到外加交变电场的作用，可产生机械振动的特性，若交变电场的频率与芯片的固有频率相一致时，则振动会变得很强烈。这就是晶体的谐振特性。由于石英晶体的物理和化学性能都十分稳定，因此在要求频率十分稳定的振荡电路中，常用它作为谐振组件。

晶振元件按封装外形分有金属壳、玻壳、胶木壳和塑封等几种；按频率稳定度分，有普通型和高精度型；按用途分，有彩电用、对讲机用、手表用、电台用、录像机用、影碟机用、摄像机用；等等。其实这主要是工作频率及体积大小上的分类，别的性能差别不大，只要频率和体积符合要求，其中很多晶振元件是可以互换使用的。常见晶振元件外形图如图 8-2 所示。

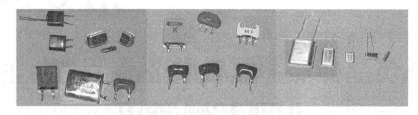

图 8-2　常见晶振元件外形图

8.1.1　石英晶体振荡器的工作原理

石英晶体之所以能做谐振器，是基于它的"压电效应"，从物理学中已知，若在晶片的两个极板间加一个电场，则会使晶体产生机械变形；反之，若在极板间施加机械力，则又会在相应的方向上产生电场，这种现象称为压电效应。如在极板间所加的是交变电压，就会产生机械变形振动，同时机械变形振动又会产生交变电压。一般来说，这种机械振动的振幅是比较小的，但其振动频率则是很稳定的。但当外加交变电压的频率与晶片的固有谐振频率（决定于晶片的尺寸）相等时，机械振动的幅度将急剧增加，晶体振动幅度达到最大，同时由于压电效应产生的交变电压也达到最大，因此这种现象称为"压电谐振"，与 LC 回路的谐振现象十分相似。谐振频率与晶片的切割方式、几何形状及尺寸等有关。

8.1.2　石英晶体振荡器的等效电路与识别

石英晶体振荡器的压电谐振现象可以用如图 8-3 所示的等效电路来模拟。

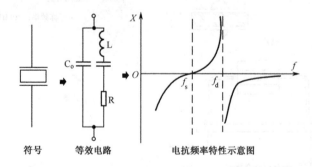

符号　　　等效电路　　　电抗频率特性示意图

图 8-3　石英晶体振荡器的压电谐振现象的等效电路

在等效电路中，C_0 为切片与金属板构成的静电电容；L 和 C 分别模拟晶体的质量（代表惯性）和弹性。

当晶体不振动时，可看成一个平板电容器，即为静电电容 C。其大小与晶片的几何尺寸、电极面积有关，一般约为几个 pF 到几十个 pF。当晶体振荡时，机械振动的惯性可用电感 L 来等效。一般 L 的值为几十 mH 到几百 mH。晶片的弹性可用电容 C 来等效，C 的值很小，一般只有 0.0002～0.1pF。晶片振动时，因摩擦而造成的损耗用 R 来等效，其数值约为 100Ω。

由于晶片的等效电感很大，而 C、R 也小，因此回路的品质因数 Q 很大，可达 1000~10 000。加上晶片本身的谐振频率基本上只与晶片的切割方式、几何形状、尺寸有关，而且可以做得精确，因此利用石英谐振器组成的振荡电路可获得很高的频率稳定度。

从石英晶体谐振器的等效电路可知，它有两个谐振频率，即当 L、C、R 支路发生串联谐振时，其等效阻抗最小（等于 R）。串联揩振频率用 f_s 表示。石英晶体对于串联揩振频率 f_s 呈纯阻性；当频率高于 f_s 时，L、C、R 支路呈感性，可与电容 C_0 发生并联谐振，其并联频率用 f_a 表示。

晶振串一只电容跨接在集成电路两只引脚上的，则为串联谐振型；一只脚接集成电路，另一只脚接地的，则为并联型。

石英晶体振荡器（晶振）在电路图中通常用字母"X"或"Y"或"G"或"Z"表示，如"Y1"表示编号为"1"的晶振。

8.1.3　石英晶体振荡器的主要参数

标称频率 f_0：在规定的负载电容下，晶振元件的振荡频率即为标称频率 f_0。标称频率是晶体技术条件中规定的频率，通常标识在产品外壳上。需要注意的是，晶体外壳所标注的频率，既不是串联谐振频率也不是并联谐振频率，而是在外接负载电容时测定的频率，数值介于串联谐振频率与并联谐振频率之间。所以即使两个晶体外壳所标注的频率是一样的，其实际频率也会有些小的偏差（工艺引起的离散性）。

常用普通晶振标称频率有 48kHz、500kHz、503.5kHz、1~40.50MHz 等，对于特殊要求的晶振频率可达到 1000MHz 以上。

负载电容：晶振元件相当于电感，组成振荡电路时需配接外部电容，此电容即负载电容。负载电容是与晶体一起决定负载谐振频率 f_L 的有效外界电容，通常用 CL 表示。设计电路时必须按产品手册中规定的 CL 值，才能使振荡频率符合晶振的 f_L。在应用晶体时，负载电容（C_x）的值是直接由厂家所提供的，无需再去计算。常见的负载电容为 8pF、12pF、15pF、20pF、30pF、50pF、100pF。只要可能就应选 10pF、20pF、30pF、50pF、100pF 这样的推荐值。

负载频率不同决定振荡器的振荡频率不同。标称频率相同的晶振，负载电容不一定相同。因为石英晶体振荡器有两个谐振频率：一个是串联谐振晶振的低负载电容晶振；另一个为并联谐振晶振的高负载电容晶振。所以，标称频率相同的晶振互换时还必须要求负载电容一致，不能随便互换，否则会造成电器工作不正常。

调整频差：在规定条件下，基准温度（25℃±2℃）时工作频率相对于标称频率所允许的偏差。

温度频差：在规定条件下，在工作温度范围内相对于基准温度（25℃±2℃）时工作频率的允许偏差。

老化率：在规定条件下，晶体工作频率随时间而允许的相对变化。以年为时间单位衡量时称为年老化率。

静电容：等效电路中与串联臂并接的电容，通常用 C_0 表示（见图 8-3）。

负载谐振频率（f_L）：在规定条件下，晶体与一个负载电容相串联或相并联，其组合阻抗呈现为电阻性时的两个频率中的一个频率。在串联负载电容时，负载谐振频率是两个频率中较低的一个；在并联负载电容时，则是两个频率中较高的一个。

动态电阻： 串联谐振频率下的等效电阻，用 R1 表示。

负载谐振电阻： 在负载谐振频率时呈现的等效电阻，用 R_L 表示。在通常情况下，$R_L = R_1 (1+C_o/C_L)/2$。

激励电平（功率）： 晶振工作时会消耗的有效功率。在振荡回路中，激励电平应大小适中，既不能过激励（容易振到高次谐波上），也不能欠激励（不容易起振）。常见的激励电平有 2mW、1mW、0.5mW、0.2mW、0.1mW、50μW、20μW、10μW、1μW、0.1μW 等。选择晶体时至少应考虑负载谐振频率、负载电容、激励电平、温度频差及长期稳定性等情况。

频率精度和频率稳定度： 由于普通晶振的性能基本都能达到一般电器的要求，故对于高档设备还需要有一定的频率精度和频率稳定度。频率精度从 $10^{-4} \sim 10^{-10}$ 量级不等。稳定度从 ±1～±100ppm 不等。要根据具体的设备需要而选择合适的晶振，如通信网络、无线数据传输等系统就需要更高要求的石英晶体振荡器。因此，晶振的参数决定了晶振的品质和性能。在实际应用中要根据具体要求选择适当的晶振，因不同性能的晶振，其价格不同。要求越高，价格也越贵，一般只要满足要求即可。

8.1.4 石英晶体振荡器的应用电路

晶振的典型应用电路如图 8-4 所示。

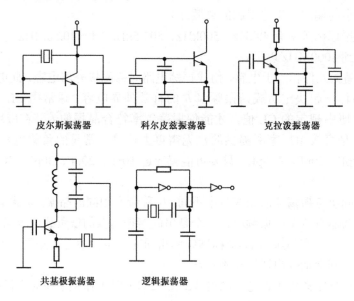

皮尔斯振荡器　　科尔皮兹振荡器　　克拉泼振荡器

共基极振荡器　　逻辑振荡器

图 8-4　晶振的典型应用电路

根据电路连接方式，晶振主要有内部晶体振荡器电路和外部晶体振荡器电路。

1. 内部晶体振荡器电路

在有些集成电路（如单片机）中已经集成有振荡电路，只需要外加一个晶振即可。石英晶体与集成电路搭配时，通常是连接到集成电路的振荡端（OSC1/CLKIN 或 OSC2/CLKOUT），以建立振荡，如图 8-5 所示。

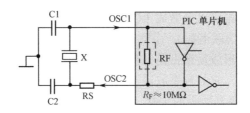

图 8-5　内部晶体振荡器电路

C1 是相位调节电容；C2 是增益调节电容。对于 32kHz 以上的晶体振荡器，当 U_{DD}>4.5V 时，建议 $C_1=C_2≈30$pF。由于每一种晶振都有各自的特性，所以 C_1、C_2 最好按制造厂商所提供的数值选择。在许可范围内，C_1、C_2 越低越好。电容值偏大虽有利于振荡器的稳定，但将会增加起振时间。对于有些电压（低于 4.5V）电路，应使 C_2 稍大于 C_1，这样在上电时，加快晶振起振。

电阻 RS 常用来防止晶振被过激励。此时可用示波器检测 OSC 输出脚，如果检测到一非常清晰的正弦波，且正弦波的上限值和下限值都符合时钟输入需要，则晶振未被过激励；相反，如果正弦波形的波峰、波谷两端被削平，而使波形成为方形，则晶振被过激励。这时就需要用电阻 RS 来防止晶振被过分驱动。判断电阻 RS 值大小的最简单方法就是串联一个 5kΩ 或 10kΩ 的微调电阻，从 0Ω 开始慢慢调高，一直到正弦波不再被削平为止。通过此办法就可以找到最接近的 RS 电阻值。

2. 外部晶体振荡器电路

从石英晶体的电抗频率特性可知，它有两个相当接近的谐振频率：一个是串联谐振频率；另一个是并联谐振频率。当石英晶体处于串联谐振时电抗最小，当处于并联谐振时电抗最大；当处于这两个频率范围之间时，石英晶体呈电感性；当游离这两个频率之外时，石英晶体呈容性。

晶振的振荡电路形式有很多种，常用的有两种：一是晶振接在振荡回路中，作为电感元件使用，这类振荡器称为并联晶体振荡器；二是把晶体作为串联短路元件使用，使其工作于串联谐振频率上，称为串联晶体振荡器。

【串联谐振电路】

串联谐振电路是把晶振接在正反馈支路中，当晶振工作在串联谐振频率上时，其总电抗为零，等效为短路元件，这时反馈作用最强，满足振幅起振条件。

图 8-6 是工作于串联谐振状态的 TTL 门电路振荡器。

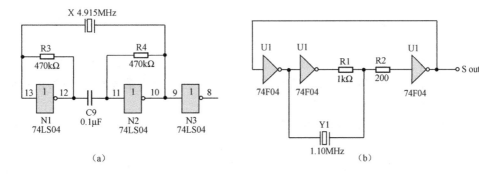

图 8-6　串联谐振电路

在串联谐振电路中，晶振可以等效成 LC 串联电路。当电路频率为串联谐振频率时，晶体的等效电抗接近零（发生串联谐振），串联谐振频率信号最容易通过 N1、N2 闭环回路。这个频率信号通过两级反相后形成反馈振荡，晶体同时也担任着选频作用。也就是说，在工作于串联谐振状态的振荡电路，它的频率取决于晶振本身具有的频率参数。

反相器 N3 用来提供振荡器所需的 180° 相移，R3、R4（470Ω）的电阻用来提供负反馈，同时提供晶振的偏置电压。

【并联谐振电路】

并联谐振电路的原理与一般 LC 振荡器相同，只是把晶振体接在振荡回路中作为电感元件使用，并与其他回路元件一起，按照三点式电路的组成原则与晶体管相连。

图 8-7 是工作于并联谐振状态的 CMOS 门电路振荡器，晶体等效一个电感（晶体工作于串联谐振频率与并联谐振频率之间时，晶体呈电感性）与外接的电容构成三点式 LC 振荡器，通过外接的电容可对频率进行微调。

电阻 R 接在反相器 N3 的输入与输出端，其目的是将 N3 偏置在线性放大区，构成放大器。从晶体 X 的两端看，C1、C2 是通过 GND 串联成一个电容（这个串联电容 C_x 可以由公式 $C_x \approx C_1C_2/(C_1+C_2)$ 求出，C_x 不仅是 C_1 和 C_2 的串联值，还将晶体内部电容 C_o 串进去，C_o 要比 C_1 和 C_2 小很多，C_x 近似等于 C_o，所以 C_1 和 C_2 对谐振频率影响很小，只能做频率微调），X 与串联电容构成一个并联共振电路（为了方便，这里只简单地将晶体等效为电感性），晶体和电容 C1、C2 也构成一个 π 形选频网络反馈通道（也称 π 形谐振电路）。

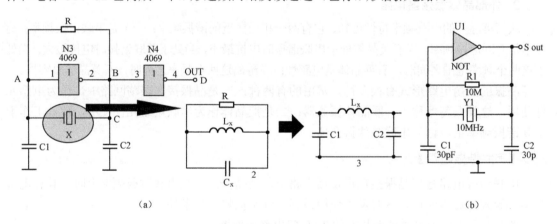

图 8-7　工作于并联谐振状态的 CMOS 门电路振荡器

N3 放大器的输出端信号通过 X、C2、C1 构成的 π 形谐振电路返回 N3 放大器的输入端，形成反馈振荡。由此可见，它的振荡频率是由 π 形谐振电路所决定的（当然，主要还是由晶体所决定的）。由于 N3 的输出端连接着由晶振 X、C2、C1 组成的 π 形谐振电路，而且输出信号近似于正弦波，故为防止负载电路对振荡电路的干扰和提高带载能力，N3 的输出信号需通过 N4 的缓冲、放大整形后再接到负载。

在晶体 X 与串联电容 C_x 构成的并联共振电路里，C_x 的损耗电阻大时，电路的 Q 值必然下降，同时会使晶体的特性恶化。引起 C_x 增大的因素是来自多方面的，但电阻 R 起到较大的作用，通常在提供足够激励的情况下，尽可能增大电阻 R 的电阻值（电阻 R 的取值一般为 1～30MΩ）或在 N3 输出端与选频网络之间（B、C 之间）串入一个电阻（阻值为 5～

10kΩ即可）。

在 C1、C2 之间的连接也要引起注意，连接线粗而短，不但可以减小产生损耗，而且还能防止混入干扰源影响振荡器的正常工作。

在要求不高的实际应用中，为了设计方便，通常选择负载电容 C_1、C_2 的容量相同。在要求较高的情况下，可适当减小 C_1 或并联一个微调电容加以调整。

虽然图 8-6 电路比图 8-7 电路少用了一个电容，但该电路在晶体损坏时仍然有可能振荡，此时由晶体内部的分布电容和 C9、R3、R4 及两个反相器构成多谐振荡器。当然，此时振荡频率不是晶体的频率。如果发生这种情况，则系统将不能正常工作，会出现许多莫名其妙的问题。图 8-7 电路就不存在以上问题。

要得到较精确的频率，除了电容需选用损耗小、特性好的产品外，印制板布线和各元件的温度系数也很重要。晶振与集成电路（单片机）的引脚应尽量靠近，用地线把时钟区隔离起来，晶振的金属外壳接地并固定，以减少来自外界的干扰，如图 8-8 所示。此措施可以解决许多疑难问题。

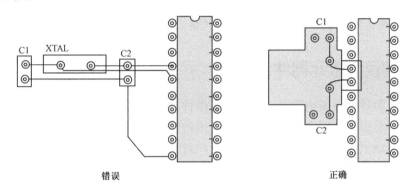

图 8-8　晶振 PCB 引线设计示意图

8.1.5　石英晶体振荡器的检测与代换

一个质量完好的晶振，外观应很整洁、无裂纹、引脚牢固可靠，其电阻值应为∞，用数字式万用表最大电阻挡检测则显示溢出符号"OL"，如图 8-9 所示。

图 8-9　用数字式万用表最大电阻挡检测晶振示意图

若用万用表测得阻值很小或为零，则可以断定晶振已损坏。但若用万用表测得的阻值为∞，则不能完全断定晶振良好。此时，可使用一只试电笔并将其刀头插入市电插座的火线孔内，用手指捏住晶振的任一引脚，将另一引脚触碰试电笔顶端的金属部分。若试电笔氖泡发红，一般说明晶振是好的；若氖泡不亮，则说明晶振是坏的。

在更换晶振时，通常都要用相同型号的新品，后缀字母尽量也要一致，否则很可能无法正常工作。不过对于一些要求不高的电路，可以用频率相近的晶振代换，如遥控器中 455kHz 的晶振损坏后，若找不到同型号的晶振进行替换，则可以用收音机中常用的 450kHz 晶振进行替换，对使用效果无影响，只是此时发射的载波频率稍有偏差，这是因为电视机中遥控接收头对于误差频率在 1kHz 内的载波信号可以正常接收、解码。

常见的晶振大多是两只脚，由于在集成电路振荡端子外围电路中总是用一个晶振（或其他谐振元件）和两个电容组成回路，故为便于简化电路及工艺，有些厂家就生产了一种三脚晶振（在进口音响和其他一些家电中应用较多）。其 3 个引脚中的中间一脚通常是电容公共端（两个电容连接端），另两脚为晶振端。这种复合件可用一个普通两脚同频率的晶振和两个 100～220pF 的瓷片电容按常规连接后予以代换。

8.2 陶瓷谐振元器件

陶瓷谐振元器件是由压电陶瓷制成的谐振组件。陶瓷组件与晶振一样，也是利用压电效应工作的组件。目前的陶瓷谐振元器件大多采用锆钛酸铅陶瓷材料做成薄片，再在两面涂上银层，焊上引线或夹上电极板，用塑料或者金属封装而成。

陶瓷谐振元器件的基本结构、工作原理、特性、等效电路及应用范围与晶振相似。由于陶瓷谐振元器件的有些性能不及晶振，所以在要求较高（主要是频率精度和稳定度）的电路中尚不能采用陶瓷谐振元器件，必须使用晶振。除此之外，陶瓷谐振元器件几乎都可代替晶振，由于陶瓷谐振元器件价格低廉，所以近年来的应用非常广泛，如在收音机的中放电路、电视机的中频伴音电路及各种家电遥控发射器中都可见到它们的"身影"。

陶瓷谐振元器件按功能和用途分类，可分成陶瓷滤波器、陶瓷谐振器和陶瓷陷波器等；按引出端子数分，有 2 端组件、3 端组件、4 端组件和多端组件等。陶瓷谐振元器件大都采用塑壳封装形式，少数陶瓷谐振元器件也用金属壳封装。

国产陶瓷谐振元器件型号由 5 部分组成。其中，第一部分表示组件的功能，如 L 表示滤波器，X 表示陷波器，J 表示鉴频器，Z 表示谐振器；第二部分用字母 T 表示材料为压电陶瓷；第三部分用字母 W 和下标数字表示外形尺寸，也有部分型号仅用 W 或 B 表示，无下标数字；第四部分用数字和字母 M 或 K 表示标称频率，如 700k 表示标称频率为 700kHz，10.7M 表示标称频率为 10.7MHz；第五部分用字母表示产品类别或系列，如 LTW6.5M 是中心频率为 6.5MHz 的陶瓷滤波器。

8.2.1 陶瓷滤波器

滤波器就是指过滤电磁信号的装置，接收器接收到的信号是杂乱无章的电磁波，可通过这种过滤装置（滤波器）筛选出需要的电磁波信号。滤波器主要应用于移动电话、无线电话和卫星通信、GPS 全球定位系统等。

陶瓷滤波器（Ceramic Filters）按幅频特性分为带阻滤波器（又称陷波器）、带通滤波器（又称滤波器）两类，主要用于选频网络、中频调谐、鉴频和滤波等电路中，达到分隔不同频率电流的目的，具有 Q 值高，幅频、相频特性好，体积小、信噪比高等特点，已广泛应用于彩电、收音机等家用电器及其他电子产品中。常见的陶瓷滤波器外形图如图 8-10 所示。

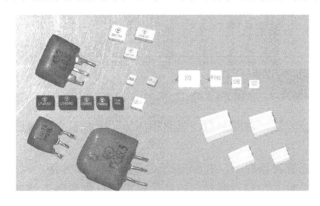

图 8-10 常见的陶瓷滤波器外形图

陶瓷滤波器主要利用陶瓷材料压电效应实现电信号→机械振动→电信号的转化，从而取代部分电子电路中的 LC 滤波电路，使电路工作更加稳定。

目前，陶瓷滤波器的结构有二端和三端两大类，其电路符号分别如图 8-11 所示。

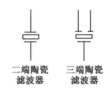

二端陶瓷
滤波器   三端陶瓷
滤波器

图 8-11 陶瓷滤波器的电路符号

在彩电中，带通滤波器常用的型号有 LT5.5M、LT6.5M、LT6.5MA、LT6.5MB 等；调频立体声收录机、收音机常用的 10.7MHz 中频滤波器（陶瓷鉴频器）有 LT10.7MA、LT10.7MB、LT10.7MC 等；调幅收音机的中频滤波器有 LT455、LT465 等。收音机中常用的 10.7MHz 三端陶瓷滤波器的表面会点上不同的色点来区分中心频率，见表 8-1。

表 8-1 三端陶瓷滤波器不同的色点与中心频率的对应关系

后 缀 字 母	中 心 频 率	色 点 颜 色
D	10.64MHz±30kHz	黑
B	10.67MHz±30kHz	蓝
A	10.70MHz±30kHz	红
C	10.73MHz±30kHz	橙
F	10.76MHz±30kHz	白

在彩电中，带阻滤波器（陷波器）常用型号有 XT4.43M、XT5.5MA、XT5.5MB、XT6.0MA、XT6.0MB、XT6.5MA、XT6.5MB 等。

陶瓷滤波器的应用电路如图8-12所示。

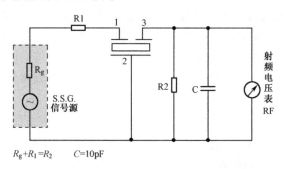

$R_g+R_1=R_2$　　　　$C=10pF$

图8-12　陶瓷滤波器的应用电路

电视机中的陶瓷滤波器开路或漏电、短路损坏后，电视机会出现图像无伴音或伴音异常等现象。

维修时，可将陶瓷滤波器焊下，在原电路其1、3脚位置并接一只几十皮法的瓷片电容，若此时故障消失，则说明该陶瓷滤波器已损坏。也可通过测量陶瓷滤波器各引脚之间的电阻值或电容量来判断其是否损坏。

表8-2是常用三端陶瓷滤波器的电容量值。若测量三端陶瓷滤波器各引脚之间的电容量值与表中相应值不符，则说明该陶瓷滤波器已损坏或性能不良。

表8-2　常用三端陶瓷滤波器的电容量值

标称频率 ＼ 电容量 ＼ 测试引脚号	1脚与2脚之间	2脚与3脚之间	1脚与3脚之间
465kHz	200pF	200pF	100pF
5.5MHz	52pF	52pF	26pF
6.0MHz	50pF	50pF	25pF
6.5MHz	46pF	46pF	23pF

用万用表R×10k挡测量陶瓷滤波器各引脚之间的正、反向电阻值，正常时，各阻值均应为∞（无穷大），如图8-13所示。

图8-13　用万用表检测陶瓷滤波器示意图

若测出有一定阻值或阻值接近 0，则说明该陶瓷滤波器已漏电或短路损坏。需要说明的是，测得正、反向电阻均为 ∞，则不能完全确定该陶瓷滤波器完好，在业余条件下可用代换法试验。

陶瓷滤波器损坏后，应使用原型号陶瓷滤波器或与原型号陶瓷滤波器的谐振频率相同的陶瓷滤波器代用。若无 6.5MHz 的陶瓷滤波器更换，则也可以用电视机中频变压器来改制代替。其方法如下：将中频变压器的屏蔽罩和磁帽去掉，只留下骨架和磁芯，用 φ0.1mm 的高强度漆包线绕制，有关参数如图 8-14 所示中标注。

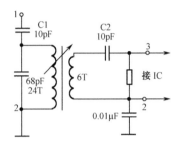

图 8-14　中频变压器改制替代 6.5MHz 的陶瓷滤波器示意图

8.2.2　声表面波器件

声表面波器件是一种特殊的陶瓷谐振元器件，主要有声表面波滤波器（SAW Filter）和声表面波谐振器（SAW Resonator）两大类。声表面波滤波器可用于各种通信及视听设备的射频和中频滤波电路中；声表面波谐振器可用于低功率 UHF 发射机的频率控制及超外差接收机的本振电路中。

声表面波滤波器和声表面波谐振器被广泛应用在各种无线通信系统、电视机、录放影机及全球卫星定位系统接收器上，主要用于把杂波信号滤掉，比传统的 LC 滤波器安装更简单、体积更小。

声表面波元件的主要作用原理是利用压电材料的压电特性，利用输入与输出换能器（Transducer）将电波的输入信号转换成机械能，经过处理后，再把机械能转换成电信号，以达到过滤不必要的信号及杂波信号，提升接收信号品质的目标。

1. 声表面波滤波器

声表面波（Surface Acoustic Wave，SAW）就是在压电陶瓷基片材料表面产生并传播，且其振幅随深入的深度增加而迅速减少的弹性波。

声表面波滤波器是利用石英、铌酸锂、钛酸钡晶体具有压电效应的性质做成的。所谓压电效应，即是当晶体受到机械作用时，将产生与压力成正比的电场的现象。具有压电效应的晶体，在受到电信号的作用时，也会因产生弹性形变而发出机械波（声波），这样即可把电信号转为声信号。由于这种声波只在晶体表面传播，故称为声表面波。声表面波滤波器的英文缩写为 SAWF。声表面波滤波器具有体积小、重量轻、性能可靠、不需要复杂调整的特点，是有线电视系统中实现邻频传输的关键器件。常见的声表面波滤波器外形图如图 8-15 所示。其电路符号如图 8-16 所示。

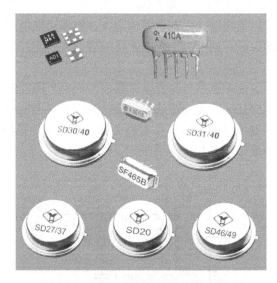

图 8-15　常见的声表面波滤波器外形图

常用的声表面波滤波器有声表面波电视图像中频滤波器、电视伴音滤波器及电视频道残留边带滤波器。

声表面波滤波器（SAWF）被广泛应用在各种无线通信系统、电视机、录放机及全球卫星定位系统接收器上。

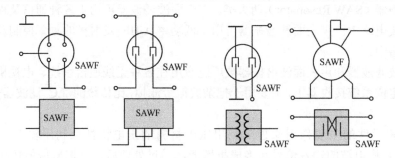

图 8-16　常见的声表面波滤波器电路符号

声表面波滤波器的等效电路如图 8-17 所示。

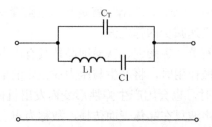

图 8-17　声表面波滤波器的等效电路

声表面波滤波器内部漏电、开路损坏或接触不良时，电视机会出现无图像、无声音，但有杂波和"沙沙"声，或图像闪动、扬声器中有"喀、喀"声等现象。

声表面波滤波器损坏后，应尽可能更换与原型号相同的滤波器。若无相同型号的滤波器，也可用与其参数相近、引脚排列相同的其他型号声表面波滤波器代换。

在无同类组件更换的情况下，也可以将其拆下，然后用一只 100pF 的瓷片电容器并接在声表面波滤波器的 1 脚（输入端）与 3 脚（输出端）之间，做应急修理。

2. 声表面波谐振器

声表面波谐振器主要有延迟线声表面波谐振器和谐振器型声表面波谐振器两种。目前，最常用的是谐振器型声表面波谐振器。

常用的声表面波谐振器外形图如图 8-18 所示。声表面波谐振器在电路图中的符号与石英晶体振荡器一样，只是在旁边加注"SAWF"字样，以视区别。

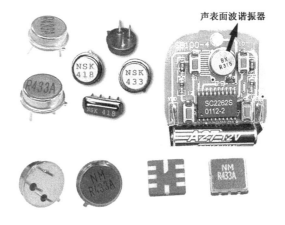

图 8-18 常用的声表面波谐振器外形图

谐振器型声表面波谐振器主要应用在遥控发射电路中作为振荡元器件，如常见的 315MHz 超高频稳频遥控发射电路。谐振器型声表面波谐振器的典型应用电路如图 8-19 所示。

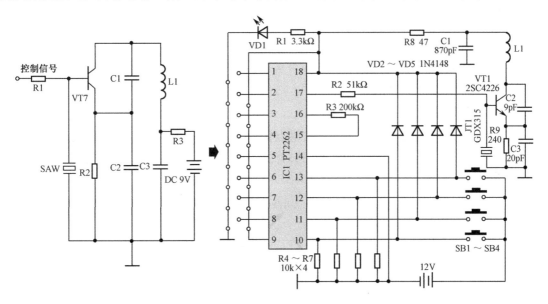

图 8-19 谐振器型声表面波谐振器的典型应用电路

第9章

开关/接插件/继电器的识别/检测/选用

开关（Switch）、接插件和继电器（Relay）都是常用的电子元器件。它们的基本功能就是实现电路的通/断。

9.1 开关

开关在电路中的作用就是对用电器（负载）的供电进行通/断控制的一种元器件。开关的种类相当多，如拉线开关、摇头开关、滑动开关、按钮开关、翘板开关、波段开关及拨码开关等。

按照控制方式，开关可以分为机械式开关和电子开关两大类。电子开关是由具有开关特性的元器件（如三极管、二极管）制成的一种开关。这种开关在进行电路通/断控制的过程中没有机械力的参与；而机械式开关则在开关控制过程中必须有机械力的参与才能完成控制工作。本节仅介绍机械式开关的相关知识。

9.1.1 开关的种类

机械式开关的工作原理基本都一样：就是让两段导体接触时电路导通（ON），导体分离时电路断路（OFF）。机械式开关的命名通常是按照操作方式来命名的，不过依照开关的动作方式及内部构造，还可以细分成很多种类。

【单刀单掷开关/多刀多掷开关】

在通常情况下，一个开关是由两个接触点构成的，其中有一个是可以移动的触点，这个触点称为刀片触点，与这个触点相连的引脚就是刀片引脚；另一个触点就是定触点，与该触点相连的引脚就是定片引脚，如图9-1所示。

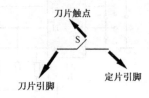

图9-1 开关示意图

若一个开关只有一个刀片触点且该触点只能与一个定触点接通，那么这种开关就是单刀单掷开关（这种开关只有两个引脚）；若一个开关有三只引脚，且其中的一个引脚与动触点相连（通常为中间的引脚），另外的两个引脚与静触点相连，而且动触点可以轮流在两个静触点之间进行切换，那么这种开关就被称为单刀双掷开关。

按照动作类型，单刀单掷开关与多刀多掷开关又可以分为按钮开关、滑动开关、翘板开关、旋转开关及摇头开关等类型。常见的单刀单掷开关与多刀多掷开关外形图如图 9-2 所示。

图 9-2　常见的单刀单掷开关与多刀多掷开关外形图

【锁定式开关/非锁定式开关】

开关因为操作的行为不同，还可以分为锁定式（交替式）开关和非锁定式开关（往复式）两种。

所谓锁定式开关就是开关按一下，会维持导通，也就是会自锁，再按一下就会断路。因为会自己维持在动作状态，所以称为锁定式开关（Latch Type）。

非锁定式开关就是开关只有在被压下时导通（常开）或者被压下时断路（常闭），一放开就会回到原始状态，所以又称暂时开关或轻触式开关或者微型开关。

非锁定式开关的接线端经常标有 N/C 或 N/O 字样。N/C 代表"常闭"，意味着当开关未按下时拨动端与接线端是连接在一起的；N/O 代表"常开"，意味着当开关按下时拨动端与接线端连接。常见的非锁定式开关外形图如图 9-3 所示。

图 9-3　常见的非锁定式开关外形图

【波段开关】

波段开关是单刀多掷开关或者多刀多掷开关的别称，通常由3路以上的选择触点组成。由于波段开关中的选择动触点与其他待选择的静触点呈圆形排列，这些静触点构成一个层次，所以通常根据波段开关中选择触点的多少来对波段开关进行"层"分类，即只有一个选择触点的波段开关就被称为单层波段开关（实际上就是一个单刀多掷开关）；有两个选择触点的波段开关就被称为双层波段开关（实际上就是一个双刀多掷开关）。

波段开关操作时大部分用旋转式进行触点的选择，在切换时有先断路后接通型和先接通后断路型两种。其中先断路后接通型波段开关的额定电流通常较大，一般应用在自动控制、充电器、整流器、电压调整器及包装机电力设备中。由于这种波段开关的额定电流较大，所以通常采用密封封装。因此，这种波段开关又被称为大电流密封波段开关。

先接通后断路型波段开关的额定电流通常小于 1A，在切换时先接通下一个触点，然后才会断开上一个触点，以降低噪声。因这种开关在切换时有短暂的短路状态，故不能用于电源及电力切换电路中，只能应用在小信号电路、音响及 A/V 设备中。

常见的波段开关外形图如图9-4所示。

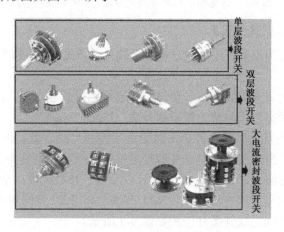

图9-4　常见的波段开关外形图

【拨码开关】

拨码开关又名 DIP 开关，是多个单刀单掷开关的组合，内部可以有多个微型开关。当组合有4个开关时，其具体名称就为"4位拨码开关"；当组合有8个开关时，其具体名称就为"8位拨码开关"。这种开关通常在正面上的一方标注有一个"ON"符号，当该路开关拨至"ON"位置时，该路开关为闭合状态，否则为断开状态。

拨码开关主要应用在小电流的模式选择、地址选择及频率选择电路中。常见的拨码开关外形图如图9-5所示。

开关的主要参数就是额定电压值和额定电流值。这些参数通常都标注在开关的表面，如图9-6所示。开关两端的电压和流过开关的电流超过开关的额定值时，就可能会导致开关烧毁，因此在选择开关时应根据电路需要进行选择。

图 9-5　常见的拨码开关外形图　　　　　　　图 9-6　开关参数标注示意图

9.1.2　开关的电路符号

开关在电路原理图中通常用字母"S"表示，"S1"就表示序号为"1"的开关。常见开关的电路图符号见表 9-1。

表 9-1　开关在电路原理图中的符号

国家标准电路图符号	旧标准电路图符号	开 关 名 称
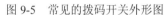		手动单刀单掷开关
		单刀双掷开关
		轻触开关（非锁存）
		单刀多掷开关（以 4 掷为例）
		双刀单掷开关
		多刀单掷开关（以三刀为例）
		双刀双掷开关
		拨码开关

9.2 接插件

接插件是为了方便两个电路之间进行连接而设计的一种特殊的电子元器件，又称连接器。接插件主要有两种类型：一种是用于电子电器与外部设备进行连接的接插件；另一种是用电子电器内部线路之间进行连接的接插件。由于电路的不同需求，故接插件的类型也有很多种。下面仅介绍常用接插件的相关资料。

【耳机插头/插座】

耳机插头/插座有单声道与立体声之分，它们之间的区别是立体声插头/插座比单声道的多了一个引脚（带开关的则多两个引脚）。耳机插座/插头按照其插头的直径（插座的孔径）可以分为 2.5mm、3.5mm、6.5mm（准确的数字应该是 1/4 英寸=6.35mm）等类型，其中 2.5mm 直径的耳机插头/插座只有单声道的，3.5mm 与 6.5mm 直径的则有立体声与单声道的两种类型。

在耳机插座中还有带开关与不带开关两种形式。所谓带开关就是在普通插座上又增加了一个触点（引脚），当插头没有插入时，信号触点（引脚）与该触点接通；当插头插入时，信号触点（引脚）与该触点断开，信号触点（引脚）只与插头相连。

立体声插头/插座主要用于传送平衡信号（此时功能与卡侬插头/插座一样）或者用于传送不平衡的立体声信号，如耳机。常见的耳机插头/插座外形图如图 9-7 所示。

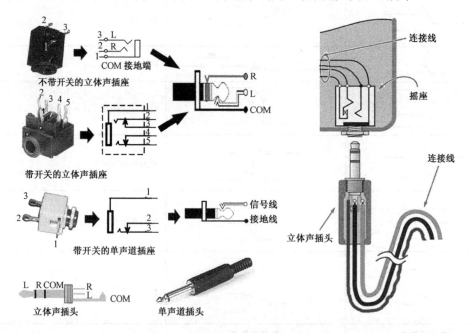

图 9-7 常见的耳机插头/插座外形图

【RAC 插头/插座】

RAC 插头/插座又称莲花插头/插座，输出的信号电平约为 −10dB，主要用于民用音响设备中，如常用的 CD 机、录音机、电视机等。在音频设备中，通常用不同颜色的 RAC 插头/插座来传输两个声道的音频信号：左声道通常为白色，右声道通常为红色。有时候也采用这种插头/插座来传送模拟的视频信号（如 VCD、DVD 的视频信号），此时插头/插座的颜色为黄色。常见的 RAC 插头/插座外形图如图 9-8 所示。

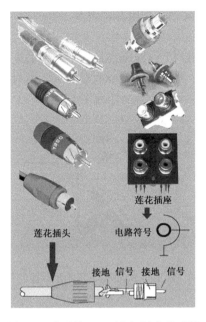

图 9-8　常见的 RAC 插头/插座外形图

【XLR 插头/插座】

XLR 插头/插座又称卡侬插头/插座，主要用于输出/输入平衡信号。XLR 插头/插座分"阴"、"阳"两种形式。其中，"阳"型插座用于输出信号（如将音源信号输出送到调音台）；"阴"型插座用于接收信号，如接收话筒信号等。

在"阴"型 XLR 插头上有一个锁紧扣，当插头插入插座中时，该锁紧扣会卡入插座上的暗槽中，将插头与插座紧密地固定在一起；若需要拔下插头时，需要按下插头上的松扣按钮才能取下。

XLR 插头/插座主要应用在比较高级的民用音响设备及专业音响设备中。常见的 XLR 插头/插座外形图如图 9-9 所示。

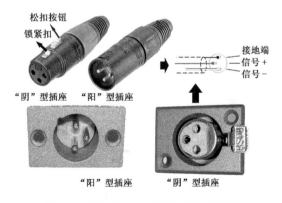

图 9-9　常见的 XLR 插头/插座外形图

【BNC 插头/插座】

BNC 插头/插座是一种用来连接同轴电缆的接插件。BNC 插头是一个螺旋凹槽的金属接头，由金属套头、镀金针头和 3C/5C 金属套管组成。

在同轴电缆两端都必须安装有 BNC 接头，两根同轴电缆之间的连接是通过专用的 T 形接头相连接的。T 形接头与 BNC 插头/插座都是同轴电缆的连接器件。

BNC 插头/插座主要应用在需要采用同轴电缆的高频发射/接收设备、网络集线器或交换机上。常见的 BNC 插头和 T 形接头的外形图如图 9-10 所示。

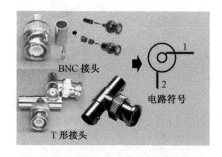

图 9-10　常见的 BNC 插头和 T 形接头的外形图

【S 端子】

S 端子是 S—Video 的简称，是视频信号的专用输入/输出接口。S 端子是五线接头：两路视频亮度信号，两路视频色度信号，一路公共屏蔽地线。S 端子的视频传输速率为 5Mb/s。

S 端子主要安装在高档的录像机、彩色电视机及激光视盘机上作为视频信号专用输入/输出接口。需要注意的是，由于 S 端子中不包含音频信号，因此在影音设备中若采用 S 端子来传输视频信号，就必须另加两条音频信号线来传送音频信号。S 端子的插头/插座外形图如图 9-11 所示。

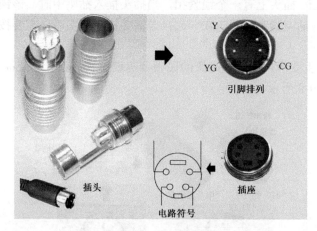

图 9-11　S 端子的插头/插座外形图

【RJ—45 插头/插座】

RJ—45 插头是一种只能沿固定方向插入并防止自动脱落的塑料接头，因为它的外表晶莹透亮，故俗称"水晶头"，专业术语为 RJ—45 连接器（RJ—45 是一种网络接口规范）。与 RJ—45 插头对应的插座则为 RJ—45 插座（又称为 RJ—45 接口）。

RJ—45 插头通常用来连接非屏蔽双绞线，每条双绞线两头都必须通过安装 RJ—45 插头才能与网卡和集线器（或交换机）相连接。

RJ—45 插头有 8 根连针。图 9-12 为 RJ—45 插头（水晶头）的截面示意图，从左到右的引脚顺序分别为 1～8。在 10Base—T 标准中，仅使用 4 根，即第 1 对双绞线使用第 1 针和第 2 针，第 2 对双绞线使用第 3 针和第 6 针（第 3 对和第 4 对作为备用）。与其他插头不同的是，RJ—45 插头必须采用专用的卡线钳才能制作。

RJ—45 插头主要应用在网卡（NIC）、集线器（Hub）或交换机（Switch）上进行网络通信。在通常情况下，RJ—45 插头的一端连接在网卡上的 RJ—45 接口，另一端连接在集线器或交换机上。常见的 RJ—45 插头/插座外形图如图 9-13 所示。

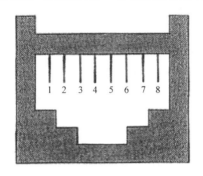

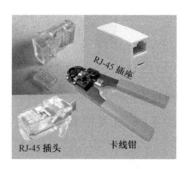

图 9-12　RJ—45 插头（水晶头）的截面示意图　　　　图 9-13　常见的 RJ—45 插头/插座外形图

【香蕉插头/插座】

香蕉插头（Banana Jack）是一种单引线插头/插座，通常应用在需要频繁插拔的设备上，如万用表的测量表笔、音箱信号输入线。在香蕉插头中有绝缘处理与非绝缘处理两种类型。进行绝缘处理后的香蕉插头，其插头的金属部分被绝缘体覆盖，如高档万用表的表笔接头。常见的香蕉插头/插座外形图如图 9-14 所示。

【Y 形插头/插座】

Y 形插头/插座又称叉形裸端子连接器。其得名原因为其连接部分与英文字母 "Y" 非常相似。Y 形插头/插座主要应用在需要输出/输入电流较大的电路连接部分，如音箱音频输入、充电器等。

常见的 Y 形插头/插座外形图如图 9-15 所示。

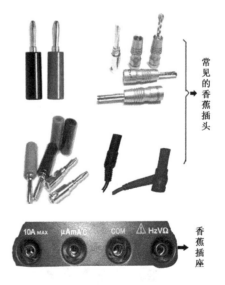

图 9-14　常见的香蕉插头/插座外形图

【焊板式接线座】

焊板式接线座是一种可以焊接在印制电路板上的大电流接插件，主要应用在输出电流较大的电路中，如自动控制电路、电能表。

焊板式接线座通常与 "O 形接线端子" 配合使用，需要连接时，要先把焊板式接线座上相应连接端的固定螺钉拧下，然后把 "O 形接线端子" 压在螺钉下拧紧即可。在有些焊板式接线座中有一个小孔，这样就可以不用 "O 形接线端子" 进行连接，此时可以直接把需要连接的导线穿在这个孔中并拧紧螺钉即可。

常见的焊板式接线座外形图如图 9-16 所示。

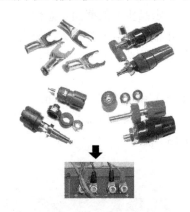

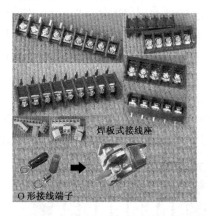

图 9-15　常见的 Y 形插头/插座外形图　　　图 9-16　常见的焊板式接线座外形图

【电路板接插件】

电路板接插件主要用来进行两块电路板之间的连接，这种接插件一般都是安装在印制电路板上的。

电路板接插件又可以分为单引线接插件和多引线接插件。其中，单引线接插件可以按照需要进行组合，这种接插件通常与"短路跳线"（跳线帽）配合使用，用作选择开关。当"短路跳线"（跳线帽）插在两个相邻的单引线接插件上时，这两个原本被彼此断开的单引线接插件就会接通。因此，单引线接插件主要用在需要采用开关对频率、电流、电压等参数进行反复调整的电路中。

多引线接插件主要用来进行电路连接，为了防止插错方向，这种接插件通常采用非对称设计（即插头只能从一个方向和位置插入插座中），故这种插头插入插座后，若要拔下来，则要先压下，用来防止插反并起固定作用的倒扣，然后稍用力向上提起插头才能取下。

常见的电路板接插件外形图如图 9-17 所示。

【转换插头】

转换插头是一种对输入/输出插头类型（如立体声转卡侬）进行转换的接插件。常见的转换插头外形图如图 9-18 所示。

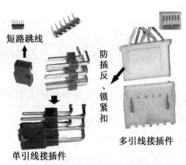

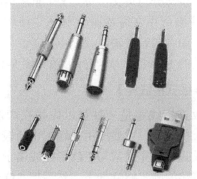

图 9-17　常见的电路板接插件外形图　　　图 9-18　常见的转换插头外形图

【多路转换插头】

多路转换插头主要用来将原有的一路信号扩展为多路（通常为两路）输出的接插件。这种接插件的多个输出端在内部通常为并联。因此，在同时连接多个外部设备时，需要注意负载阻抗要与输出阻抗相匹配：对于小信号负载，如电脑声卡输出的音频信号同时连接耳机与有源音箱时，可以不考虑阻抗；对于大功率负载，负载阻抗要与输出阻抗相匹配才能正常工作。

常用的多路转换插头外形图如图 9-19 所示。

图 9-19 常用的多路转换插头外形图

9.3 继电器

继电器（Relay）是一种电子控制器件，具有控制系统（又称输入回路）和被控制系统（又称输出回路）。继电器可以使用一组控制信号来控制一组或多组电器接点开关，通常应用在自动控制电路中。继电器实际上是用较小的电流去控制较大电流的一种"自动开关"，故在电路中起着自动调节、安全保护及转换电路等作用。

根据驱动方式，继电器主要有电磁继电器、固态继电器等类型。

9.3.1 电磁继电器

1. 电磁继电器的工作原理

电磁继电器一般由铁芯、线圈、衔铁、触点及簧片等组成。线圈是用漆包线在一个圆铁芯上绕几百圈至几千圈。只要在线圈两端加上一定的电压，线圈中就会流过一定的电流，圆铁芯就会产生磁场，该磁场产生强大的电磁力，吸动衔铁带动簧片，使簧片上的触点接通（常开）。当线圈断电时，铁芯失去磁性，电磁的吸力也随之消失，衔铁就会离开铁芯。由于簧片的弹性作用，故因衔铁压迫而接通的簧片触点就会断开，如图 9-20 所示。因此，可以用很小的电流去控制其他电路的开关，达到某种控制的目的。

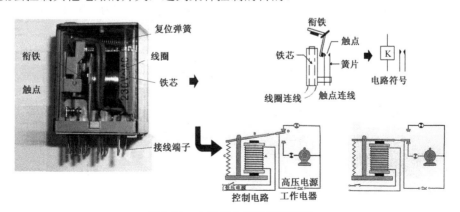

图 9-20 电磁继电器工作示意图

继电器通常由塑料或有机玻璃防尘罩保护着，有的还是全密封的，以防触点氧化。常见的电磁继电器外形图如图 9-21 所示。

图 9-21　常见的电磁继电器外形图

继电器在电路中用文字符号 K 表示，电路图形符号如图 9-22 所示。

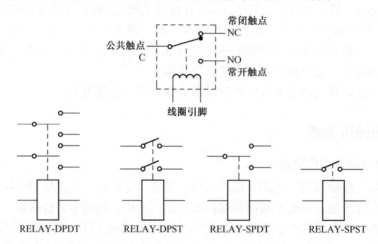

RELAY-DPDT　　　RELAY-DPST　　　RELAY-SPDT　　　RELAY-SPST

图 9-22　电磁继电器的电路图形符号

继电器的"常开、常闭"触点可以这样来区分：继电器线圈未通电时处于断开状态的静触点，称为"常开触点"；线圈未通电时处于接通状态的静触点称为"常闭触点"。下面以如图 9-23 所示电路为例介绍电磁继电器的工作原理。

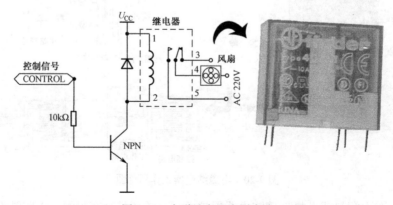

图 9-23　电磁继电器应用电路

由于电磁继电器的线圈需要一定的电流才能驱动，因此通常用三极管来驱动继电器。在图 9-23 电路中，若有控制信号（高电平）输入到三极管的基极，则三极管导通，电磁继电器线圈（1、2 脚）通电，此时线圈中的铁芯产生强大的电磁力，吸动衔铁带动簧片，使触点 3、4 断开，4、5 接通，接通风扇的电源，达到控制的目的。当继电器线圈断电后，弹簧使簧片复位，使触点 3、4 接通，4、5 断开。只要把需要控制的电路接在触点 3、4 间（3、4 称为常闭触点）或触点 4、5 间（称为常开触点），就可以利用继电器达到某种控制的目的。

2. 电磁继电器型号的识别

电磁继电器的型号一般由主称代号、外形符号、短画线、序号及防特征符号五部分组成，如图 9-24 所示。

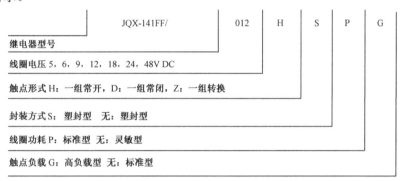

图 9-24 电磁继电器型号示意图

国内各类继电器的型号和规格组成见表 9-2。

表 9-2 国内各类继电器的型号和规格组成

类 型	第一部分	第二部分	第三部分	第四部分	第五部分
微功率直流电磁继电器	JW	W：微型 C：超小型 X：小型	-表示继电器触点的组数和触点的形式，触点的组数通常有 1 组、2 组、3 组、4 组四种，分别用阿拉伯数字 1、2、3、4 表示；而触点形式通常有常开、常闭、转换三种。一般用"A"或"H"表示常开，用"B"或"D"表示常闭，用"C"或"Z"表示转换		M：密封 F：封闭
弱功率直流电磁继电器	JR				
中功率直流电磁继电器	JZ				
大功率直流电磁继电器	JQ				
交流电磁继电器	JL				
磁保持继电器	JM				
固态继电器	JG				
高频继电器	JP				
同轴继电器	JPT				
真空继电器	JPK				
温度继电器	JU				
电热式继电器	JE				
光电继电器	JF				
特种继电器	JT				
极化继电器	JH				
电子时间继电器	JSB				

普通电磁继电器的主要参数有线圈额定工作电压、触点额定工作电压、触点额定工作电流、线圈额定工作电流、吸合电流、释放电流、触点接触电阻、绝缘电阻等。其中线圈额定

工作电压、触点额定工作电压、触点额定工作电流这三项参数是最主要的，通常在继电器的外罩上标明，如图 9-25 所示。

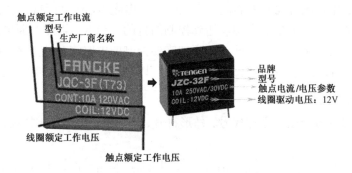

图 9-25　电磁继电器参数示意图

常见的小型电磁继电器的型号和主要参数通常由三部分组成，如图 9-25 所示。其中第一部分表示继电器的型号，如 JQX−3F、JZC−32F 等型号；第二部分表示继电器触点的工作电压，包括电压的数值和性质（交流或直流），其中"A"或"AC"表示交流，"D"或"DC"表示直流（表示直流的字母有时也可省去不用），用阿拉伯数字表示电压的数值，如 120V AC 表示交流 120V；第三部分表示继电器线圈的工作电压。常用小型电磁继电器绕组电压有直流 3V、5V、6V、9V、12V、18V、24V、48V、60V、110（120）V 及交流 6V、12V、24V、48V、120V、220V 等。

按照电磁继电器的触点额定工作电流大小，可以将其分成微功率继电器、弱功率继电器、中功率继电器及大功率继电器四类，分类标准见表 9-3。

表 9-3　电磁继电器分类标准

名　称	定　义
微功率继电器	触点额定负载电流（阻性）小于 0.5A 的继电器
弱功率继电器	触点额定负载电流（阻性）为 0.5～1A 的继电器
中功率继电器	触点额定负载电流（阻性）为 2～5A 的继电器
大功率继电器	触点额定负载电流（阻性）大于 10A 的继电器

电磁继电器通常有线圈和触点引脚，一般都会在外观上标示引脚功能，如果真的找不到，就可以按照下面的方法进行辨别。

有些电磁继电器通常会在继电器表面标明各引脚的功能，此时通过目测就可以确定继电器各引脚的功能，如图 9-26 所示。

对于一些采用透明外壳的继电器，即使外壳上没有标明引脚功能，也可以看出各引脚的功能：连接线圈的两只脚必然是线圈的两个引脚（控制端），剩下的引脚为触点引脚，如图 9-27 所示。

当按照上述方法判断不出继电器的引脚功能时，可以采用万用表进行测量：将万用表量程开关转换到欧姆挡（Ω）测量继电器各引脚间的电阻值，若两引脚间有约数百欧的电阻值，则说明这两个引脚就是连接线圈的端子（控制端），剩下的引脚就是触点连接端；若两个引脚之间的电阻值为 0Ω，则说明这两个引脚为"常闭"触点引脚。

图 9-26　继电器表面引脚标注示意图

图 9-27　透明外壳继电器外形图

3. 电磁继电器的应用

电磁继电器是具有隔离功能的自动开关元件，广泛应用于遥控、遥测、通信、自动控制、机电一体化及电力电子设备中，是最重要的控制元件之一。

继电器输入部分以直流电压驱动，一般规格有 5V、9V、12V、24V 等。输出部分接上负载与交流电源，在使用上需注意接点所能承受的电流与电压值，如 120V/2A，代表接点只能承受 2A 的电流，因此要视负载电流的大小，选用适当的继电器。

作为控制元件，电磁继电器主要有如下几种作用：

① 扩大控制范围，如可以采用多触点继电器同时换接、开断、接通多路电路。

② 控制信号的放大。若采用灵敏型继电器、中间继电器等，就可以用一个很微小的控制量来控制很大功率的电路。

③ 自动控制。可以将电磁继电器与遥控、监测控制电路连接在一起，实现控制的自动化运行。

图 9-28 是采用电磁继电器的几款实用控制电路。

4. 电磁继电器应用注意事项与保护

线圈使用电压在设计上最好按额定电压选择，使用电压不要高于线圈最大工作电压，也不要低于额定电压的 90%，否则会危及线圈寿命和使用的可靠性。

除了工作电压（动作电压）要符合外，继电器的工作电流（动作电流）也必须在继电器的容许范围内，也就是当输入驱动信号后，晶体管必须饱和，且要能提供继电器动作时所需要的驱动电流。

加到触点上的负载应符合触点的额定负载和性质，不按额定负载大小（或范围）和性质施加负载往往容易出现问题。例如，只适合直流负载的产品不要应用在交流场合，否则可能影响电路的电气性能。

> 多个继电器并联供电时，反峰电压高（即电感大）的继电器会向反峰电压低的继电器放电，其释放时间会延长，因此最好每个继电器分别控制后再并联才能消除相互影响。
>
> 不同线圈电阻和功耗的继电器不要串联供电使用，否则串联回路中线圈电阻小的继电器不能可靠工作（线圈两端电压降低）。只有同规格、同型号的继电器才可以串联供电，但此时反峰电压会提高，应给予抑制。

电磁继电器的线圈在断电瞬间，线圈上可产生高于线圈额定工作电压值 30 倍以上的反峰电压，该电压对电子线路有极大的危害，通常采用并联瞬态抑制（又叫削峰）二极管或电阻的方法加以抑制，使反峰电压不超过 50V，但并联二极管会将继电器的释放时间延长 3～5 倍，当释放时间要求高时，可在二极管一端串接一个合适的电阻，如图 9-29 所示。

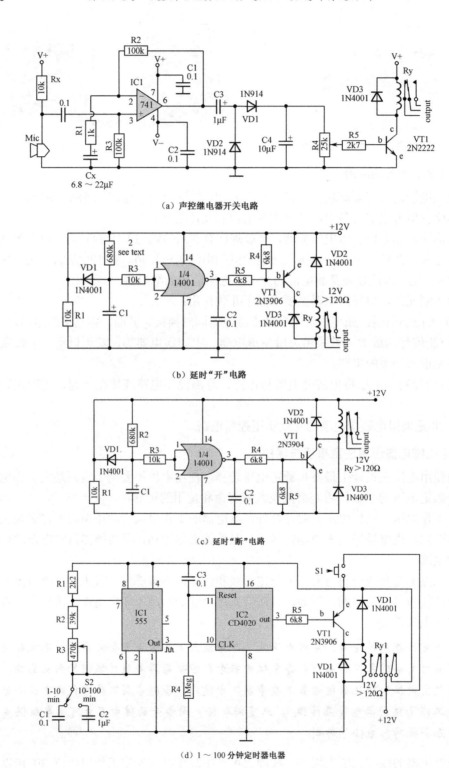

（a）声控继电器开关电路

（b）延时"开"电路

（c）延时"断"电路

（d）1～100 分钟定时器电路

图 9-28　采用电磁继电器的几款实用控制电路

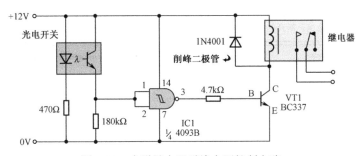

图 9-29 电磁继电器反峰电压抑制电路

继电器触点保护线路有很多种，对于电感性负载，通常采用在负载两端并联二极管来消除火花，在触点两端并联 RC 吸收网络或压敏电阻来保护触点；对于电容性负载、电阻性（如电灯）负载，通常采用在负载回路串联小阻值功率电阻或串联一个 RL 抑制网络来抑制浪涌电流的冲击。

9.3.2　干簧管

干簧管是利用磁场信号进行控制的一种线路开关器件，是一种有触点的无源电子开关元件。干簧管又被称为磁控管。

常见的干簧管如图 9-30 所示。

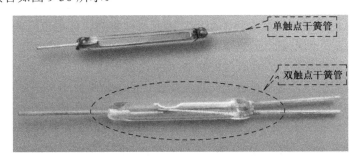

图 9-30　常见的干簧管

干簧管的外壳一般是一根密封的玻璃管，在玻璃管中装有两个铁质的弹性簧片电极，玻璃管中充有某种惰性气体。平时玻璃管中的两个簧片是分开的，当有磁性物质靠近玻璃管时，在磁场磁力线的作用下，管内的两个簧片被磁化而互相吸引接触，使两个引脚所接的电路连通。外磁场消失后，两个簧片由本身的弹性而分开，线路就断开。在实际应用中，通常使用磁铁来控制这两根金属片是否接通。在实际运用中，通常用永久磁铁控制这两根金属片的接通与否，所以又被称为"磁控管"。

干簧管需要和磁铁配合使用，在感应到有一定磁力的时候会呈导通状态，无磁力时，呈断开状态。因此，作为一种利用磁场信号来控制的线路开关器件，干簧管可以用作传感器，用于计数、限位等（在安防系统中主要用于门磁、窗磁的制作），同时还被广泛使用于各种通信设备中。

常见的干簧管有单触点干簧管和双触点干簧管两种。单触点干簧管有两个引出电极。双触点干簧管有三个引出电极：公共端、常开端、常闭端。干簧管工作示意图如图 9-31 所示。

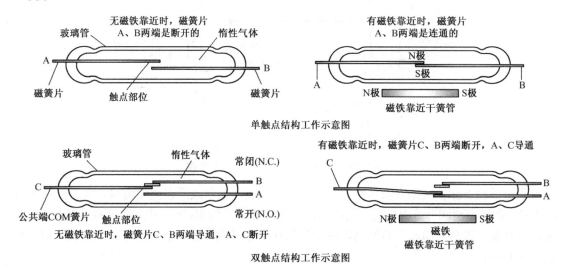

图 9-31 干簧管工作示意图

9.3.3 固态继电器

固态继电器（Solid State Relays，SSR），是一种全部由固态电子组件组成的新型无触点开关器件。它利用电子组件（如开关三极管、双向晶闸管等半导体器件）的开关特性，达到无触点、无火花且能接通和断开电路的目的，因此又被称为"无触点开关"。相对于以往的"线圈—簧片触点式"继电器，固态继电器没有任何可动的机械零件，工作中也没有任何机械动作，反应快、可靠度高、寿命长（SSR 的开关次数可达 $10^8 \sim 10^9$ 次）、无动作噪声、耐振、耐机械冲击、无火花，具有良好的防潮、防霉、防腐特性，可广泛应用于军事、航天、航海、家电、机床、通信、化工、煤矿等工业自动化等领域的电控设备中。

固态继电器的控制电压和负载电压按使用场合可以分成交流和直流两大类，因此会有 DC→AC、DC→DC、AC→AC、AC→DC 四种形式。它们分别在交流或直流电源上做负载的开关，不能混用。

1. 固态继电器的工作原理

固态继电器的功能与一般电磁继电器相同，但没有电磁继电器的机械触点。固态继电器可分为控制输入端与输出端，而这两者之间是隔离的。其控制端的输入部分采用光耦合电路，而输出部分是采用单向晶闸管或双向晶闸管。利用输入的控制电压令光耦合器内部的发光二极管发光，经过内部的控制电路后触发输出端的单向晶闸管或双向晶闸管导通，进而驱动负载。

下面以交流型固态继电器为例来说明它的工作原理。图9-32是交流型固态继电器的工作原理图。

固态继电器只有两个输入端及两个输出端，因此它是一种四端器件。工作时，只要在两个输入端加上一定的控制信号，就可以控制两个输出端之间的"通"和"断"，实现"开关"的功能。

耦合电路（图9-32中的IC1）的功能是为两个输入端输入的控制信号提供一个输入/输出端之间的通道，但又在电气上断开输入端和输出端之间的（电）联系，以防止输出端对输入端的影响。耦合电路所用的元件是"光电耦合器"，其动作灵敏、响应速度高、输入/输出端间的绝缘（耐压）等级高。由于输入端的负载是发光二极管，因此固态继电器的输入端很容易与输入信号电平相匹配，可直接与电脑输出接口相接。

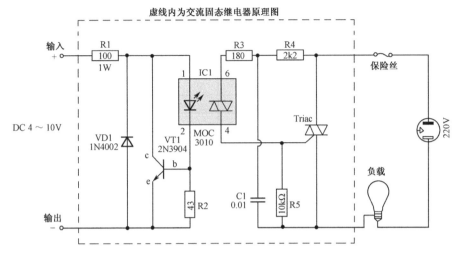

图 9-32　交流型固态继电器的工作原理图

固态继电器的外壳上通常将输入端（INPUT）、输出端（OUTPUT）标注出来，并标注出输入端需要的输入电压/控制电流等参数。常见的固态继电器如图 9-33 所示。

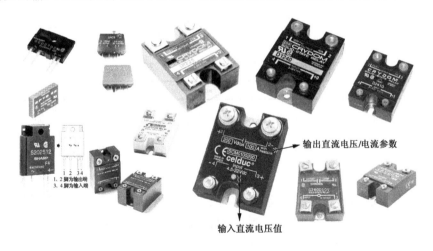

图 9-33　常见的固态继电器

2. 固态继电器的工作特点

固态继电器的主要参数有输入和输出参数。输入参数包括直流控制电压（V）、输入电流（mA）、接通电压（V）、关断电压（V）及绝缘电阻（Ω）等。输出参数主要有以下几种：

额定输入电压：指定条件下能承受的稳态阻性负载的最大允许电压有效值。负载为感性时，所选额定输出电压必须大于两倍电源电压值，而且所选产品的阻断（击穿）电压应高于负载电源电压峰值的 2 倍。

浪涌电流：在给定条件下（室温、额定电压、额定电流和持续的时间等），不会造成永久性损坏所允许的最大非重复性峰值电流。交流继电器的浪涌电流为额定电流的 5～10 倍（1

个周期），直流产品为额定电流的 1.5～5 倍（1s）。

常用的 GX－10F 型固态继电器的主要参数见表 9-4。

表 9-4　常用的 GX－10F 型固态继电器的主要参数

参数名称（单位）	参 数 值		
	最小值	典型值	最大值
输入端 直流控制电压（V）	3.2		14
输入电流（mA）		20	
接通电压（V）	3.2		
关断电压（V）			1.5
反向保护电压（V）			15
绝缘电阻（Ω）	10^9		
介质耐压（V）	1500		
输出端 额定输出电压（V）	25		250
额定输出电流（A）			10
浪涌电流（A）			100
过零电压（V）			±15
输出压降（V）			2.0
输出漏电流（mA）			10
接通时间（ms）			10
关断时间（ms）			10
工作频率（Hz）	47		70
功率损耗（W）		1.5	
关断 dU/dt（V/μs）		200	
晶闸管结温（℃）			110
工作温度（℃）	−20		+80

由表 9-4 可以看出，固态继电器对控制信号要求的功率极低，因此可以通过弱信号控制强电流。

因固态继电器由全固态电子元件组成，与电磁继电器相比，没有任何可动的机械部件，工作中也没有任何机械动作，由内部电路的工作状态变换实现"通"和"断"的开关功能，没有电接触点，所以其有一系列电磁继电器不具备的优点，即工作高可靠性、寿命长、无噪声、耐振、耐机械冲击、安装位置无限制及良好的防潮、防霉、防腐性能。

交流型固态继电器由于采用过零触发技术，因而可以使固态继电器安全地用在电脑输出接口上。固态继电器与电磁继电器比较见表 9-5。

表 9-5　固态继电器与电磁继电器比较

项　目	类　型	
	固态继电器（SSR）	电磁继电器（EMR）
灵敏度	输入电压范围宽，驱动功率低，可以与逻辑集成电路兼容，不需要加缓冲器或驱动器，具有高灵敏度、控制功率小的特点。驱动功率<30mW	控制电压较窄，需加驱动电路，灵敏度差，一般在几百毫瓦
寿命和可靠性	无机械运动零部件，可在冲击振动环境工作，由固态器件完成触点功能，具有寿命长、可靠性高的特点	对冲击、振动环境较敏感，触点寿命较短，可靠性较低

续表

项　目	类　型	
	固态继电器（SSR）	电磁继电器（EMR）
切换速度	切换速度快，几毫秒	切换速度一般大于 10ms
电磁干扰	绝大多数交流输出固态继电器输出是一个零电压开关，射频干扰较小	因线圈本身及控制触点，故会有较大的电磁干扰
导通压降	导通压降大，断开有漏电流	导通压降小、接触电阻小、断开无漏电流
控制触点、通用性	固态继电器一般为单刀单掷形式对外控制，交、直流通用性差	对外进行多组控制较易，可交、直流通用

3. 固态继电器的应用与选择

采用固态继电器控制的开关电路如图 9-34 所示。

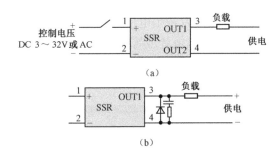

图 9-34　采用固态继电器控制的开关电路

固态继电器输入信号可以是开关或集成电路的逻辑引脚。当负载为非稳定性负载或感性负载时，需要在输出回路中附加一个瞬态抑制电路，如图 9-34（b）所示电路用来保护固态继电器，RC 吸收回路（如 $R=150\Omega$、$C=0.5\mu F$，或 $R=39\Omega$、$C=0.1\mu F$）可以有效地抑制固态继电器输出端的瞬态电压和电压指数上升率。若只是一般的负载，则可以省略 RC 吸收回路。图 9-34（b）中的二极管是针对输出端为直流电时才使用的，并且要注意极性，若为交流电，则不可以使用。

在决定最大负载电压时需注意，如果负载为电感性负载时（如电磁铁、电动机、变压器），固态继电器的负载电压范围必须大于两倍电源电压值，而且所选产品的阻断（击穿）电压应高于负载电源电压峰值的两倍。例如，在电源电压为交流 220V、一般的小功率非阻性负载的情况下，建议选用负载电压范围为 400～600V 的固态继电器，但对于频繁启动的单相或三相电动机负载，建议选用额定电压为 660～800V 的固态继电器。

直流型的固态继电器与交流型固态继电器相比，无过零控制电路，也不必设置吸收电路，开关器件一般用大功率开关三极管，其他工作原理相似。不过，使用直流型固态继电器时应注意以下几点：①负载为感性负载（如电磁铁）时，应在负载两端并联一只二极管，二极管的额定工作电流应等于工作电流，额定电压应大于工作电压的 4 倍；②固态继电器应尽量靠近负载，其输出引线应满足负荷电流的需要；③供电电源通过交流电压整流，其滤波电解电容容量应足够大（最好大于 4700μF）。

若负载电流较大时，需要注意固态继电器工作温度的范围与降温散热的问题。这是因为固态继电器的最大负载电流对温度的反应非常敏感，若周围温度上升，则固态继电器所能承受的最大负载电流会明显下降，因此应用时要注意这点。

第10章

电声器件的识别/检测/应用

电声器件是指能将声音信号转换为音频电信号或者将音频电信号转换为声音信号的器件。它是利用电磁感应、静电感应或压电效应等来完成电声转换的，主要有扬声器、压电陶瓷片、蜂鸣器及传声器等。

10.1 扬声器

扬声器（Speaker）俗称喇叭，是一套音响系统中的重要器材。所有的音乐都是通过扬声器发出声音，供人们欣赏的。扬声器主要起电→力→声能量变换的作用，用来将音频放大电路送来的电信号转换为声音输出。作为将电能转变为"声能"的唯一器材，扬声器的品质、特性，对整个音响系统的音质起着决定性的作用。

扬声器是音箱最关键的部分，音箱的性能指标和音质表现在很大程度上取决于扬声器单元的性能，因此，制造好音箱的先决条件是选用性能优异的扬声器单元。对扬声器单元的性能要求概括起来主要有承载功率大、失真低、频响宽、瞬态响应好及灵敏度高几个方面，但要在 20Hz～20kHz 的全频带范围内同时很好地兼顾失真、瞬态及功率等性能却非常困难，正如道路警察，如果管得太宽，则肯定会顾此失彼，而各管一段就容易得多，扬声器单元也是这个道理，最有效地解决方案就是分频段重放。为此，扬声器厂家生产了不同类型的单元，有的只负责播放低音，称为低音单元；播放中音的叫中音单元；高音单元则只负责播放高音。这样便可采取针对性的设计，将每种单元的性能都做得比较好。

10.1.1 扬声器的种类

扬声器的种类很多，分类方法也各不相同。如果按电→声转换的原理来分，有电磁式、电动式、静电式、压电式等不同类型的单元，最常用的是电动式单元；按照单元振膜的形状来分，有锥盆单元、平板单元、球顶单元、带式单元等类型，其中锥盆单元和平板单元比较适合播放低音和中音信号，而球顶单元和带式单元比较适合播放高频信号；从所覆盖的频带来看，扬声器单元又可分为低音单元、中音单元、高音单元和全频带单元。

1. 电动式扬声器

电动式扬声器是目前应用最为广泛的一种扬声器。电动式扬声器实际上是一种电→力→声能量的转换器。电动式扬声器的结构如图 10-1 所示。当音频信号电流流经扬声器的音圈（线圈）时，音圈中音频电流产生的交变磁场与永久磁体产生的强恒磁场相互作用使音圈发生机械振动，音圈会被拉入或推出，其幅度会随电流的方向及大小而改变（即将电能转换成机械能），而音圈的上下振动则带动与其紧密连接的纸盆运动，使周围大面积的空气出现相应振动，将机械能再转换成声能。

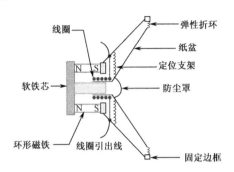

图 10-1　电动式扬声器的结构

常见的电动式扬声器实物图如图 10-2 所示。扬声器在电路原理图中的电路符号如图 10-3 所示。

图 10-2　常见的电动式扬声器实物图　　　　图 10-3　扬声器在电路原理图中的电路符号

电动式扬声器通常采用锥盆状的振膜，因为这种形状的振膜设计成熟、性能良好。振膜材料则多种多样，有传统的纸质振膜，也有高分子合成材料（如聚丙烯）制作的振膜，还有铝、镁等金属材料制作的振膜。振膜的要求是刚性好（不易产生分割振动）、重量轻（瞬态响应好）具有适当的内阻尼特性（抑制谐振），但这些要求并不容易同时满足，纸质振膜的重量和阻尼特性都能达到要求，但刚性不够强；金属振膜的刚性很好，但阻尼又欠佳；聚丙烯振膜比较好地兼顾了各个方面，近年来获得较多的应用。

电动式扬声器具有结构简单、频响宽和失真小的特点，因此在扬声器系统中应用最为广泛。

2. 球顶扬声器

球顶扬声器与普通锥形扬声器的主要区别是去掉了锥形膜片和折环，只能通过防尘罩辐射声音。

球顶扬声器具有以下优点：

① 振动膜片小，但是辐射角度却很大。

② 振动膜片外壳小，但是其效率却比较大。球体位移不能很大。因为只能夹紧球体边缘，所以容易产生振动。由于以上原因，球体膜片只能做中音和高音扬声器。常见的球顶扬声器外形图如图 10-4 所示。

图 10-4　常见的球顶扬声器外形图

球顶扬声器使用一种近似呈半球形的振膜，使用球顶形振膜既有利于改善扬声器的指向性，也有利于提高振膜的强度。球顶扬声器的振膜一般用刚性好、质量轻的金属或非金属材料制成。振膜口径也设计得较小，小口径的振膜具有比传统锥盆小得多的质量。质量轻的振膜对高频信号重放非常有利。球顶扬声器和锥形扬声器的另一个差别是振膜的支撑方式不同，球顶扬声器的振膜仅靠振膜周围的折环支撑，这就使球顶扬声器的振膜在频率较低时会出现横向振动，导致一些不必要的失真。球顶扬声器的缺点是这种扬声器的能量转换效率较低，但它的最大优点就是中、高频响应优异并具有较宽的指向性，除此以外，它还具有瞬态特性好、失真小和音质较好的优点。

球顶扬声器根据球顶振膜的结构可分为正球顶和反球顶两种。正球顶扬声器的振膜从正面看呈凸出的碗形，而反球顶扬声器的振膜则呈凹陷的碗形。根据振膜的材料，球顶扬声器又可分为软球顶扬声器、硬球顶扬声器和复合膜球顶扬声器三种。

这里值得一提的是球顶扬声器的音圈。我们知道，扬声器振动系统的质量对扬声器的频率响应有很大的影响。在高频扬声器中，为了获得更好的高频重放上限，要求高频扬声器的振动系统在保证刚性的前提下具有尽可能小的质量，市场上的一些 Hi-Fi 用球顶高频扬声器的音圈大多用新颖的铜包铝线绕制而成。铝具有比铜更小的密度，使用铜包铝线音圈绕组可以减轻音圈的质量，这对改善高频扬声器的频响指标十分有利。根据电流的集肤效应，高频扬声器音圈中的大部分电流都在音圈绕组导线的表层流过，由于铜具有比铝更小的电阻率，铜包铝线音圈的损耗几乎与铜漆包线绕组音圈相同。此外，铜具有良好的可焊性，使用铜包铝线可以方便地将音圈与编织线连接，克服了铝漆包线焊接不易的弱点。

3. 号筒扬声器

上面介绍的锥形扬声器和球顶扬声器都是由振膜直接向周围的空气介质辐射声波，属于直接辐射式扬声器。由于直接辐射式扬声器中振膜产生的声波在离开振膜后迅速向周围空间发散，声压的幅度随声波的传播迅速减弱，因此，在扬声器的振膜附近无法得到很高的声压，这是造成直接辐射式扬声器效率低的主要原因。要提高扬声器的效率，就必须设法延缓声波离开振膜后的衰减速度。号筒式扬声器就是根据这个原理设计制成的。号筒式扬声器的工作方式与上述三种扬声器不同，它的振膜通过一个号筒向周围空间辐射声波。

号筒扬声器根据号筒口的形状可分为圆形、方形和矩形三种。圆形和方形号筒口的扬声器具有相同的水平指向性和垂直指向性。矩形号筒扬声器在平行于长边的平面内具有较尖锐的指向性，在平行于短边的平面内具有较宽的指向性。号筒式扬声器的优点是它的阻抗特性随频率变化不大，具有良好的中高频特性和较高的电声转换效率，且在整个工作频率范围内具有比较尖锐的指向性，受频率变化的影响也较小。号筒式扬声器的缺点是工作频带比较窄，低频端的频率失真较大。

号筒式扬声器由驱动器和号筒两部分组成。驱动器在原理上是一种将电能转换成机械能的能量转换器。它的振膜与号筒的喉部相连。号筒式扬声器的结构示意图如图 10-5 所示。

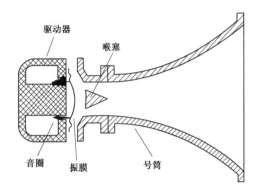

图 10-5　号筒式扬声器的结构示意图

驱动器和号筒喉部之间有一个很小的空间，称为气室。当振膜直径较大时，从振膜中心发出的声波与从振膜周围发出的声波传播到号筒喉部时，两者的相位会出现差异，使重放频段受到限制。为了消除这种相位干涉，气室中都设计有一个特殊的喉塞。音频电流通过音圈时推动振膜振动，对位于振膜和号筒喉部间的气室产生作用。号筒喉部的截面积通常都小于振膜截面积，因此当被振膜驱动的空气进入截面积比振膜小的号筒喉部时，造成喉部的空气流速增大，这种情况被称为速度转换。振膜辐射出的声波经过号筒喉部时受到压缩，会使振膜的负载声阻抗增大。通常将振膜的声阻抗设计得与振膜本身的力阻抗相近，使它们达到阻抗匹配。由于号筒的截面积按不同的变化规律缓慢增大，声波在号筒内近似呈平面波均匀地向外扩散，号筒出声口的声波与振膜同相振动，从而使号筒扬声器能更有效地辐射声波。

4. 铝带式扬声器

现在的高级音响设备中广泛使用了铝带式扬声器，那么何谓铝带式扬声器呢？其实铝带式扬声器是电动式扬声器大家族中的一员，不同的是它不像球顶、锥盆扬声器那样由音圈和振膜两部分组成，而是用一条厚度仅为 0.01mm 的超薄超轻的导电纯铝带兼作振膜和音圈，两者合二为一，放置在磁空气隙产生的磁场中，当有交流电流通过时，在磁场的作用下产生相应的电动力使铝带振动辐射出声波。

常见的铝带式扬声器有圆形、方形及椭圆形三种形状，如图 10-6 所示。

图 10-6　常见的铝带式扬声器外形图

10.1.2 扬声器的参数

扬声器主要有下列重要参数需要在选择时予以注意。

外形尺寸：圆形扬声器的标准尺寸通常用扬声器盆架的最大直径表示；椭圆形扬声器的标准尺寸则用椭圆的长/短轴表示。尺寸单位用 cm 或 mm 表示，习惯上常用英寸表示，两者之间的关系是 1 英寸等于 25.4mm。如平时所说的 8 英寸扬声器，则盆架外径为 200mm；4 英寸×6 英寸扬声器的盆架尺寸为 100mm×160mm。扬声器尺寸自然是越大越好，大口径的扬声器能在低频部分有更好的表现，可以得到更低的瞬态失真和更好的音质。

额定阻抗：扬声器在某一个特定工作频率（通常为 1kHz）时在输入端测得的阻抗值，通常由生产厂在产品商标铭牌上标明。一般扬声器的额定阻抗为 4Ω、5Ω、8Ω、16Ω、32Ω等，国外也有采用 3Ω、6Ω等阻值的。

> 扬声器的额定阻抗也可根据扬声器音圈的直流阻值估出，用万用表的 R×1 挡测出扬声器音圈的直流电阻，将测得的音圈直流阻值乘以 1.1～1.3 倍即为该扬声器的额定阻抗。

在用万用表的 R×1 挡检测扬声器的阻值时，正常的扬声器会发出"咯咯"的响声并在表盘上显示出直流电阻值；若无"咯咯"响声且电阻值为无穷大，则表明该扬声器音圈开路损坏。

额定功率：在特定的技术条件下，扬声器从功率放大器所获得的电功率，即扬声器单元所消耗的最大电功率，而不是指扬声器单元所产生的声功率。扬声器从功率放大器中所获得的大部分能量都转换成为热能，只有其中很小一部分被转换成声能。扬声器单元输出的声功率与它输出这些声功率所消耗的电功率之比称为扬声器的效率。扬声器所能承受的功率大小是扬声器单元的一个重要指标，其单位为 W 或 VA（伏安）。

扬声器的阻抗与额定功率通常标注在扬声器表面上，如图 10-7 所示。

额定阻抗：4Ω   额定功率：400W

图 10-7 扬声器表面标注的阻抗与额定功率

谐振频率：在测量扬声器的阻抗特性时，在阻抗曲线上，扬声器单元的阻抗值第一次达到最大值时所对应的频率称为该扬声器单元的谐振频率或共振频率，简称 f_0。

等效容积：将某一个扬声器单元放入具有某一个内容积的箱体后，倘若该箱体中空气的声顺恰好与所用扬声器单元的声顺相等，那么箱体的内容积就是该扬声器单元的等效容积，简称 V_{eq}。扬声器单元的等效容积 V_{eq} 与扬声器的品质因数 Q_0、谐振频率 f_0 一起决定了扬声器的低频特性。因此，扬声器单元的等效容积也是设计扬声器音箱的重要参数之一。

设计扬声器时，等效容积是一个极为重要的参数。它指的是在这个容积中空气的声顺与扬声器的声顺相等（单位：L），是一个与箱体容积成比例的量，不同扬声器的 V_{eq} 相差很大，小的只有 2L，大的可达 300L 以上。

品质因数：是设计和制作音箱前必须了解的又一个重要参数。在扬声器单元的阻抗特性曲线上，品质因数表示阻抗曲线在谐振频率处阻抗峰的尖锐程度，可在一定程度上反映扬声器振动系统的阻尼状态，简称 Q_0 值。扬声器单元的品质因数越高，谐振就越不容易控制。

扬声器的低频特性通常由扬声器单元的品质因数 Q_0 值和谐振频率决定。其中，Q_0 值的大小与扬声器单元在 f_0 处的输出声压有关。Q_0 值过低时，扬声器处于过阻尼状态，造成低频衰减过大；f_0 值过高时，扬声器的输出声压在 f_0 处会出现一个峰，扬声器处于欠阻尼状态，低频得到过分的加强，Q_0 值越大，峰值越陡。因此，扬声器的品质因数 Q_0 既不能过高也不能过低，通常取它的临界阻尼值，即 Q_0 等于 0.5～0.7 作为最佳取值范围。

频率响应范围：扬声器所能重放声音的频率界限就是频率响应范围。一般高保真用扬声器最低要求频响为 50～12 500Hz（+4～−8dB），能达到 50～16 000Hz 已足够了。当然能达到 30～20 000Hz 则更好。

灵敏度：又称声压级，是衡量扬声器是否容易推动的重要指标，是指当扬声器加上相当于在额定阻抗 1W 功率的粉红噪声信号电压时，在正前方 1m 处能产生多少分贝的声压值，单位为分贝/（米·瓦）（dB/（m·W））。一般以 87dB/（m·W）为中灵敏度，84dB/（m·W）以下为低灵敏度，90dB/（m·W）以上为高灵敏度。灵敏度越高，所需要的输入功率越小，在同样功率的音源下输出的声音越大，对功放的功率要求越小，也就越容易推动。

一个扬声器的灵敏度高低，对声音重放并无决定性的影响，因为可以通过调节放大器的输出来获得足够的音量。不过，在音箱制作中，扬声器的灵敏度却是一个值得重视的参数。因为在二分频或三分频音箱中，各扬声器单元在各自负责重放的频段内，其灵敏度必须基本一致，以使整个音箱在重放时高、中、低音的平衡。

10.1.3　扬声器的选择

扬声器是音箱能够发出声音的关键部分。人们只有借助于扬声器单元，才能将 CD 机、功放输出的音频电信号转换成听得见的声音信号。扬声器单元的选择是制作音箱的开始，良好的开端往往是成功的一半。下面就具体地谈谈选择扬声器单元的问题。

1. 怎样选择高音单元

高音单元，顾名思义是为了在音箱中重播高频声音的扬声器单元。由于高频扬声器的作用是重放各种高频信号，故其工作频率一般都在 2kHz 以上。我们对高频扬声器的总体要求是希望它能够在有效的工作频段内有着平坦的频率响应和尽可能高的高频重放上限及一定的满足要求的功率承受能力。

高音扬声器单元的结构形式主要有号角式、锥盆式、球顶式和铝带式几大类。号角式高音扬声器单元由于指向性强，在号角正面能听到强大的高音，多用于大功率的扩声、会议音箱和一小部分的监听音箱。

球顶式高音扬声器单元是目前在家用音箱和小型监听音箱中最常用的高音单元。

硬球顶高音扬声器的振膜材料有铝合金、钛合金、钛合金复合膜、玻璃膜、钻石膜等数种。硬球顶高音扬声器单元所重播的高音，音色明亮，具有金属感，适合播放流行音乐、电影音乐及效果音乐。加工制作优秀的铝合金膜、钛合金复合膜球顶高音扬声器，也能较好地表现古典音乐及人声。

软球顶高音扬声器的振膜材料有绢膜、蚕丝膜、橡胶膜和防弹布膜等数种。软球顶高音扬声器单元重播音乐时的高音灵巧、松弛，具有很好的自然表现力。在表现古典音乐、人声等具有标准听音概念的音乐时，尤为得心应手，是制造中、高档家用音箱及小型监听音箱的理想选择。所谓的复合膜就是采用特殊的技术在丝绢膜球顶的表面镀一层铝箔，使它既有软球顶的音色细腻、柔和、自然的特点，又有硬球顶的解析度高、音色明亮的优点。在选择时，如果要想兼顾 Hi-Fi 与 AV 的需要，则应着重考虑一下复合膜球顶高音扬声器。

2. 怎样选择低音单元

低频扬声器单元在音箱里的作用是重放各种低频信号。随着数码录音技术的发展，碟片中经常会出现一些惊天动地的音响效果，音箱必须能够承受这种大功率的冲击。因此在选择扬声器时，一定要按照自己的使用环境选择相应的能够承受大功率输入的扬声器单元。

低音单元的结构形式多为锥盆式，也有少量的为平板式。低音单元的振膜种类繁多，有铝合金振膜、铝镁合金振膜、陶瓷振膜、碳纤维振膜、防弹布振膜、玻璃纤维振膜、丙烯振膜及纸振膜等。

纸振膜又被称为扬声器纸盆，分为纸盆、紧压纸盆、纸基羊毛盆及强化纸盆等很多种。采用铝合金、铝镁合金振膜的低音单元一般口径比较小，承受功率比较大，而采用强化纸盆、玻璃纤维振膜的低音单元重播音乐时的音色比较准确，整体平衡度不错。

在选择扬声器单元时，高音单元的承受功率一般不低于低音单元的 1/10。如果采用二分频、二单元制作的音箱，则高音扬声器的承受功率还要再高一些。

在制作三分频音箱时，中音单元的承受功率只要能达到低音扬声器的三分之一就足够了。在选择扬声器单元时，最好是选择同一阻抗的。常见的低阻抗扬声器单元一般分为 4Ω 和 8Ω 两种。在选择扬声器单元时，还要注意选择同一灵敏度档次的，一般以 86dB/（m·W）为中等灵敏度。低于 84dB/（m·W）的叫低灵敏度扬声器，高于 90dB/（m·W）的叫高灵敏度扬声器。如果在选择扬声器单元时，阻抗和灵敏度相差太大，在制作音箱时，就会遇到分频器不好设计和各频段声压不平衡的问题。当然，在制作二分频音箱时，高音单元的下限频率低于 2kHz、低音单元的上限频率高于 4kHz，将为调整音箱时带来不少的方便。

目前扬声器种类繁多，音响爱好者在选购时，若搭配不当，则可能达不到预期的效果。下面简单地介绍一下各种扬声器的特点，供爱好者选购时参考。

影响低频扬声器音色与频响的主要原因就是扬声器锥盆（音盆振膜）的材料与形状（与制作工艺也有一定的关系），目前最常见的是普通纸锥盆扬声器。它的锥盆是用天然纸浆加工而成。这种扬声器的音色较暖，善于表现人声及弦乐，但美中不足的是它所能承受的功率较小，而且不能在湿度大的环境中工作；防弹布锥盆扬声器的高频较明亮，音色温暖且富有层次；石墨强化聚丙烯锥盆扬声器的中频听起来比较饱满，低频很有弹性；碳素（或玻璃）纤维编织盆的扬声器的瞬态反应及动态范围均较好；现在市场上还有一种羊毛盆扬声器，这种扬声器的锥盆材料就是在纸质锥盆中加入适量的羊毛纤维压制而成，这种材料不但使扬声器的音色比单纯的纸盆扬声器更朴实、淳厚，而且提高了功率承受能力，因此如果考虑性价比，则这种扬声器应是首选。

在高保真扬声器中，尤以聚丙烯扬声器（通常称它为 PP 盆）使用最为广泛，因为采用聚丙烯扬声器的锥盆，加工容易，原材料价格低廉，一致性好，声音也不错，可以按照喜好加工出各种外形的锥盆形状，比较讨人喜欢。

有些朋友在选择低音扬声器时认为磁体越大质量也就越好，这种看法是不全面的。因为磁体产生的磁感应强度是由磁体的磁能级大小决定的，而不是由它的体积大小决定的。磁体的磁能级越高，扬声器的灵敏度也就越高。目前，低频扬声器所采用的磁体主要是钡铁氧体和锶铁氧体。钡铁氧体的磁能级一般在 18～21 之间，锶铁氧体的磁能级一般在 30～33 之间。这两种磁体通过目测就能基本上鉴别出来：在一般情况下，钡铁氧体磁体的颗粒较粗糙且无光泽，断面呈浅灰色；锶铁氧体的颗粒较细，有一定的光泽，断面呈深黑色。

在选择低音扬声器时，还有谐振频率 f_0 和品质因数 Q_0 两个参数需要考虑。在三分频音箱中，低音扬声器的谐振频率 f_0 应尽量低一点；而在二分频音箱中，低音扬声器的谐振频率 f_0 往往不是着重考虑的对象，着重考虑的是低音扬声器的频率上限是否能很好地与高音扬声器相衔接。低音扬声器的品质因数 Q_0 若选择得不当，将会严重地影响音箱的低频特性。在实践中笔者发现，当低音扬声器的品质因数 Q_0 在 0.4～0.55 之间时效果最好。

中音扬声器在整个音箱系统中处于举足轻重的地位。由于中音扬声器在高低音扬声器之间起着"桥梁"的作用，因此中音扬声器除了在频响范围上要与高低音扬声器相衔接外，还必须使它的音色及灵敏度与高低音单元相搭配才行。如果中音扬声器单元的灵敏度过高（比低音单元高 3dB/（m·W）以上），则会使音箱的声音听起来"发炸"，听起来很不舒服，时间长了会使人有一种心烦意乱的感觉；若中音单元的灵敏度过低（低于低音单元 3 个 dB/（m·W）），则会使声音变得暗淡，失去声音原来应具有的层次感。

10.2　压电蜂鸣片

压电蜂鸣片（Piezo Buzzer）由压电陶瓷片和金属振动板黏合而成，因此又被称为"压电陶瓷片"，主要应用在电话机、手机及玩具等电子产品中，如图 10-8 所示。

图 10-8　压电蜂鸣片

压电蜂鸣片是将高压极化后的压电陶瓷片粘贴于振动金属片上。当在两引线端施加交流电压后，会因为压电效应而生成机械变形伸展及收缩，利用此特性使金属片振动而发出声响。

以反馈方式来区分压电蜂鸣片大致分为反馈式蜂鸣片（自激式）和无反馈式蜂鸣片（外激式）两种。反馈式蜂鸣片搭配正反馈振荡电路会产生一个与共振腔频率相同的单音；无反馈式蜂鸣片则可以搭配外部振荡电路，选择任意频率发出声音。

为了增加声压及获得优美的声音，通常将压电蜂鸣片装入谐振腔体内，形成压电陶瓷蜂鸣器，广泛应用于日常生活用品、办公家庭自动化装置、检测仪器仪表、通信及报警等自动化系统中，如玩具、钟表、电话、传真机、微波炉、万用表、手机及防盗锁等。

压电蜂鸣片装入谐振腔体内的固定方式有两种，如图 10-9 所示。

图 10-9　压电蜂鸣片装入谐振腔体内的固定方式

图 10-9（a）为节点支持安装方式。这种安装方式是将蜂鸣片固定在约与陶瓷片直径同尺寸的环形结构内。若共振腔设计得当，并搭配频率正确的反馈式蜂鸣片与正反馈电路，就可以产生较大的声音及正确的频率。

图 10-9（b）为外围支持安装方式。这种安装方式将蜂鸣片外径边缘固定于共振腔内，一般采用无反馈式蜂鸣片，而其蜂鸣片须与共振腔频率搭配，才会有较高的声音输出，并由外部振荡电路产生推动信号，使蜂鸣器发出声音。

压电蜂鸣片在电路原理图中的电路符号如图 10-10 所示。

图 10-10　压电蜂鸣片在电路原理图中的电路符号

在压电蜂鸣片的两极引出两根导线，然后把蜂鸣片平放到桌子上，将两根引线分别接至万用表（数字、指针式皆可）的两表笔上，将万用表拨至最小电流挡，然后用铅笔橡皮头轻按蜂鸣片，若万用表指针明显摆动，则说明蜂鸣片完好；否则，说明已损坏。

10.3　蜂鸣器

蜂鸣器（Buzzer）是一个发声装置。它将线圈置于由永久磁铁、铁芯、高导磁的小铁片及振动膜组成的磁回路中。通电时，小铁片与振动膜受磁场的吸引会向铁芯靠近，线圈接收振动信号则会生成交替的磁场，继而将电能转为声能。

蜂鸣器是一种一体化结构的电子讯响器，通常采用直流电压供电，广泛应用于电脑、打印机、复印机、报警器、电子玩具、汽车电子设备、电话机及定时器等电子产品中做发声器件。

蜂鸣器主要分为压电式蜂鸣器和电磁式蜂鸣器两种类型。压电式蜂鸣器主要由多谐振荡器、压电蜂鸣片、阻抗匹配器及共鸣箱、外壳等组成。有的压电式蜂鸣器外壳上还装有发光二极管。

常见的蜂鸣器外形图如图 10-11 所示。

图 10-11　常见的蜂鸣器外形图

压电蜂鸣片由锆钛酸铅或铌镁酸铅压电陶瓷材料制成。在陶瓷片的两面镀上银电极，经极化和老化处理后，再与黄铜片或不锈钢片粘在一起。

电磁式蜂鸣器由多谐振荡器、电磁线圈、磁铁、振动膜片及外壳等组成。多谐振荡器由晶体管或集成电路构成。当接通电源后（1.5～15V 直流工作电压），多谐振荡器起振，输出 1.5～2.5kHz 的音频信号电流通过电磁线圈，使电磁线圈产生磁场。振动膜片在电磁线圈和磁铁的相互作用下，周期性地振动发声。

与扬声器不同的是，蜂鸣器只能发出单一的音频。不论输入蜂鸣器的是交流电压还是直流电压，只要达到蜂鸣器的额定电压（有 3V、5V、12V 等多种规格），它就会发出声响。即使改变输入的电压或频率，蜂鸣器也只发出一个音频的声音。

蜂鸣器在电路中用字母 "H" 或 "HA"（旧标准用 "FM"、"LB"、"JD" 等）表示。蜂鸣器在电路原理图中的电路符号如图 10-12 所示。

图 10-12　蜂鸣器在电路原理图中的电路符号

在用万用表的 R×1 挡检测蜂鸣器的阻值时，正常的蜂鸣器会发出轻微 "咯咯" 的声音并在表盘上显示出直流电阻值（通常为 16Ω左右）；若无 "咯咯" 响声且电阻值为无穷大，则表明该蜂鸣器开路损坏。

10.4　传声器

传声器（Microphone，MIC）俗称话筒，音译为麦克风，是一种声-电换能器件，可分电动和静电两类。目前，广播、电视和娱乐等方面使用的传声器，绝大多数是动圈式和静电电容式。

电动传声器是用电磁感应原理，以在磁场中运动的导体上获得输出电压的传声器，常见的为动圈式传声器。

动圈式传声器的结构图如图 10-13 所示，由振动膜片、可动线圈、永久磁铁及变压器等组成。振动膜片受到声波压力以后开始振动，并带动着和它装在一起的可动线圈在磁场内振动以产生感应电流。该电流根据振动膜片受到声波压力的大小而变化。声压越大，产生的电流就越大；声压越小，产生的电流也越小（通常是数 mV）。

静电传声器是以电场变化为原理的传声器，常见的为电容式。驻极体传声器是利用驻极体材料制作的一种典型的电容式传声器。其内部结构图如图 10-14 所示。它主要由声电转换系统和场效应管两部分组成。常见的驻极体传声器如图 10-15 所示。

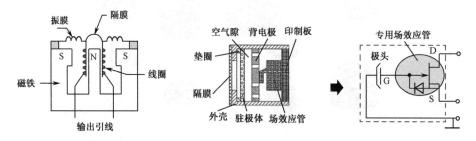

图 10-13　动圈式传声器的结构图　　　　图 10-14　驻极体传声器内部结构图

驻极体传声器的基本结构由一片单面涂有金属的驻极体薄膜与一个上面有若干个小孔的金属电极（称为背电极）构成。驻极体面与背电极相对，中间有一个极小的空气隙，形成一个以空气隙和驻极体做绝缘介质，以背电极和驻极体上的金属层做两个电极构成一个平板电容器。电容器的两极之间接有输出电极。由于驻极体薄膜上分布有自由电荷，于是在电容器的两极板之间就有了感应电荷。当声波引起驻极体薄膜振动而产生位移时，改变了电容器两极板之间的距离，从而引起电容器的电容量发生变化，由于驻极体上的电荷数始终保持恒定，根据电容公式 $Q=CU$，所以当 C 变化时，必然引起电容器两端电压值 U 的变化，从而输出电信号，实现声—电的变换。

图 10-15　常见的驻极体传声器

因为驻极体传声器内部驻极体的静电容量值很小，输出电信号极为微弱，输出阻抗极高，可达数百兆欧以上，因此，输出信号的电流较小，不能直接与放大电路相连接，必须连接阻抗变换器。为符合放大器所要求的输入信号强度，通常用一个专用的场效应管和一个二极管复合组成阻抗变换器。

电容器的两个电极接在栅—源极之间，电容两端电压即为栅—源极偏置电压 U_{GS}，当 U_{GS} 变化时，引起场效应管的源—漏极之间 I_{DS} 的电流变化，实现阻抗的变化。一般话筒经变换后输出电阻小于 $2k\Omega$。

驻极体传声器内部电路有四种连接方式，如图 10-16 所示。对应的话筒引出端有 3 端式与 2 端式两种，图（a）、（c）为两端式话筒的连接线路图，（b）、（d）为三端式话筒的连接线路图。图中，R 是场效应管的负载电阻，其取值直接关系到话筒的直流偏置，对话筒的灵敏度等工作参数有较大的影响。

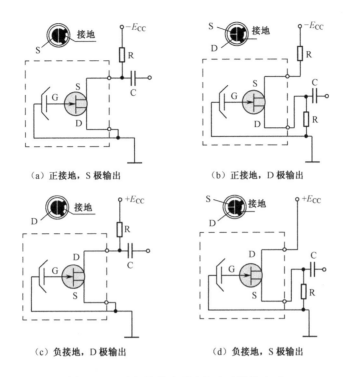

（a）正接地，S 极输出　　　　　　（b）正接地，D 极输出

（c）负接地，D 极输出　　　　　　（d）负接地，S 极输出

图 10-16　驻极体传声器内部电路连接方式

　　二端输出方式是将场效应管接成漏极输出电路，类似晶体管三极管的共发射极放大电路，只需两根引出线，漏极 D 与电源正极间接一个漏极电阻 R，信号由漏极输出，有一定的电压增益，因而话筒灵敏度比较高，但电路动态范围略小。目前，市售的驻极体话筒大多是这种连接方式。

　　三端输出式是将场效应管接成源极输出式，类似晶体三极管的射极输出电路，需用三根引出线。漏极 D 接电源正极，源极 S 与地之间接一电阻 R 来提供源极电压，信号由源极经电容 C 输出。源极输出的输出阻抗小于 2kΩ，电路比较稳定，动态范围大，但输出信号比漏极输出小。三端输出式话筒目前市场上较为少见。

　　由于在场效应管的栅极与源极之间接有一只二极管，因而可利用二极管的正、反向电阻特性来判别驻极体话筒的漏极 D 和源极 S。

　　将万用表拨至 R×1k 挡，黑表笔接任一极，红表笔接另一极。再对调两表笔，比较两次测量结果，阻值较小时，黑表笔接的是源极，红表笔接的是漏极。

图 10-17　传声器在电路原理图中的电路符号

　　传声器在电路原理图中的电路符号如图 10-17 所示。

　　无论何种接法，驻极体传声器必须满足一定的偏置条件才能正常工作。这个偏置条件实际上就是保证内置场效应管始终处于放大状态。由场效应管的转移特性可知，通过场效应管的电流

$$I_{\mathrm{D}} = I_{\mathrm{DSS}}\left(1 - \frac{U_{\mathrm{GS}}}{U_{\mathrm{P}}}\right)^2$$

式中，夹断电压 U_P 和漏极饱和电流 I_{DSS} 均由场效应管的固有特性决定；U_{GS} 即等于驻极体电容两端电压。

驻极体传声器两端的工作电压即为场效应管的漏-源极之间的工作电压 U_{DS}，必须保证该电压的大小能使场效应管始终工作在恒流区内，通常该电压在 1.5～12V 之间（一般应取电源电压的 1/2 较为合适。），视型号不同而定。漏极饱和电流 I_{DSS} 的大小直接关系到话筒的工作电流 I_{DS}；话筒的工作电流 I_{DS} 通常在 0.1～1mA 之间。实际使用中发现，话筒的体积越小，其工作电压和工作电流也就越小，这一点可作为选用话筒时的一个参考。

图 10-18 所示电路中的电阻器 R1 即为驻极体传声器偏压电阻。而对于动圈式传声器，则不需要偏压电阻即可工作。

传声器的主要参数如下。

灵敏度： 当给予传声器一定的声压时，在其输出端上能输出的电压值，一般以 dBV/Pa 表示。

由于传声器的离散性较大，即使同一型号的传声器，灵敏度也有较大的差异。国产传声器用色点标记来对灵敏度分挡，通常有绿、红、蓝、白四种色点区分（红点灵敏度最高，白点最低）。灵敏度的选择是使用中一个比较关键的问题，究竟选择灵敏度高好还是低好，应根据实际情况而定。在要求动态范围较大的场合应选用灵敏度低一些（即红点、黄点），这样录制的背景噪声较小，信噪比较高，声音听起来比较干净、清晰，但对电路的增益相对就要求高些；在简易系统中，选用灵敏度高一点的产品，可减轻后级放大电路增益的压力。

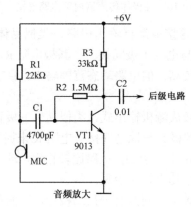

图 10-18　驻极体传声器偏压电路示意图

输出阻抗： 一般来说，传声器可分为低阻抗（50～1000Ω）、中阻抗（5000～15 000Ω）及高阻抗（20 000Ω以上）。

频率响应图： 将待测的传声器置于规定的音压下，记录其各频率点的输出大小，然后描点成线形成的曲线图。

信噪比： 信号与传声器本体所生成的杂音比。

指向性： 以指向性来区分可将传声器区分为三类，即全指向性（Omni-directional），任意方向来的音源能量均被拾取转为电能；单指向性（Uni-directional），正前方（0°）的声波能量被拾取的比例最大；双指向性（Bi-directional），前、后方（0°与180°）被拾取的能量最大。

第 11 章

常用传感器的识别/检测/选用

传感器就是可以将一些变化的参量（温度、速度、亮度、磁场等）转换为电信号的器件。人类用眼、耳、鼻、舌、身等感觉器官捕获信息，而在自动控制电路中，是用传感器来进行信息捕获的。传感器可以将环境的变化转换为电信号，经过后级电路处理后再控制相应的电路执行相应的动作，因此传感器在自动控制电路中应用日益广泛。

常用的传感器除了前面介绍的光敏电阻、热敏电阻等普通传感器外，还有热释电红外传感器、霍尔传感器及温度传感器等。

11.1 热释电红外传感器

热释电红外传感器也称热释电传感器，是一种被动式调制型温度敏感器。在电路原理图中，热释电红外传感器通常用字母"PIR"表示。

11.1.1 热释电红外传感器的工作原理

红外线一般都被称为"热线"，只要物体本身温度高于热力学温度 0K（约-273℃），则都会发射出相当于某一个温度的辐射线。人体都有恒定的体温，一般为 37℃，所以会从人体表面辐射出波长约为 $10\mu m$ 的红外线。可利用面镜或透镜将人体所辐射出来的红外线有效地集中于热释电红外传感器上，通过热释电红外传感器将收集到的红外线能量转换为电气信号。

热释电红外传感器内部由光学滤镜、场效应管、红外感应源（热释电元件）、偏置电阻、EMI 电容等元器件组成。其内部电路框图如图 11-1 所示。

热释电红外传感器能将波长为 $8\sim12\mu m$ 之间的红外信号变化转变为电信号，并能对自然界中的白光信号具有抑制作用，因此在被动红外探测器的警戒区内，当无人体移动时，热释电红外感应器感应到的只是背景温度；当人体进入警戒区时，通过菲涅耳透镜，热释电红外传感器感应到的是人体温度与背景温度的差异信号，因此热释电红外传感器探测的就是移动物体与背景物体的温度差异。

光学滤镜的主要作用是只允许波长在 $10\mu m$ 左右的红外线（人体发出的红外线波长）通过，而将灯光、太阳光及其他辐射滤掉，以抑制外界的干扰。

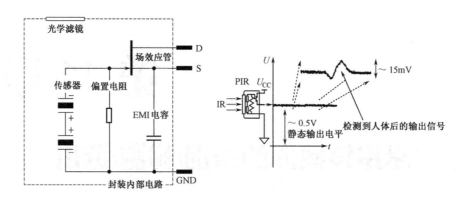

图 11-1　热释电红外传感器内部电路框图

　　红外感应源通常由两个串联或者并联的热释电元件组成。这两个热释电元件的电极相反，环境背景辐射对两个热释元件几乎具有相同的作用，使其产生的热释电效应相互抵消，输出信号接近为零。一旦有人进入探测区域内，人体辐射的红外线就会通过部分镜面聚焦，并被热释电元件接收。不过由于角度不同，两片热释电元件接收到的热量不同，热释电能量也不同，不能抵消，经处理电路处理后输出控制信号。

> 　　热释电效应与压电效应类似，是指由于温度的变化而引起晶体表面电荷变化的现象。热释电红外传感器由陶瓷氧化物或压电晶体元件组成，在元件两个表面做成电极，在传感器监测范围内温度有 ΔT 的变化时，热释电效应会在两个电极上产生电荷 ΔQ，即在两电极之间产生一微弱的电压 ΔU。由于输出阻抗极高，因此在传感器中有一个场效应管进行阻抗变换。热释电效应所产生的电荷 ΔQ 会被空气中的离子结合而消失，即当环境温度稳定不变时，$\Delta T=0$，则传感器无输出。

　　目前，常用的热释电红外传感器型号主要有 P228、LHI958、LHI954、RE200B、KDS209、PIS209、LHI958、LHI878、PD632 等。热释电红外传感器通常采用 3 引脚金属封装，各引脚分别为电源供电端（内部开关管 D 极，DRAIN）、信号输出端（内部开关管 S 极，SOURCE）、接地端（GROUND）。常见的热释电红外传感器外形图如图 11-2 所示，各引脚功能如图 11-3 所示。

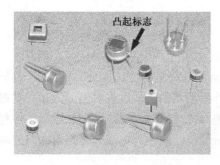

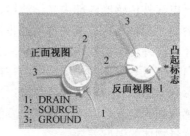

　　图 11-2　常见的热释电红外传感器外形图　　　图 11-3　常见的热释电红外传感器各引脚功能

　　热释电红外传感器的主要工作参数有工作电压（常用的热释电红外传感器工作电压范围为 3～15V）、工作波长（通常为 7.5～14μm）、源极电压（通常为 0.4～1.1V，R_s=47kΩ）、输出信号电压（通常大于 2.0V）等。

11.1.2　热释电红外传感器的应用

热释电红外传感器的特点是反应速度快、灵敏度高、准确度高、测量范围广、使用方便，尤其可以进行非接触式测量，使其在现场工业测试、国防建设、科学研究等领域得以广泛应用，主要应用在铁路、车辆、石油化工、食品、医药、塑料、橡胶、纺织、造纸、电力等行业的温度测量、温度检测、设备故障的诊断，在民用产品中，广泛应用在各类入侵报警器、自动开关（人体感应灯）、非接触测温、火焰报警器等自动化设施中。

图 11-4 是热释电红外传感器的典型应用电路。该电路主要由热释电红外传感器、信号放大电路、电压比较器、延时电路和音响报警电路等组成。

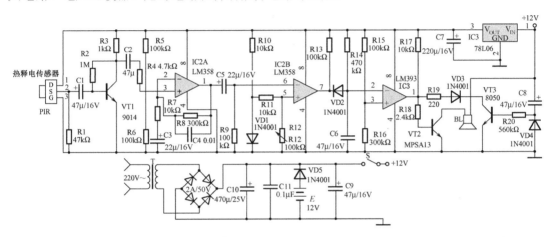

图 11-4　热释电红外传感器的典型应用电路

热释电红外传感器探测到前方人体辐射出的红外线信号时，由 IC1 的 2 脚输出微弱的电信号，经三极管 VT1 放大后，通过 C2 输入到运算放大器 IC2A 中进行高增益、低噪声放大，最后由 IC2A 的 1 脚输出控制信号。IC2B 在电路中作为电压比较器，其 5 脚由 R10、VD1 提供基准电压，当 IC2A 的 1 脚输出信号电压到达 IC2B 的 6 脚时，两个输入端的电压进行比较，此时 IC2B 的 7 脚由原来的高电平变为低电平。

当 IC2B 的 7 脚变为低电平时，C6 通过 VD2 放电，此时 IC3 的 2 脚变为低电平，与 IC3 的 3 脚基准电压进行比较，当它低于其基准电压时，IC3 的 1 脚变为高电平，VT2 导通，讯响器 BL 通电发出报警声。

R14 和 C6 可组成报警延时电路，其时间约为 1min。人体离开传感器的探测范围后，其辐射的红外线信号消失，IC2B 的 7 脚又恢复高电平输出，此时 VD2 截止。由于 C6 两端的电压不能突变，故通过 R14 向 C6 缓慢充电，当 C6 两端的电压高于其基准电压时，IC3 的 1 脚才变为低电平，时间约为 1min，即持续 1min 报警。由 VT3、R20、C8 组成开机延时电路，时间也约为 1min，它的设置主要是防止使用者开机后立即报警，好让使用者有足够的时间离开监视现场，同时可防止停电后又来电时产生误报。

热释电红外传感器通常与专用的集成电路配套使用，以获得更高的可靠性。图 11-5 是一种常用的无线热释电控制发射电路的外形图。该电路采用热释电红外信号处理专用的集成电路 BISS0001 来完成信号处理工作，具有静态电流极小（＜50μA）、灵敏度高的优点，能将放置在离住处较远的仓库、财务室、办公室、车库、银行进行远程自动控制。该电路的电路框图如图 11-6 所示。

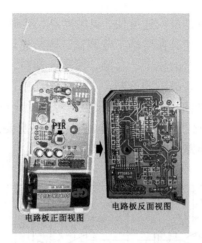

图 11-5　常用的无线热释电控制发射电路的外形图

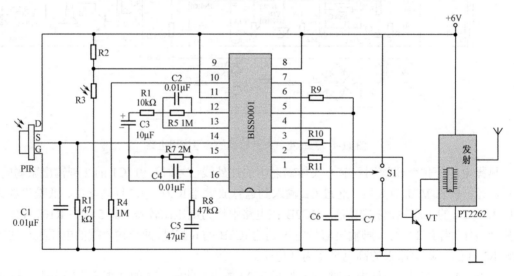

图 11-6　常用的无线热释电控制发射电路的电路框图

如图 11-6 所示电路中，R3 为光敏电阻，用来检测环境照度。当作为照明控制时，若环境较明亮，则 R3 的电阻值会降低，使 9 脚的输入保持为低电平，从而封锁触发信号 U_s。S1 是工作方式选择开关，当 S1 与上端连通时，芯片处于可重复触发工作方式；当 S1 与下端连通时，芯片则处于不可重复触发工作方式。输出延迟时间 T_x 由外部的 R9 和 C7 的大小调整，延迟时间值 $T_x \approx 24\,576 \times R_9 \times C_7$；触发封锁时间 T_i 由外部的 R10 和 C6 的大小调整，值为 $T_i \approx 24 \times R_{10} \times C_6$。

由于热释电红外控制（被动式红外控制）电路具有电路简单、工作可靠等优点，在许多场合都有应用。目前，应用很广泛的就是盛扬半导体有限公司（http://www.holtek.com）生产的 HT 系列热释电红外传感器专用电路。下面以 HT7610 为例介绍该系列集成电路的资料。

HT7610 是盛扬半导体有限公司生产的热释电红外线传感专用器件。该电路以 PIP 传感输入，输出电流为 12mA（典型值），可以直接驱动晶闸管、继电器，而且该电路采用 CMOS 工艺制造，工作时静态电流为 100μA。用该电路组装的非接触性控制电路（如防盗报警器、自动控制灯、自动水阀），具有电路简洁、调试简单及可靠性高等优点。

HT7610 采用 16 脚 16DIP—B 封装，各引脚功能见表 11-1。HT7610 的工作电压范围很宽，供电电压在 5～12V 的范围内均能够稳定地工作。

表 11-1 HT7610 各引脚功能

引 脚 号	引 脚 名 称	引 脚 功 能
1	V_{SS}	接地端
2	$\overline{RLY}$（TRIAC）	触发信号输出端
3	OSCD	RC 定时器，控制输出时间
4	OSCS	系统时钟
5	ZC	交流过零检测
6	CDS	抑制白天输出控制端
7	MODE	模式控制
8	V_{DD}	正电源输入
9	VEE	基准电压输出端，为 PIR 供电
10	$\overline{RST}$	复位端，通常悬空
11	OP1P	第一运放正相输入端
12	OP1N	第一运放反相输入端
13	OP1O	第一运放输出端
14	OP2P	第二运放正相输入端
15	OP2N	第二运放反相输入端
16	OP2O	第二运放输出端

HT7610 有 A、B 两个后缀名。HT7610A 适用于驱动继电器负载，HT7610B 适用于驱动晶闸管负载。HT7610A 的典型应用电路如图 11-7 所示。图 11-8 是一款采用 HT7610B 制作的被动红外（PIR）感测楼道自动照明灯开关电路。

采用这种开关控制的电灯在白天灯不亮，在夜晚有人经过时灯可自动点亮并延时一段时间后自动熄灭。该系统主要由 PIR 传感器、信号放大/控制器、光敏电阻和双向晶闸管等元件组成。

电源开关 S1 闭合后，市电经 R1 和 C1 降压、VD1 和 VD2 整流、C2 和 C3 滤波及 VD3 稳压，产生 12V 的直流电压为电路供电。控制器 IC1 只有在夜晚时才能接收 PIR 信号。在白天，光敏电阻 R7 的阻值较小，IC1 的 6 脚上输入低电平，PIR 输入无效；在夜晚，光敏电阻 R7 的阻值变大，IC1 的 6 脚上的电压升高到设定门限以上，IC1 接收 PIR 信号，12V 直流电经过 IC1 内部的基准稳压源后，产生精密的+3.3V 电压供给热释电红外线传感探头 PIR。热释电红外线探头 PIR 用来检测人体发出的红外线信号（只能检测到人体发出的信号），当有人靠近（调整 RP2 的阻值即可调整检测距离，可在 1～10m 之间调整，）检测器后，热释电红外线探头 PIR 就会把人体发出的微弱红外线信号检测出来并直接送至 IC1 的 12 脚，在 IC1

内部将该信号进行整形、放大后，从输出端2脚输出一个控制信号触发晶闸管，进而接通电灯的电源，完成自动控制。

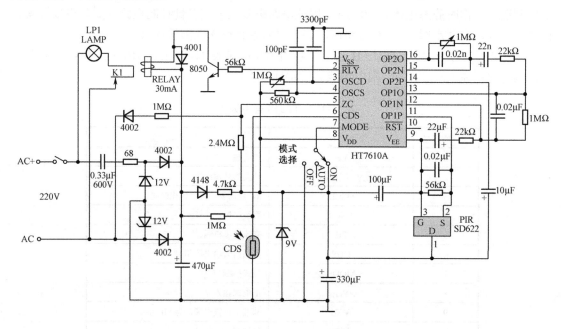

图 11-7 HT7610A 的典型应用电路

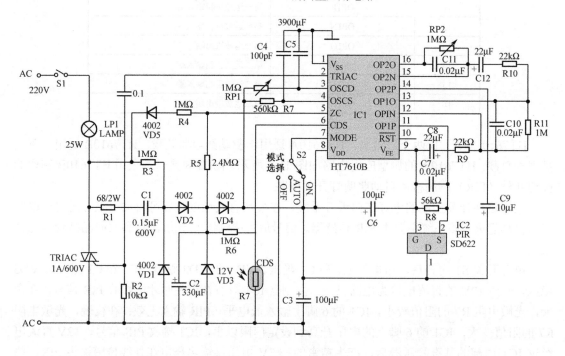

图 11-8 采用 HT7610B 制作的被动红外（PIR）感测楼道自动照明灯开关电路

IC1 内有两级运算放大器，PIR 信号经 IC1 的 12 脚输入至第一级运放放大后从 13 脚输出，通过 R10、C10 和 IC1 的 15 脚输入到第二级运放放大，再在内部输送至窗口比较器。R10 和 RP2 分别设定第一级与第二级放大器增益。系统时钟由 IC1 的 4 脚外部电阻 R_7 和电

容 C_4 设定，在 R_7=560kΩ、C_4=100pF 时，系统振荡器频率 f_{oscs}=16kHz。IC1 的 3 脚外接元件 RP1、C5 为输出端延时定时元件，以便于控制目标离开后，IC1 输出端的控制信号可以延迟一定的时间，一旦输出持续时间结束，晶闸管阻断，灯熄灭。延时时间的长度与外接阻容定时元件的参数成正比（t=1.1RC_s)。IC1 的 5 脚为交流电压过零检测输入，7 脚用于工作模式选择，并通过开关 S2 执行。当 IC1 的 7 脚置于 V_{DD} 时，IC1 输出导通；当 IC1 的 7 脚接地时，IC1 输出关闭；当 IC1 的 7 脚悬空时，则为自动检测模式。

光敏电阻 R7 应选择亮阻（在较亮环境时的阻值）小于 100kΩ、暗阻大于 3.3MΩ的产品。热释电红外传感器 IC2（PIR）可以选择任意一种小型热释电红外传感器（如 SD622 型，须带透镜），其他元件参数见图中标注。

另外需要注意的是，热释电红外传感器 IC2（PIR）应尽量靠近 IC1 安装，否则易被外来信号干扰，引起误触发。

11.1.3　热释电红外传感器的安装

热释电红外传感器不加光学透镜（也称菲涅耳透镜），其检测距离通常不大于 2m，而加上光学透镜后，其检测距离可大于 7m。因此在实际应用中，热释电红外传感器通常与菲涅耳透镜配合使用。菲涅耳透镜又叫螺纹透镜。其外形图如图 11-9 所示。

顾名思义，菲涅耳透镜就是它的表面有一圈圈的螺纹（圆形环），是依托菲涅耳理论由平凸透镜演变而来的，是平凸透镜的一种异化。它有短焦距、大孔径及厚度小的特点，用菲涅耳透镜可以获得更为柔和、均匀的光分布照明状态。

菲涅耳透镜有两种形式，即折射式和反射式。菲涅耳透镜有两个作用：一是聚焦作用，即将热释电红外信号折射（反射）在热释电红外传感器上；二是将警戒区分为若干个明区和暗区，使进入警戒区的移动物体能以温度变化的形式在热释电红外传感器上产生变化的信号，这样热释电红外传感器就能产生控制信号。在热释电红外传感器应用中，菲涅耳透镜的主要作用就是聚焦作用。其工作示意图如图 11-10 所示。

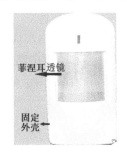
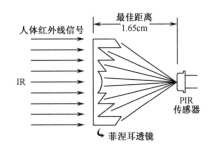

图 11-9　菲涅耳透镜外形图　　　　图 11-10　菲涅耳透镜聚焦作用示意图

误报率与热释电红外传感器的安装位置有极大的关系。热释电红外传感器的感应头应安装在离地面 2.0～2.2m 的高度：一是以防人为不小心碰触造成损坏；二是这个高度对于人的感应信号最强，灵敏度更高，可以预防家畜等小动物不必要的干扰。

热释电红外传感器探头应尽量安装在角落以取得最理想的探测范围，且远离空调器、冰箱、火炉等空气温度变化敏感的地方，不要正对着窗户、门、灶台，否则热气流扰动和人员走动会引起误报，应装在侧光或背光位置。热释电红外传感器前面更不应该有隔离物。

热释电红外传感器对于径向移动的反应最不敏感，而对于切向（即与半径垂直的方向）移动则最为敏感，如图 11-11 所示。

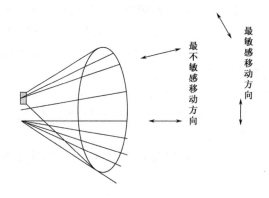

图 11-11　热释电红外传感器灵敏度示意图

11.2　霍尔传感器

霍尔传感器（Hall-effect Sensor）是一种磁传感器，用它可以检测磁场及其变化，可在各种与磁场有关的场合中使用。霍尔传感器是一种基于霍尔效应的传感器。

霍尔效应是由科学家爱德文·霍尔在 1879 年发现的。由于任何承载电流的连线或电路板上的绕线都会产生一个磁场，故可在置于磁场的导体或半导体中通入电流。若电流与磁场垂直，则在与磁场和电流都垂直的方向上会出现一个电势差。这种现象就是霍尔效应。产生的电势差称为霍尔电压。利用霍尔效应制成的元件称为霍尔传感器。

11.2.1　霍尔传感器的工作原理

霍尔传感器具有许多优点：结构牢固、体积小、重量轻、寿命长、安装方便、功耗小、频率高（可达 1MHz）、耐震动、不怕灰尘/油污/水汽及盐雾等的污染或腐蚀。

现在常用的霍尔传感器是利用硅集成电路工艺将霍尔元件和测量线路集成在一起的一种集成霍尔传感器，如图 11-12 所示。集成霍尔传感器取消了传感器和测量电路之间的界限，实现了材料、元件、电路三位一体。集成霍尔传感器与分立传感器相比，由于减少了焊点，因此显著地提高了可靠性。

图 11-12　常见的霍尔传感器

集成霍尔传感器通常有三个引脚，即供电端、接地端、信号输出端，也有一些四个引脚的双输出互补型霍尔传感器。集成霍尔传感器的输出是经过处理的霍尔输出信号。在通常情况下，当外加磁场的南极（S 极）接近霍尔传感器外壳上打有型号标志的一面时，作用到霍尔电路上的磁场方向为正，输出电压会高于无磁场时的输出电压。反之，当磁场的 N 极接近霍尔传感器外壳上打有型号标志的一面时，输出电压降低。按照输出信号的形式，集成霍尔传感器可以分为线性集成霍尔传感器和开关型集成霍尔传感器两种类型。

1. 线性集成霍尔传感器

线性集成霍尔传感器是把霍尔元件与放大线路集成在一起的传感器。其输出信号电压与加在霍尔元件上的磁感应强度成比例，当元件敏感面磁场强弱变化时，输出为 1.0～4.2V 连续线性变化（若电源供电为 5V）。

线性集成霍尔传感器的电路比较简单，用于精度要求不高的场合。线性集成霍尔传感器由霍尔元件、差分放大器和射极跟随器组成。其内部电路如图 11-13 所示。

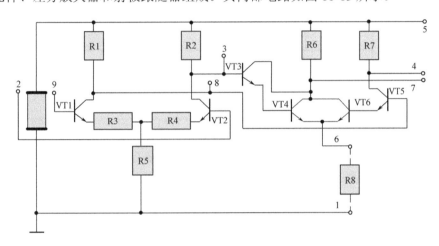

图 11-13　线性集成霍尔传感器内部电路

在如图 11-13 所示电路中，霍尔元件的输出信号经由 VT1、VT2、R1～R5 组成的第一级差分放大器放大后，再由 VT3、VT6、R6、R7 组成的第二级差分放大器放大。第二级放大采用达林顿对管，射极电阻 R8 外接，适当选取 R8 的阻值，可以调整该极的工作点，从而改变电路增益。在电源电压为 9V、R_8 取 $2k\Omega$ 时，全电路的增益可达 1000 倍左右，与分立元件霍尔传感器相比，灵敏度大为提高。

线性集成霍尔传感器有很高的灵敏度和优良的线性度，适用于各种磁场检测。

实际应用的线性集成霍尔传感器只有三个引脚，1 脚通常为供电端，2 脚为接地端，3 脚为信号输出端。常用的线性集成霍尔传感器主要参数见表 11-2。

表 11-2　常用的线性集成霍尔传感器主要参数

型号	工作电压 V_{CC}	线性范围（mT）	工作温度	灵敏度 S/mT	静态输出电压 U_o	输出电流 I_{OUT}
UGN3501	8～12V	±100	−20～+85℃	7.0	3.6V	4.0mA
UGN3503	4.5～6V	±90	−20～+85℃	13.5	2.5V	4.0mA

2. 开关型集成霍尔传感器

开关型集成霍尔传感器是把霍尔元件的输出经过处理后输出一个高电平或低电平的数

字信号，故开关型集成霍尔传感器又称霍尔开关或霍尔开关电路或霍尔数字电路，由稳压器、霍尔片、差分放大器、施密特触发器及输出级组成，如图 11-14 所示。

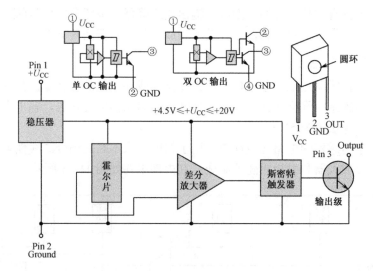

图 11-14　开关型集成霍尔传感器内部电路框图

稳压器的作用是当电源电压从 3.5～20V 变化时，保证电路正常工作；霍尔片的作用是将变化的磁信号转换成相应的电信号；差分放大器用来将霍尔电压发生器输出的微弱电压信号放大；施密特触发器用来将差分放大器输出的模拟信号转换成数字信号。

在外磁场的作用下，当磁感应强度超过导通阈值 BOP 时，霍尔电路输出管导通，输出低电平后，磁感应强度再增加，仍保持导通态。若外加磁场的磁感应强度值降低到释放点 BRP 时，输出管截止，输出端输出高电平，故称 BOP 为工作点，BRP 为释放点，称 BOP−BRP=BH 为回差。回差的存在使开关电路的抗干扰能力增强。开关型集成霍尔传感器增强了开关电路的抗干扰能力，保证开关动作稳定，不产生振荡现象。常用的开关型集成霍尔传感器主要参数见表 11-3。

表 11-3　常用的开关型集成霍尔传感器主要参数

型号	U_{CC}（V）	BOP/mT	BRP/mT	BH/mT	I_{CC}(mA)	I_o(mA)	I_{off}(μA)	备注
CS1018	4.8～18	−14～20	−20～14	≥6	≤12.5	≤0.4		
CS1028	4.5～24	−28～30	−30～28	≥2	≤9	25	≤10	
CS2018	4.0～20	10～20	−20～−10	≥6	≤30	300	≤10	互补输出
CS302	3.5～24	0～6	−6～0	≥6	≤9	5	≤10	
UGN3119	4.5～24	16.5～50	12.5～45	≥5	≤9	25	≤10	
A3144	4.5～24	7～35	5～33	≥2	≤9	25	≤10	
UGN3140	4.5～24	7～20	5～18	≥2	≤9	25	≤10	
A3121	4.5～24	13～35	8～30	≥5	≤9	20	≤10	
UGN3175	4.5～24	1～25	−25～−10	≥2	≤8	50	≤10	锁定

11.2.2　霍尔传感器的检测

由于霍尔传感器在有磁场靠近时就会从输出端输出一个电压信号，因此可以通过测量输出端的电压变化来判断霍尔传感器是否正常。测量霍尔传感器时的电路如图 11-15 所示。

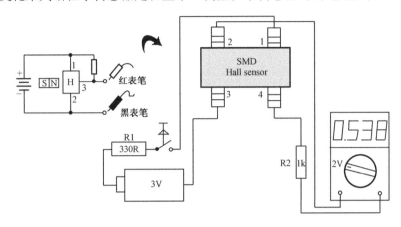

图 11-15　霍尔传感器测量电路

因为霍尔传感器通常为集电极开路输出，所以测试时，应加一个限流电阻。正常时，霍尔传感器输出端 3 脚为高电平（接近电源电压），当用一个小磁铁靠近霍尔传感器印有数字的一面时，如果电压表指示的电压降到 0.6V 以下，则说明霍尔传感器是良好的。如果当小磁铁已接触到霍尔传感器印有数字的一面时，电压表指示的电压仍不下降，则可把磁铁的磁极调一下再试（通常是磁铁 N 极靠近时输出低电平）。如果电压表指示下降，则说明传感器是良好的，否则说明霍尔传感器已经损坏。

11.2.3　霍尔传感器的应用

霍尔传感器可以将磁场转换为电压信号，因此可以在很多场合下应用。下面介绍几个典型的例子。

1. 速度检测

每当有导磁物体出现在霍尔传感器前端时，霍尔传感器就会输出一个脉冲信号电压。若将该脉冲整形，送入单片机或者频率–电压转换电路即可得到在一定时间内导磁物体出现在霍尔传感器前端的次数。

若将霍尔传感器安装在汽车传动轴附近，则传动轴每转动一周，霍尔传感器的输出端就会输出一个脉冲信号，将该脉冲信号处理后送到比较控制电路就可以知道在一定时间内传动轴旋转了多少圈。图 11-16 是汽车中常用的转速检测电路。

在如图 11-16 所示电路中，每当磁路被钢制传动轴转盘切断时，霍尔传感器就输出一个低电平脉冲信号；反之，输出高电平信号。该信号经过放大后送到控制解码电路，然后再经过后级驱动电路连接到速度仪表盘上，这样就可以实时监视汽车的时速了。

图 11-17、图 11-18 分别是一个风速测量仪的电路原理图与安装示意图。该电路的工作原理与如图 11-16 所示的电路工作原理类似，有兴趣的读者可以自己分析。

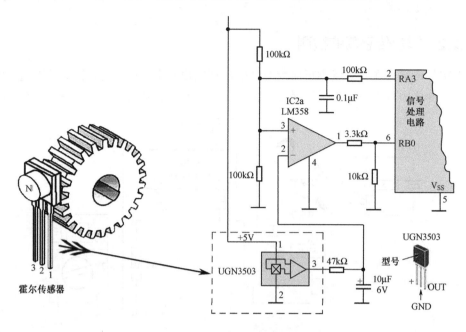

图 11-16　汽车中常用的转速检测电路

2. 开关检测

当 N 极磁场作用于霍尔（HALL）传感器时，传感器会输出低电平；而没有 N 极磁场作用时，霍尔（HALL）传感器输出为高电平。

由于霍尔传感器寿命长、不容易损坏，而且对振动、加速度不太敏感，作用时开关时间也比较快，通常为 0.1~2ms，因此可以把一块永磁体放在手机的翻盖上，当翻盖合上时，磁体的 N 极靠近霍尔传感器，通过霍尔传感器来检测翻盖是否合上。

折叠翻盖手机的翻盖检测电路通常由一个开关型霍尔传感器和两个电源开关控制三极管组成，如图 11-19 所示。

在如图 11-19 所示电路中，三极管 VT1、VT2 导通与截止受手机微处理器输出的高电平信号控制。当翻盖合上时，装在翻盖中磁铁的磁场作用于霍尔传感器（一般折叠翻盖手机都把磁铁安装在翻盖上），霍尔传感器的信号输出端输出低电平。该低电平被 CPU 检测后使 I/O、I/O2 输出端输出低电平控制 VT1、VT2 截止，切断发射电路、背景灯的供电；如果是在通话后合上翻盖，则该低电平信号作为"挂机"信号送给 CPU 执行挂机操作（这也就是为什么合上翻盖后手机就挂断的道理）。

当用户打开翻盖时，霍尔传感器的输出端就会输出高电平，如果该高电平信号是在来电时产生的，那么在送给 CPU 时，CPU 便作为开机信号而接通发射电路、背景灯供电，处于接听电话工作模式；但如果仅仅是用户单纯打开翻盖做其他操作如输入短信、电话号码，则霍尔传感器输出的高电平信号仅仅会使 CPU 输出背景灯控制信号，使背景灯点亮。

3. 电流传感器

众所周知，在有电流流过的导线周围会感生出磁场，该磁场与流过电流的关系，可由安培环路定理求出。

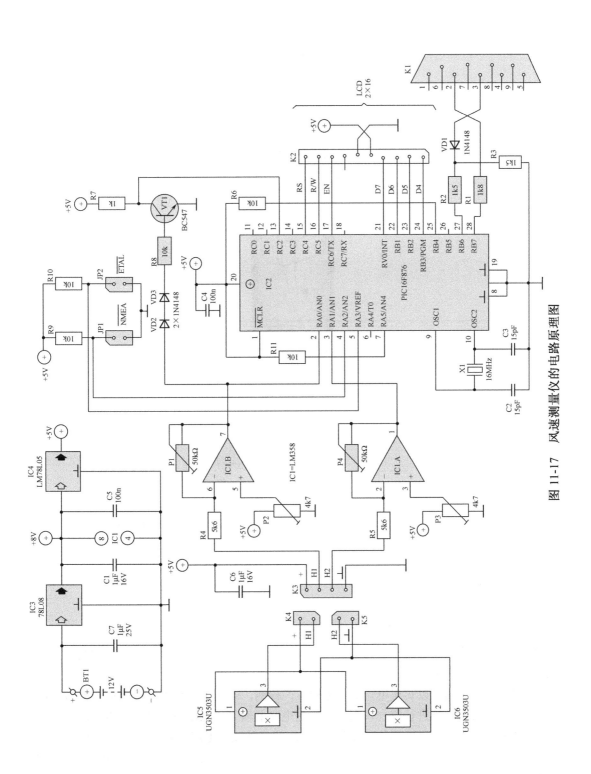

图 11-17 风速测量仪的电路原理图

图 11-18　风速测量仪的安装示意图

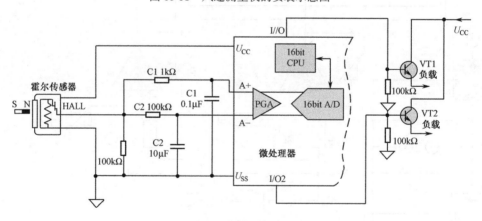

图 11-19　折叠翻盖手机的翻盖检测电路

　　霍尔传感器检测由电流感生的磁场，即可测出产生这个磁场电流的量值。由此，可以采用霍尔传感器构成霍尔电流、电压传感器。

　　霍尔电流传感器可以实现电流的"无电位"检测，即测量电路不必接入被测电路即可实现电流检测。它靠磁场进行耦合。因此，检测电路的输入、输出电路是完全电隔离的。

　　霍尔电流传感器可以检测从直流到 100kHz 的各种波形电流，响应时间小于 1μs。

　　霍尔电流传感器的制作方法如下：用一个环形导磁材料做成磁芯，套在被测电流流过的导线上（可以将导线中电流感生的磁场聚集起来），在磁芯上开一个气隙，在气隙中内置一个线性霍尔传感器，导线通电后，便可由它的霍尔输出电压得到导线中流过的电流。检测小电流（低于 25A）时，需要将导线在磁体上绕几圈；检测大电流时，导线可以直接从磁环中穿过。测量小电流与大电流的霍尔电流传感器分别如图 11-20、图 11-21 所示。

图 11-20、图 11-21 所示的电流传感器称为直接测量式传感器。这种测量方式的优点是结构简单，测量结果的精度和线性度都较高，可测直流、交流和各种波形的电流。但它的测量范围、带宽等受到一定的限制。霍尔传感器是磁场检测器，它检测的是磁芯气隙中的磁感应强度。电流增大后，磁芯可能达到饱和。随着频率的升高，磁芯中的涡流损耗、磁滞损耗等也会随之升高，这些都会对测量精度产生影响。

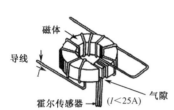
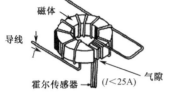

图 11-20　检测小电流的电流传感器　　图 11-21　检测大电流的电流传感器

图 11-22 所示电路是一款实用的辅助电源控制电路。

在图 11-22 电路中，若主插座中的负载开始工作，则负载工作时产生的电流被霍尔传感器检测到，霍尔传感器检测到的电流信号经过放大电路放大后，驱动触发电路给控制执行电路一个控制信号。该控制信号使 IC2a 的 7 脚输出高电平，三极管导通，继电器吸和，继电器的触点接通辅助插座的供电。

4. 位置检测

传统的直流电动机为了保持气隙磁链与转子磁链的位置相对不变（相互成 90° 电角度），就采用电刷来改变转子绕组的电流。无刷直流电动机为了保持这种相对位置的不变，就必须根据转子的位置来改变绕组中的电流，故需要在定子的适当位置加装位置传感器。这种位置传感器通常为开关型霍尔传感器，如图 11-23（a）所示。

无刷直流电动机使用永磁转子，在定子的适当位置放置所需数量的霍尔传感器，它们的输出和相应的定子绕组的供电电路相连。当转子经过霍尔传感器附近时，永磁转子的磁场令已通电的霍尔传感器输出一个电压信号使定子绕组供电控制三极管导通，给相应的定子绕组供电，产生和转子磁场极性相同的磁场，推斥转子继续转动。到下一个位置，前一个位置的霍尔传感器停止工作，下一个位置的霍尔传感器输出一个控制信号，使下一个绕组通电，产生推斥力使转子继续转动。如此循环，维持电动机的工作。

在这里，霍尔传感器起位置传感器的作用，检测转子磁极的位置，它的输出使定子绕组供电电路通、断，又起开关作用，当转子磁极离去时，令上一个霍尔传感器停止工作，下一个器件开始工作，使转子磁极总是面对推斥磁场。

电脑中的 CPU 散热风扇采用的也是无刷直流电动机，在这种电动机中，霍尔传感器不但起着位置传感器的作用，还起到速度检测传感器的作用。霍尔传感器在电脑 CPU 风扇中的应用电路如图 11-23（b）所示。

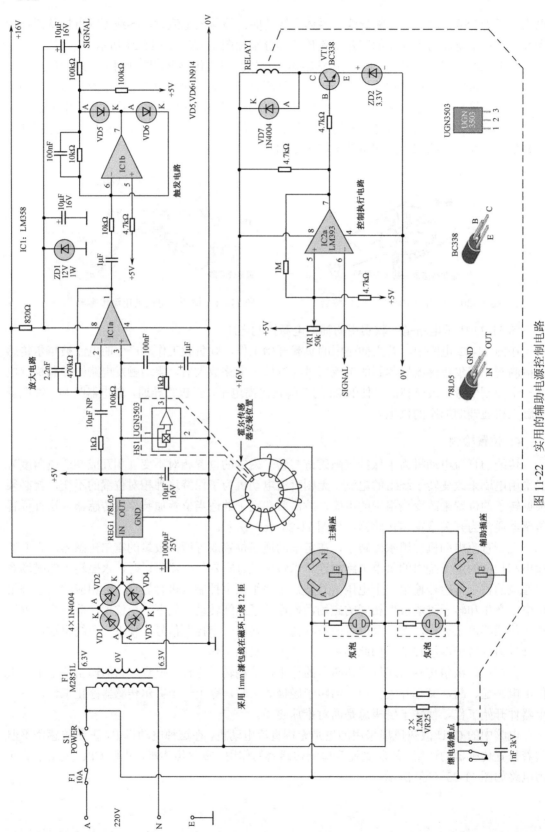

图 11-22　实用的辅助电源控制电路

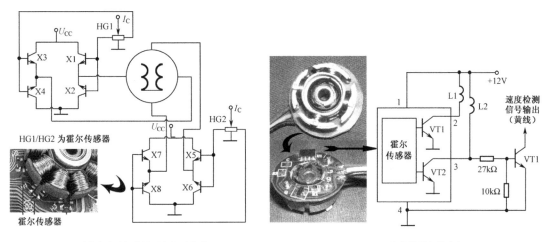

（a）无刷直流电动机中的霍尔位置传感器   （b）风扇中的霍尔传感器

图 11-23   霍尔传感器的应用

计算机中的 CPU 散热风扇采用两相绕组线圈首尾相接缠绕在四个定子铁芯上，两组线圈相差 90°，霍尔传感器（S76A16460、APX9140 等开关型霍尔传感器）固定在定子铁芯附近，用于探测转子磁环磁场的变化。当永磁转子旋转时，加到霍尔传感器的磁感应强度发生变化，霍尔传感器便控制输出信号驱动 VT1、VT2 按一定的规则导通或截止，使定子线圈产生的磁场与转子磁环的磁场相互作用，对转子产生同一个方向的推或拉的力矩，让其转动起来。

在图 11-16 所示电路中，风扇的扇叶每转一圈，转子就转一圈，霍尔传感器的输出端（黄色线）就输出一个脉冲信号，风扇的转子在 1min 内旋转了多少圈，就会有多少个脉冲信号输出。该信号经过放大后送到解码控制电路，经过与 BIOS 内部的数据进行对比后，就可以通过显示器显示出 CPU 风扇的实时转速了。

5. 电动自行车调速器

电动自行车的调速器通常采用线性霍尔传感器。由于这种传感器的输出电压正比于磁场变化，因而能线性平滑调速。圆弧形永磁铁与霍尔比之间有约 0.5mm 的间隙，是非接触式调整器，其寿命和可靠性很高。

典型的电动自行车的调速器电路如图 11-24 所示。

调速器中的永磁铁为圆弧形，由扭簧将永磁铁 N 极磁场的最强端定位在霍尔传感器的位置，作为调速起始端，此时输出电压最低（通常低于 1V），旋转调速转把，弧形磁铁转动，N 极磁场逐渐减弱，霍尔传感器的 3 脚输出电压逐渐上升。当永磁铁中心位置对准霍尔传感器时（此时为磁场零位），输出电平约为 $U_{CC}/2$。

电动自行车采用的线性霍尔传感器输出电压是随磁场线性变化的，输出电压有 1.0～4.2V、4.2～1.0V、0～4.2V、1.0～5V、0～5V 等（若电源为 5V）。

若扭动调速手柄，则霍尔传感器的输出电压超过 1V，使 IC-a 的 9 脚电位升高，当其超过 8 脚锯齿波初始段电位时，14 脚开始输出脉宽较窄的激励脉冲（R3 为 IC-a 的 14 脚输出上拉电阻），触发 VT1、VT2 轮流导通/截止，并从两者的中点输出驱动脉冲触发 VT3（N 沟道绝缘栅场效应管），使其工作在脉宽较窄的开关状态，加在电动机上的直流电压平均值较低，

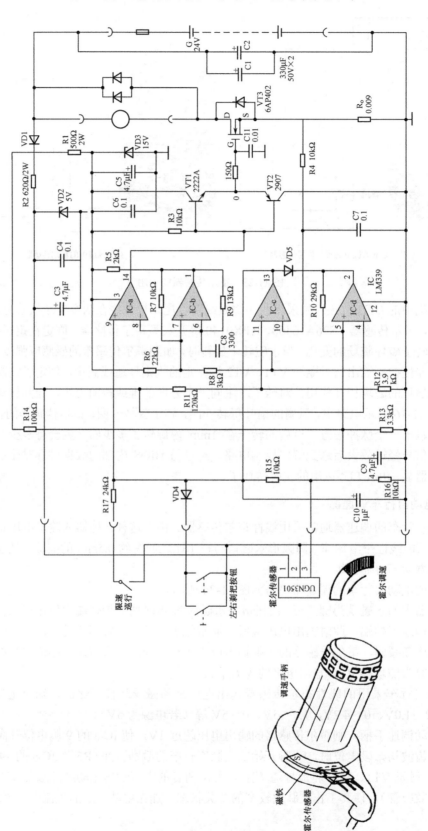

图 11-24 典型电动自行车的调速器电路

电动机慢速旋转。随着调速电压的增高，9 脚比 8 脚电压高的时间增长，14 脚输出的脉冲增宽（脉宽调制最宽能达到 100%），VT1 导通时间增长、VT2 截止时间增长，进而使 VT3 导通时间增长，电动机两端平均电压增高，转速升高。这样，在 1～4V 之间平滑调节 9 脚电压，就可以平滑调节电动机的转速了。

6. 霍尔传感器与外围电路的接口

霍尔传感器的输出电路一般是一个集电极开路的NPN晶体管,其使用规则和一般的NPN开关管相同。输出管截止时，漏电流很小，一般只有几 nA，输出电压和电源电压相近，但电源电压最高不得超过输出管的击穿电压。输出管导通时，其输出端和线路的公共端短路。因此，必须外接一个电阻器（即负载电阻器）来限制流过管子的电流，使它不超过最大允许值（一般为 20mA），以免损坏输出管。输出电流较大时，管子的饱和压降也会随之增大。

霍尔传感器与外围电路的接口电路如图 11-25 所示。

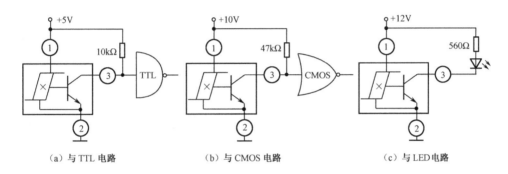

（a）与 TTL 电路　　　　　（b）与 CMOS 电路　　　　　（c）与 LED 电路

图 11-25　霍尔传感器与外围电路的接口电路

若受控电路所需的电流大于 20mA，则可在霍尔传感器与被控电路之间接入电流放大器。

11.3　温度传感器

温度传感器主要有四种类型，即集成温度传感器、热电偶、电阻温度检测器（RTD）及热敏电阻。

集成温度传感器又包括模拟输出和数字输出两种类型。模拟输出集成温度传感器具有很高的线性度（如果配合一个模数转换器或 ADC，则可产生数字输出）、低成本、高精度（大约为 1%）、小尺寸和高分辨率。它的不足之处在于温度范围有限（−55℃～+150℃），并且需要一个外部参考源。数字输出集成温度传感器带有一个内置参考源，响应速度也相当慢（100ms 数量级）。虽然它们会自身发热，但可以采用自动关闭和单次转换模式使其在需要测量之前将集成电路设置为低功耗状态，从而将自身发热降到最低。

与热敏电阻、电阻温度检测器和热电偶传感器相比，集成温度传感器具有很高的线性、低系统成本及集成复杂的功能，能够提供一个数字输出，并能够在一个相当有用的范围内进行温度测量。各种温度传感器的性能对比见表 11-4。

表 11-4　各种温度传感器的性能对比

类　型	优　点	缺　点
热电偶	易于使用 极低成本 极宽温度范围（−200℃～2000℃） 坚固耐用 有多种类型 中等精度（1%～3%）	低灵敏度（40～80μV/℃） 低响应速度（几秒） 高温时老化和漂移 非线性 低稳定性 需要外部参考端
热敏电阻	易于连接 快速响应 低成本 高灵敏度 高输出幅度 易于互换 中等稳定性 小尺寸	窄温度范围（高达 150℃） 大温度系数（4%/℃） 非线性 固有的自身发热 需要外部电流源
RTD	极高精度 极高稳定性 中等线性 许多种配置	有限的温度范围（高达 400℃） 大温度系数 昂贵 需要外部电流源
IC 温度传感器 （模拟和数字输出）	极高的线性 低成本 高精度（约为 1%） 高输出幅度 易于系统集成 小尺寸 高分辨率	低响应速度 有限的温度范围（−55℃～+150℃） 固有的自身发热 需要外部参考源

11.3.1　模拟输出集成温度传感器

模拟输出集成温度传感器输出与温度成正比的电压或电流。常用的模拟输出集成温度传感器有 LM35、LM335、AD590 等型号。其主要参数见表 11-5。

表 11-5　常用的模拟输出集成温度传感器的主要参数

型　号	测量范围（℃）	输出信号类型	温　度　系　数
XC616A	+40～+125	电压型	10mV/℃
XC616C	−25～+85	电压型	10mV/℃
LX6500	−55～+85	电压型	10mV/℃
LM3911	−25～+85	电压型	10mV/℃
AD590	−55～+150	电流型	1μA/℃
LM35	−35～+150	电压型	10mV/℃
LM134	−55～+125	电流型	1μA/℃

下面以常用的模拟输出集成温度传感器 LM35 为例介绍模拟输出集成温度传感器的相关知识。

LM35 是 NS 公司生产的集成电路温度传感器系列产品之一，具有很高的工作精度和较宽的线性工作范围。该器件的输出电压与摄氏温度线性成比例。因而，从使用角度来说，LM35 与其他用热力学温度开尔文表示的温度传感器相比，具有一个最大的优点：不要求在输出电压中减去一个很大的恒定电压就可得到华氏/摄氏温度标尺，无需外部校准或微调，可以提供 $\pm 1/4^{\circ}\text{C}$ 的精度。

LM35 的工作电压为直流 4～30V，灵敏度为 10mV/$^{\circ}$C，即温度为 10°C 时，输出电压为 0mV；温度为 10°C 时，输出电压为 100mV；常温下测温精度为 $\pm 0.5^{\circ}$C（在+25°C 时），消耗电流最大也只有 70μA，采用+4V 以上单电源供电时，测量温度范围为+2°C～+150°C；而采用 ± 4V 以上的双电源供电时，测量温度范围为-55°C～150°C（金属壳封装）和-40°C～110°C（T092 封装），无需进行调整。LM35 输出的电压线性与摄氏温度成正比。LM35 有 TO—46、TO—92、TO—220 三种封装形式，各种封装形式的引脚排列如图 11-26 所示。

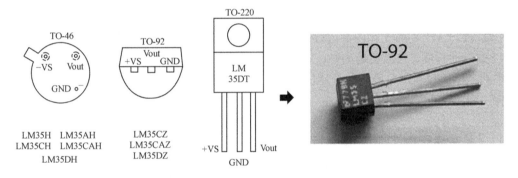

图 11-26　LM35 各种封装形式的引脚排列

电压型与电流型模拟输出集成温度传感器唯一的区别就是输出的信号为电压或电流。其应用电路如图 11-27 所示。

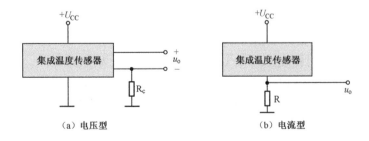

图 11-27　电压型与电流型模拟输出集成温度传感器的应用差异

LM35 已广泛用于一些工程系统上，如汽车自动检测线上的温度测量及一些具有温度检测功能的数字式万用表，温度探头也采用了 LM35。图 11-28 为一款采用 LM35 的散热风扇自动控制电路。

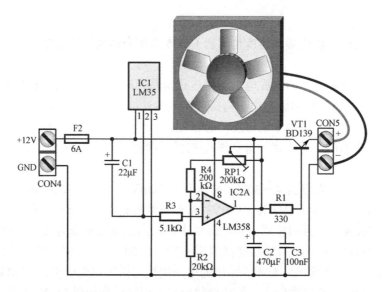

图 11-28　采用 LM35 的散热风扇自动控制电路

在如图 11-28 所示电路中，LM35 的 2 脚输出与温度成正比的电压控制信号。该信号通过 R3 输入到 LM358 的 3 脚内部进行放大，放大后的信号从 LM358 的 1 脚输出，驱动开关管 VT1 的导通程度。当温度越高时，VT1 基极的控制电压就越高，导通程度就越深，散热风扇两端的电压就越高，风扇转速就越快，加快散热的速度；反之，当温度越低时，风扇的转速越低，降低噪声。

11.3.2　数字输出集成温度传感器

数字输出集成温度传感器通过其内置的 ADC 将传感器的模拟输出转换为数字信号。下面以 LM26 为例来介绍数字输出集成温度传感器的应用资料。

LM26 是美国国家半导体公司生产的微型数字、模拟两用温度传感器。其输出端可以直接驱动开关管带动继电器、电风扇等负载，因此特别适用于计算机、笔记本电脑、工厂采暖通风系统、电源模块等电子产品及防火系统的温度控制电路等领域。

LM26 具有如下特点：工作温度范围宽，从−65℃～+150℃；工作电压为 2.7～5.5V；功耗低，待机时最大工作电流为 40μA（典型值为 25μA）；精度高，在−55℃～+110℃时精度为 ±3℃（max），在+120℃时精度为±4℃（max）；非线性误差为±0.35℃。

LM26 采用 5 引脚 SOT-23 封装形式，如图 11-29 所示。LM26 各引脚功能如下：1 脚为滞后控制端（数字信号输入）；2 脚为接地端（电源负端）；3 脚为模拟信号输出端；4 脚为电源正端+2.7～+5.5V；5 脚为数字信号输出端。

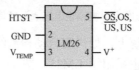

图 11-29　LM26 的引脚排列

LM26 有 A、B、C、D 四种后缀字母，不同的后缀名称不但内部电路不同，而且输出端功能也不同，后缀为 A、C 的为高于控制温度时关断数字输出端的信号（数字输出端标注为 $\overline{OS}$ 或 OS）；后缀为 B、D 的则为低于控制温度时关断数字输出端的输出信号（数字输出端标注为 US 或 $\overline{US}$），如图 11-30 所示。

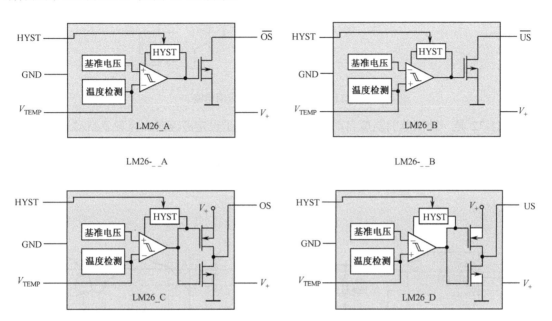

图 11-30　不同型号后缀字母的内部电路框图

LM26 在−55℃～+110℃范围内都有较高的精度，模拟输出端 3 脚的输出电压 U_o 与温度 T 的关系可用下式表达，即

$$U_o = [-3.479 \times 10^{-6} \times (T-30)^2] + [-1.082 \times 10^{-2} \times (T-30)] + 1.8015(V)$$

LM26 温度与输出电压的对应关系见表 11-6。

表 11-6　LM26 温度与输出电压的对应关系

温　度（℃）	输 出 电 压（mV）
−55℃	2696
− 40℃	2542
−30℃	2438
0℃	2123
+25℃	1855
+40℃	1693
+80℃	927
+110℃	913

LM26 的典型应用电路如图 11-31 所示。V+端与 GND 端之间接的 0.1μF 电容是消振电容，可以使传感器工作更稳定。

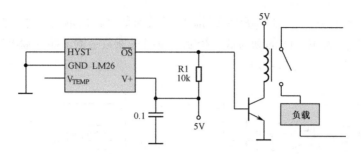

图 11-31　LM26 的典型应用电路

图 11-32 是一种简单的温度自动控制风扇。当高于设定温度时，风扇就自动运转，对设备进行降温。由于 LM26 具有温度滞后特性，如图 11-33 所示，使得在温度高于 T_1 时，风扇运转，当温度降到 T_2 时，风扇才停止运转，可以有效地防止在阈值温度上下风扇来回动作。

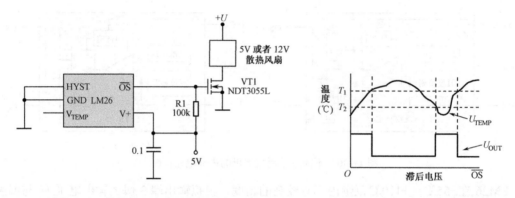

图 11-32　简单的温度自动控制风扇　　　　　图 11-33　LM26 的温度滞后特性图

在大功率功放机中，功放集成电路的发热量一般很大，若散热措施不佳，就会影响到功放机的输出音质。因此，若在功放集成电路表面安装一个由 LM26 组成的自动控制风扇，则该电路如图 11-34 所示。当功放集成电路表面温度超过设定值时，散热风扇自动运转，对功放集成电路进行强制散热，就能显著地降低功放集成电路的表面温度。

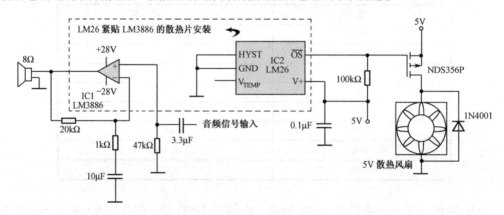

图 11-34　大功率功放机温度自动控制散热风扇电路

LM26 的模拟输出端可以很好地带动小于 1000pF 的电容负载。为了适应不同的容性负载（模拟输出线应采用屏蔽线），以减小环境噪声干扰，建议在模拟信号输出端与 GND 端之间接一个 RC 滤波器，元件取值见表 11-7。

表 11-7　元件取值

C_{LOAD}	R（Ω）
≤100pF	0
1nF	8200
10nF	3000
100nF	1000
≥1μF	430

11.3.3　热电偶

将两种不同的金属接在一起，在升高接合点的温度时，即产生电压而使电流流动，这种现象称为泽贝克效应（Seebeck Effect）。例如，将铜与铜镍的合金（Constantan）接合在一起，若与另一端的温度差为 100℃时，将产生 5mV 左右的电压。这种电压称为热电动势（Thermoelectromotive Force）。能产生热电动势的接合在一起的这两种金属被称为热电偶（Thermal Couple）。热电偶的示意图如图 11-35 所示。

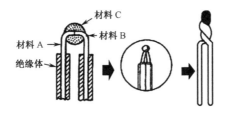

图 11-35　热电偶的示意图

如果两种不同成分的均质导体形成回路，则直接测温端被称为测量端，接线端子端被称为参比端。当两端存在温差时，就会在回路中产生电流，那么两端之间就会存在 Seebeck 热电势（即传感器输出电压）。各种类型的热电偶在不同温度下的输出电压见表 11-8。

表 11-8　各种类型的热电偶在不同温度下的输出电压

热电偶名称	分度号	温度范围（℃）	热电特性曲线图
铂铑$_{30}$—铂铑$_6$	B	0～1600	
铂铑$_{10}$—铂	S	0～1300	
铂铑$_{13}$—铂	R	0～1300	
镍铬—镍硅	K	0～1200	
镍铬—铜镍（康铜）	E	0～750	
铁—铜镍（康铜）	J	0～750	
铜—铜镍（康铜）	T	−200～350	
镍铬硅—镍硅镁	N	0～1200	
钨铼	WRe—WRe25 WRe5—WRe26	0～2300	

按照组成结构，热电偶分为热电偶测温导线、铠装热电偶及装配式热电偶。热电偶的主要参数如下。

【热响应时间】

在温度出现阶跃变化时，热电偶的输出变化至阶跃变化值的 50% 所需要的时间称为热响应时间，用 τ 表示。

【公称压力】

一般是指在工作温度下保护管所能承受的静态外压而不破裂。实际上，公称压力不仅与保护管材料、直径、壁厚有关，还与其结构形式、安装方法、置入深度及被测介质的流速和种类等有关。

【热电偶最小置入深度】

热电偶最小置入深度应不小于其保护管外径的 8～10 倍（特殊产品例外）。

在实际使用中，热电偶外部通常需要加装保护管。保护管用来保护感温组件，使其不与被测介质直接接触，避免或减少有害介质的侵蚀、火焰和气流的冲刷和辐射及机械损伤，同时还起着固定和支撑传感器感温组件的作用。321、304 和 316（316L）系列不锈钢保护管是用得最为广泛的材料，通常使用在 900℃ 以下，部分产品也能用到 1150℃；900℃ 以上一般使用非金属材料保护管。

热电偶具有构造简单，适用温度范围广，使用方便，承受热、机械冲击能力强及响应速度快等特点，常用于高温区域、振动冲击大等恶劣环境及适合于微小结构测温场合，但其信号输出灵敏度比较低，容易受到环境干扰信号和前置放大器温度漂移的影响，因此不适合测量微小的温度变化。

与其他温度传感器相比，热电偶能够检测更宽的温度范围，具有较高的性价比。另外，热电偶的强韧性、可靠性和快速响应时间使其成为各种工作环境下的首选。当然，热电偶在温度测量中也存在一些缺陷，如线性特性较差。

热电偶是差分温度测量组件，由两段不同的金属线构成：一段作为正结点；另一段作为负结点。热电偶的两种不同金属线焊接在一起后形成两个结点，如图 11-36（a）所示，回路电压是两个结点温差的函数。测量电压 U_{OUT} 是检测结点（热结点）结电压与参考结点（冷结点）结电压之差。因为 U_H 和 U_C 是由两个结的温度差产生的，故 U_{OUT} 也是温差的函数。比例因数 α 对应于电压差与温差之比。

图 11-36（b）是一种最常见的热电偶连接图。该配置导入了第三种金属（中间金属）和两个额外的结点。每个开路结点与铜线电气连接，这些联机为系统增加了两个额外结点，只要这两个结点温度相同，则中间金属（铜）就不会影响输出电压。这种配置允许热电偶在没有独立参考结点的条件下使用。U_{OUT} 仍然是热结点与冷结点温差的函数，与比例因数 α 有关。然而，由于热电偶测量的是温度差，故为了确定热结点的实际温度，冷结点温度必须是已知的。冷结点温度为 0℃（冰点）时是一种最简单的情况，如果 $T_C=0℃$，则 $U_{OUT}=U_H$。在这种情况下，热结点测量电压是结点温度的直接转换值。

热电偶的应用电路如图 11-37 所示。

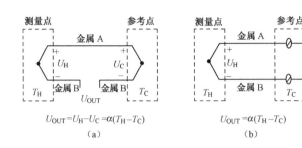

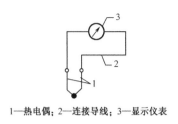

1—热电偶；2—连接导线；3—显示仪表

图 11-36　热电偶结点连接示意图　　　　图 11-37　热电偶的应用电路

11.3.4　双金属温度传感器

双金属温度传感器（bimetallic temperature sensor）俗称温度开关。由于这种传感器主要用作开关使用，因此通常又被称为双金属温度开关。

温度开关主要是利用两种不同的金属片熔接在一起。因为金属的热膨胀系数不同，当加热时，膨胀系数大的一方，因迅速膨胀而使得材料的长度变长，而膨胀系数小的一方，因膨胀系数小，而使得材料的长度略为伸长。但由于两片金属片是熔接在一起的，因此两金属片作用的结果使得材料弯曲。

常见的温度开关有 67LXX、BW-A1、KSD301、KSD9700、AUPO 系列等。这些温度开关的实物图如图 11-38 所示。

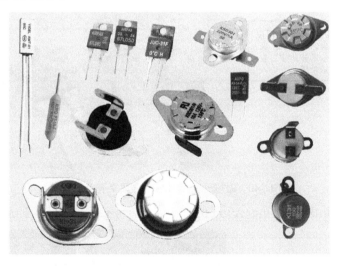

图 11-38　常见温度开关的实物图

温度开关有常开和常闭两种类型。电器正常工作时，温度开关内部的双金属片处于自由状态，触点处于闭合/断开状态，当温度升高至动作温度值时，温度开关内部的双金属元件受热产生内应力而迅速动作，打开/闭合触点，切断/接通电路，从而起到热保护的作用。当温度降到标称温度值时，触点自动闭合/断开，恢复正常工作状态。引出温度开关又称为温度保险丝，广泛用于家用电器、电动机及电器设备，如洗衣机电动机、空调器风扇电动机、变压器、镇流器、电热器具等自动保护电路及电饭锅、电熨斗的自动开关控制电路。

温度开关通常把开关的最大额度负载电流和动作温度标识在开关表面，如图 11-39 所示。

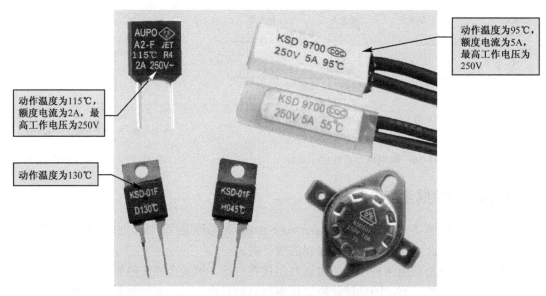

图 11-39　温度开关参数标识示意图

有些系列温度开关的表面没有标识动作温度，而是通过型号后三位数字表示动作温度，如图 11-40 所示。

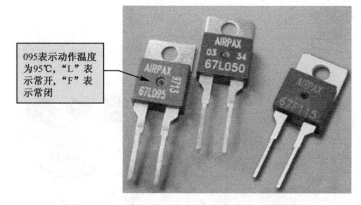

图 11-40　温度开关型号后三位数字表示的意义

温度开关在应用中通常是串联在控制电路中实现对设备的自动温度控制，如图 11-41 所示。

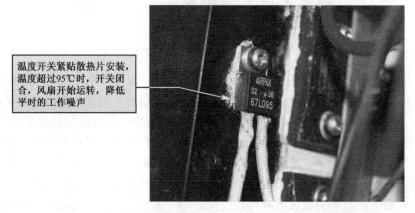

图 11-41　大功率功放散热风扇自动温度控制电路示意图

第12章

特种半导体器件的识别/检测/选用

前面的章节中介绍了多种半导体元器件的相关知识，限于篇幅所限，还有很多在电子电路中起着重要作用的半导体器件没有介绍到。在本章中，为了将这些半导体器件与以前介绍的半导体器件区别开来，就暂且称这些半导体器件为"特种半导体器件"。

12.1 单结管

单结管是单结晶体管（Unijunction Transistor，UJT）的简称，又名双基极二极管，是由一个 PN 结和三个电极构成的半导体器件。其符号和内部结构示意图如图 12-1 所示。

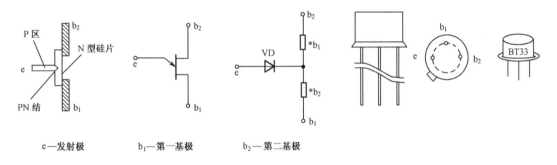

e—发射极　　　　b₁—第一基极　　　　b₂—第二基极

图 12-1　单结管符号和内部结构示意图

单结管是在一块掺有低杂质浓度、高电阻系数的 N 型硅片两端制作两个电极，分别称其为第一基极 b_1 和第二基极 b_2；硅片的另一侧靠近 b_2 处制作了一个 PN 结（相当于一只二极管），在 P 区引出的电极叫发射极 e。发射极 e 至两基极之间的等效电阻分别用 r_{b1} 和 r_{b2} 表示。两基极间的电阻用 r_{b1} 表示发射极 e 与 b_1 之间的等效电阻，阻值受 e-b_1 间电压的控制，所以等效为可变电阻。两个基极之间的电阻用 r_{bb} 表示，$r_{bb} = r_{b1} + r_{b2}$。r_{b1} 与 r_{bb} 的比值称为分压比 $h = r_{b1}/r_{bb}$。h 值一般在 0.3～0.8 之间。

单结管工作原理不同于双极性晶体管及场效应管。单结管具有负阻特性，可广泛用于定时、振荡、双稳及调光、调温等电路。在使用时，通常需要用万用表来判别单结管的各个电极。其方法如下。

将万用表置于 R×1k 挡，测量三个电极中任意两个电极之间的正、反向电阻值，若两个电极之间的正、反向电阻值均为 2～10kΩ（若测得的电阻值与上述正常值相差较大时，则说明该单结管已损坏），则这两个电极即是基极 b₁ 和基极 b₂，另一个电极即是发射极 e。再将黑表笔接发射极 e，用红表笔依次接触另外两个电极，一般会测出两个不同的电阻值。在阻值较小的一次测量中，红表笔接的是基极 b₂，另一个电极即是基极 b₁。

在实际应用中，即使 b₁、b₂ 极接反了，也不会损坏管子，只会影响输出的脉冲幅度，此时将 b₁、b₂ 极对调即可。

用万用表还可以快速地判断出单结管的质量好坏：将万用表置于 R×1k 挡，用黑表笔接发射极 e，红表笔依次接两个基极（b₁ 和 b₂），正常时均应有几千欧至十几千欧的电阻值。再将红表笔接发射极 e，黑表笔依次接两个基极，正常时阻值均为无穷大。

目前，常用的单结管主要有国产的 BT31 系列、BT32 系列和 BT33 系列，国外公司的 2N 系列（典型型号为 2N4870、2N4646、2N4648 等）。单结管的主要参数有分压比、基极之间电阻 R_{bb}、峰点电流 I_P 及饱和压降 U_V 等。

单结管具有频率易调、温度稳定性好等优点，主要用于张弛振荡电路、定时电路中。图 12-2 即为采用单结管作为张弛振荡器的电压调整电路。

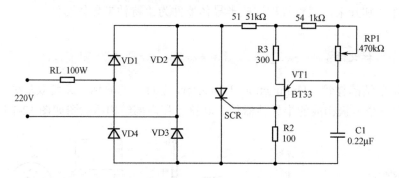

图 12-2　采用单结管作为张弛振荡器的电压调整电路

12.2　红外线发光二极管

红外线发光二极管简称红外发光二极管。它是一种特殊的发光二极管，发出的是红外光，可见光的波长范围为 380～760nm，不同颜色有不同的波长，如绿光的波长为 490～570nm，红光的波长为 650～760nm，超过 760nm 的称为红外线，人眼不能直接觉察到它，称为不可见光。红外发光二极管的发光波长主要在 850～940nm 范围内，属于近红外频段。

常见的红外发光二极管有深蓝与透明两种颜色，外形与普通发光二极管相似，如图 12-3 所示。

因为红外发光二极管通常采用透明的塑料封装，所以管壳内的电极清晰可见：内部电极较宽大的为负极，而较窄小的为正极。全塑封装红外发光二极管（$\phi 3$ 型或 $\phi 5$ 型）的侧向呈一小平面，靠近小平面的引脚为负极，另一个引脚为正极。

在电路原理图中，红外发光二极管通常用字母 VD 或 D 表示，如"VD1"表示编号为 1 的红外发光二极管。红外发光二极管的电路符号与普通发光二极管相同，如图 12-4 所示。

红外发光二极管工作在正相电压下，工作电压约为 1.4V，工作电流一般小于 20mA，为了适应不同的工作电压，回路中常串有限流电阻。

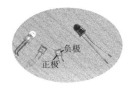

图 12-3　常见的红外发光二极管　　　　图 12-4　红外发光二极管的电路符号

红外发光二极管发射红外线去控制相应的受控装置时，其控制的距离与发射功率成正比。为了增加红外线的控制距离，红外发光二极管通常工作于脉冲状态，因为脉动光（调制光）的有效传送距离与脉冲的峰值电流成正比，只需尽量提高峰值脉冲 I_P，就能增加红外光的发射距离。提高 I_P 的常用方法是减小脉冲占空比，即压缩脉冲的宽度 T，在通常情况下，彩电红外遥控器红外发光管的工作脉冲占空比约为 1/4～1/3，还有些电器红外遥控器的脉冲占空比是 1/10。减小脉冲占空比还可明显增加小功率红外发光二极管的发射距离。

> 常见的红外发光二极管的功率分为小功率（1～10mW）、中功率（20～50mW）和大功率（50～100mW 以上）三大类。用红外发光二极管发射红外线去控制受控装置时，受控装置中均有相应的红外光－电转换元件，如红外接收二极管、光电三极管等。实用中，通常采用红外发射和接收配对的光电二极管。

红外线发射与接收的方式有两种：其一是直射式；其二是反射式。直射式指发光管和接收管相对安放在发射与受控物的两端，中间相距一定距离；反射式指发光管和接收管并列一起，平时接收管始终无光照，只在发光管发出的红外光遇到反射物时，接收管收到反射回来的红外线才工作。

检测红外发光二极管时，采用指针式万用表与采用数字式万用表的测量方式有很大的区别：将指针式万用表置于 R×1k 挡，黑表笔接正极、红表笔接负极时的电阻值（正向电阻）应为 20～40kΩ（普通发光二极管在 200kΩ 以上），黑表笔接负极、红表笔接正极时的电阻值（反向电阻）应在 500kΩ 以上（普通发光二极管接近∞）。要求反向电阻值越大越好。

用数字式万用表测量红外发光二极管时，要将挡位开关置于"二极管挡"，黑表笔接负极、红表笔接正极时的压降值应为 0.96～1.56V，对调表笔后，屏幕显示的数字应为溢出符号"OL"或"1"，如图 12-5 所示。

图 12-5　用数字式万用表测量红外发光二极管示意图

12.3 红外线接收管

红外线接收管是用来接收红外发光二极管产生的红外线光波，并将其转换为电信号的一种半导体器件。

为减少可见光对其工作产生的干扰，红外线接收管通常采用黑色树脂封装（外观颜色呈黑色），以滤掉 700nm 以下波长的光线。常见的红外线接收管如图 12-6 所示。

需要识别红外线接收管的引脚时，可以面对受光面观察，从左至右分别为正极和负极。另外，在红外线接收二极管的管体顶端有一个小斜切平面，通常带有此斜切平面一端的引脚为负极，另一端为正极。

在电路原理图中，红外线接收管通常用字母 **VD** 表示，如"VD1"表示编号为 1 的红外线接收管。红外线接收管的电路符号如图 12-7 所示。

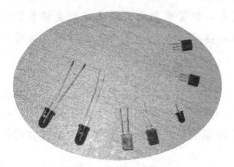

图 12-6 红外线接收管　　　　　　图 12-7 红外线接收管的电路符号

用数字式万用表检测红外线接收管是最方便的：将挡位开关置于"二极管挡"，黑表笔接负极、红表笔接正极时的压降值应为 0.45～0.65V，对调表笔后，屏幕显示的数字应为溢出符号"OL"或"1"，如图 12-8 所示。

图 12-8 红外线接收管检测示意图

为了便于读者理解红外线发光管、接收管的工作原理，下面再介绍一款红外线耳机的制作电路，供读者参考。该红外线无线耳机由发射机和接收机两部分电路组成。发射机电路如

图 12-9 所示。声音信号从电视机音频输出插座引出。电视机输出的音频信号经过 C1 耦合至 VT1 进行一级放大后，驱动红外线发光二极管 VD1、VD2 发光，声音信号的变化引起 VD1、VD2 发光强度的变化，即 VD1、VD2 的发光强度受声音的调制。

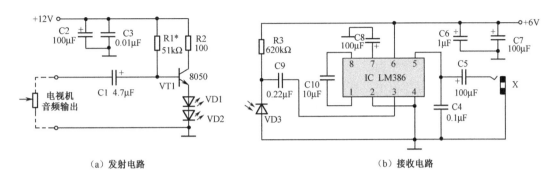

（a）发射电路　　　　　　　　　　　　　　　（b）接收电路

图 12-9　发射机电路

该电路接收部分采用一块音频放大集成电路 LM386 进行功率放大。VD3 为红外线接收管。当被音频信号调制的红外光照到 VD3 表面时，VD3 将接收的经声音调制的红外线光信号转换成电信号，在 VD3 两端产生一个与音频信号变化规律相同的电信号。该信号经 C9 耦合至 LM386 进行功率放大后驱动扬声器发声。由于 LM386 可以输出约为 0.5W 的功率，所以该接收器可以同时供多副（1～4 副）耳机收听。

三极管 VT1 选用中功率管 2SC8050，$P_{cm} = 300\text{mW}$，$I_{cm} = 500\text{mA}$，R2 的功率要在 1/4W 以上。VD3 为红外线接收管（不要选用光电二极管，以免受干扰，影响接收效果）。VD1、VD2 宜选用外壳透明的品种，那些从外部不能看到内部电极的品种，其通信距离将会很小。

安装时，调节发射部分三极管 VT1 的静态电流在 30mA 左右。接收部分只要安装无误，不需调试即可工作。发射部分可以安装在电视机内部，采用机内 12V 电源供电即可。信号输入端接到音量电位器两端即可。对于采用直流音量控制的电视机，可以在 C1 前面串联一个 5.1kΩ 的电阻后将输入端接到扬声器的两端。调节音量，使其转发距离最远（为 3～4m）且不失真即可。在安装两只红外线发射管（VD1、VD2）时，要考虑其辐射区范围，由于红外发射管的辐射角一般在 60° 左右，所以安装时要使它们的辐射空间范围有一部分重叠，如图 12-10 所示。

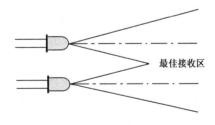

图 12-10　红外发射管安装示意图

另外需要注意的是，在使用该红外线耳机时最好将日光灯关闭，否则可能会有干扰杂音出现。

12.4 红外线接收头

红外线接收头是一种红外线接收电路模块，通常由红外接收二极管与放大电路组成。放大电路通常又由一个集成电路及若干电阻、电容等元件组成（包括放大、选频、解调几大部分电路），然后封装在一个电路模块（屏蔽盒）中。虽然电路比较复杂，但体积却很小，体积仅与一只中功率三极管相当。

红外线接收头具有体积小、密封性好、灵敏度高、价格低廉等优点，因此被广泛应用在各种控制电路及家用电器中。它仅有三只引脚，分别是电源正极、电源负极（接地端）及信号输出端，工作电压为 5V 左右，只要给它接上电源即是一个完整的红外接收放大器，使用十分方便。常见的红外线接收头外形与引脚排列如图 12-11 所示。

图 12-11　常见的红外线接收头外形与引脚排列

12.5 光电二极管

光电二极管是一种根据硅 PN 结受光照后产生的光电效应原理制成的特殊二极管。其作用是将接收到的光信号转换为电信号输出，通常用在自动控制电路中。常见的光电二极管外形如图 12-12（a）所示。

在电路原理图中，光电二极管通常用 PD、VD、PF 等字母表示，如"PD1"表示编号为 1 的光电二极管。光电二极管的电路符号与红外线接收管相同。

光电二极管是在反向电压下工作的，在没有光照时，反向电流极其微弱（一般小于 $0.11\mu A$），这个电流通常称为暗电流；当有光照时，反向电流就会迅速增大到几十微安，这个电流称为光电流。光的强度越大，反向电流也越大。由于光的变化引起光电二极管光电流的变化，这就就可以把光信号转换成电信号，使光电二极管成为光电传感器件。

光电二极管通常应用在自动控制电路中，其作用与光敏电阻类似，都是将光信号转换为电信号。图 12-12（b）为一款采用光电二极管的自动控制电路。

若用指针式万用表 R×1k 挡检测光电二极管时，则正向电阻应为 10kΩ 左右，光线越强，反向电阻越小；无光照时，反向电阻为 ∞。

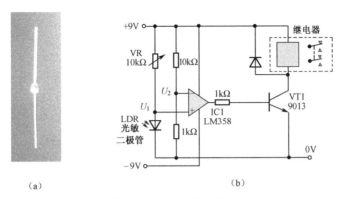

图 12-12　常见的光电二极管外形及应用电路

若采用数字式万用表检测，则可将挡位开关置于二极管挡，红表笔接正极，黑表笔接负极，有光照时，屏幕显示的压降值应为 0.5～0.6V，对调表笔或无光照时，屏幕显示的数字应为溢出符号"OL"或"1"，如图 12-13 所示。

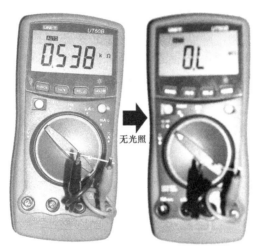

图 12-13　光电二极管检测示意图

12.6　光电三极管

光电三极管具有电流放大作用，可以等效为一个光电二极管和一只晶体三极管的组合器件。其等效电路如图 12-14 所示。

光电三极管通常只引出集电极和发射极两个引脚。常见的光电三极管如图 12-15 所示。由于光电三极管通常采用透明树脂封装，所以管壳内的电极清晰可见：内部电极较宽较大的一个为集电极，而较窄且小的一个为发射极。

在电路原理图中，光电三极管通常用 PY、VT、Q 等字母表示，如"PY1"表示编号为 1 的光电三极管。光电三极管的电路符号如图 12-16 所示。

若用指针式万用表 R×1k 挡检测光电三极管时，则黑表笔接集电极，红表笔接发射极，无光照时指针应接近∞，随着光照的增强，电阻会逐渐变小，光线较强时，其阻值可降到 10kΩ 以下。再将表笔对调，则无论有无光照，指针均接近∞。

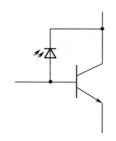

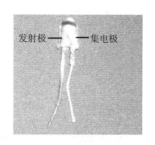

图 12-14　光电三极管等效电路　　　　　　图 12-15　常见的光电三极管

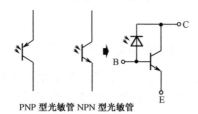

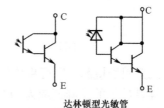

PNP 型光敏管 NPN 型光敏管　　　　　　达林顿型光敏管

图 12-16　光电三极管的电路符号

若采用数字式万用表检测，则可将挡位开关置于 R×20k 挡（或自动挡），红表笔接集电极，黑表笔接发射极，有光照时，屏幕显示的压降值应在 10kΩ以下；无光照时，屏幕显示的数字应为溢出符号"OL"或"1"，如图 12-17 所示。

图 12-17　光电三极管检测示意图

12.7　LED 数码管

LED 数码管又名半导体数码管或 7 段数码管，是目前常用的显示器件之一。它是以发光二极管作为 7 个显示笔段并按照共阴或者共阳方式连接而成的。有时为了方便使用，就将多个数字字符封装在一起成为多位数码管，内部封装了多少个数字字符的数码管就叫做"X"位数码管（X 的数值等于数字字符的个数）。常用的数码管为 1～6 位。常见 LED 数码管的外形图如图 12-18 所示。

LED 数码管的 7 个笔段电极分别为 A～G（有些资料中为小写字母），DP 为小数点，如图 12-19 所示。

图 12-18　常见 LED 数码管的外形图

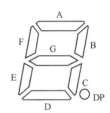

图 12-19　LED 数码管的电极

LED 数码管内部的 LED 有共阴与共阳两种连接方式，如图 12-20 所示。共阴就是指内部的 LED 阴极（负极）连接在一起作为一个公共端引出，阳极作为单独的引出端；共阳就是指内部的 LED 阳极（正极）连接在一起作为一个公共端引出，阴极作为单独的引出端。

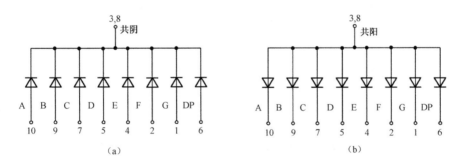

图 12-20　LED 数码管内部连接方式

LED 数码管的引脚通常有两排，当字符面朝上时，左上角的引脚为第 1 脚，然后顺时针排列其他引脚，如图 12-21 所示。

虽然不同公司生产的 LED 数码管的型号名称并不完全一样，不过从其型号中还是可以看出极性及其颜色的。LED 数码管的命名方法如图 12-22 所示。

JM - S 056 1 2 A EG
1   2 3   4 5 6 7

1：JM 生产厂商名称
2：S   表示数码管
3：表示8字高度
    056 表示8字高度为0.56英寸
    150 表示8字高度为1.5英寸
4：表示8字位数
    1 表示单位
    2 表示双位
    3 表示三位
    4 表示四位
5：模具号
6：极性
    A、C、E、…共阴
    B、D、F、…共阳
7：颜色代码
    R   红色
    H   高亮红
    S   超高亮红
    G   黄绿
    PG   纯绿
    E   橙红
    Y   黄色
    B   蓝色
    EG   橙红双色
    HG   高亮红双色

图 12-21 LED 数码管的引脚排列 　　图 12-22 LED 数码管的命名方法

12.8 光电耦合器

光电耦合器（Optical Coupler，OC）也称光电隔离器或光耦合器，简称光耦。它是以光为媒介来传输电信号的器件，通常把发光器（红外线发光二极管 LED）与受光器（光敏半导体管）封装在同一管壳内。当输入端加电信号时，发光器发出光线，受光器接受光线之后就产生光电流，从输出端流出，从而实现了"电→光→电"转换。

光电耦合器是一种把电子信号转换成为光学信号，然后又恢复为电子信号的半导体器件。光电耦合器在电路中经常应用在电源稳压控制电路中。常用的光电耦合器主要有 PC817、PC818、PC810、PC812、PC502、LTV817、TLP521—1、TLP621—1、ON3111、OC617、PS2401—1 等型号。常用的光电耦合器实物及内部电路框图如图 12-23 所示。

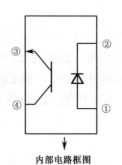

显示器中常用的光电耦合器　　　　　　　　　内部电路框图

图 12-23 常用的光电耦合器实物及内部电路框图

光电耦合器的种类较多，但在家电电路中，常见的只有以下 4 种结构：

① 双列直插 4 引脚塑封发光二极管与光电晶体管封装的光电耦合器，主要用于开关电源电路中。

② 双列直插 6 引脚塑封发光二极管与光电晶体管封装的光电耦合器，主要用于开关电源电路中。

③ 双列直插 6 引脚塑封发光二极管与光电晶体管（附基极端子）封装的光电耦合器，主要用于 AV 转换音频电路中。

④ 双列直插 6 引脚塑封发光二极管与光电二极管加晶体管（附基极端子）封装的光电耦合器，主要用于 AV 转换视频电路中。

常见光电耦合器的型号与内部电路见表 12-1。

表 12-1　常见光电耦合器的型号与内部电路

型　　号	内 部 电 路
PC817、PC818、PC810、PC812、PC502、LTV817、TLP521—1、TLP621—1、ON3111、OC617、PS2401—1、GIC5102	
TLP632、TLP532、TLP519、TLP509、PC504、PC614、PC714、PS208B、PS2009B、PS2018、PS2019	
TLP503、TLP508、TLP531、PC613、4N25、4N26、4N27、4N28、4N35、4N36、4N37、TIL111、TIL112、TIL114、TIL115、TIL116、TIL117、TLP631、TLP535	
TLP551、TLP651、TLP751、PC618、PS2006B、6N135、6N136	

光电耦合器是电流驱动型器件，需要足够大的电流才能使发光二极管导通。如果输入信号太小，则发光二极管不会导通，输出信号将失真。光电耦合器的主要技术参数有发光二极管正向压降 U_F、正向电流 I_F、电流传输比 C_{TR}、输入级与输出级之间的绝缘电阻、集电极−发射极反向击穿电压 $U_{(BR)CEO}$、集电极−发射极饱和压降 $U_{CE(sat)}$。此外，在传输数字信号时还需考虑上升时间、下降时间、延迟时间和存储时间等参数。

图 12-24 是一款采用光电耦合器进行稳压控制的电路。

当输出端电压升高时，光电耦合器 Q1 内部的发光二极管发光强度增大，内部光电三极管的集电极−发射极之间阻值变小，进而开关管 VT1 导通时间变短，于是输出端电压降低到额定值。

双向光电耦合器又称为双向晶闸管驱动器，专门用于驱动双向晶闸管。双向光电耦合器有过零触发耦合器（如 MOC3030 等）和非过零触发耦合器（如 MOC3009）两种类型，内部电路如图 12-25 所示。

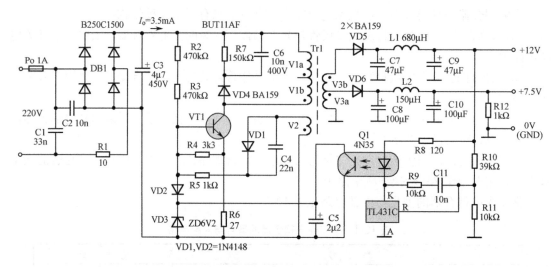

图 12-24　采用光电耦合器进行稳压控制的电路

在双向光电耦合器中，输入级是发光二极管，输出级是光敏双向晶闸管，在导通时，流过的双向电流达 100mA，压降小于 3V，导通时最小维持电流为 100μA。在截止时，其阻断电压为直流 250V，当维持电流小于 100μA 时，双向晶闸管从导通变为截止。当阻断电压大于 250V，或发光二极管发光时，则双向晶闸管导通。为了降低双向光电耦合器的误触发率，通常在光电耦合器的输出端加阻容吸收电路。

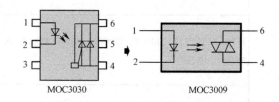

图 12-25　双向光电耦合器内部电路

图 12-26 为采用双向光电耦合器设计的开关电路。采用该电路与采用普通电磁继电器的电路相比具有响应速度快、无噪声、无火花及寿命长等优点。R2、C1 可组成双向晶闸管 VT1 的保护电路，L1、L2 可构成谐波滤除电路，切断电路工作时对电网中的其他电器的干扰。

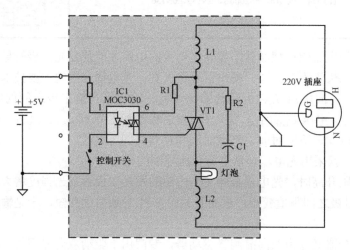

图 12-26　采用双向光电耦合器设计的开关电路

12.9　光遮断器

光遮断器（Photo Interrupter）是一种运用光线为控制信号的开关，因此又名光电开关或光电传感器，根据其工作类型，又分为反射型光电开关、对射型光电开关、槽型光电开关等类型。常见的光遮断器如图 12-27 所示。

光遮断器的两个悬臂是一个发光二极管和一个光敏三极管。其内部电路原理如图 12-28 所示。

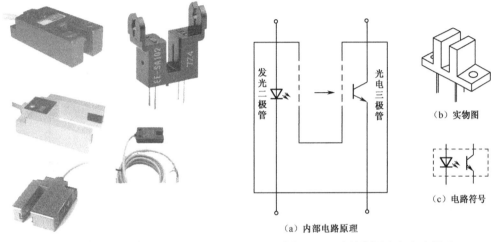

图 12-27　常见的光遮断器　　　　图 12-28　光遮断器内部电路原理

光遮断器内部的光敏三极管和一般三极管不同，其集电极电流是由基极电流上的光线所触发的。接上电源之后，发光二极管发出的光线照射到光敏三极管上，此时集电极电流导通，光遮断开关为通路；当发光二极管和光敏三极管之间的光线被遮断时，则形成断路。

光遮断器通常应用在自动控制电路及需要进行电气隔离的开关控制电路中，如宾馆中的插卡式电灯开关（将门牌卡或者其他可以遮挡光线的卡插入到光遮断器的插槽中时就可以点亮电灯）、自动洗手器。

图 12-29 为一款采用槽型光电开关的自动控制电路。

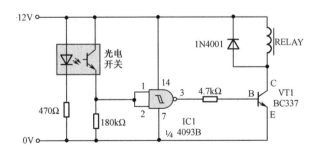

图 12-29　采用槽型光电开关的自动控制电路

在如图 12-29 所示电路中，当采用外物将光电开关之间的光线通路阻断时，IC1 的输入端为低电平，输出端输出高电平使三极管 VT1 导通，继电器得电吸和，接通负载的供电。当光电开关之间的光线通路之间无外物时，发光二极管发出的光线照射到光敏三极管上，此时集电极电流导通，IC1 的输入端为高电平，输出端输出低电平使三极管 VT1 截止，继电器不能吸合，切断负载的供电。

图 12-30 是一款采用红外反射式光电开关的自动水龙头控制电路。

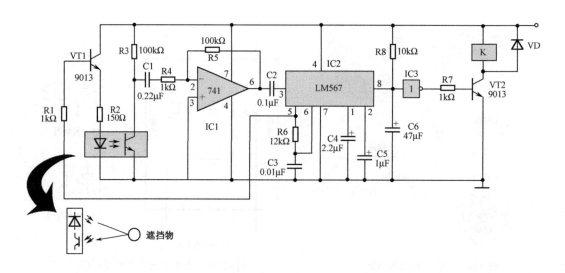

图 12-30　采用红外反射式光电开关的自动水龙头控制电路

该电路主要由红外反射式光电开关和锁相环译码器 LM567 组成。红外反射式光电开关的发射与接收对管是一体化的，当有物体靠近时，一部分红外光被反射到接收管，从而产生控制信号。

LM567 是一种模拟与数字电路组合器件，其电路内部有一个矩形波发生器，矩形波的频率由 5、6 脚外接的 R、C 决定。输入信号从 3 脚进入 LM567 后，与内部矩形波进行比较，若信号相位一致，则 8 脚输出低电平；否则，输出高电平。8 脚是集电极开路输出，使用时必须外接上拉电阻。将 LM567 第 5 脚上的幅值约为 4V 的标准矩形波，通过 R1 引至三极管 VT1 的基极，使接在 VT1 发射极的红外线发射管导通并向周围空间发出调制红外光。当有人洗手或接水时，接近水龙头的手或盛水器就将红外光反射回一部分，被红外接收管接收并转换为相应的交变电压信号，经 C1 耦合至运放进行放大后，再经 C2 输入到 LM567 的第 3 脚，经识别译码后，使第 8 脚输出低电平，又经反相后，驱动三极管 VT2 导通，使继电器吸合，继电器控制安装在水龙头上的电磁阀得电吸合放水，当手或容器离开后电路又恢复等待状态。

光电开关由于灵敏度高、寿命长，因此应用在很多位置检测电路中，如打印机中的很多位置传感器就采用光电开关。图 12-31 为光电开关在打印机纸张检测电路中的应用实例。

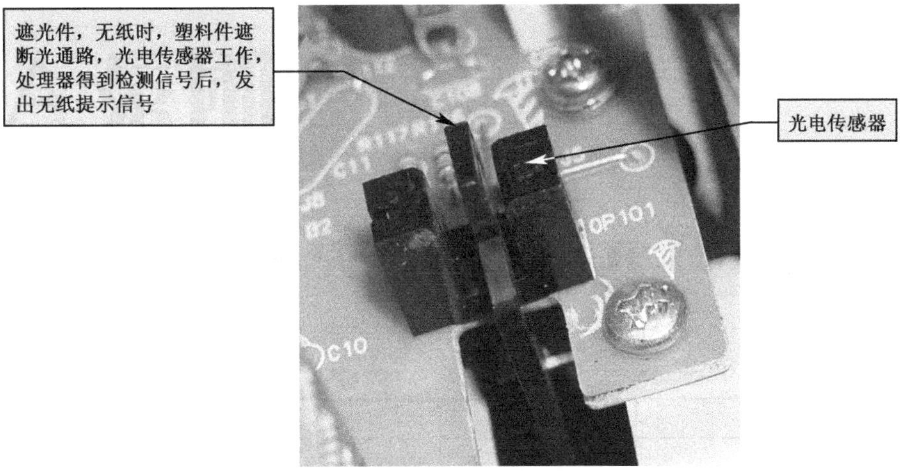

遮光件，无纸时，塑料件遮断光通路，光电传感器工作，处理器得到检测信号后，发出无纸提示信号

光电传感器

图 12-31　光电开关在打印机纸张检测电路中的应用实例

常用电子元器件中、英文名称对照

元器件名称	英文缩略语	英文全称
配接器，适配器		adapter
硅胶		Adhesive Silicone
调幅接收机		AM receiver
调幅波		amplitude modulated wave
调幅，振幅调制		amplitude modulation
模拟，仿真		analogue
模拟信号，仿真信号		analogue signal
带通滤波器	BPF	band-pass filter
条形码标签		Barcode Lable
电池		Battery
电感		Bead Core
自举电路		bootstrap circuit
实验电路板		breadboard
桥式电路		bridge circuit
桥式二极管		bridge diode
桥式整流器	BRD	Bridge Rectifier Diode
缓冲器		buffer
缓冲电路		buffer circuit
碰撞感知器		Bumper Switch Assembly Kit
旁路电容器	BPC	by-pass capacitor
电缆		cable
束线带		Cable ties
电容器		Capacitor
电解电容器		Capacitor Electrolytic
碳膜电阻器	CR	Carbon Film Fixed Resistors
水泥电阻器	RX	Cement Type Resistors
充电		charge
片状独石陶瓷电容器		Chip Monolithic
贴片电阻器	RM	Chip Resistors

续表

元器件名称	英文缩略语	英 文 全 称
电路		circuit
电路板		circuit board
电路图		circuit diagram
电路符号		circuit symbol
A 类放大器		class A amplifier
B 类放大器		class B amplifier
C 类放大器		class C amplifier
夹子		Clip
线圈		Coil
扼流线圈		Coil Choke
消磁线圈		Coil Degaussing
枕形调整线圈		Coil Linear
峰化线圈		Coil Reaking
水平调整线圈		Coil Width
环形滤波线圈		Common Choke
比较器		comparator
计算机，计算器		computer
计算机辅助设计		computer-aided design（CAD）
连接器		Connector
控制板		Control BD
控制总线		control bus
耦合电容器，交连电容器		coupling capacitor
显像管		CRT
恒流二极管	CRD	Current regurative Diode
稳流器		current stabilizer
垫片		Cushion
达林顿管	DT	Darlington Transistor
译码		decode
双向触发二极管		DIAC
二极管	D	Diode
D 型触发器，动态触发器		D-type flip-flop
边缘触发		edge-triggered
电铃		electric bell
触电，电击		electric shock
电振荡		electrical oscillation
电解		electrolysis
电解质		electrolyte
电解质的，电解的		electrolytic
电解质电容器		electrolytic capacitor

续表

元器件名称	英文缩略语	英 文 全 称
电磁铁		electromagnet
电磁感应圈		electromagnetic coil
电磁触点		electromagnetic contact
电磁力		electromagnetic force
电磁感应		electromagnetic induction
电磁矩		electromagnetic moment
电磁振荡		electromagnetic oscillation
电磁辐射		electromagnetic radiation
电磁波谱，电磁频谱		electromagnetic spectrum
电磁式电流表		electromagnetic type ammeter
电磁波		electromagnetic wave
电磁学		electromagnetism
电镀		electroplating
电磁干扰滤波器	E·M·F	EMI Filter
快速恢复二极管	FRD	Fast Recovery Diode
铁氧体棒		ferrite rod
铁磁性物质		ferromagnetic substance
铁磁性		ferromagnetism
滤波电容器，平流电容器		filter capacitor; smoothing capacitor
滤波电路，平流电路		filter circuit; smoothing circuit
可挠曲压力传感器		Flexiforce Senso
触发器		flip-flop; trigger
高压变压器	FBT	Fly Back Transformer
分频器		frequency divider
保险丝	F	Fuse
保险丝型金属皮膜电阻器	FMF	Fusible Metal Film Resistor
保险丝电阻	FS	Fusible Resistor
增益		gain
增益放大器		gain amplifier
散热片		Heat sink
高阻值金属釉电阻器	MG	High Meg Metal Glaze Resistor
大功率绕线瓷管电阻器	HPR	High Power Wire Wound Porcelain Tube Resistor
高通滤波器		high-pass filter
蹄形磁铁		horseshoe magnet
热熔胶		Hot melt adhesives
湿度感应器		Humidity Sensor
功率集成电路		IC Power
线性集成电路		IC Linear
IC 插座		IC Socket

续表

元器件名称	英文缩略语	英 文 全 称
并联		in parallel
输入		input
输入特性		input characteristic
输入阻抗		input impedance
集成电路	IC	Integrated Circuit
电离作用		ionization
电离层		ionized layer; ionosphere
铁芯		iron core
铁粉		iron filings
J-K 触发器		J-K flip-flop
接点		Joined Wires
跳线	J	Jumper Wire
按键		key；switch
发光二极管	LED	Light Emitting Diode
锂电池	Li-Battery	Lithium Manganese Battery
逻辑电路		logic circuit
逻辑门		logic gate
逻辑探针		logic probe
逻辑脉冲发送器		logic pulser
逻辑状态指示器		logic state indicator
响度		loudness
说明书		Manual
金属膜电容		metal film Capacitors
金属膜电阻器	MF	Metal Film Fixed Resistor
金属膜小型化电阻	MF	Metal Film Fixed Resistors Mini
不燃性金属氧化膜电阻器	MO	Metal Oxide Film Resistors
金属片无感水泥型电阻器	MPR	Metal Plate Mon～Lnducive Cement Type Resistors
机种标签		Model Lable
调制		modulation
独石电容		Monolithic Capacitors
金属场效应晶体管		Mos-FET
装饰片		Name plate
网络电阻器（排阻）	RA	Network Resistors
金属膜无感电阻器	NMF	Non-Lndustive Metal Film Resistor
偏置电压		offset voltage
运算放大器	Op-Amp	Operation Amplifier
臭氧感应器		ozone sensor
并联电路		parallel circuit
光电池		Photocell

续表

元器件名称	英文缩略语	英 文 全 称
光电二极管		Photodiode
光电三极管		Phototransistor
正温度系数热敏电阻	PTC	Posistor Resistor
电源线		Power Cord
功率因数校正	PFC	power factor correction
功率场效应晶体管		Power Mos-FET
电源箱		power pack; power supply unit
电源开关		Power Switch
电源变压器		power transformer
功率晶体管		Power-TR
推挽放大器	PP·amp	push-pull amplifier
塑料绝缘片		Pvc insulator
整流		rectification
整流器		rectifier
整流电路		rectifier circuit
簧片继电器		reed relay
簧片开关		reed switch
簧片		reed; spring
调节		regulation
稳定器，调节器		regulator
继电器	RL	relay
继电器线圈		relay coil
继电器触点		relay contact
电阻器		Resistor
谐振，共振		resonance
谐振频率，共振频率		resonant frequency
响应时间		response time
铆钉		rivet
橡胶垫		Rubber Pad
施密特触发器		Schmitt trigger
肖特基二极管		Schottky Diode
螺钉		Screw
隔离罩		Shielding cove
边带		sideband
滤波扼流圈，平流扼流圈		smoothing choke
太阳能电池		solar cell
锡丝		Solder wire
放电管		Spark Gap
扬声器		Speaker
稳态，定态		steady state
超高压陶瓷电容		Super high voltage ceramic Capacitors
开关	S	Switch
关闭，截断		switch off; turn off

续表

元器件名称	英文缩略语	英 文 全 称
开关二极管		Switching Diode
钽电容		Tantalum Capacitors
簧片按键		tapping key
温度传感器		Temperature Sensor
测试柱		Test Pin
负正温度系数热敏电阻	NTC	Thermistor Resistor
热电偶传感器		Thermocouple Kit
轻触式开关		touch switch
变压器	T	Transformer
水平驱动变压器		Transformer Hor Drive
线性调整变压器		Transformer Pincushion
电源变压器		Transformer Power
瞬态电压抑制二极管	TVS	transient voltage suppressor
三极管		Transistor
触发		trigger
触发输入		trigger input
触发脉冲		trigger pulse
T 型双稳态触发电路		T-type flip-flop
调谐		tune
调谐无线电频接收机		tuned radio frequency receiver
客户代码标签		Upc Lable
可变电阻	VR	Variable Resistor
变容二极管	VCD	Variable-Capacitance Diode
电压放大		voltage amplification
电压放大器		voltage amplifier
电压比较器		voltage comparator
电压降		voltage drop
电压跟随器		voltage follower
电压增益		voltage gain
电压额定值		voltage rating
电压调节器		voltage regulator
稳压器，电压稳定器		voltage stabilizer
电压－频率转换器		voltage-frequency converter
稳压电路		voltage-stabilized circuit
电压表，伏特计		voltmeter
插座		Wafe
带宽		wideband
线绕不燃性涂装电阻器	KN	Wire Wound Nonflame Resistors
线绕无感电阻器	NKN	Wire Wound Non-Lnductive Resistors
X 电容		X Capacitors
Y 电容		Y Capacitors
稳压二极管	ZD	Zener Diode
零点校正		zero correction
Cross-Wire (Not Joining)		跳线（不连接）

《常用电子元器件识别/检测/选用一读通（第 3 版）》读者调查表

尊敬的读者：

欢迎您参加读者调查活动，对我们的图书提出真诚的意见，您的建议将是我们创造精品的动力源泉。

为方便大家，我们提供了两种填写调查表的方式：

1. 您可以登录 http://yydz.phei.com.cn，进入"读者调查表"栏目，下载并填好本调查表后反馈给我们。

2. 您可以填写下表后寄给我们（北京海淀区万寿路 173 信箱电子技术分社　邮编：100036）。

姓名：＿＿＿＿＿＿　　性别：□　男　□　女　　年龄：＿＿＿　职业：＿＿＿＿＿

电话：＿＿＿＿＿＿＿＿＿　　移动电话：＿＿＿＿＿＿＿＿＿＿＿＿＿

传真：＿＿＿＿＿＿＿＿＿　　E-mail：＿＿＿＿＿＿＿＿＿＿＿＿＿＿

邮编：＿＿＿＿＿　通信地址：＿＿＿＿＿＿＿＿＿＿＿＿＿＿＿＿＿＿＿

1. 影响您购买本书的因素（可多选）：

□封面、封底　　□价格　　　□内容简介　　□前言和目录　　□正文内容
□出版物名声　　□作者名声　□书评广告　　□其他＿＿＿＿＿＿＿＿＿＿

2. 您对本书的满意度：

从技术角度　　□很满意　　□比较满意　　□一般　　□较不满意　　□不满意
从文字角度　　□很满意　　□比较满意　　□一般　　□较不满意　　□不满意
从版式角度　　□很满意　　□比较满意　　□一般　　□较不满意　　□不满意
从封面角度　　□很满意　　□比较满意　　□一般　　□较不满意　　□不满意

3. 您最喜欢书中的哪篇（或章、节）？请说明理由。

＿＿＿＿＿＿＿＿＿＿＿＿＿＿＿＿＿＿＿＿＿＿＿＿＿＿＿＿＿＿＿＿＿＿＿＿

4. 您最不喜欢书中的哪篇（或章、节）？请说明理由。

＿＿＿＿＿＿＿＿＿＿＿＿＿＿＿＿＿＿＿＿＿＿＿＿＿＿＿＿＿＿＿＿＿＿＿＿

5. 您希望本书在哪些方面进行改进？

＿＿＿＿＿＿＿＿＿＿＿＿＿＿＿＿＿＿＿＿＿＿＿＿＿＿＿＿＿＿＿＿＿＿＿＿

6. 您感兴趣或希望增加的图书选题有：

＿＿＿＿＿＿＿＿＿＿＿＿＿＿＿＿＿＿＿＿＿＿＿＿＿＿＿＿＿＿＿＿＿＿＿＿
＿＿＿＿＿＿＿＿＿＿＿＿＿＿＿＿＿＿＿＿＿＿＿＿＿＿＿＿＿＿＿＿＿＿＿＿

邮寄地址：北京市海淀区万寿路 173 信箱电子技术出版分社　富军　收　　邮编：100036
电　　话：（010）88254456　　　　　　　　E-mail：fujun@phei.com.cn